彩图1　鸡鸣寺全貌

彩图2　杜甫草堂

彩图3　西湖十景—曲院风荷

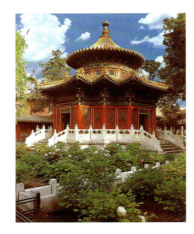

彩图 4　御花园——千秋亭　　　　　　　　彩图 5　圆明园遗址

彩图 6　颐和园佛香阁

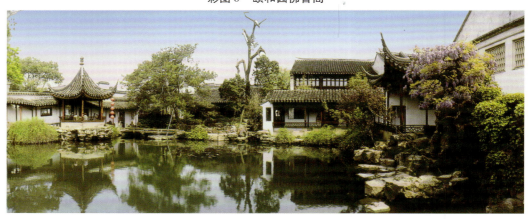

彩图 7　网师园

彩图 8　金阁寺

彩图 9　龙安寺枯山水

彩图 10　银阁寺

彩图 11 泰姬陵全貌　　　　　　　　彩图 12 阿尔罕布拉宫苑——狮子院

彩图 13 哈特舍普苏特女王墓

彩图 14 卡纳克阿蒙神庙西北角的圣湖

彩图 15　雅典卫城全貌

彩图 16　古罗马城遗址

彩图 17　哈德良山庄遗址

彩图 18　费耶索勒庄园台地

彩图 19　兰特庄园水阶梯

彩图 20　埃斯特庄园水剧场

彩图 21　波波里花园轴线

彩图 22　兰特庄园

彩图 23　加尔佐尼庄园台地

彩图 24　维贡特庄园全貌

彩图 25　凡尔赛宫苑中轴线

彩图 26　布伦海姆风景园鸟瞰

彩图 27　纽约中央公园

风景园林

高等院校风景园林类专业系列教材·应用类

主　编　林墨飞　唐建

副主编　肖　剑　张新果　陈　宇

主　审　李晓黎　戴　洪

　　　　杜春兰

中外园林史

第2版

ZHONGWAI YUANLINSHI

重庆大学出版社

国家一级出版社
全国百佳图书出版单位

内容提要

本书讲述从公元前 5000 年至 19 世纪末叶的中外园林发展历程,内容分为中国篇和外国篇两篇。本书以历史地域划分为纲,以类型体系划分为目,共为 16 章。第 1 至第 5 章为中国园林史,包括从先秦到明、清等各个历史时期的园林。第 6 至第 16 章是外国园林史,从古代东亚其他各国的园林、古代西亚园林、伊斯兰园林到古埃及园林、古希腊园林、古罗马园林、中世纪西欧园林、文艺复兴时期的欧洲园林、欧洲勒·诺特尔式园林,再到欧洲自然风景式园林及 19 世纪中后叶欧美城市公园。在每个章节中,重点介绍每个园林类型体系的历史与园林文化背景、艺术特征、造园手法及影响和意义,并详细解读该类型典型的园林实例,在每章内容后均附有复习思考题。本书配有电子课件,可扫描封底二维码查看,并在电脑上进入重庆大学出版社官网下载。书中还有 16 个二维码,内含大量彩色图片,可扫码学习。

本书在内容、体系构建上有所创新,具有层次清楚、内容全面、重点突出、语言精练、图文并茂的特色,力求揭示中外园林文化的丰富表现和思想内涵,具有较强的应用性和实践性。本书可作为高等院校风景园林、城市规划、环境设计等专业的教学用书,也可供广大园林工作者及爱好者阅读,有助于提高读者的理论素养和专业能力,丰富园林艺术的创作手法。

图书在版编目(CIP)数据

中外园林史 / 林墨飞,唐建主编. -- 2 版. -- 重庆:
重庆大学出版社,2023.9
高等院校风景园林类专业系列教材. 应用类
ISBN 978-7-5689-0835-1

Ⅰ.①中… Ⅱ.①林… ②唐… Ⅲ.①园林建筑—建筑史—世界—高等学校—教材 Ⅳ.①TU-098.41

中国国家版本馆 CIP 数据核字(2023)第 143385 号

中外园林史
(第 2 版)

主 编 林墨飞 唐 建
副主编 肖 剑 张新果 陈 宇
李晓黎 戴 洪
主 审 杜春兰
策划编辑 何 明

责任编辑:何 明 版式设计:黄俊棚 莫 西 何 明
责任校对:谢 芳 责任印制:赵 晟

*

重庆大学出版社出版发行
出版人:陈晓阳
社址:重庆市沙坪坝区大学城西路 21 号
邮编:401331
电话:(023)88617190 88617185(中小学)
传真:(023)88617186 88617166
网址:http://www.cqup.com.cn
邮箱:fxk@cqup.com.cn(营销中心)
全国新华书店经销
重庆长虹印务有限公司印刷

*

开本:787mm×1092mm 1/16 印张:21.75 字数:585 千 插页:16 开 4 页
2020 年 10 月第 1 版 2023 年 9 月第 2 版 2023 年 9 月第 4 次印刷
印数:8 001—13 000
ISBN 978-7-5689-0835-1 定价:69.00 元

· 编委会 ·

·编写人员·

主　编　　林墨飞　　大连理工大学
　　　　　　唐　建　　大连理工大学
副主编　　肖　剑　　大连工业大学
　　　　　　张新果　　西北农林科技大学
　　　　　　陈　宇　　南京农业大学
　　　　　　李晓黎　　南京农业大学
　　　　　　戴　洪　　上海师范大学
主　审　　杜春兰　　重庆大学

PREFACE 前言

　　英国哲学家弗兰西斯·培根在《论园林》中写到，万能的上帝是头一个经营花园者。园艺之事也的确是人生乐趣中之最纯洁者。它是人类精神最大的补养品，若没有它则房舍宫邸都不过是粗糙的人造品，与自然无关。培根的这段话精辟地描述了造园对人类精神活动的重要性。据考证，我国对"园林"一词的使用可以溯源至东汉时期。文学家班彪在《游居赋》中写到，……享鸟鱼之瑞命，瞻淇澳之园林，美绿竹之猗猗，望常山之峨峨，登北岳而高游……这里提到的"园林"已具有完备的游赏与审美对象等特征。自古以来，人们对造园的向往与实践总是乐此不疲。从我国殷商时期的圃，古巴比伦的悬空园，或者是法国绝对君权时期的勒·诺特园林，再到今天的风景园林艺术，园林无疑与人类社会发展密切相关。作为持续如此久远的一项实践活动，无论何时何地创造的园林都凝固着人们的生活，渗透着他们的需要、情感、审美和追求。因此，园林也是历史的见证、文化的标志。

　　东、西方园林是世界园林艺术中最重要的两大体系，为世界园林艺术的发展做出了极大贡献，而中国园林又被公认为东方园林的代表。尽管在东、西方园林的发展中曾经有着相互影响与作用，但总体而言无论是外在形式，还是内在本质都存在着巨大差异。联合国教科文组织第三十一届会议通过的《世界文化多样性宣言》曾明确指出："文化多样性对人类来讲就像生物多样性对维持生物平衡那样必不可少，从这个意义上说，文化多样性是人类的共同遗产，应当从当代人和子孙后代的利益考虑予以承认和肯定。"对东、西方园林艺术来说也是这样，不论是研究其共性，还是探讨它们之间的差异性，两者都是在利用自然材料为要素、自然文化为载体，以体现地域环境的典型特征为创作目标，为人们创造美好的生活游憩空间。因此，就园林的本质而言，东、西方园林可谓殊途同归。

　　所谓"以古为镜，可以知兴替"，前人几千年来积累下来的传统、经验以及走过的弯路，都是今天的宝贵财富，学习园林史的目的也在于此。但学习传统不是对历史照搬照抄，而是要求今天的人们以史为鉴，继承发扬园林文化传统，利用传统为

当代服务,在保留传统的合理性与必要性的基础上,赋予传统以时代精神和现实意义。此外,19世纪后半叶现代风景园林学科发端于美国,很早就展开了对园林历史的研究。所以美国及其他西方国家园林艺术体系的发展较为成熟,近年来,我国的园林事业发展迅速,并于2011年将风景园林升为一级学科,因此,学习和比较中外园林的发展过程,一方面可使学生加深对中国园林的理解与认识,把握其本质特征;同时,通过借鉴国外园林和我国传统古典园林的构成要素、空间结构、表现形式、思想观念以及发展演变,有助于培养学生的理性思维能力,达到开拓思路、启迪思想,转变观念并丰富创作方法的目的。

本书在内容、体系构建上有所创新:一是层次清楚,内容全面,各章均由3个部分组成,即历史与园林文化背景、代表性园林类型与实例和主要特征分析;二是重点突出,有的放失,中外园林作品目不暇接,本书重点讲解其代表作品,突出名家名作,概述影响力较弱的作品;三是语言精练,文风朴实,面对丰富多彩的中外园林,全书仅用40余万字写成;四是图文并茂,相得益彰,400余幅精美图片穿插于文字之间,其中不乏大量的平面图、剖面图,全方位展示优秀实例的整体面貌。

书中含有16个二维码,内含大量彩色图片,可扫码学习。

此外,中外园林的演进发展历经数千年,分布范围纵横各大洲,有关的文献资料浩若烟海,各地大量实物尚待调查研究,因此,对于中外园林史的研究只能是阶段性成果。此外,限于作者的学识水平和工作精力,书中难免有疏漏之处,恳请读者及同仁赐正。

最后,在此感谢前人有关中外园林的各类研究成果,为本书的写作提供了重要的文献资料;对本书形成过程中付出大量心血的师长、同事、研究生们,以及重庆大学出版社的领导和编辑致以衷心的感谢!

林墨飞

2023年7月

CONTENTS 目录

中国篇

外国篇

中国篇

1 先秦及秦汉时期园林

1.1 历史与园林文化背景

1.1.1 历史背景

先秦及秦汉时期园林

中国黄河流域中游地区的氏族社会是最早出现的农业文明。夏王朝建立标志着奴隶制国家的诞生。夏朝最后一位统治者桀暴虐无道,而东方的商部落在首领汤的领导下逐渐强大起来,灭夏并建立了商朝(约公元前 1600—前 1046 年)。商以河南中部和北部为中心(包括今山东、湖北、河北、陕西的部分地区)建立了一个文化相当发达的奴隶制国家,生产力较以前也大为提高,农业成为社会经济的基础。手工业的发展促使人们开始使用青铜器。在文化方面,商朝已经使用文字并制定天文历法,音乐和雕塑艺术也达到了相当高的水平。商朝首都曾多次迁徙,最后定都于"殷",因此,商朝后期又被称为"殷"。

大约在公元前 1046 年,生活在陕西、甘肃一带且农业生产水平较高的周族灭殷,建立了中国历史上最大的奴隶制王国周(约前 1046—前 256 年),先后以丰、镐(今西安西南)为首都,采取宗法与政治相结合的方式来强化大宗子周王(天子)的最高统治。周王、诸侯、卿大夫依次为大小奴隶主,也就是贵族统治者和土地占有者。周代经历了 300 余年,由于国内外动乱,被迫于公元前 770 年迁都到洛邑,史称"东周"。东周的前半期史称"春秋"时代,后半期史称"战国"时代。春秋、战国正是社会巨大变动的时期,随着社会生产力的发展,土地被卷入交换、买卖,奴隶制经济崩溃,封建制经济代而兴之。由于春秋时代的 140 多个诸侯国相互兼并,导致战国时代只剩下七个大国,即"战国七雄"。七国之间相互争霸,以扩大自己的势力范围。因此,"士"这个阶层的知识分子受到各国统治者的重用,他们所倡导的各种学说也有了实践的机会,形成了学术上百家争鸣、思想上空前活跃的局面。

公元前 221 年,秦灭六国,建立了以咸阳为首都的中央集权大帝国。为了巩固秦王朝的统治,秦始皇在经济、政治、意识形态方面采取了一系列的改革措施,包括:解除农民对采邑领主的人身依附,发展封建制经济,确立封建土地私有制;《秦律》正式肯定了土地私有合法,新兴地主阶级的力量迅速壮大,成为皇帝集权专政的支柱;皇帝君临天下,大权独揽,废除宗法分封制,改为郡县制,设官分职以健全国家机器,由中央政府任命各级官吏,全国政令出自中央;统一全国文字、律令、度量衡和车辆的轨辙,尊崇法家思想。

由于统治者的暴政,秦朝存在的时间很短。经过了秦末社会大动乱及四年的楚汉相争,公元前 202 年,汉王刘邦击破楚王项羽,即帝位,继秦之后再建统一的皇朝——西汉(前 206—25 年),并建都长安。汉初削平诸王叛乱,改革税制,兴修水利,封建制的地主小农经济得以进一步巩固。工商业发展促进了城市繁荣,开辟了西域的对外贸易和文化交流的通道。汉在政治上强化官僚机构,通过"征辟"的方式广开贤路,严格选拔各级官员。经过社会安定、生产发展的

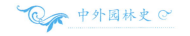

一段时间,到汉武帝时中央集权大帝国的国势强盛、疆域扩大。政治上的大一统成为巩固皇权的保证。于是,汉武帝推行罢黜百家、独尊儒术。儒家倡导尊王攘夷、纲常伦理、大义名分,封建礼治得以确立,封建秩序进一步巩固。

在王莽篡汉建立短暂政权和农民起义之后,东汉(25—220 年)又统一了全国。东汉建都洛阳,继承西汉中央集权大帝国的局面,地主阶级中的特权地主逐渐转化为豪族,地方豪族的势力强大,在兼并土地之后又成为豪族大庄园主。他们之中多数是拥有自己的"部曲"而形成与中央抗衡、独霸一方的豪强。东汉末年,全国各地相继发生农民暴动,最后酿成声势浩大的黄巾起义。各地官员亦拥兵自重,成为大小军阀。朝廷的外戚与宦官之间的斗争导致军阀大混战。军阀、豪强武装镇压了黄巾军农民起义,同时也冲垮了汉王朝中央集权的政治结构。220 年,东汉灭亡。

1.1.2 园林文化背景

1)山水审美观念的确立

对于上古时代的人来说,自然界中的风、雨、雷、电等一切自然现象都充满了神秘性,于是人们便对自然界中的一些现象产生了某种精神崇拜。远古人把一切自然物和自然现象视为神灵的化身,并在中国漫长的历史过程中,积累了与自然山水息息相关的精神财富,构成了"山水审美"的雏形。山水审美观念的确立,引导着中国古典园林文化朝着自然风景式的方向发展。

随着社会进步和生产力的发展,人们在改造大自然的过程中所接触到的自然物逐渐成为可以亲近的东西,它们的审美价值也逐渐被人们所认识、领悟。例如,狩猎时期的动物、原始农耕时期的植物,都作为美的装饰纹样出现在了黑陶文化和彩陶文化的陶器上面。但它们仅仅是自然物的片段和局部,而把大自然环境作为整体的生态美来认识,则到西周时才始见于相关文字的记载。《诗经·小雅》收集了早期民歌作品中所表现的山水审美观念的萌芽情况,比如"秩秩斯干,幽幽南山。如竹苞矣,如松茂矣"。记述了作者在南山所见的风景之美。所以,山水审美观念的萌芽,在人们开始把自然风景作为品赏、游观对象的同时,从另一个侧面反映了出来。

此外,我国古代把自然作为人生的思考对象,并从理论上加以阐述和发展。以老子为代表的哲学家们已经注意到了人与外部世界的关系,首先是面对自身赖以立足的大地,人们的悲喜哀乐之情常常来自自然山水。老子从大地呈现在人们面前的主要是山岳河川这个现实中,以自身对自然山水的认识去预测宇宙间的种种奥秘,去反观社会人生的纷繁现象,感悟出了"人法地,地法天,天法道,道法自然"这一万物本源之理,认为"自然"是无处不在,永恒不灭的,提出了崇尚自然的哲学观点。庄子则进一步发展了这一哲学观点,认为人只有顺应自然规律才能达到自己的目的,主张一切纯任自然,并提出"天地有大美而不言"的观点,即所谓的"大巧若拙""大朴不雕",不露人工痕迹的天然美。老庄哲学的影响是非常深远的,几千年前就奠定了自然山水观念,后来成为中国人特有的观赏价值观。

2)三大思想的影响

除了上述因素外,影响园林向着风景式方向上发展的还有 3 个重要的意识形态方面的因素——天人合一思想、君子比德思想和神仙思想。

(1)天人合一思想 "天人合一"的命题虽然由宋儒提出,但作为哲学思想的原初主旨,早在西周时便已出现。它包含三层含义:第一层含义,人是天地生成的,故强调"天道"和"人道"的相通、相类和统一。第二层含义,人类道德的最高原则与自然界的普遍规律是一而二、二而一的,"自然"和"人为"也应相通、相类和统一。第三层含义,以《易经》为标志的早期阴阳理论与汉代儒家的五行学派相结合,天人合一又演绎为"天人感应"说。天人合一的思想深刻地影响着古人的"自然观"。这就是说,既要利用大自然的各种资源使其造福于人类,又要尊重大自然、保护大自然及其生态。

正是由于天人合一思想的主导和环境意识的影响,园林作为人所创造的"第二自然",园内的山水树石、鸟兽禽鱼要保持顺应自然的"纯自然"状态,从而明确了园林风景式的发展方向。两晋南北朝以后,更把人文的审美融注大自然的山水景观之中,形成中国风景式园林"本于自然、高于自然""建筑美与自然美相融糅"等基本特点,并贯穿于此后园林发展的始终。明代造园家计成后来在《园冶》一书中提出"虽由人作、宛自天开"的论点,从某种意义上讲也就是天人合一思想的传承和发展。

(2)君子比德思想 "君子比德"思想源于先秦儒家,它从功利、伦理的角度来认识大自然。在儒家看来,大自然山林川泽之所以会引起人们的美感,在于它们的形象能够表现出与人的高尚品德相类似的特征,从而将大自然的某些外在形态,属性与人的内在品德联系起来。孔子云:"智者乐水,仁者乐山。智者动,仁者静。"就是因为水的清澈象征着人的明智,水的流动表现智者的探索;而山的稳重与仁者的敦厚相似,山中蕴藏万物可施惠于人,正体现出仁者的品质。

君子比德思想引导人们从伦理、功利的角度来认识大自然,以"善"作为"美"的前提条件,从而把两者统一起来。如果以以善作为美的前提条件,那么就有可能把属于伦理范畴的君子德行赋予大自然而形成山水美的性格。这种"人化自然"的哲理必然会导致人们对山水的崇敬,大自然的山水美由于体现着人们的内在品质而具有生命意义。大自然山水不是远离生活的外在背景,而是交织于生活之中,是生活的一部分。所以中国自古以来就将"高山流水"具体地比拟为人品高洁,"山水"一词也就成了自然风景的代称。

(3)神仙思想 神仙思想产生于战国末期,盛行于秦、汉。神仙思想的产生主要有两点原因:一是战国末期正当奴隶社会过渡到封建社会的交替时期,神仙思想产生的主要原因是因为这个时期人们会产生的苦闷感,想要逃避自己所不满意的现实,便幻想成为"吸风饮露,游于四海之外"的"超人",从而得到解脱;二是当时旧制度、旧信仰解体,思想比较解放,形成了百家争鸣的局面,也最能激发人们的幻想能力,从而借助于神仙这种浪漫主义的幻想方式来表达破旧立新的愿望。神仙思想乃是原始宗教中鬼神崇拜、山岳崇拜与老庄学说融糅混杂的产物。秦汉之际,民间已广为流传着许多有关神仙和神仙境界的传说。其中以东海仙山和昆仑山最神奇,流传最广泛,成为中国两大神话系统的渊源。

东海仙山相传在今山东蓬莱市一带的渤海海域,包括蓬莱、方丈、瀛洲、岱舆和园峤。这五座仙山漂浮于海上,随波逐流,动荡不定。之后其中二仙山飘到北极沉没海底,只剩下方丈、瀛洲、蓬莱三仙山了。

昆仑山在今新疆境内,西接帕米尔高原,东面延伸到青海。据《山海经》记载,昆仑山上居住着西王母,并且西王母的形象十分恐怖。后来,人们为了把她转化成能够赐福人类的神仙首领,于是虚构了一位慈祥的王母及一处美妙的园林作为她的定居,这便是"瑶池"。据说,周穆王巡游天下之时,曾"升与昆仑之丘,以观黄帝之宫",即黄帝在山上所建成的宫城——悬圃,并到瑶池会见西王母。

东海仙山的神话内容比较丰富,因而对园林发展的影响也比较大。由于神仙思想的主导,在园林中摹拟的神仙境界实际上就是山岳风景和海岛风景的再现,这种情况盛行于秦汉时的皇家园林,对园林向着风景式方向上的发展,起到了一定的促进作用。

1.2　先秦时期园林

1.2.1　商代的园林

囿和台是中国古典园林的两个源头,前者关涉栽培、圈养,后者关涉通神、望天。也可以说,栽培、圈养、通神、望天是园林雏形的源初功能,游观则尚在其次。以后,尽管游观的功能上升了,但其他的最初功能一直沿袭到秦汉时期的大型皇家园林中。除此之外,园圃也是中国古典园林除囿、台之外的第三个源头。在这 3 个源头之中,囿和园圃属于生产基底的范畴,它们的运作具有经济方面的意义。因此,中国古典园林在其生产的初始便与生产、经济有着密切的关系,这个关系甚至贯穿于整个幼年发展期的始终。所以,台、囿、园圃的本身已经包含着园林的物质因素,可以视为中国古典园林的原始雏形。

1)囿

"囿"是最早见于文字记载的园林形式。在人类复杂的起源当中,狩猎是原始人赖以生存获得生活资料的手段。当人类进入文明时期以后,农业生产占主要地位,统治阶级便把狩猎转化为再现祖先生活方式的一种娱乐活动,同时还兼有征战演习、军事训练的意义。

商代的帝王、贵族奴隶主很喜欢大规模的狩猎,古籍里面多有"田猎"的记载。田猎即在田野里行猎,又称为游猎、游田,这是经常性的活动。另外,奴隶主出征打仗胜利归来时,为了炫耀武力也肆意游猎取乐,所以田猎又具有仪典的性质。田猎多半在旷野荒地上进行,有时也在抛荒、休耕的农田上进行,可兼为农田除害兽,但往往会波及附近的在耕农田,千军万马难免践踏庄稼因而激起民愤,这在卜辞里也曾多次提到。新兴的周王朝的文王有鉴于此,一再告诫子孙"其无淫于观、于逸、于游、于田""不敢盘于游田"。这些话都记载在《尚书》《后汉书》里面,意思是不要耽于逸乐,不要随便到田野去打猎。殷末周初的帝王为了避免因进行田猎而损及在耕的农田,乃明令把这种活动限制在王畿内的一定地段,从而形成了"田猎区"。田猎除了获得大量被射杀的猎物之外,也还会捕捉到一定数量的活着的野兽、禽鸟,后者需要集中豢养,"囿"便是王室专门豢养这些禽兽的场所。《诗经》中有:"囿,所以域养禽兽也。"域养需要有更为坚固的藩篱以防野兽逃逸,故《说文》解释囿为"苑有垣也"。

商、周时畜牧业已相当发达。周王室拥有专用的"牧地",设立官员主管家畜的放牧事宜。相应地,驯养野兽的技术也必然达到了一定的水准。据文献记载,周代囿的范围很大,里面域养的野兽、禽鸟由"囿人"专门管理。在囿的广大范围内,为便于禽兽生息和活动,需要广植树木、开凿水渠等,有的还划出一定地段经营果蔬。所以说,囿的建置与帝王的狩猎活动有着直接的关系,也可以说,囿起源于狩猎。

囿除了为王室提供祭祀、丧纪所用的牺牲、供应宫廷宴会的野味之外,还兼有"游"的功能。就此意义而言,即无异于一座多功能的大型天然动物园了。《诗经·大雅》的"灵台"篇有一段文字描写周文王在灵囿时,"麀鹿攸伏""麀鹿濯濯,白鸟翯翯"的状貌。据此可知,文王巡游之际,也是把走兽飞禽作为一种景象来观赏,囿的游观功能虽然不是主要的,但已具备园林的雏形性质了。

2)台

台,即用土堆筑而成的方形高台,《吕氏春秋》高诱注:"积土四方而高曰台。"台的原初功能是登高以观天象、通神明,即《白虎通·释台》所谓的"考天人之际,查阴阳之会,揆星度之验",

因而具有浓厚的神秘色彩。

在生产力水平很低的上古时代，人们不可能科学地去理解大自然界，因而视之为神秘莫测，对许多自然物和自然现象都怀着敬畏的心情加以崇拜，这种情况一直到文明社会的初期仍然保留着。山是人们所见到的体量最大的自然物，巍峨高耸仿佛有一种拔地通天、不可抗拒的力量。山高入云霄，则又被人们设想为天神在人间居住的地方。所以，世界上的许多民族在上古时代都特别崇拜高山，甚至到现在仍保留为习俗。

先民们之所以崇奉山岳，一则山高势险犹如通往天庭的道路，二则高山能兴云作雨犹如神灵。风调雨顺是原始农业生产的首要条件，国计民生攸关的第一要务。因此，周代统治阶级的天子和诸侯都要奉领土内的高山为神祇，用隆重的礼仪来祭祀它们。在全国范围内还选择位于东、南、西、北的四座高山定为"四岳"，受到特别崇奉，祭祀之礼也是最为隆重。以后又演变为"五岳"，历代皇帝对五岳的祭祀活动，便成了封建王朝的旷世大典。

这些遍布各地的被崇奉的大大小小的山岳，在人们的心中就成了"圣山"。然而，圣山毕竟路遥山险，难于登临。统治者想出一个变通的办法，就近修筑高台，模拟圣山。台是山的象征，有的台即是削平山头加工而成。高台既临摹圣山，人间的帝王筑台登高，也就可以顺理成章地通达于天上的神明。因此帝王筑台之风盛大，传说中的帝王尧、舜均曾修筑高台以通明。台上建置房屋谓之"榭"，往往台、榭并称。

台还可以登高远眺，观赏风景。周代的天子诸侯"美宫室""高台榭"遂成为一时的风尚。台的"游观"功能亦逐渐上升，成为一种主要的宫苑建筑物，并结合于绿化种植而形成以它为中心的空间环境，又逐渐向囿园林雏形的方向上转化了。所以说，台有两层含义。第一是指个体建筑物"台"而言；第二是指台及其周围绿化种植所形成的空间环境，即"苑台"。

3）园圃

我国最早经营园圃的时期可以追溯到商、周时代。园，是种植树木（多为果树）的场地，而圃，是人工栽植蔬菜的场地。西周时，往往园、圃并称，其意亦互通，还设置"场人"专门管理这类园圃。春秋战国时期，由于城市商品经济发展，果蔬纳入市场交易，民间经营的园圃亦相应地普遍起来，更带动了植物栽培技术的提高和栽培品种的多样化，同时也从单纯的经济活动逐渐融入人们的审美领域。相应地，许多食用和药用的植物被培育成为以供观赏为主的花卉。老百姓在住宅的房前屋后开辟园圃，既是经济活动，还兼有观赏的目的。而人们看待树木花草也越来越侧重于观赏的用意。观赏树木和花卉在殷、周时期的各种文字记载中已经很多了，人们不仅取其外貌形象之美姿，而且还注意到其象征性的寓意，《论语·子罕》中就有了"岁寒，然后知松柏之后凋也"的比喻。

园圃内所栽培的植物，一旦兼作观赏的目的，便会向着植物配置的有序化方向发展，从而赋予园林的雏形性质。东周时，甚至有用"圃"来直接指称园林的，如赵国的"赵圃"等。

商、周是中国古典园林的初始阶段，天子、诸侯、卿大夫等大小贵族奴隶主所拥有的"贵族园林"相当于皇家园林的前身，但尚不是真正意义上的皇家园林。它们之中，见于文献记载最早的两处即：殷纣王修建的"沙丘苑台"和周文王修建的"灵囿、灵台、灵沼"，时间在公元前1075年的殷末周初。

纣王大兴土木、修建规模庞大的宫苑（图1.1），史载"南据朝歌，北据邯郸及沙丘，皆为离宫别馆"。朝歌在河南安阳以南的淇县境内，沙丘在安阳以北的河北广宗县境内。《史记·殷本纪》云："（纣）厚赋税以实鹿台之钱，而盈钜桥之粟。益收狗马奇物，充仞宫室。益广沙丘苑台，

多取野兽蜚鸟置其中。"说的就是南至朝歌、北至沙丘的广大地域内的离宫别馆的情况。其中鹿台和沙丘苑台是商代的代表性园林。

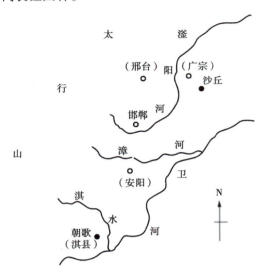

图1.1 商纣王的宫苑分布示意图

实例1 鹿台

鹿台在河南淇县西7.5 km太行山东麓,是商纣积财处。史书记载:"厚赋税以实鹿台之钱。"纣建鹿台七年而就,工程之大不言而喻,它的遗址在北魏时尚能见到。鹿台是淇园八景之一,谓之"鹿台朝云"。据记载,其内景色大致为:"台的四周群峰耸立,白云萦环,奇石嶙峋,婀娜多姿,藤蔓菇郁,绿竹猗猗,松柏参天,杨柳同垂,野花芬芳,桃李争艳,蝶舞鸟鸣,鱼戏蛙唱;台前卧立有几排形似各种走兽的巨石,恬静安然,犹如守候鹿台的卫士。台下一潭泉水,相传古时深不可测。池水清澈见底,面平如镜,微风吹拂,碧波粼粼。风和日丽的早晨,彩霞满天紫气霏霏,云雾缭绕,整个鹿台的楼台亭榭时隐时现,宛如海市蜃楼,恰似蓬莱仙境。"除了通神、游赏的功能之外,鹿台存储政府的税收钱财,还有"国库"的功能,因而附近的宫室建筑亦多为收藏奇物、娱玩狗马的场所。

图1.2 "沙丘苑台"遗址

实例2 沙丘苑台

"沙丘苑台"为纣王在今河北省广宗县境内所修造的,是见于文字记载最早的园林形式之一,遗址尚存(图1.2)。

"沙丘苑台"中的苑就相当于圈,"苑""台"并提即意味着是两者相结合而成为整体的空间环境,不仅是圈养、栽培、通神、望天的地方,也是略具园林雏形格局的游观、娱乐场所了。当时有古代漳水在这里流过,造就了这片沃土,水草丰富,林木茂盛。纣王在沙丘苑台内栽种了树木,放养了供射猎的禽兽,建造了石馆。沙丘苑台具有"游猎、观赏、祭祀、憩、戏"等功能,被奴隶主阶级当作人间"天堂"、理想的"乐园"。据《史记·殷本纪》记载:"(纣)大最乐戏于沙丘,以酒为池,悬肉为林。使男女保，相逐其间，为长夜之饮。"成语"酒池肉林"就渊源于此。纣王是中国历史上出名的荒淫之君，殷末奴隶社会的生产力已发展到一定程度，修造如此规模和内容的宫苑，亦并非不可能。

1.2.2　周代的园林

周族原来生活在陕西、甘肃的黄土高原，后迁于岐，即今陕西岐山县。周文王时国势逐渐强盛，公元前1152年，又迁都于洋河西岸的丰京，经营城池宫室，另在城郊建成著名的灵台、灵沼、灵囿。三者鼎足毗邻，大概方位见于《三辅黄图》的记载"周文王灵台在长安西北四十里"，"（灵囿）在长安县西四十二里"，"灵沼在长安西三十里"。今陕西户县东面、秦渡镇北约1 km处之大土台，相传即为灵台的遗址。秦渡镇北面的董村附近的一大片洼地，相传是灵沼遗址。至于灵囿的具体位置，也应在秦渡镇附近。灵台、灵沼、灵囿在总体上构成了规模甚大的略具雏形的贵族园林。

周文王死后，武王即位，迁都千丰河东岸之镐京。公元前1046年灭殷，疆域向东开拓，建成中国历史上最大的奴隶制国家。这时候，周王朝配合宗法分封的安排，开始进行史无前例的大规模营建城邑的活动。东都洛邑的规划建设便是这次活动的代表，各受封的诸侯国也相继积极营建各自的诸侯国都和大小采邑，形成了周代开国以来的第一次城市建设的高潮。

武王死后，成王继位为周天子，完成了洛邑的城市建设，命名为"成周"，称旧都镐京为"宗周"，正式形成东、西两都并存之制。洛邑的规模宏大、布局严谨，有内外两重城墙，外城郭方七十里。外城之内另有一个小城，即宫城，也称王城，是天子及贵族居住的地方，也是政府机构和军营之所在。南郊的丘兆为专门祭祀祖先的区域，建有大庙、宗宫、考宫、路寝、明堂等宫殿礼制建筑群。西周后期，国势日衰，周平王时放弃西都镐京，正式迁都洛邑，即春秋战国时期。东周的王城比西周的成周城晚四百多年建成，而城市建设则达到更为成熟的地步，形成了以王宫为中心的"前朝后市，左祖右社"的格局。

东周时，台与苑结合、以台为中心面构成贵族园林的情况已经比较普遍，台、宫、苑、囿等的称谓也互相混用，均为贵族园林。其中的观赏对象，从早先的动物扩展到植物甚至宫室和周围的天然山水都已作为成景的要素了，例如：秦国的林光宫建在云阳风景秀丽的甘泉山上，能眺望远近之山景；齐国的柏寝台与燕国的竭石宫建在渤海之滨，可以观赏辽阔无垠的海景；齐国的琅琊台倚山背流，"齐宣王乐琅琊之台、三月不返"（图1.3）；燕国的仙台，"东台有三峰，甚为崇峻，腾云冠峰，高霞翼岭，岫壑冲深，含烟罩雾。耆旧言，燕昭王求仙处"；楚国的放

图1.3　琅琊台风景区

鹰台，建置在云梦泽田猎区内的数泽间，四望空阔，登台可环眺极目千里之景；魏国的梁囿，松鹤满园，池沼可以荡舟；赵国的赵囿，广植松柏，赵王经常于囿内游赏；楚国的渚宫，则建在湖泊中央之小洲上面，等等。

这时的宫苑，尽管还保留着自上代沿袭下来的造园模式，诸如栽培、圈养、通神望天的功能，但游观的功能显然已上升到主要地位。树木花草以其美姿而成为造园的要素，建筑物则结合天

然山水地貌而发挥其观赏作用,园林里面开始有了以游赏为目的而设置的水体。总之,在人为的生活空间中切入了自然之美。

春秋战国时期,诸侯国商业经济发达,全国各地大小城市林立。随着城市工商业发展,大批农村人口流入城市。城市繁华了,城乡的差别也扩大了,与大自然的隔绝状况也日益突出。居住在都城里的帝王、国君等贵族们为避喧嚣便纷纷占用郊野山林川泽风景优美的地段修筑离宫别馆,从而出现宫苑建设的高潮。春秋战国时期,也正是奴隶社会到封建社会的转化期。旧有的礼制处在崩溃之中,所谓"礼崩乐坏"。诸侯国势力强大,周天子的地位相对衰微。诸侯国君摆脱宗法等级制度的约束,竞相修建庞大、豪华的宫苑,其中的多数是建置在郊野的离宫别苑。董说《七国考》从《史记》《战国策》、诸子杂史等书中辑录了当时的七个大国——齐、楚、秦、燕、赵、魏、韩的离宫别馆近50处,大约一半都是以台为名的。"高台榭,美宫室"遂成为诸国统治阶级竞相效尤的风尚。当然,也有一些台是为着某种特定功能而修筑的,例如:魏国的灵台,也称观台,时台,其仍有着上古的"考天人之际,法阴阳之会"的功能;燕国的禅台,"燕国筑禅台,让于子之。后昭屯复登禅台,让于乐毅,毅以死自誓,不敢受";燕国的黄金台,在"易水东南十八里,燕昭王置千金于台上,以延天下之士",又名招贤;赵国的野台,"武灵王十七年,王出九门,为野台以望齐、中山之境",相当于国境线上的瞭望台;秦国的会盟台,在"河南府沌池县西城外,秦昭王与赵惠王会盟于此台";赵国的丛台是一系列成丛的台的集群;等等。它们尽管具有特定的功能,但大多数也仍然兼作游观的场所,略近宫苑的性质。

在春秋战国时期见诸文献记载的众多贵族园林之中,规模较大、特点较突出,也是后世知名度较高的,当属楚国的章华台、吴国的姑苏台。

实例1 章华台

章华台又名章华宫,在湖北省潜江县境内,始建于楚灵王六年(前535年),6年后才全部完工。经考古发现其东西长约2 km,南北宽约1 km,总面积达220 ha,位于古云梦泽内。云梦泽是武汉以西、沙市以东、长江以北的一大片水网、湖沼密布的丘陵地带,自然风景旖旎,司马相如的《于虚赋》详细描写了其山川风物、植被覆盖、树木繁茂的情况。此外,还流传着许多上古神话,益增其浪漫色彩。遗址范围内共有大小、形状不同的台若干座,还有大损的宫、室、门、阙的基址。可以设想,当年楚灵王临幸章华台,率领众多的官员、陪臣、军士、奴婢,游观赏玩以及田猎活动的盛大情况。其主体建筑章华台更是宏大而华丽非凡,据考古发掘,方形台基长300 m,宽100 m,其上为四台相连。最大的一号台,长45 m,宽30 m,高30 m,分为3层,每层的夯土上均有建筑物残存的柱础。昔日登临此台,需要休息三次,故俗称"三休台"。章华台不仅"台"的体量庞大,"榭"亦美轮美奂,乃是当时宫苑的"高台榭"之典型。

据《国语·吴语》记载,章华台的三面被人工开凿的水池环抱着,临水而成景,水池的水源引自汉水,同时也提供了水运交通之方便。这是模仿舜在九嶷山的墓葬的山环水抱的做法,也是在园林里面开凿大型水体工程见于史书记载的首例。

实例2 姑苏台

姑苏台在吴国国都吴(今苏州)西南12.5 km之姑苏山上(图1.4),始建于吴王阖闾十年(前505年),后经夫差续建历时5年。姑苏山又名姑胥山、七子山,横亘于太湖之滨。山上怪石嶙峋,峰峦奇秀,至今尚保留有古台址十余处。姑苏台是一座山地园林,居高临下,观览太湖之景,最为赏心悦目,其建筑地段的选址是十分优越的。包括馆娃宫在内的姑苏台,与洞庭西山消夏湾的吴王避暑宫、太湖北岸的长洲苑,构成了吴国沿太湖岸的庞大环状宫苑集群。

图1.4　姑苏台复原图

这座宫苑全部建筑在山上,因山成台,联台为宫,规模极其宏大,主台"广八十四丈""高三百丈"。除了这一系列的台之外,还有许多宫、馆及小品建筑物,并开凿山间水池。其总体布局因山就势,曲折高下。人工开凿的水池,既是水上游乐的地方,也具有为宫廷供水的功能,相当于山上的蓄水库。宫苑横亘五里,可容纳宫妓数千人,足见其规模之大。为便于吴王随时临幸而"造曲路以登临",从山上修筑专用的盘曲道路直达都邑吴城的胥门。今灵岩山上的灵岩寺即馆娃宫遗址之所在,附近还有玩花池、琴台、响廊祠、砚池、采香径等古迹。响廊祠即"响屐廊",相传是吴王特为宠姬西施修建的一处廊道。廊的地板用厚梓木铺成,西施着木底鞋行走其上,发出清幽的响声,宛若琴音。采香径,顾名思义,则是栽植各花卉以供观赏的"花镜"。吴王夫差兴建馆娃宫,所需大量木材均为越王勾践所献,由水路源源运抵山下堆积数年,以至于"木塞于渎"。此地后来发展成为小镇,即今天的木渎镇。

综上所述,章华台和姑苏台是春秋战国时期贵族园林的两个重要实例。它们的选址和建筑营造都能够利用大自然山水环境的优势,并发挥其成景的作用。园林里面的建筑物比较多,包括台、宫、馆、阁等多种类型,以满足游赏、娱乐、居住乃至朝会等多方面的功能需要。园林里除了栽培树木之外,姑苏台还有专门栽植花卉的地段,章华台所在的云梦泽也是楚王的田猎区,因而园内很可能有动物圈养。园林里面人工开凿水体,既满足了交通或供水的需要,同时也提供了水上游乐的场所,创设了因水成景的条件。这两座著名的贵族园林代表着与台相结合的进一步发展,是过渡到生成期后期的秦汉宫苑的先型。

此外,诸侯国君不惜竭尽民力经营宫苑的风气,卿士大夫也竞相效法,这类园林在史籍中虽偶有记载,但不详尽,而具体的形象表现则见于某些战国铜器的装饰纹样。例如,河南辉县出土的赵固墓中一个铜鉴纹样图案所描绘的贵族游园情况(图1.5):正中一幢两层楼房,上层的人鼓瑟投壶,下层为众姬妾环侍。楼房的左边悬编磬,二女乐鼓击且舞。磬后有习射之圃,磬前为洗马之池。楼房的右边悬编钟,二女乐歌舞如左,其侧有鼎豆罗列,炊饪酒肉。围墙之外松鹤满园,三人弯弓而射,迎面张网罗以捕捉逃兽。池沼中有荡舟者,亦搭弓矢作驱策浴马之姿势。它的内容与前述的宫苑颇相类似,只是规模较小而已。

图1.5　辉县出土的战国铜鉴图

1.3 秦汉时期园林

1.3.1 秦代的园林

秦原本是周代的一个诸侯国,春秋时称霸西陲,成为当时的"五霸"之一。秦孝公任用商鞅为相,进行了著名的"商鞅变法","商鞅变法"在经济上废除领主制度的井田制,允许土地买卖。政治上推行郡县制,设置县一级的官僚机构,以加强中央集权。秦国遂一跃而成为战国时期的七个强国之一,为此后的秦始皇实施其向东进军、灭六国的野心奠定了基础。

自从秦孝公十二年(前350年)自栎阳迁都渭河北岸的咸阳以后,城市日益繁荣,一些宫苑如上林苑等已发展到渭河的南岸。孝公之子秦惠王即位,励精图治,不断向外扩张势力范围,开始以咸阳为中心的大规模的城市、宫苑建设,所经营的离宫别馆,已达三百处之多(图1.6)。

图1.6　咸阳主要宫苑分布图

秦始皇二十六年(前221年)灭六国,统一天下,建立了中央集权的封建大帝国,由过去的贵族分封政体转化为皇帝独裁政体。园林的发展亦与此新兴大帝国的政治体制相适应,开始出现真正意义上的"皇家园林"。秦始皇在征伐六国的过程中,每灭一国便仿建该国的王宫于咸阳北阪。于是,咸阳的雍门以东、泾水以西的渭河北岸一带,遂成为荟萃六国地方建筑风格的特殊宫苑群。此后,秦始皇便逐步实现其"大咸阳规划",以及京畿、关中地区的史无前例的大规模宫苑——皇家园林建设。大咸阳规划的范围为渭水的北面和南面两部分的广大地域。渭北包括咸阳城、咸阳宫以及秦始皇增建的六国宫,渭南部分即扩建的上林苑及其他宫殿、园林。秦始皇二十七年(前220年)开始经营渭南,新建的信宫与渭北的咸阳宫构成了南北呼应的格局。宫苑的主体沿着这条南北轴线向渭南转移。这时,咸阳城已横跨渭河南北两岸,但由于渭北地势高,咸阳宫仍起着统摄全局的作用,因而把它作为"紫宫"星座的象征,也是实际上的"天极"。

再利用"甬道"等交通道路的联系手段,参照天空星象,组成一个以咸阳宫为中心、具有南北中轴线的庞大宫苑集群。

这个庞大的宫苑集群突出了咸阳宫统摄全局的主导地位,其他宫苑则作为咸阳宫的烘托,犹如众星拱北极。它体现了皇帝的至尊地位,以皇帝所居的朝宫沟通于天帝所居的天极,又把天体的星象复现于人间的宫苑,从而显现出天人合一的哲理。如此恢宏的气度,在中国城市规划的历史上实属罕见。

根据各种文献记载,秦在短短的12年中所营建的离宫别苑有数百处之多,仅在都城咸阳附近以及关中地区就有百余处。关中地区不仅风景优美,也是当时的粮食丰产区,膏腴良田多半集中于此,这里散布着秦朝众多的离宫、御苑,其中比较重要且能确定其具体位置的有上林苑、宜春苑、梁山宫、骊山宫、林光宫、兰池宫等多处。

实例1 宜春苑

秦宜春苑修建于今西安东南的曲江池地区,这个地区秦时称为隑州,风景秀丽,秦二世死后,就埋葬在此地。司马相如在经过秦二世墓时描写了宜春苑的景色:"登陂陁之长阪兮,坌入曾宫之嵯峨,临曲江之隑州兮,望南山之参差,……东驰土山兮,北揭石濑。"这里有巍峨壮丽的宫殿,有茂密的山林竹木,有曲江水景,山水俱佳,景色秀丽,地形优势,是理想的苑囿之地,因而秦汉两代皇帝均在此修宫殿,造苑囿,游玩打猎,宜春宫就是作为游猎的歇息地而建的,在此基础上再修建宜春苑。宜春苑遗址据《三辅黄图》记载:"宜春宫,本秦之离宫,在长安城东南杜县东,近下杜。"《括地志》也曾记载:"秦宜春宫在雍州万年县西南三十里,宜春苑在宫之东,杜之南。"

实例2 梁山宫

梁山宫始建于秦始皇时,在渭水北面的好畤县境内。据《水经注·渭水》记载,梁山宫在漠西河的东岸。宫以北直到梁山之南坡,便是梁山苑的范围。这一带山形水胜,环境优美,而且夏季凉爽,是一处避暑胜地,宫与山之间有九里远。疑当时秦始皇在此修梁山苑,因而皇帝和大臣常去这里游玩。据《史记·秦始皇本纪》云:"秦始皇三十五年'幸梁山宫,从山上见丛相车骑众,弗善'。"由此看出,当时秦始皇幸梁山宫时,还亲自登梁山进行游乐射猎,其大臣亦可在山下游玩。梁山宫幸免于项羽的一把火,西汉时犹存。在考古发现的梁山宫遗址中有一高大夯土台基,高约5 m,东西长37.4 m,南北宽25 m,其夯土厚度和夯涡与咸阳宫一致,此外,又陆续发现了直径15 m的环形建筑基址和卵石坑、散水石、砖瓦等遗物,其中腾龙玉璧空心砖,线条流畅,神采飞扬,不失为艺术珍品。

实例3 骊山宫

骊山自古以来都以它那雅秀的山峰和山下著名的温泉形成了其独特的苍翠古老的风格,这里苍柏翠松、花卉遍野,自然景观异常优美,加之离秦都咸阳很近,因而秦始皇时期砌石筑池,取名"骊山汤",并建造骊山宫。

骊山宫位于临潼县南面之骊山北麓,其苑林的范围包括骊山北坡的一部分。这里不仅林木茂盛、风景优美,山麓还有多处温泉,秦始皇时建成离宫,经常临幸沐浴、狩猎、游赏。骊山宫离咸阳不远,当时曾修筑了一条专用的复道直达上林苑内的阿房宫,以备皇帝来往交通之方便并保证其人身安全。

实例4　兰池宫

据《元和郡县图志》记载："秦兰池宫在咸阳东二十五里""初，秦始皇引渭水为池，东西二百丈，南北二十里，筑为蓬莱山，刻石为鲸鱼，长二百丈。"秦始皇十分迷信神仙方术，曾多次派道遥方士到东海三仙山求取长生不老之药，当然毫无结果。于是乃退而求其次，在园林里挖池筑岛，摹拟海上仙山的形象以满足他接近神仙的愿望，这就是"兰池宫"。

兰池宫在生成期的中国园林发展史中占领着重要的地位。第一，引渭水为池，池中堆筑岛山，乃是首次见于史载的园林筑山、理水之并举。第二，堆筑岛山名为蓬莱山以摹拟神仙境界，比起战国时燕昭王筑台以求仙的做法更赋予了一层意象的联想，开启了西汉宫苑中的求仙活动之先河。从此以后，皇家园林又多了一个求仙的功能。

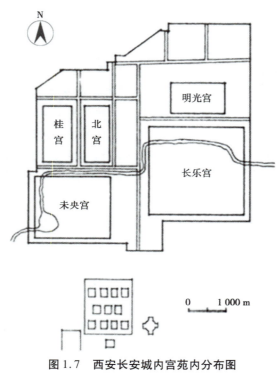

图1.7　西安长安城内宫苑内分布图

1.3.2　西汉的园林

两汉王朝建立之初，秦的旧都咸阳已被项羽焚毁，于是其便在咸阳东南、渭水之南岸另营新都长安。先在秦的离宫"兴乐宫"的旧址上建"长乐宫"，后又在其东侧建"未央宫"，此两宫均位于龙首原上。到汉惠帝时才修筑城墙，继而又建成"桂宫""北宫""明光宫"。这5所宫殿建筑群约占长安城总面积的2/3。城内开辟8条大街，160个居住的里坊、9府、3庙、9市，人口约50万（图1.7）。

西汉初年，朝廷遵循与民休养生息的政策，汉高祖即位的次年便下诏"故秦苑囿园池，令民得田之"。当时，上林苑已荒芜，高祖遂把苑内的一部分土地分给农民耕种，其余的仍保留为御苑禁地。

汉武帝在位时（前140—前87年），削平同姓诸王，地主小农经济空前发展，中央集权的大一统局面空前巩固。泱泱大国的气派、儒道互补的意识形态影响文化艺术的诸方面，产生了瑰丽的汉赋、羽化登仙的神话、现实与幻想交织的绘画、神与人结合的雕刻等。园林方面当然也会受到这种影响，再加上当时的繁荣经济、强大国力，以及汉武帝本人的好大喜功，皇家造园活动遂达到空前兴盛的局面。

皇家园林是西汉造园活动的主流，西汉的皇家园林除少数在长安城内外，其余的大量遍布于近郊、远郊、关中以及关陇各地，可见当时皇帝们对离宫别馆建设的重视，把对离宫别苑的经营当作自己权力的展示，并到了狂热的程度，其中大多数建成于汉武帝在位时期。离宫别苑规模之大、建筑之美轮美奂足以令后人为之瞠目，表现出了其仿佛涵盖宇宙的魄力，显示了中央集权的强大气概。这与汉代艺术所追求的镂金错彩、夸张扬励之美颇为相似，反映了西汉国力之强盛和统治者的好大喜功，也同样反映了其受到了儒家的美学观念的影响。儒家反对过分奢靡的风气，却很讲究通过人为的创造来表现外貌的堂皇美饰，这种雍容华贵之美，遂成为西汉宫廷造园的审美核心——皇家气派。它作为一个传统,在以后的历代宫廷造园的实践中都有不同程度的体现。

而且西汉离宫别苑的功能与皇室的生产活动、经济运作密切关系。这些经济收益均为皇帝个人所得,由"少府"掌管,并不纳入国家财政,因而皇帝对其重视的程度自是不言而喻,这类个人收益多多益善的欲望也必然会成为促使皇帝大肆开辟离宫别苑的原因之一。显而易见,在离宫别苑的诸多功能之中,生产功能占据着重要位置。这一事实不容忽视,就其对园林定性的影响而言,西汉的某些离宫御苑可以说是一处兼有游赏等多种功能的生产性的经济实体。它们的内容和规划布局,当然也就难以用后世皇家园林的标准来衡量了。

此外,随着修建在城内、附郭以及近郊一带的宫、苑日益增多,园林用水量与日俱增。到汉武帝时扩建上林苑则更臻于极盛的局面,需要开发、补给大量的园林用水,同时这众多的宫苑建设又势必会影响首都的供水。出于全面的考虑,遂因势利导,把两者结合起来纳入城市的总体规划,通过园林的理水来改善城市的供水条件。关中平原南高北低,汉初长安城的用水主要依靠北流的天然河道沈水供给。后来城内居民增多,宫苑日增,水源日感不济。汉武帝在上林苑内开凿昆明池的目的之一就是要扩大蓄水源,从根本上解决长安城的供水问题。与皇家园林同时兴建完成的这个新的供水体系,以昆明池作为主要水库,揭水陂和沧池作为辅助的水系,形成了一个能储存调节水量、控制水流的多级水库系统,从而保证了城市、宫苑的供水,以及有效地利用了水资源,还提供了潼关至长安之间漕运水路的经常性接济。这在中国古代城市的建设上,也算是一项开创性成就。之后,历代首都均把皇家园林用水与城市供水结合起来考虑,并作为城市规划的一项主要内容。隋唐的长安、洛阳,北魏的洛阳,南朝的建康,宋代的开封,元代的大都,明清的北京等著名古都都纷纷效仿。

关于西汉宫苑的情况,晋代葛洪《西京杂记》、南朝人编著的《三辅黄图》、清代顾炎武的《历代宅京记》诸书记述甚为翔实,在其他的古籍中也有片段记载。根据这些文献所提供的材料,在西汉的众多宫苑之中,比较有代表性的为上林苑、未央宫、建章宫、甘泉宫、兔园五处,它们都具备一定的规模和格局,代表着西汉皇家园林的几种不同的形式(图1.8)。

图1.8　西汉长安城及其附近主要宫苑分布图

西汉初期,朝廷崇尚节俭,私人造园的情况并不多见。西汉地主小农经济发达,政府虽然采取重农抑商的政策,对商人规定了种种限制,但由于商品经济在沟通城乡物资交流,供应皇室、贵族、官僚的生活享受方面起着重要作用,存在大量由经商而致富的人。汉武帝以后,贵族、官僚、地主、商人广置田产,拥有大量奴婢,过着奢侈的生活。大地主、大商人成为地方上的豪富,民间营造园林已不限于贵族、官僚,豪富们造园的规模也很大。大官僚灌夫、霍光、董贤以及贵戚王氏五侯的宅第园池,均规模宏大、楼观壮丽。关于私家园林的情况就屡见于文献记载,所谓"宅""第"即包括园林在内,也有称为"园""园池"的。其中尤以建置在城市及近郊的居多,据《汉书·田蚡列传》记载,武帝时的宰相田蚡"武安由此滋骄,治宅甲诸第。田园极膏腴,而市买郡县器物相属于道,前堂罗钟鼓,立曲旃;后房妇女以百数,诸侯奉金玉狗马玩好,不可胜数"。汉武帝时茂陵富人袁广汉所筑私园的规模就相当庞大:东西四里、南北五里。楼台馆榭,重屋回廊,曲折环绕,重重相连,人工开凿水体引激流水注其内,水池面积辽阔,积沙为洲屿;人工堆筑的土石假山体量巨大,延绵数里、高十余丈;园中豢养着众多的奇禽怪兽,种植有大量的树木花草。可以想象其类似于皇家园林的规模和内容。

实例1　上林苑

上林苑原为秦国的旧苑,秦惠王时,秦始皇加以扩大、充实,成为当时最大的一座皇家园林。汉武帝建元三年(前138年)对其加以扩建、扩大。上林苑的占地面积,各文献记载不一:如按汉代一里相当于0.414 km计,苑墙的长度为130~160 km,共设苑门十二座。它南达终南山、北沿九崤山和渭河北岸,地跨西安市和咸宁、周至、户县、蓝田四县的县境,占地之广,可谓空前绝后,乃是中国历史上最大的一座皇家园林。

根据有关文献中所提到的及已进行的考古发掘情况,上林苑大致布局如下。

上林苑的外围是终南山北坡和九崤山南坡,关中的八条大河,即"关中八水",贯穿于苑内辽阔的平原、丘陵之上,此外还有天然湖泊十处,自然景观极其恢宏壮丽。人工开凿的湖泊较多,一般会利用挖湖的土方在其旁或其中堆筑高台。这些人工湖泊除了供游赏之外还兼有其他的用途,比较大的有昆明池、影娥池、琳池、太液池四处。

昆明池,位于长安城的西南面,一百余公顷。昆明池的具体位置及其四至范围,业经考古发掘探明:北缘在今上泉北村和南丰镐村之间的土堤南侧;东缘在孟家寨、万村之西;西界在张村、马营寨、白家庄之东;南缘在细柳原的北侧,即今石闸口村。据文献记载的内容分析,昆明池具有多种功能:训练水军、水上游览、渔业生产基地、模拟天象。此外,还有"蓄水库"的作用。在水上安置动物石雕,则是仿效秦池宫的做法。由于开凿了昆明池和整治了有关河道,附近的自然风景亦相应地得以开发。当年环池一带绿树成荫,建置有许多观、台建筑。

影娥池和琳池分别为汉武帝赏月、玩水、观景之处。

太液池,在建章宫内,池中筑二岛模拟东海二仙山。

上林苑地域辽阔、地形复杂,既有极为丰富的天然植被,又有大量人工栽植的树木,见于文献记载的有松、柏、桐、梓、杨、柳、榆、槐、檀、楸、柞、竹等用材林,桃、李、杏、枣、栗、梨、柑橘等果木林,以及桑、漆等经济林,这些林木在发挥其本身作用的同时也发挥了其观赏的作用而成为观赏树木。有些品种,如槐、柳等一直繁衍至今,仍为关中著名的乡土树种。另有不少从南方移栽的品种。

汉武帝初修上林苑时,群臣远方进贡的"名果异树"就有三千余种之多。上林苑内的许多建筑物甚至是因其周围的种植情况而得名的,如长杨宫、五柞宫、葡萄宫、棠梨宫、青梧观、细柳观、柘观等。此外,苑内还有好几处面积甚大的竹林,称为"竹圃"。

上林苑内豢养百兽,放逐各处,"天子秋冬射猎取之",则苑内的某些区域也相当于皇家狩猎区。一般的野兽放养在各处山林之中供射猎之用,但猛兽必须圈养起来以防伤人,故苑中建有许多兽圈,如虎圈、狼圈、狮圈、象圈等。一些珍稀动物或家禽,为了饲养方便也有建置专用兽圈的。这类兽圈一般都在观的附近,以便就近观赏,大型的兽圈还作为人与困兽搏斗的斗兽场。另外,苑内的飞禽也非常多。汉武帝通西域,开拓了通往西方的"丝绸之路"。随着与西方各国交往、贸易的频繁,西域和东南亚的各种珍禽奇兽都作为贡品而云集于上林苑内,被人们视为祥瑞之物。而许多西域的植物品种亦得以引进苑内栽植,如葡萄、安石榴等。此外,当时的茂陵富人袁广汉获罪被查抄家产,他庞大的私园内有颇多的珍贵鸟兽,皆悉数移入苑中。因此,上林苑既有大量的一般动物,也有不少珍禽奇兽,如白鹦鹉、紫鸳鸯、牦牛之类,以及许多外国的动物。因此,上林苑则又相当于一座大型动物园。

上林苑内有许多台,仍然沿袭先秦以来在宫苑内筑高台的传统。有的是利用挖池的土方堆筑而成的,如眺瞻台、望鹄台、桂台、商台、避风台等。一般作为登高观景之用;有的是专门为了通神明、查符瑞、候灾变而建造的,如神明台;有的则是用木材堆垒而成的,如建章宫北之凉风台。灵台又名清台,东汉时尚存,乃是一座名副其实的天文观测台。

实例2　甘泉宫

甘泉宫在长安西北约150 km的云阳甘泉山(今陕西敦化县境内),始建于秦代,与林光宫相邻。汉初,甘泉宫废毁,林光宫犹存,文帝、景帝曾游幸此处。汉武帝元狩二年(前120年),武帝听信方士少翁之言,修复并扩建甘泉宫,其建筑群规模堪与建章宫相比。甘泉宫之北,利用泉山南坡及主峰的天然山岳风景开辟为苑林区,即甘泉苑。甘泉山层峦叠翠,溪河贯穿山间,四季景色各异,山坡上分布着许多宫、台之类的建筑物。

根据唐仲友《汉甘泉宫记》所载,汉武帝先后来过数十次,一般每年五月到此避暑,八月回朝。在这段时间内,甘泉宫便成了皇帝处理政务、接见臣僚和外国使节的地方,为此建置了百官邸舍和接待外宾的馆驿。所以说,甘泉宫兼有求仙通神、避暑游憩、朝会仪典、政治活动、外事活动等多种功能,类似后世的离宫御苑。

实例3　未央宫

未央宫位于长安城的西南角上,始建于汉高祖七年(前200年),以后陆续有所增建。它是长安最早建成的宫殿之一,也是大朝之所在和皇帝、后妃居住的地方,其性质相当于后来的"宫城"。它的规模,据现存遗址的实测,周长共8.5 km。

未央宫的总体布局是由外宫、内宫和苑林三部分组成的。苑林在后宫的南半部,开凿大池沧池,用挖池的土方在池中筑台,由城外引来昆明池之水,穿西城墙而注入沧池,再由沧池以石渠导引,分别穿过后宫和外宫,汇入长安城内之王渠,从而构成一个完整的水系。沿石渠建置皇家档案馆"石渠阁"、皇帝夏天居住的"清凉殿",苑内还有观看野兽的"兽圈"、皇帝行演耕礼的"弄田"。

沧池及其附近是未央宫内的园林区,凿池筑台的做法显然受到秦始皇在兰池宫开凿兰池、筑蓬莱山的影响,而它本身无疑又影响着此后的建章宫内园林区的"一池三山"的规划。

实例4 建章宫

建章宫建于汉武帝太初元年(前104年),是上林苑内主要的十二宫之一,文献多有片段记载,可以大致推断出有关它的主要设置和布局情况(图1.9)。

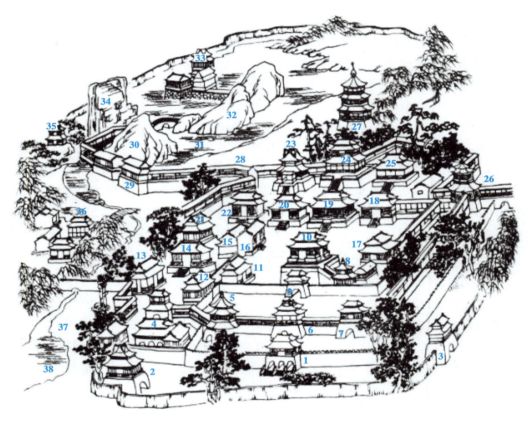

图1.9 建章宫复原图

1. 壁门	2. 神明台	3. 凤阙	4. 九室	5. 井乾楼	6. 圆阙	7. 别凤阙
8. 鼓簧宫	9. 礁饶阙	10. 玉堂	11. 奇宝宫	12. 铜柱殿	13. 疏圃殿	14. 神明堂
15. 鸣鸾殿	16. 承华殿	17. 承光宫	18. 旖旎宫	19. 建章前殿	20. 奇华殿	21. 涵德殿
22. 承华殿	23. 驶袋宫	24. 天梁殿	25. 骊荡宫	26. 飞阁相属	27. 凉风台	28. 复道
29. 鼓簧台	30. 蓬莱山	31. 太液池	32. 瀛洲山	33. 渐台	34. 方壶山	35. 曝衣阁
36. 唐中庭	37. 承露盘	38. 唐中池				

建章宫的外围宫墙周长为30里,宫墙之内,又有内垣一重。宫内的主要建筑物"前殿"为建章宫之大朝正殿,建在高台之上,与东面的未央宫前殿遥遥相望。宫内的其他殿宇,有骊荡宫、天梁宫、奇华殿、鼓簧宫、神明台等。此外,宫的西部还有圈养猛兽的"虎圈"。其西南为上林苑的天然水池之一的"唐中池"。由此可见,宫内既有花木山池供观赏,也有陈列奇玩的珍宝馆,还有通神祭天的神明台等。所以说,建章宫尚保留着上代的圈、台结合的部分,具备多种功能。

建章宫的西北部被辟为以园林为主的一个区,开凿大水面,称为"太液池",汉武帝也像秦始皇一样迷信神仙方术,因而仿效秦始皇的做法,在太液池中堆筑三个岛屿,象征东海的瀛洲、蓬莱、方丈三仙山。

在太液池的西北部,利用挖池的土方分别堆筑"凉风台"和"谶台",前者台上建观,后者高二十余丈。太液池岸边种植雕胡、紫萚、绿节之类的植物,兔雏、雁子布满其间,又多紫龟、绿鳖。池边多平沙,沙上野鸟动辄成群。池中种植荷花、菱角等水生植物,同时水上还有各种形式的游船。

建章宫的总体布局,北部以园林为主,南部以宫殿为主,因此其成为后世"大内御苑"规划的模板,它的园林一区是历史上第一座具有完整的三仙山的仙苑式皇家园林。从此以后"一池三山"遂成为历来皇家园林的主要模式,一直沿袭到清代。

实例5　兔园(梁园)

汉初,曾一度分封宗室诸王就藩国、营都邑,其他地位相当于周代的诸侯国。这些藩王都要在封土内经营宫室园苑,其中以梁国的梁孝王刘武所经营的最为宏大壮丽,与皇帝的宫苑几无二致。

据文献记载,兔园位于睢阳城东郊的平台,其规模相当大,而且已具备人工山水园的全部要素:山、水、植物、建筑。园内有人工开凿的水池——雁池和清泠池,有人工堆筑的山和岛屿;园内有奇果异树等观赏植物,放养许多野兽;宫、观、台等建筑"延亘数十里"。孝王礼贤下士,梁园为养士之所,一时文人云集,司马相如、枚乘在住园期间分别写成了著名的汉赋《子虚赋》和《七发》。兔园以其山池、花木、建筑之盛以及人文之荟萃而名重于当时。直到唐代,仍不时有文人为之作诗文咏赞、发思古之幽情。

1.3.3　东汉的园林

西汉末年,天下大乱。在王莽短暂篡位后,起自宛、洛一带的地方割据势力、豪族大地主刘秀建立了东汉王朝,26年定都洛阳,为汉光武帝。

洛阳城的北面建方坛,祀山川神祇,南面建灵台、州堂、辟雍、太学。近郊一带伊、洛河水滔滔,平原坦荡如砥,邙山逶迤绵延,优美的自然风光和丰沛的水资源为经营园林提供了优越的条件(图1.10)。这一带散布着行宫御苑九处:上林苑、广成苑、平乐苑、西苑、鸿圭灵昆苑、显阳苑、鸿池、鸿德苑和光风园。东汉初期,朝廷崇尚俭约,反对奢华,故宫苑的兴造不多。到后期,统治阶级日益追求享乐,桓、灵二帝时,除扩建旧宫苑之外,又兴建了许多新宫苑,形成东汉皇家造园活动的高潮。东汉称皇家园林为"宫苑",亦如西汉之有宫、苑之别。此外,也有称为"园"的。总体看来,东汉的皇家园林数量不如西汉多,规模远较西汉小。但园林的游赏功能已上升到主要地位,因而比较注意造景的效果。

洛阳作为东汉都城,在建都之初便着手解决漕运和城市供水的问题,通过开凿漕渠,引洛水进入洛阳以通漕和补给城市用水,形成一个比较完整的水系,鸿池便是调节水量的蓄水库。这个水系为城内外的园林提供了优越的供水条件,因而绝大多数御苑均能够开辟各种水体,因水而成景,也在一定程度上促进了园林理水技艺的发展。东汉科学发达,曾有造纸术、候风地动仪等发明。城市供水方面也引进科学技术而多有技术创新,对园林理水产生了一定影响,更增益了后者的技术性和多样化。

东汉的私家园林除了建在城市及其近郊的宅、第、园池之外,随着庄园经济的发展,郊野的一些庄园也掺入了一定分量的园林化经营,表现出了一定程度的朴素的园林特征。东汉初期,经济有待复苏,社会上尚能保持节俭的风尚。中期以后,吏治腐败,外戚、宦官操纵政权,贵族、

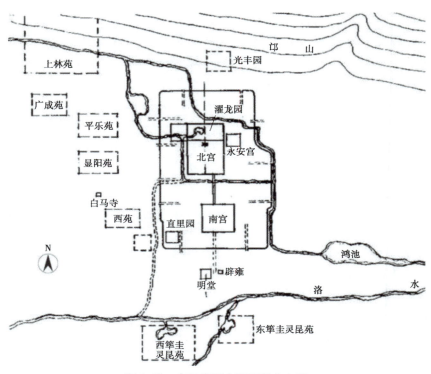

图 1.10 东汉洛阳主要宫苑分布图

官僚敛聚财富,追求奢侈的生活。他们竞相营建宅第、园池,到后期的桓、灵两朝,此风更盛。其中,梁冀为东汉开国元勋梁统的后人,家世显赫,顺帝时官拜大将军,历事顺、冲、质、桓四朝。在他当政的二十余年间,其先后在洛阳城内外及附近的下里范围之内,大量修建园、宅供其享用。一人拥有园林数量之多,分布范围之广,均为前所未见者。梁冀所营诸园,分布在东至荥阳(今河南省郑州市西)、西至弘农(今河南省灵宝县)、南至备阳(今河南省鲁山县)、北至黄河和淇水的广大地域内,其规模可以比拟于皇家园苑。梁冀的两处精品私园——"园圃"和"菟园",在一定程度上反映了当时的贵戚、官僚的营园情况。

园圃具有浓郁的自然风景的意味。园林中构筑假山的方式,尤其值得注意,它模仿崤山形象,是真山的缩移摹写。崤山位于河南与陕西交界处,东、西二崤相距约 15 km,山势险峻,自古便是兵家必争的隘口。园内假山即以十里九坂的延绵气势来表现二崤之险峻恢宏,假山上的深林绝涧亦为了突出其险势,足见园内的山水造景是以具体的某处大自然风景作为蓝本,已不同于皇家园林的虚幻的神仙境界了。梁冀园林假山的这种构筑方式,据推测是中国古典园林中见于文献记载的最早的例子。

建在洛阳西郊的菟园"经亘数十里",园内建筑物量较大,尤以高楼居多,而且营造规模十分可观。东汉私家园林内建置高楼的情况比较普遍,当时的画像石、画像砖都有具体的形象表现。这与秦汉盛行的"仙人好楼居"的神仙思想固然有着直接关系,另外也是出于造景、成景方面的考虑。楼阁的高耸形象可以丰富园林总体的轮廓线,人们似乎已经认识到楼阁所特有的"借景"的功能。

1.4   先秦及秦汉时期园林的主要特征

生成期的中国古典园林的发展持续了近1 200年,从萌芽、产生到逐渐成长,大致可分为3个阶段:第一阶段是殷、周时期;第二阶段是秦、西汉时期;第三阶段是东汉时期。

殷、周是园林生成期的初始阶段,天子、诸侯、卿、士大夫等大小贵族奴隶主所拥有的"贵族园林"相当于皇家园林的前身,但尚不是真正意义上的皇家园林。秦、西汉为生成期园林发展的重要阶段,相应于中央集权的政治体制的确立,出现了皇家园林这个园林类型。它的"宫""苑"两个类别,对后世的宫廷造园影响极为深远。东汉则是园林由生成期发展到魏晋南北朝的发展时期的重要过渡阶段。

总体来说,处于萌芽发展时期的中国古典园林演进变化极其缓慢,始终处在发展的初级状态。

1.4.1   园林布局

园林的功能由早先的狩猎、通神、求仙、生产为主,逐渐转化为后期的游憩、观赏为主。但在园林的布局上,无论是天然山水园或者人工山水园,建筑物只是简单地散布、铺陈、罗列在自然环境中。建筑作为一个造园要素,与其他自然三要素之间似乎并无密切的有机关系。因此,园林的总体布局尚比较粗放,谈不上多少设计营造。

其次,这一时期的园林多采用宫苑结合的布局,苑中有苑也是秦汉园林在规划上的一个特点,比如西汉上林苑,其中宫馆众多,弥山跨谷,是我国历史上第一个把宫和苑结合在一起的园林建筑;同时,上林苑中共有三十六苑,多以苑中有苑的规划布局排布,取得园林内部小中见大、大中见小的对比效果。

另外,"一池三山"是意境构想,是延续历史最久的一种园林布局方式,其立意是以池水为中心,象征东海,池中堆土或叠石,象征传说中的海上仙山——蓬莱、方丈、瀛洲。比如秦始皇统一中国后,东巡至海上,方士们大事渲染东海神山,于是派遣下人率童男童女入海求三神山的仙药。求之不得,又在咸阳作长池,引渭水,池中堆蓬莱山,以求神仙降临。再如,汉武帝在长安建章宫内作太液池,池中作方丈、蓬莱、赢洲诸山。虽然这种海岛仙山起源于荒诞的方士妄说,但对园林布局来说,却是一种良好的形式,它使空旷平淡的水产生变化,使景观层次丰富起来;在岛上观赏,则碧波环绕于周围,可产生脱尘离俗之趣。尽管神人仙药不过是一种虚构,而蓬莱仙岛式的布局却始终受到历代造园者的喜爱而沿用不衰。

1.4.2   造园要素

充分利用自然山水要素,同时营造人工山水以构景,是秦汉园林的重要特色。上林苑是秦汉皇家园圃的代表。它以阔大的自然山川为造园基础,依山傍水,气势磅礴。在其自然的山环水抱之中,有不少人工开凿的水池,其中以昆明池最为有名。在人工山水中构造大型山体不易,而引河泽之水造景则简便易行。山景营造或堆土山、或构石山,以土山为多;水景则常凿池引活水。土山与池水的组合大概是一种自然随意而又约定俗成的过程。就地取材、堆土为山,既可营造草木葱茏的景色,同时掘池的低洼处自然成为池塘,一举两得。石山对造型的要求较高,且石头运输不易,若非就地取材、难以成山,故石山为少。

引水造景、激水为波，是汉代园林普遍使用的手法。用叠石垒砌出逶迤曲折的池岸，并精心制造抑扬起伏的地势，不仅汉皇宫中能够"激上河水"，民间亦有漂亮的人工水景。因此，无山不成林，无水不成园。山为骨骼、水为血脉，山水相依、刚柔相济是中国古典园林的重要特色。这种特色在秦汉时期便已形成，而促成秦汉园林的山水组合之重要契机，即是"海上三神山"的传说。凿池以蓄水、池中建台以像山，便成为园林布局的基本要素。以自然山水为主的园林或仿真山、真水建造的园林，一般需有较大的规模；而蓬莱仙境之类的园林有池有岛即可，因为它只是仙境的一种象征而已。它长期为后世所沿用，得益于灵活简便的形式与蕴含丰富的思想内容。

复习思考题

1. 中国古典园林雏形期产生了哪些园林形式？各自具有什么功能和特征？
2. 简述审美及思想因素对中国古典园林发展方向的影响。
3. 简述建章宫苑的布局特点及历史地位。
4. 对比商周与秦汉时期，中国古典园林的特征出现了哪些变化？
5. 简述先秦及秦汉时期园林的主要特征。

2 魏晋南北朝园林

2.1 历史与园林文化背景

2.1.1 历史背景

魏晋南北朝园林

东汉末年,军阀地方割据势力逐渐壮大。豪强、军阀互相兼并,220年东汉灭亡,形成了魏、吴、蜀三国鼎立的局面。263年,魏灭蜀。两年后司马氏篡魏,建立晋王朝。280年吴亡于晋,结束了分裂的局面。中国复归统一,史称西晋。

经过近一百年的持续战乱,社会经济遭到极大破坏,人口锐减。因而到处农田荒芜、生产停滞。西晋开国之初,允许塞外比较落后的少数民族移居中原从事农业生产以弥补中原人口锐减的情况,同时在律令、官制、兵制、税制方面进行了适当改革。由于这些措施,社会呈现出短暂的安定繁荣景象。然而作为维系封建大帝国的地主小农经济基础并未恢复,庄园经济的继续发展导致豪门大族日益强大而转化为门阀士族。士族拥有自己的庄园、部曲佃客、奴婢、荫户和世袭的特权,成为"特权地主"。士族子弟都受过良好的教育,从年轻时期便在中央和地方做官而飞黄腾达。大士族之间、大士族与皇室之间由婚姻联结起来,构成了一个关系密切的特权阶层。这个阶层的成员相互援引,排斥着庶族地主。士族集团在社会上有很高的地位足以和皇室抗衡,所谓"下品无士族,上品无寒门"。在皇室、外戚、士族之间争权夺利的过程中又促使了各种矛盾的激化。300年,爆发了诸王混战,即"八王之乱"。流离失所的农民不堪残酷压榨而酿成"流民"起义,移居中原的少数民族也在豪酋的裹胁下纷纷发动叛乱。从304年匈奴的刘渊起兵反晋开始,黄河流域完全陷入了匈奴、羯、氐、羌、鲜卑5个少数民族的豪酋相继混战、政权更迭的局面。

西晋末年的大乱迫使北方的一部分士族和大量汉族劳动人民迁徙到长江下游和东南地区,南渡的司马氏于317年建立东晋王朝。东晋在外来的北方士族和当地士族的支持下维持了103年之后,南方相继为宋、齐、梁、陈4个汉族政权更迭代兴,史称两朝,前后共169年。

在北方,5个少数民族先后建立十六国政权。其中鲜卑族拓跋部的北魏势力最强大,于386年统一整个黄河流域,是为北魏,从此形成了南北对峙的局面。北魏积极提倡汉化,利用汉族士人统治汉民,北方一度呈现安定繁荣。但不久统治阶级内部开始互相打击,分裂为东魏和西魏,随后又分别被北齐、北周所取代。

589年,隋文帝灭陈,结束了魏晋南北朝这一历时369年的分裂时期,中国又恢复大一统的局面。这三百多年的动乱分裂时期,政治上大一统局面被破坏势必影响意识形态上的儒学独尊。人们敢于突破儒家思想的桎梏,藐视正统儒学制定的礼法和行为规范,向非正统的和外来的种种思潮中探索人生的真谛。由于思想解放而带来的人性觉醒,便成了这个时期文化活动的突出特点。

2.1.2 园林文化背景

东汉末年,社会动荡不安,普遍流行着消极悲观的情绪,人们因而滋长及时行乐的思想。魏晋之际,皇室与门阀士族之间、士族的各个集团之间的明争暗斗愈演愈烈,斗争的手段不是丰厚的赏赐便是残酷的诛杀。士大夫知识分子一旦牵连政治斗争,则荣辱死生毫无保障,消极情绪与及时行乐的思想更有所发展并导致了行动上的两个极端倾向:贪婪奢侈、玩世不恭。西晋朝廷上下敛聚财富、荒淫奢靡成风。特殊的政治经济社会背景是大量产生隐士、滋长隐逸思想的温床,因而隐士数量之多,隐逸思想波及面之广,远远超过东汉。号称"竹林七贤"的阮籍、嵇康、刘伶、向秀、阮咸、山涛、王戎是名士的代表人物。名士们以纵情放荡、玩世不恭的态度来反抗礼教的束缚,寻求个性的解放。一方面表现为饮酒、服食等的具体行动;另一方面则表现为崇尚隐逸和寄情山水的思想作风,也就是所谓的"魏晋风流"。名士的种种言行,实际上从一个侧面反映出了隐逸思想在知识分子群体中的传播情况。

为了自我解脱而饮酒、服食,都无非是想要暂时摆脱名教礼制。对于名士们来说,最好的精神寄托莫过于到远离人事扰攘的山林中去。在战乱频频、命如朝露的严酷现实生活面前,又迫使他们对老庄哲学的"无为而治、崇尚自然"的再认识。所谓"自然"即否定人为的、保持自然而然的状态,而大自然山林环境正是这种非人为的、自然而然状态的最高境界。此外,玄学主张返璞归真、佛家的出世思想也都在一定程度上激发人们对大自然的向往之情。名士们既倾心玄、佛,还经常通过"清谈"来进行理论上的探讨,论证人必须处于自然而然的无为状态才能达到人格的自我完善。名士们都认为名教礼法是虚伪的表征,在以名教礼法为纲地充满了假、恶、丑的社会中要追求一种真、善、美的理想的现实是根本不可能的,只有大自然山水才是他们心目中真、善、美的寄托与化身。在他们看来,大自然山水是最"自然"和"真"的,而这种"真"表现为社会意义就是"善",表现为美学意义则是"美"。这些正是魏晋哲学的鲜明特点,也即是魏晋士人寄情山水的理论基础。

寄情山水、崇尚隐逸既成为社会风尚,启导着知识分子阶层对大自然山水的再认识,从审美的角度去亲近它、理解它。于是,社会上又普遍形成了士人们的游山玩水的浪漫风习(图2.1)。大自然被揭开了秦汉以来具有的神秘色彩,摆脱了儒家"君子比德"的单纯功利、伦理附会,以它的本来面目——广阔无垠、奇妙无比的生态环境和审美对象而呈现在人们的面前。人们一方面通过寄情山水的实践活动取得与大自然的自我谐调,并对之倾诉纯真的感情;另一方面又结合理论的探讨去探化对自然美的认识,去发掘、感知自然风景构成的内在规律。于是,人们对大自然风景的审美观念便进入高级的阶段而成熟起来,其标志就是山水风景的大开发和山水艺术的大兴盛。山水风景的开发是山水艺术兴起和发展的直接启导因素,而后者的兴盛又反过来促进了前者的开发,形成了中国历史上两者同步发展的密切关系。

图2.1　兰亭修禊图(明,文征明)

另外,两晋南北朝时期,与山水艺术相关的各门类都有很大的发展势头,其内容包括山水文学、山水画、山水园林。相应地,人们对自然美的鉴赏遂取代了过去对自然所持的神秘、功利和伦理的态度而成为后来传统美学思想的核心。文人士大夫通过直接鉴赏大自然,或者借助于山水艺术的间接手段来享受山水风景之乐趣,也就成了他们精神生活的一个主要内容。

文学方面,早期的玄言诗日渐式微,建安时代的诗歌中描写山水风景的越来越多了。晋室南渡以后,江南各地秀丽的自然风景相继得到开发。文人名士游山玩水,终日徜徉于林泉之间,对大自然的审美感受日积月累,在客观上为山水诗的兴起创造了条件。再加之受到老庄和玄、佛的影响,文人名士对待现实的态度由入世转向出世,企图摆脱名教礼法的束缚,追求"顺应自然",因而便以完全不同于上代的崭新的审美眼光来看待大自然山水风景,把它们当作有灵性的人格化的对象。于是山水诗文大量涌现于文坛,东晋的谢灵运便是最早以山水风景为题材进行创作的诗人,陶渊明、谢朓、何逊等人都是擅长山水诗文的大师。另外,当时的一些文人受到道教神仙思想的影响,在诗作中结合游历神仙境界的想象来抒发脱离尘俗的情怀,这就是所谓的"游仙诗",也给晋代的江南诗坛带来一股清新之风。这类山水题材的诗文尽管尚未完全摆脱玄言的影响,技巧尚处在不太成熟的幼年期,不免多少带有矫揉造作的痕迹,但毕竟突破了两汉大赋的憧憬华丽、排比罗列,不仅状写山川形神之美而且还托物言志、抒发作者的感情,达到情景交融的境地。山水诗文与山水风景之间相互浸润启导的迹象十分明显,后者的开发为前者的创作提供广泛的素材,前者的繁荣则成为促进后者开发的力量。

在绘画方面,山水已经摆脱作为人物画背景的状态,开始出现独立的山水画。它的形式虽然比较幼稚,但毕竟异军突起,在发掘自然美的基础上而成长起来。山水画的成长意味着绘画艺术从"成人伦、助教化"的手段向着自由创作转化,也标志着文人参与绘画的开始。东晋的顾恺之是人物画家而兼擅山水,南朝的山水画家宗炳和王微都总结他们的创作经验而著为山水画论。宗、王主张山水画创作的主观与客观相统一,这是中国传统思维方式与"天人合一"哲理的表现,当然也会在一定程度上影响人们对大自然本身的美的鉴赏,多少启发了人们以自然界的山水风景作为"畅神"和"移情"的对象。

处在这样的时代文化氛围之中,越来越多的优美自然生态环境作为一种无限广阔的景观被利用而纳入人的居住环境,自然美与生活美相结合而向着环境美转化。这是人类审美观念的一个伟大转变。在欧洲,这个转变直到文艺复兴时方才出现,比中国大约要晚一千年。

2.2 皇家园林

魏晋南北朝时期的皇家园林仍沿袭上代传统,虽然狩猎、通神、求仙、生产的功能已经消失或仅具象征意义,规划设计已较为细致精练,但毕竟不能摆脱封建礼制和皇家气派的制约。与同时期的私家园林相比,其创作不如私家园林活跃,直到南北朝后期似乎才接受私家园林的某些影响,在造园艺术方面得以升华。这时期的皇家园林特点主要有下述5点。

①园林的规模比较小,也未见有生产、经济运作方面的记载,但其规划设计则更趋于精密细致;个别规模较大的,如邺城北齐高纬的仙都苑,由暴君高纬驱使大量军民劳动力在很短时期内建成,施工比较粗糙,总体质量不高。建筑的内容多样、形象丰富,楼、阁、观等多层建筑物以及飞阁、复道都是沿袭秦汉传统而又有所发展,台已不多见。佛寺和道观等宗教建筑偶有在园林之内建置的。亭子在汉代本来是一种驿站建筑物,这时开始引进宫苑,但其性质则完全改变成为点缀园景的园林建筑了。

②由山、水、植物、建筑等造园要素综合而成的景观,其重点已从摹拟神仙境界转化为世俗

题材的创作，但老庄、仙界的玄虚之景仍然与人间的现实之景形成分庭抗礼的局面。园林造景的主流仍然是追求"镂金错彩"的皇家气派，个别的如南、北华林园甚至经过几个朝代的发展，使得这种气派更为定型化。但在当时审美观的影响下，在皇家气派中也免不了或多或少地透露出一种"天然清纯"之美。

③皇家园林开始受到民间私家园林的影响，南朝的个别御苑甚至由当时的著名文人参与经营。同时，一些民间的游憩活动也被引进宫廷，"曲水流觞"便是其中一种。曲水流觞原出于先秦的修禊活动，这时已成为盛行于文人名流圈子里的一种诗酒酬唱的社交聚会。曹魏时，民间的"修禊"引入宫廷，洛阳芳林园内最早出现举行修禊活动的人工建置。西晋洛阳的华林园、南朝建康的华林园都有类似的禊堂、禊坛、流杯沟、流杯池、流觞池等的建置，成为皇家园林的特有景观，也是宫廷摹仿民间活动、帝王附庸文人风雅的表象。此后，在三大园林类型并行发展的过程中，皇家园林不断向私家园林汲取新鲜的养分，为中国古典园林发展史上一直贯穿着的现象。

④以筑山、理水构成地貌基础的人工园林造景，已经较多地运用一些写意的手法，把秦、汉以来的着重写实的创作方法转化为写实与写意相结合。筑山理水的技艺达到一定水准，已多有用石堆叠为山的做法，山石一般选用稀有的石材。水体的形象多样化，理水与园林小品的雕刻物(石雕、木雕、金属铸造等)相结合，再运用机枢而创为各种特殊的水景。

⑤皇家园林的称谓，除了沿袭上代的"宫""苑"外，称为"园"的也比较多了。就园林的性质而言，它的两个类别——宫、苑，前者已具备"大内御苑"的格局。此后，大内御苑的发展便纳入了规范化的轨道，在首都城市的总体规划中占有重要的地位，成为城市中轴线的空间序列的结束部位。它不仅为皇帝提供了日常游憩场所，也是护卫皇居的屏障，军事上足以作攻防之应变，起着保护禁宫的作用。北魏的洛阳、南朝的建康就是这种规范化的皇都模式的代表作，对于隋唐以后皇都的城市规划有着深远的影响。

以下以北方的邺城、洛阳，南方的建康为代表，对魏晋南北朝时期皇家园林特点作具体阐述。

2.2.1　邺城的皇家园林

邺城在今河北省临漳县的漳水北岸，始建于春秋五霸之一的齐桓公时。其后，战国七雄之一的魏国定都大梁，邺城作为魏国的边疆镇邑，北扼韩国、东拒赵国，战略地位十分重要。魏文侯采纳谋士建议，派西门豹为邺县令兴修水利，使千里荒原变为丰腴之地。东汉末，曹操封爵魏公，独揽朝政，开始发展自己的割据势力、营建封邑邺都。

曹操在战国时已兴修水利的基础上又开凿运河，以沟通河北平原的河流航道，形成了以邺城为中心的水运网络，同时也收到灌溉之利。因此，曹魏时的邺地已盛产稻谷，再经以后历朝的经营而成为北方的稻米之乡。由于邺城在经济上具有优势地位，又是曹魏的封邑，因此，曹操当政时只把许昌作为政治上的"行都"，在这里挟天子以令诸侯。而自己则坐镇邺城，以此为割据政权的根据地，不断进行城池、宫苑的建设。据《水经注·漳水》记载，邺城东西长7里，南北长5里，外城有七个门，内城有四个门(图2.2)。邺城整体结构严谨，以宫城(北宫)为全盘规划的中心。宫城的大朝文昌殿建置在全城的南北中轴线上，中轴线的南段建衙署。利用东西干道划分全城的南北两大区。南区为居住坊里，北区为禁宫及权贵府邸。城市功能分区明确，有严谨的封建礼制秩序，也有利于宫禁的防卫。城市西郊的漳河穿城而过，供应居住坊里的生活用水，另外开凿长明沟引漳河之水贯穿城北，解决了宫苑的用水问题。在园林建设上，主要有三处皇家园林,即铜雀台、华林园和仙都苑。

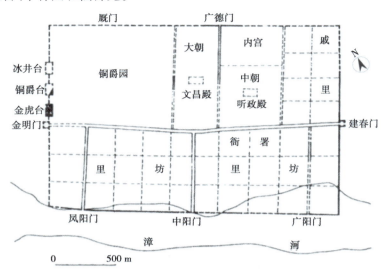

图2.2 曹魏邺城平面图

实例1 铜雀台

御苑"铜雀园"又名"铜爵园",初建于建安十五年(210年),后赵、东魏、北齐屡有扩建。这是以邺北城城墙为基础而建的大型台式建筑。当时共建有三台,前为金虎台、中为铜雀台、后为冰井台。据《水经注·漳水》的记述,铜雀台居中,高10丈,上建殿宇百余间,楼宇连阙,飞阁重檐,雕梁画栋,气势恢宏,达到了我国古代高台建筑的顶峰(图2.3)。铜雀园紧邻宫城,已具有"大内御苑"的性质。除宫殿建筑之外,还有储藏军械的武库,进可攻、退可守,这是一座兼有军事坞堡功能的皇家园林。在台下引漳河水经暗道穿铜雀台流入邺城北郊的离宫别馆"玄武苑"中的玄武池,

图2.3 今铜雀台遗址公园

玄武池以肆舟楫,有鱼梁钓台、竹木灌丛,同时也是曹操操练水军之所,可以想象景象之盛。铜雀台的南面为金虎台,高8丈,台上有屋一百三十五间。长明沟之水由铜雀台与金虎台之间引园入水,开凿水池作为水景亦兼可养鱼。北面是冰井台,因上有冰井而得名,高8丈,上面建殿宇一百四十间,有三座冰室,每个冰室内有数眼冰井,井深15丈,储藏着大量的冰块、煤炭、粮食和食盐等物资,极具战略意义。冰井台距铜雀台60步。南中间有阁道式浮桥相连接,凌空而起宛若长虹。铜雀台与金虎台之间的联系也是如此。所以三个台既具有独立性,又是不可分割的整体。

羌族人石勒创立后赵,先定都于襄国,督劝农桑,施行汉化政策,经济得到恢复发展。夺得邺城后,开始经营宫殿。335年石虎继位,正式迁都邺城,建东宫、西宫、太极殿,又在曹魏的基础上修葺三台,铜雀台在原有10丈高的基础上又增加2丈,并于其上建五层楼,高15丈,共去地27丈。巍然崇举,其高若山。窗户都用铜笼罩装饰,日初出时,流光照耀。在楼顶又置铜雀,高1.5丈,舒翼若飞,神态逼真。铜雀台有殿室一百二十间。正殿上安御床,挂蜀锦流苏帐,四

角设金龙头,衔五色流苏,又安全钮屈戍屏风床。又在铜雀台下挖两口井,两井之间有铁梁地道相通,称为"命子窟",窟中存放了很多财宝和食品。北齐天保九年(558年),征发工匠三十万,大修三台。元末,铜雀台被漳水冲毁一角,周围尚有一百六十余步,高5丈,上建永宁寺。明朝中期,三台尚在。明末,铜雀台大半被漳水冲没。

实例2　华林园

建武帝石虎荒淫无道,在连年战乱、民不聊生的情况下,役使成千上万的劳动人民经营邺都宫苑,同时还在襄国、洛阳、长安等地进行宫殿建设,在邺城新建的宫殿中,首推城北面的华林园。据《邺中记》记载,在华林园内开凿大池"天泉池",引漳水作为水源,再与宫城内的御沟连通成为完整的水系。千金堤上做两铜龙,相向吐水,以注天泉池。每年3月3日,建武帝及皇后、百官临水宴游。园内栽植大量果树,多有名贵品种如春李、西王母枣、羊角枣、勾鼻桃、安石榴等,为了掠夺民间果树移栽园内,故特制了一种"蛤蟆车",其"箱阔一丈,深一丈四,搏掘根面去一丈,合土载之,植之无不生"。文中虽没有提到假山,但既然役使十余万人,开凿大池,则利用土方堆筑土山完全是可能的。除了华林园之外,还修建了一些规模较小的御苑,如专门种植桑树的"桑梓苑"等。

实例3　仙都苑

538年,东魏扩建南邺城于曹魏邺城之南,东西长6里,南北长8里,增修了许多奢华建筑,如太极殿、昭阳殿、仙都苑等。新的南邺城约为旧城的两倍大,东西城墙各四门,南城墙三门。宫城居中靠北,位于城市的中轴线上,呈前宫后苑的格局。

571年,北齐后主高纬于南邺城之西兴建仙都苑,这座皇家园林较之以往的邺城诸苑,规模更大,内容也更丰富,仙都苑周围数十里,苑墙设三门、四观。苑中堆有五座山,象征五岳,在五岳中间引水象征中国的长江、黄河、淮河、济水四条独流入海的"四渎",名曰东、南、西、北四海,又汇集成为一个大海,这个水系通行舟船的水程长达25里。大海中有连璧洲、杜若洲、荒芜岛、三休山,还有万岁楼建在水中央。万岁楼的门窗垂五色流苏帐帷,梁上悬玉佩,柱上挂方镜,下悬织成的香囊,地上铺锦褥地衣,中岳之北有平头山,山的东、西侧为青云楼,楼北为九曲山,西有陛道名叫通天坛。大海之北有七盘山及若干殿宇,正殿为飞鸾殿,十六间,柱础镌作莲花形,梁柱"皆苞以竹,作千叶金莲花三等束之",殿"后有长廊,檐下引水,周流不绝"。北海之中建密作堂,这是一座建于大船之上的漂浮在水面上的多层建筑物。北海附近有两处特殊的建筑群:一处是城堡,高纬命高阳王思宗为城主据守,高纬亲率宦官、卫士鼓噪攻城以取乐;另一处是"贫儿村",仿效城市贫民居住区的景观,齐后主高纬与后妃宫监装扮成店主、店伙、顾客,往来交易三日而罢。其余楼台亭榭之点缀,则不计其数。

仙都苑不仅规模宏大,其总体布局用以象征五岳、四海、四渎乃是继秦、汉仙苑式皇家园林之后象征手法的发展。苑内各种建筑物从它们的名称上看,形象相当丰富,如贫儿村模仿民间的村肆,密作堂宛若水上漂浮的厅堂,城堡类似园中的城池等,这些在皇家园林的历史上都具有一定的开创性意义。

2.2.2　洛阳的皇家园林

北魏政权自平城迁都洛阳之后统一了北方,为适应经济发展、文化繁荣、人口增加的要求,也为了强化北魏王朝对北方的统治,就需要在曹魏、西晋的基础上重新加以营建。为此,政府曾派人到南朝考察建康的城市建设情况并制订新洛阳的规划方案,于北魏文帝太和十七年(493

年)开始了大规模的改造、整理、扩建工程。

北魏洛阳在中国城市建筑史上具有划时代的意义,它的功能分区较之汉、魏时期更为明确,规划格局更趋完备(图2.4)。内城即魏晋洛阳城址,在其中央的南半部纵贯着一条南北向的主要干道——铜驼大街,大街以北为政府机构所在的衙署区,衙署以北为宫城(包括外朝和内廷),其后为御苑华林园,已邻近于内城北墙了。干道—衙署—宫城—御苑,自南而北构成城市的中轴线,这条中轴线是皇居之所在,政治活动的中心。它利用建筑群的布局和建筑体形变化形成一个具有强烈节奏感的完整的空间序列,以此来突出封建皇权的至高无上。大内御苑毗邻于宫城之北,既便于帝王游赏,又具有军事防卫上"退足以守"的用意。这个完全成熟的城市中轴线规划体制,奠定了中国封建时代都城规划的基础,确立了此后皇都格局的模式。内城以外为外廓城,构成宫城、内城、外城三套城垣的形制。外城大部分为居民坊里。整个外郭城东西长20里,南北长15里,比隋唐长安城还要略大一些。

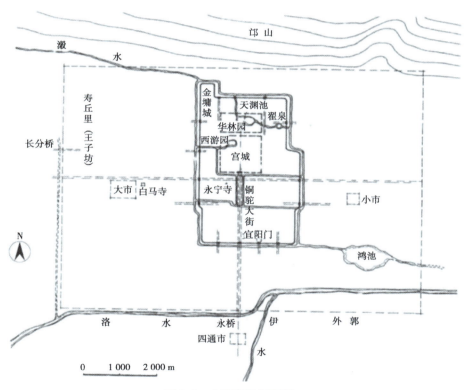

图2.4 北魏洛阳平面图

北魏的洛阳城完全恢复了魏、晋时的城市供水设施,而且更加完善,水资源得以充分利用。因此,内城清流萦回,绿荫夹道,外城河渠通畅,环境十分优美。水渠不仅接济宫廷苑囿,并且引流入私宅、寺观,为造园创造了优越的条件,因而城市园林十分兴盛。洛阳的皇家园林以华林园最为著名。

魏文帝曹丕黄初元年(220年),初营洛阳宫,黄初七年(226年)筑九华台。到魏明帝时,洛阳开始大规模的宫苑建设。芳林园是当时最重要的一座皇家园林,后因避齐王讳改名为华林园。华林园为大内御苑,位于城市中轴线的北端,它是仿写自然,以人工为主的一处皇家园林(图2.5)。园内的西北面以各色文石堆筑土石山,东南面开凿水池,名为"天渊池",引来谷水绕过主要殿堂前,形成园内完整的水系。沿水系有雕刻精致的小品,形成了很好的景观。华林园中又有各种动物和树木花草,还有供演出活动的场所。从布局和使用内容来看,既继承了汉代苑囿的某些特点,又有了新的发展,并为以后的皇家园林所模仿。华林园历经曹魏、西晋直到北魏的若干个朝代二百余年的不断建设、踵事增华,不仅成为当时北方的一座著名的皇家园林,其造园艺术的成就在中国古典园林史上也占有一定的地位。

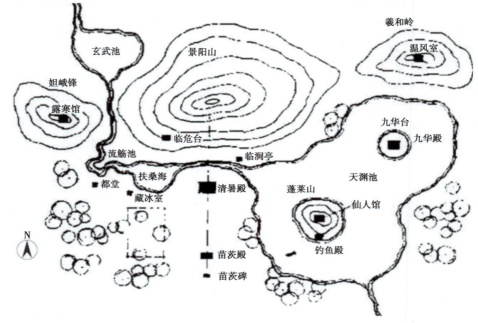

图 2.5　北魏洛阳华林园平面图

2.2.3　建康的皇家园林

建康即今南京,在魏晋南北朝时期有 370 年作为朝代的建都之地(图 2.6)。建康城周长超过 20 里,城内的太初宫为孙策的将军府改建而成,267 年,孙皓在太初宫之东营建显明宫,太初宫之西建西苑,又称西池,即太子的园林。在城市建设和宫殿建设的同时,也修整河道供水设施,先后开凿青溪(东渠)、潮沟、运渎、秦淮河,改善了城市的供水和水运条件,建业城遂日益繁荣。出城之南至秦淮河上的朱雀航(航即浮桥),官府衙署鳞次栉比,居民宅室延绵迤西直至长江岸,大体上奠定了此后建康城的总体格局。

除大内御苑之外,南朝历代还在建康城郊及玄武湖周围兴建行宫御苑多达二十余处。如(南朝)宋代的乐游苑、上林苑,齐代的青溪宫(芳林苑)、博望苑,梁代的江潭苑、建新苑等处,星罗棋布,蔚为大观。

图 2.6　六朝建康平面图

建康的皇家园林,宋以后历代均有新建、扩建和添改的,到梁武帝时臻于极盛的局面后经侯景之乱而破坏殆尽,陈代立国才又重新加以整建。南方汉族政权偏安江左,皇家园林的规模都不太大。但设计规划上则比较精致,内容也十分豪华,这在后来的文人笔下是"六朝金粉"的主要表现。隋文帝灭陈后,这些园林也就随之而灰飞烟灭了。建康的皇家园林,以华林园最为著名。

大内御苑"华林园"位于台城北部,与宫城及其前的御街共同形成干道—宫城—御苑的城市中轴线的规划序列。华林园始建于吴,历经东晋、宋、齐、梁、陈的不断经营,是南方的一座重要的、与南朝历史相始终的皇家园林。

早在东吴,已引玄武湖之水入华林园。东晋在此基础上开凿大渊池,堆筑景阳山,修建景阳楼。此时,园林已粗具规模,显示一派犹若自然天成之景观。到刘宋时大加扩建,保留景阳山、天渊池、流杯渠等山水地貌并整理水系。园内除保留上代的仪贤堂、景阳楼之外,又先后兴建琴室、灵曜殿、芳香琴堂、日观台、清暑殿、光华殿、醴泉殿、朝日明月楼、竹林堂等,开凿花萼池,堆筑景阳东岭。

侯景叛乱,尽毁华林园,陈代又予以重建。至德二年(584 年),荒淫无道的陈后主在光昭殿前为宠妃张丽华修建著名的临春、结绮、望仙三阁,"阁高数丈,并数十间。其窗牖、壁带、悬楣、栏槛之类,皆以沉檀香木为之,又饰以金玉,间以珠翠,外施珠帘,内有宝床、宝帐,其服玩之属,瑰奇珍丽,近古所未有。每微风暂至,香闻数里,朝日初照,光暎后庭。其下积石为山,引水为池,植以奇树,杂以花药",阁间以复道联系,复道又称飞阁、阁道,即天桥。同样的情况亦见于曹魏邺城的铜雀园和北魏洛阳的华林园中。

华林园之水引入台城南部的宫城,为宫殿建筑群的园林化创造了优越条件。台城的宫殿,多为三殿一组,或一殿两阁,或三阁相连的对称布置,其间泉流环绕,杂植奇树花药,并以廊庑阁道相连,具有浓郁的园林气氛(图 2.7)。这种做法即是敦煌唐代壁画中常见的"净土宫"背景之所本,也影响日本的以阿弥陀堂为中心的净土庭园。

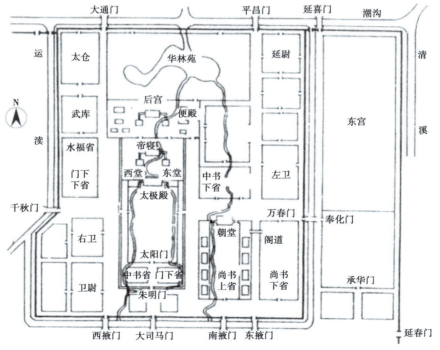

图 2.7　台城平面图

2.3 私家园林

东汉末年,民间的私家造园活动就已经比较频繁了。建安文人大多数都写过有关园林和园居生活的诗文。到了魏晋南北朝,寄情山水、雅好自然既然成为社会的风尚,那些身居庙堂的官僚士大夫们不满足于一时的游山玩水,也不愿意付出长途跋涉的艰辛。因此,为了满足这个愿望,除了在城市近郊开辟可当日往返的风景游览地之外,最理想的办法莫过于营造"第二自然"——园林。于是,官僚士大夫纷纷造园,门阀世族的名流、文人也非常重视隐居生活,有权势的庄园主亦竞相效尤,私家园林便应运而兴盛起来。经营园林成了社会上的一项时髦活动,出现了民间造园成风、名士爱园成癖的情况。

这一时期的私家园林见于文献记载的已经很多了,其中有建在城市里面或近郊的城市型私园——宅园、游憩园,也有建在郊外的庄园、别墅。由于园主人的身份、素养、趣味不同,官僚、贵戚的园林在内容和格调上与文人、名士的并不完全一样。而北方和南方的园林,也多少反映出自然条件和文化背景的差异。

2.3.1 城市私园

城市私园,大多数都追求华丽的园林效果,讲究声色娱乐的享受,显示出园主普遍偏于绮靡的格调,但也不乏天然清纯的立意者。在规划设计上,表现出下述两方面的特点。

(1)设计精致化的特点　在城市的私家营园之中,筑山已经比较多样而自如。除了土山之外,耐人玩味的叠石为山也较上代普遍,开始出现单块美石的特置。例如,南梁人到溉的宅园内"斋前山池有奇础石,长一丈六尺",这块特置的美石后来被迎置于华林园宴殿前。宋人刘勔造园于"钟岭之南,以为栖息,聚石蓄水,仿佛丘中",则是最早见于文献记载的用石来砌筑山水驳岸的做法。园林理水的技巧比较成熟,因而园内的水体多样纷呈,丰富的水景在园中占有重要位置。园林植物的品类繁多,专门用作观赏的花木也不少,而且能够与山水配合作为分隔园林空间的手段。园林建筑则力求与自然环境相协调,而构成因地制宜的景观。还有一些细致的设计手法,如通过对园外的"借景"来沟通室内外空间,透过窗牖的"框景"等,这在当时文人的诗文中均已见其端倪。总之,园林的规划设计显然更向着精致细密的方向上发展了(图2.8)。

图2.8　北魏时期宅园(北魏孝子石棺侧壁雕刻)

(2)规模小型化的特点　这个时期,城市私园相对于汉代而言,大多数均趋向于小型化。所谓小,非仅仅指其规模而言,更在于其小而精的布局以及某些小中见大的迹象萌芽。相应地,造园的创作方法,也不得不从单纯写实向写意与写实相结合过渡。小园获得了社会上的广泛赞赏。

北方的城市型私家园林,主要以洛阳诸园为代表。北魏自武帝迁都洛阳后,进行全面汉化并大力吸收南朝文化,人民由于北方的统一而获得暂时的休养生息。作为都城的洛阳,经济和文化逐渐繁荣，人口日增，乃在汉、晋旧城的基址上加以扩大。内城东西长20里，南北30里，内城之外又加建外郭城。共有居住坊里二百二十个，大量的私家园林就散布在这些坊里之内。北魏人杨衒之在《洛阳伽蓝记》中记叙了几处北方私家园林实例。而南方的城市型私家园林也像北方一样，多为贵戚、官僚所经营。为了满足奢侈的生活享受，也为了争奇斗富，很讲究山池楼阁的华丽格调，刻意追求一种近乎绮丽的园林景观。

实例1 张伦宅园

大官僚张伦的宅园以大假山——景阳山作为园林主景，已经能够把自然山岳形象的主要特征，比较精练而集中地表现出来。它的结构相当复杂，是以土石凭借一定的技巧筑叠而成的土石山。园内高树成林，足见历史悠久，可能是利用前人废园的基址建成的。畜养多种的珍贵禽鸟，尚保持着汉代遗风。此园具体规模不得而知，在洛阳这样人口密集的大城市的坊里内建造私园，用地毕竟是有限的，一般不会太大，而又要全面地体现大自然山水景观，就必须求助于"小中见大"的规划设计。张伦宅园的筑山理水不再运用汉代私园那样大幅度排比铺陈的单纯写实模拟的方法，而是从写实过渡到写意与写实相结合。这是造园艺术创作方法的一个飞跃。

实例2 玄圃

齐武帝之长子文惠太子笃信佛教，他在建康台城开拓私园"玄圃"。玄圃内的山连绵不断、高耸诡异，坡陡高峻，玄圃内的池沼景色佳丽，池中有洲，池水清澄，奔流向前，满眼望去也看不到头；池面倒映着高峻的飞阁、钓台，水波荡漾开来，影子似乎也随波漂到远方；池内可任大船小艇泛舟游赏。赋中描写，不免夸张，但山、水之丽景仍可想象。除了山水之外，玄圃中还有一些名称未知的建筑，如当事人描写玄圃的一些诗句"晚景乘轩入""倒飞阁之嵯峨，漾钓台而浮迥""并命登飞阁"等中的轩、阁、台等。此外，从萧子云《玄圃园讲赋》中的描述——"铜龟受水而独涌，石鲸吐浪而戴华"，可知玄圃的池沼内还有铜龟、石鲸两个园林小品。关于玄圃内动、植物亦颇为可观。对玄圃内动、植物描绘最为细致的，当属萧子云《玄圃园讲赋》。从赋文可知玄圃内植物有：紫桂、香枫、蔓雪、桃枝、长卿、钱蒋、菱华、菡苗、青纶；动物有杉鸡、木客、戴胜、吐绶、鹏、鸳鸯、比目鱼、红虾等。

2.3.2 庄园、别墅园

东汉发展起来的庄园经济，到魏、晋时已经完全成熟。世家大族——士族乘举国混乱、政治失坠之机，疯狂掠夺土地，庇护大量人口为荫户，使私田佃奴制的庄园得到扩大和再发展，魏晋政权即是以此为经济基础建立起来的。庄园规模有的极宏大，也有小型的。它们一般包含四部分内容：一是庄园主家族的居住聚落；二是农业耕作的用园；三是副业生产的场地和设施；四是庄客、部曲的住地。就生活基本需要而言，其封闭性的自给自足的农副业生产可以不必仰求外来的物资。就生活环境选择而言，在当时物质文明不高，人口密度很低的情况下，随处都可以找到充满自然美的幽静的世外桃源，为士人"归田园居"的隐逸生活提供优越条件。士族子弟由丰厚庄园经济供养，有高贵门第和政治特权，又受到良好教育，不少人成为高官、名流或知识界的精英。他们对自己庄园的经营必然会在一定程度上体现他们的文化素养和审美情趣，把普遍流行于知识界的以自然美为核心的时代美学思潮，融糅于庄园生产、生活的功能规划之中；在承袭东汉传统的基础上，更讲究"相地卜宅"，延纳大自然山水风景之美，通过园林化的手法来创造一种自然与人文相互交融、亲和的人居环境——"天人谐和"的人居环境。其中见于文献记载的庄园有石崇的金谷园、潘岳庄园以及陶潜庄园等。

东晋南朝时的江南,除了平原上的庄园之外,还出现许多在山林川泽地带开辟出来的庄园。东晋初,北方的士族及其所属劳动人民随着朝廷南渡而大量迁往江南,形成中国历史上一次大规模移民,即所谓的"衣冠南渡"。南迁的士族大姓多半集中在当时的扬州,即今之江苏南部、浙江、福建。他们都希望在这里重新建立自己的庄园,但扬州平原上的可耕地早已被当地士族所占尽。东晋朝廷为巩固它的统治地位,首先要争取南方士族的支持,就必须承认其既得权益。因此,北方士族重建庄园的行动,难免受到很大的阻力,所以,占领、开辟山泽不仅能开垦农田,而且可以收到平原地区庄园所没有的一些山泽之利,因此,无论北方士族或者当地士族部落都向山林川泽进军,形成许多综合于山泽占领而有山、有水的庄园,当时称之为"别墅""墅""山墅"。

总之,庄园、别墅是生产组织、经济实体,但它们的天人谐和的人居环境,及其所具有的天然清纯之美,则又赋予它们以园林的性格。因此,知识阶层对之情有独钟,似乎更在城市私园之上。所以说,园林化的庄园、别墅代表着南朝私家造园活动的一股潮流,开启了后世别墅园林之先河。从此以后,"别墅"一词便由原来生产组织、经济实体的概念,转化为园林的概念了。

庄园、别墅以及它们所呈现的山居风光和田园风光,经过文人的诗文吟咏,逐渐在文人圈子里培育出一种包含着隐逸情调的美学趣味。这对后世影响极其深远,促成了唐宋及以后田园诗画、山居诗画的大发展。一大批卓有成就的田园诗人涌现于唐宋文坛,山居图、田园图成为元明文人画的主要题材。诗画艺术的这类创作,又反过来影响园林。唐宋以后的文人园林中,出现不少以山居、田园居为造景主题,往往蕴含着或多或少的隐逸思想和意境,则都是发端于魏晋南北朝的。

图2.9 金谷园图(清,华岦)

实例1 金谷园

西晋大官僚石崇的"金谷园"是当时北方著名的庄园别墅(图2.9)。大约在今洛阳市东10 km,正好位于魏晋洛阳故城的西北面,是一座临河的、地形略有起伏的天然水景园。园内有主人居住的房屋,有许多"观"和"楼阁",有从事生产的水碓、鱼池、土窟等,当然也会有相当数量的辅助用房,从这些建筑物的用途可以推断金谷园似乎是一座园林化的庄园。人工开凿的池沼和由园外引来的金谷涧水穿错萦流于建筑物之间,河道能行驶游船,沿岸可垂钓,园内树木繁茂,植物配置以柏树为主调,其他的种属则分别与不同的地貌或环境相结合而突出其成景作用,如前庭的沙棠,后园的乌椑,柏木林中点缀的梨花等。可以设想金谷园赏心悦目、恬适宜人的风貌,其成景的精致处与两汉私园的粗放显然不大一样,但楼、观建筑的运用,仍然残留着汉代的遗风。

实例2 潘岳庄园

潘岳庄园也在洛阳附近,潘岳自撰的《闲居赋》描写其在郊外的庄园生活:"筑室种树,逍遥自得。池沼足以渔钓,春税足以代耕。灌园粥蔬,以供朝夕之膳;牧羊酪酪,以俟伏腊之费。"庄园内到处竹木翁蹯、长杨掩映,还有大片的柿树、梨树、枣树。水中游鱼出没,池上遍植荷花。在树林深处可设宴待客,千水滨池畔可行修楔之礼,村舍野居,点缀其间。那一派朴实无华的园林化的景象,跃然纸上。除此之外,园中还有畜牧、鱼池、果木、蔬菜等的生产。这个庄园大体上与金谷园的规模和性质相似,均属于生产性的经济实体的范畴。

实例3 陶潜庄园

陶潜庄园是文人陶潜(渊明)在山林川泽所经营的生产性小型庄园。陶渊明辞官退隐庐山脚下,家境并不富裕,庄园规模虽小,也很俭朴,但园居生活却怡然自得。他在《归园田居》诗中这样描写自己的家园景象:"开荒南野际,守拙归园田。方宅十余亩,草屋八九间。榆柳荫后檐,桃李罗堂前。暧暧远人村,依依墟里烟。狗吠深巷中,鸡鸣桑树颠。户庭无尘杂,虚室有余闲。久在樊笼里,复得返自然。"庭院内种植菊花、松柏,暇时把酒赏花、聆听松涛之天籁。"采菊东篱下,悠然见南山",将远处的庐山之景也收摄延纳进来。"抚孤松而盘桓","登东皋以舒啸,临清流而赋诗",这一派恬适宁静、天人谐和的居所,令人神往。

实例4 谢氏庄园

据谢灵运《山居赋》记载,谢氏庄园是谢家在会稽的一座大庄园,其中有南、北两居,南居为谢灵运父、祖卜居之地,北居则是其别业。文中特别详细地描写了南居的自然景观特色,以及建筑布局如何与山水风景相结合,如何将道路铺设与景观组织相配合的情况。

在《山居赋》中,叙述了庄园内的农作物、果蔬、药材的种植情况,家畜和家禽的养殖情况,各种手工作坊的生产情况,水利的灌溉情况等,勾画出了一幅自给自足的庄园经济图景。《山居赋》作为魏晋南北朝山水诗文的代表作品之一,对于大自然山川风貌有较细致的描写,而且还涉及卜宅相地、选择基址、道路布设、景观组织等方面的情况。这些都是在汉赋中所未见的,是风景式园林发展到一个新阶段的标志,与当时开始发展起来的风水堪舆学说具有一定的关系。

2.4 寺观园林

佛教早在东汉时已从印度经西域传入中国。相传东汉明帝曾派人到印度求法,指定洛阳白马寺收藏佛经。"寺"本来是政府机构的名称,从此以后便作为佛教建筑的专称。东汉佛教并未受到社会的重视,仅把它作为神仙方术一类看待。魏、晋、南北朝时期,战乱频繁的局势正是各种宗教盛行的温床,思想的解放也为外来的和本土的宗教学说成长提供了传播条件。为了能够适应汉民族的文化心理结构,立足于中土,外来的佛教把它的教义和哲理进行一定程度的改变,融会一些儒家和老庄的思想,以佛理而入玄言,于是知识界也盛谈佛理。作为一种宗教,它的"因果报应、轮回转世"思想对于苦难深重的人民颇有影响。因而它不仅受到人们的信仰,统治阶级也加以利用和扶持,佛教遂流行起来。

道教形成于东汉,其渊源为古代的巫术,合道家、神仙、阴阳五行之说,奉老子为教主。张道陵倡导的五斗米道为道教定型化之始。经过东晋葛洪理论上的整理,北魏寇谦制定乐章诵戒,南朝陆修静编著斋醮仪范,宗教形式史为完备。道教讲求养生之道、长寿不死、羽化登仙,正符合于统治阶级企图永享奢靡生活、留恋人间富贵的愿望,因而不仅在民间流行,同时也经过统治阶级的改造、利用而兴盛起来。

佛、道盛行,作为宗教建筑的佛寺、道观大量出现,由城市及其近郊而遍及远离城市的山野地带。例如,北方的洛阳,佛寺始于东汉明帝时的白马寺,到晋永嘉年间已建置42所。北魏奉佛教为国教,迁都洛阳后佛寺的建置陡然大量增加。据《洛阳伽蓝记》记载,从汉末到西晋时只有佛寺四十二座,到北魏时,洛阳城内外就有一千多座,其他州县也建有佛寺。到了北齐时佛寺

约有三万多所,可见当时佛寺的盛况。南朝的建康也是当时南方佛寺集中之地,东晋时有三十余所,到梁武帝时已增至七百余所。

由于当时汉民族传统文化具有兼容并包的特点,对外来文化有强有力的同化作用,以及中国传统木结构建筑对于不同功能的广泛适应性和以个体而组合为群体的灵活性,随着佛教的儒学化,佛寺建筑的古印度原型亦逐渐被汉化了。另一方面,深受儒家和老庄思想影响的中国人,对宗教信仰一开始便持着平和、执中的态度,完全没有像西方人那样对宗教执有狂热和偏执的激情,因此也并不要求宗教建筑与世俗建筑的根本差异。宗教建筑的世俗化,意味着寺、观无非是住宅的放大和宫殿的缩小。当时的文献中多有"舍宅为寺"的记载,足见当时社会存在着住宅大量转化为佛寺的情况。

随着寺、观的大量兴建,相应出现了寺观园林这个新的园林类型。它也像寺、观建筑的世俗化一样,并不直接表现多少宗教意味和显示宗教特点,而是受到时代美学思潮的浸润,更多地追求人间的赏心悦目、畅快抒怀的景色。

寺观园林包括3种情况:

①毗邻于寺观而单独建置的园林,犹如宅园之于邸宅。南北朝的佛教盛行"舍宅为寺"的风气,贵族官僚们往往把自己的邸宅捐献出来作为佛寺。原居住用房改造成供奉佛像的殿宇和僧众的用房,宅园则原样保留为寺院的附园。

②寺、观内部各殿堂庭院的绿化或园林化。

③郊野地带的寺、观外围的园林化环境。

城市的寺观园林多属于第一、二种情况。城市的寺、观不仅是举行宗教活动的场所,也是居民公共活动的中心,各种宗教节日、法会、斋会等都吸引了大批群众参加。群众参加宗教活动、观看文娱表演,同时也游览寺观园林。有些较大的寺观,它的园林定期或经常开放,游园活动盛极一时。

郊野地带的寺、观,一部分类似世俗的庄园,或者以寺观地主的身份占领山泽建立别墅,并进行农、副业生产的经济运作,谢灵运的《山居赋》和郦道元的《水经注》中屡次提到的"精舍",其中不少即是寺观地主的别墅、庄园。另一部分则是单独建置的,它们一般依靠社会上的经常布施供养,或者从各自拥有的田园和生产基地分离开来,类似后期的世俗别墅。

郊野的寺、观,在选择建筑基址时,对自然风景条件的要求非常严格:一是靠近水源以便获得生活用水;二是靠近树林以便采薪;三是地势向阳背风,易于排洪,小气候良好。但凡具备这3个条件的地段也就是自然风景比较好的地段,在这样地段上营建的寺观,必然会以风景面貌优越而颇具名气。

寺观选址与园林建设的结合,意味着宗教的出世感情与世俗的审美要求相结合。殿宇僧舍往往因山就水、架岩跨涧,布局上讲究曲折幽致、高低错落。因此,这类寺观不仅成了自然风景的点缀,而且其本身也无异于山水园林。寺观园林不同于一般帝王贵族的苑囿。寺观与山水风景的亲和交融,既显示了佛国仙界的氛围,也像世俗的庄园、别墅一样,呈现出天人和谐的人居环境。山水风景地带一经有了寺观作为宗教基地和接待场所,相应地也会修筑道路等基础设施。于是,以宗教信徒为主的香客、以文人名士为主的游客纷至沓来,寺观园林已经有了公共园林的性质。自此以后,远离城市的名山大川不再是神秘莫测的地方,它们已逐渐向人们敞开其无限优美的风姿,形成以寺观为中心的风景名胜区。由于游人多,求神拜佛者都愿施舍,这又从经济上大大促进了不少名山大川,如庐山、九华山、雁荡山、泰山等的开发。

魏晋南北朝时期著名的寺观园林,当属建康的著名古刹——鸡鸣寺,至今已有1 400多年的历史(图2.10)。三国时,鸡鸣山为吴宫后苑,到了西晋永康年间,山上已有了佛教寺院。527年间,南朝皇帝为利用佛教统治人民,曾在宫城内外修造了几百座金碧辉煌的寺庙,同泰寺即今天鸡鸣寺前身,就是梁武帝萧衍当年修建的,其规模居各寺庙之首。循石阶拾级而上,入"古鸡鸣寺"山门。寺门之南即为"施食台"。明朝初年,西番僧在此立坛施食,超度幽冥,故名"施食台"。再走过数百石阶,即为弥勒殿遗迹,其后建有大雄宝殿,殿西耸立着一座新建的七层宝塔,雄伟壮观,巍峨挺拔。东面有凭虚阁旧址,在观

图2.10　鸡鸣寺

音楼左侧有一飞阁凌空的建筑,名为"豁蒙楼"。其东为景阳楼,由此处凭窗远眺,可见远处众山起伏,玄武湖波光粼粼,绿柳婆娑,水天一色,石城风光,无限幽美。"南朝四百八十寺,多少楼台烟雨中",居南朝四百八十寺之首的古刹鸡鸣寺,经过1 000多年的风风雨雨,仍楼阁参差,殿宇辉煌,古钟悠扬,香火萦绕,游人香客络绎不绝。

2.5　魏晋南北朝园林的主要特征

魏晋南北朝园林在以自然美为核心的时代美学思潮直接影响下,古典风景式园林由再现自然进而转向表现自然,由单纯地摹仿自然山水进而适当地加以概括、提炼。建筑作为重要的造园要素,与其他的自然诸要素取得了较为密切的谐调、融糅关系。园林的规划设计由此前的粗放转变为较细致的、更自觉的经营,造园活动升华到艺术创作的境界。

2.5.1　园林布局

魏晋时期都城宫苑群在城市规划中具有重要地位。延自东汉,经魏晋和北魏历代经营,宫城内部宫苑群,不仅作为城市环境美化要素,还在整体布局上环拱护卫着宫城。并且各园苑内的池渠水体相互通连,进而与整个都城内部水网以及外部漕运水系连成一体,结合太仓、武库等重要城市设施,构成了全城军事防御和物资储备、供应系统中至关重要的组成部分。这种结合城市环境和功能需求而精心布置宫苑群总体格局的做法,被后世继承和发展,北宋宫苑以及保存至今的明清北京景山、西苑宫苑群,都与其一脉相承。

除此之外,与秦汉宫苑着重体现庞大而完整的山水体系、各种景观"视之无端,察之无涯"的充盈之美不同,魏晋南北朝的园林布局倾向营造"纤余委曲,若不可测"的空间感受,在繁多而复杂的景观因素之间建立起和谐而富于变化的矛盾平衡关系。这种审美取向与魏晋时期对传统宇宙时空观的深入发掘有着密切关系。魏晋南北朝的园林不再以各种景观的巨大体量和数量来填充园林空间,而是在深入把握各种景观形态的规律性和审美值的基础上,把峰峦、崖壑、泉涧、湖池、建筑、植被等的丰富形态与其在空间上的远近、高下、阔狭、幽显、开合、巨细等无穷的奥妙组合穿插在一起,形成纤余委曲而又变化多端的空间造型,具备了自然山水的空间神韵。

2.5.2　造园要素

魏晋南北朝园林在对自然山体进行充分利用这方面,是前所未有的。首先是大范围地貌条件的选择,大如谢灵运的始宁山居,小如庾信的小园,都无不十分注意园林与周围峰峦之间的映

接和过渡。更重要的是深入认识和把握自然山体的美学特征,将其结合到园景营构和氛围渲染中的艺术技巧,例如刘孝标描写金华山居及周围寺观构筑与自然山体的巧妙结合。

在造山构石方面,魏晋南北朝的造园艺术并不满足于对自然山体的直接利用,为了配合城市宅园无自然山体凭借的天生缺憾,也为了创造出更富于艺术气息的山林景观,东晋、南朝士人园大兴造山和构石之风。在城市宅园有限的基地范围内营造如此丰富的山林景观,造园者巧妙运用了"小中见大"的艺术方法,通过营建小的、局部的人工景观,重点表现山林的典型特征,写山林之意,以引起观者的整体美感联想和心理共鸣。

在理水方面,与山景相似,对于水景的艺术处理也首先是从园林周围地貌环境的选择入手,景之美又往往与自然山景之美浑融。此时人们已普遍意识到多种水体的映衬、变幻、组合在园林中的审美价值,造园者通过构筑堤、岸、阶等人工要素,塑造不同的水体形态和景观,或凿石引流,或围岸聚水,或以建筑点化水景特征,处理手法日趋丰富多样。

在植物配置方面,植物景观以松、柏、竹等最具代表性,因其或苍劲,或挺秀,姿质极美,且经寒不凋,观赏、寓意皆宜。同时,这时期也出现了以花木为艺术景观的植物配置审美倾向,此时花木的数量、品类、造型等更多地依美学需要而定。

最后,魏晋南北朝园林出现了以下两类写意化创作手法。其一,写整体之意。这是中国古人特有的乐感精神与时空观的产物,也是将对山水和建筑空间形象整体节律的把握,反映到园林构筑中。在有限的基地中,采取"以大观小""小中见大"的理念,营构全景式的、丰富多样的园林山水建筑景观,注重相互位置的经营,形成纤余委曲而又变化多端的、流动性的园林整体空间形象。其二,写个性之意。集中表现为,在认识和概括山水个性特征的基础上,以相对抽象、局部或微缩化的手法,营造个性化的园林景观,渲染独特的园林氛围。园林中常见的点景题名、赏石之趣,以及"庭起半丘半壑,听以目达心想"等手法,皆属此类。

复习思考题

1. 简述魏晋时期的园林发展主要受到哪些社会风尚的影响。
2. 魏晋时期皇家园林与上一代相比主要出现了哪些变化?
3. 魏晋时期的私家园林有哪些类型?分别具有哪些特点?
4. 简述寺观园林产生的背景。不同选址的寺观园林各自表现出什么特点?
5. 简述魏晋南北朝园林的主要特征。

3 隋、唐、五代园林

3.1 历史与园林文化背景

隋、唐、五代园林

3.1.1 历史背景

在中国历史上,隋、唐具有承前启后的重要历史地位,同时也是中国政治、经济文化最为繁盛的时期之一。

581 至 618 年,隋朝在整个中国历史上存在的时间较短,只经历了两个皇帝,但是,隋朝结束了魏晋以来长达 300 多年的分裂局面,开创了自秦汉以后的又一大统一的局面,为唐朝的繁荣奠定了基础;隋炀帝通过政治改革限制、削弱关陇集团的强大势力和影响,以整饬吏政,加强中央集权,但其政治改革的方案未尽成熟及过急推进,使得关陇旧贵族势力间接造反,最后被唐朝所取代。

618 年,李渊篡隋自立,建立唐朝,定都长安,是为唐高祖。626 年,秦王李世民发动政变,史称"玄武门之变"。不久,李渊退位,李世民做了皇帝,年号贞观。唐太宗吸取隋亡的教训,勤于政事,要大臣廉洁奉公,鼓励生产。他在位时,政治比较清明,经济有所发展,国力逐渐强盛。历史上称当时的统治为"贞观之治"。

唐太宗的儿子高宗在位时多病,皇后武则天替他处理政事,逐渐掌了大权。高宗去世几年后,武则天临朝称制。武则天于 690 年称帝,改国号为周。她是中国历史上唯一的女皇帝。武则天继续推行唐太宗发展生产的政策,而且知人善任。武则天主政期间,政策稳当、兵略妥善、文化复兴、百姓富裕,故有"贞观遗风"的美誉。武则天 705 年退位以后,成为中国历史上唯一一位女性太上皇。这以后唐朝政局再度动荡不堪,直到唐玄宗时,才又安定下来。唐玄宗李隆基,又称唐明皇,是武则天的孙子,712 年即位称帝。他有作为,任用熟悉吏治、富于改革精神的姚崇、宋璟为相,励精图治。他统治的前期,政治较安定,经济繁荣发展,唐朝进入全盛时期。中国封建社会呈现前所未有的盛世现象。此时期年号为"开元",史称"开元盛世"。

唐朝经过 290 年的统治,由盛到衰。755 年,范阳、平卢节度使安禄山叛乱,史称"安史之乱"。907 年,朱温灭唐自立,历史进入了五代十国时期。期间中原地区接连出现五个朝代,即梁、唐、晋、汉、周,合称五代。环绕中原地区,主要建立在南方的十个政权,合称十国。直到 960 年,北宋王朝建立,国家才由分裂重新走向统一。

隋唐时期,我国边疆各民族发展较快,呈现"和同为一家"的和睦局面。7 世纪前期,吐蕃首领松赞干布几次向唐求婚,唐太宗把文成公主嫁给他。这对加强唐蕃友好和发展边疆经济文化起了重要作用。隋唐时期与外域的贸易往来已有很大发展,隋朝时同十几个国家往来,到唐朝,已发展到 70 多个国家。唐政府鼓励各国商人到中国贸易。该时期,我国经济也是全面繁荣发达昌盛,人们思想解放,充满自信,文学艺术百花齐放,万紫千红。隋唐时期,是我国封建文化的

高峰期。有光耀千古的文坛,最突出的是诗歌;有五彩缤纷的艺术,书法和绘画成就辉煌:敦煌莫高窟是世界最大的艺术宝库之一。这些艺术珍品,使得古老的中华民族熠熠生辉。

3.1.2　园林文化背景

唐代国势强大,版图辽阔,初唐和盛唐成为古代中国继秦汉之后的又一个昌盛时代。贞观之治和开元之治把中国封建社会推向发达兴旺的高峰。文学艺术方面,诸如诗歌、绘画、雕塑、

音乐、舞蹈等,在发扬汉民族传统的基础上吸收其他民族甚至外国的养分,呈现出群星灿烂、盛极一时的局面。绘画的领域已大为拓展,除了宗教画之外,还有直接描写现实生活和风景、花鸟的世俗画。按照题材区分画科的做法具体化了,花鸟、人物、神佛、山水均成独立的画科。山水画已脱离在壁画中作为背景处理的状态而趋于成熟,山水画家辈出,开始有工笔、写意之分。天宝年间,唐玄宗命画家吴道子、李思训于兴庆宫大同殿各画嘉陵山水一幅。之后,玄宗评价:"李思训数月之功,吴道子一日之迹,皆极其妙。"无论工笔或写意,既重客观物象的写生,又能注入人主观的意念和情感,即所谓"外师造化,内法心源",确立了中国山水画创作的准则(图3.1)。通过对自然界山水形象的观察、概括,再结合毛笔、绢素等工具而创设皴擦、泼墨等特殊技法。山水画家总结创作经验,著为"画论"。山水诗、山水游记已成为两种重要的文学体裁。这些都表明人们对大自然山水风景的构景规律和自然美有了更深一层的把握和认识。

图3.1　江帆阁楼图(唐　李思训)

唐代已出现诗、画互渗的自觉追求。唐朝是我国诗歌史上的黄金时代,流传到现在的有两千多位诗人的近5万首诗歌。唐诗反映了唐代社会生活的丰富内容,具有完美的艺术形式。宋代苏轼评论王维艺术创作的特点在于"诗中有画,画中有诗"。同时,山水画也影响园林,诗人、画家直接参与造园活动,园林艺术开始有意识地融糅诗情、画意,这在私家园林尤为明显。

此时,传统的木结构建筑,无论在技术或艺术方面均已趋于成熟,具有完善的梁架制度、斗拱制度以及规范化的装修、装饰。建筑物的造型丰富,形象多样,这从保留至今的一些殿堂、佛塔、石窟、壁画以及传世的山水画中都可以看得出来。建筑群在水平方向上的院落延展表现出深远的空间层次,在垂直方向上则以台、塔、楼、阁的穿插而显示丰富的天际线。

观赏植物栽培的园艺技术有了很大进步,培育出许多珍稀品种如牡丹、琼花等,也能够引种驯化、移栽异地花木。李德裕在洛阳经营私园平泉庄,曾专门写过一篇《平泉山居草木记》,记录园内珍贵的观赏植物七八十种,其中大部分是从外地移栽的。段成式《酉阳杂俎》一书中的《木篇》《草篇》和《支植》共记载了木本和草本植物二百余种,大部分为观赏植物。树木是供观赏的品种,常见于文人的诗文吟咏的有杏、梅、松、柏、竹、柳、杨、梧桐、桑、椒、棕、榕、檀、槐、漆、枫、桂、槠等。在一些文献中还提到许多具体的栽培技术,如嫁接法、灌浇法、催花法等。另外,唐代无论宫廷还是民间都盛行赏花、品花的风习。姚氏《西溪丛话》把30种花卉与30种客人相匹配,如牡丹为贵客,兰花为幽客,梅花为清客,桃花为妖客,等等。

在这样的历史、文化背景下,中国古典园林的发展逐渐地走向全盛时期。仿佛一个人结束

了幼年和少年阶段,进入风华正茂的成年期。长安和洛阳两地的园林,就是隋唐时期的这个全盛局面的集中反映。

3.2　皇家园林

　　隋唐时期的皇家园林集中建置在两京——长安(图3.2)、洛阳(图3.3),两京以外的地方,也有建置。其数量之多,规模之宏大,远远超过魏晋南北朝时期。隋唐的皇室园居生活多样化,相应地大内御苑、行宫御苑、离宫御苑这3种类别的区分就比较明显,它们各自的规划布局特点也比较突出。长安城大内三座御苑壮丽,各具特点:大明宫北有太液池,池中蓬莱山独踞,池周建回廊四百多间;兴庆宫以龙池为中心,围有多组院落;三苑尤以西苑(太极宫)最为优美,苑中有假山,有湖池,渠流连环。长安城东南隅有芙蓉园、曲江池,一定时间内向公众开放,实为古代一种公共游乐地。唐代的离宫别苑,比较著名的有麟游县天台山的九成宫,是避暑的夏宫;临潼县骊山之麓的华清宫,是避寒的冬宫。这时期的名家造园活动以隋代、初唐、盛唐最为频繁,天宝以后随着唐王朝国势的衰落,许多宫苑毁于战乱,皇家园林的全盛局面逐渐消失,一蹶不振。

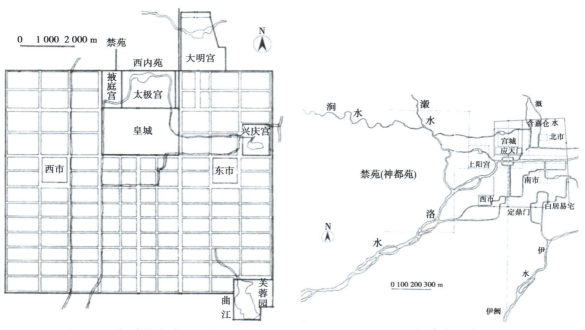

图3.2　隋、唐长安城平面图　　　　　　图3.3　隋、唐洛阳城平面图

　　总之,唐代的皇家园林建设已经趋于规范化,大体上形成了大内御苑、行宫御苑和离宫御苑的类别。此时期园林的特点,主要有以下几点:

　　①大内御苑紧邻于宫廷区的后面或一侧,呈宫、苑分置的格局。但宫与苑之间往往还彼此穿插、延伸,宫廷区中有园林的成分,例如洛阳宫中的宫廷区开凿九洲池,可以适当地淡化其严谨肃穆的建筑气氛。宫城和皇城内广种松、柏、桃、柳、梧桐等树木。东内大明宫呈前宫后苑的格局,但苑林区内分布不少宫殿、衙署,甚至有麟德殿那样的大体量朝会殿堂,宫廷区的庭院中种植大量松、柏、梧桐,甚至还有果树。同时,宫廷区内的绿化种植很受重视,树种也是有选择的。

　　②郊外的行宫、离宫,绝大多数都建置在山岳风泉优美的地带。这些宫苑都很重视建筑基址的选择,"相地"独具慧眼,不仅保证了帝王避暑、消闲的生活享受,为他们创设了一处处得以

投身于自然怀抱的人居环境,同时也反映出唐人在宫苑建设与风景建设相结合方面的高素质和高水准。许多行宫、离宫所在地直到今天仍然保留着它们的游赏价值,个别的甚至已开发成为著名的风景名胜区。离宫一般都有广阔的苑林区,或者在宫廷区的后面,或者包围着宫廷区,均视基址的自然条件而因地制宜。

③不少修建在郊野风景地带的行宫御苑和离宫御苑,出于种种原因都改作佛寺,有的还增建佛塔。魏晋南北朝时,文献记载中多有"舍宅为寺"的记载,但"舍宫为寺"则尚未之见。后者的情况也从一个侧面说明隋唐时佛教之兴盛和佛教与宫廷关系之密切。

④郊外的宫苑,其基址的选择还存在军事角度的考虑,如玉华宫、九成宫等的建设地段不仅仅山岳风景优美,而且是交通要道的隘口、兵家必争之地,其军事价值是显而易见的。大内御苑也有同样的军事考虑。皇帝的禁卫军"六军"由皇帝委派亲信直接统率,驻扎在长安禁苑之中。一旦有变,可立即控制通往宫城的玄武门以及通往外界的西、北、南各门,达到保卫皇室,退可以守的目的。

实例1 太极宫(隋大兴宫)

大兴宫与隋大兴城同时建成,位于皇城之北、城市中轴线上。其东邻为东宫,西邻为掖廷宫、太仓和内侍省。唐王朝建立,改大兴宫为太极宫,从开国(618年)到唐高宗龙朔三年(663年)移居新建成的大明宫为止,一直作为大朝正宫,亦称"西内"。据宋吕大防《长安城图》:它的前部为宫廷区,后部为苑林区,宫廷区又包括朝区和寝区两部分(图3.4),东西宽1 285 m,南北长1 492 m,面积192公顷,是明清北京紫禁城的2.7倍。南宫墙的正门"承天门",其后为朝区的正殿"太极殿",殿的两侧分列官署。寝区为多路、多跨的院落建筑群,中路为正殿"两仪殿"和"甘露殿"。后部的苑林区,其北墙的正门玄武门也就是太极宫的后门,通往"西内苑"。

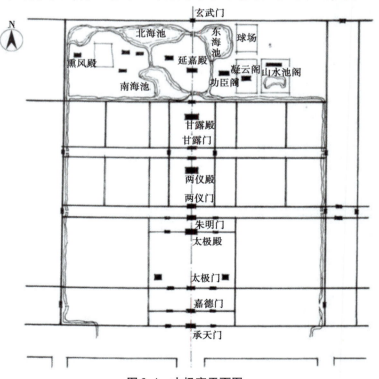

图3.4 太极宫平面图

据《资治通鉴·唐纪七·武德九年》记载："太极宫中凡有三海池，东海池在玄武门内之东，近凝云阁；北海池在玄武门内之西；又南有南海池，近咸池殿。"另据《长安志·卷六·西内》："延嘉殿在甘露殿西北。殿南有金水河，往北流入苑；殿西有咸池殿。延嘉北有承香殿，殿东即玄武门，北入苑，殿西有昭庆殿，殿西有疑香阁，阁西有鹤羽殿，延嘉西北有景福台，台西有望云亭。"可知太极宫的苑林区以3个大水池——东海池、南海池、北海池为主体构成水系，围绕着这3个大水池建置一系列殿宇和楼阁，其中著名的凌烟阁为专门庋藏功臣画像的楼阁。此外，还有一处比赛马球的球场和一处"山水池"即园中之园。

实例2　大明宫

大明宫（图3.5）位于唐长安城禁苑东北侧的龙首塬上，利用天然地势修筑宫殿，又称"东内"，相对于长安宫城之"西内"（太极宫）而言。大明宫是一座相对独立的宫城，也是太极宫以外的另一处大内宫城，它的南城墙长1 370 m，西城墙长2 256 m，北城墙长1 135 m，东城墙长2 310 m，面积大约342公顷，是明清北京紫禁城的4.8倍。其地形比太极宫更利于军事防卫，小气候凉爽也更适宜于居住，故唐高宗以后即代替太极宫作为朝宫。它的南半部为宫廷区，北半部为苑林区也就是大内御苑，呈典型的宫苑分置格局。沿宫墙共设宫门11座，南面正门名丹凤门。北面和东面的宫墙均做成双重的"夹城"，一直往南连接南内兴庆宫和曲江池以备皇帝车驾游幸。

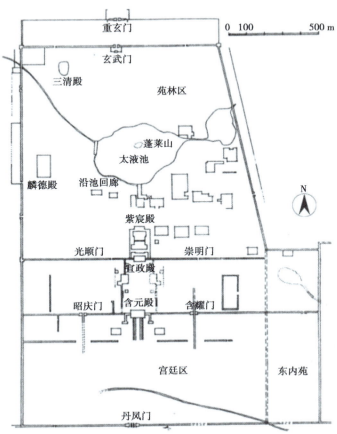

图3.5　大明宫建筑遗址分布图

图 3.6　大明宫含元殿复原图

宫廷区的丹凤门内为外朝之正殿含元殿（图3.6）。雄踞龙首塬最高处，是举行重要典礼仪式的场所。其后为宣政殿，再后为紫宸殿即内廷之正殿，正殿之后为蓬莱殿。这些殿堂与丹凤门均位于大明宫的南北中轴线上，这条中轴线往南一直延伸，正对慈恩寺内的大雁塔。

含元殿利用龙首塬做殿基，如今残存的遗址仍高出地面10 m。殿面阔11间，其前有长达75 m的坡道"龙尾道"，左右两侧稍前处又有翔鸾、栖凤二阁，以曲尺形廊庑与含元殿连接。这组同字形平面的巨大建筑群，其中央及两翼屹立于砖台上的殿阁和向前引申、逐步下降的龙尾道相配合，充分表现了中国封建社会鼎盛时期的宫廷建筑之雄伟风姿和磅礴气势，成为后世宫殿的范例。

苑林区地势陡然下降，龙首之势至此降为平地，中央为大水池"太液池"，太液池遗址的面积约16公顷，整个太液池有东池和西池两部分，西池为主池，其平面呈椭圆形，面积约有14公顷。池侧回廊屈曲，池中筑蓬莱诸山，上有太液亭，池中浮有巨大的鹤首船，水上有拱桥飞跨。据唐代的许多诗文可知，太液池中植有菱荷，池岸栽种柳树和桃树。太液池的四周建有众多的殿宇，景色甚是壮观华丽。在太液池岸边发现了大量柱洞，都是沿着池岸密集分布的，据推测是骑岸跨水的水榭建筑。新、旧《唐书》和《资治通鉴》中都有太液池岸周边有廊庑400间的记载，对太液池南部等地进行的考古发掘表明，处于低势的太液池与南岸的高地宫殿区在建筑布局上是有过渡的，过渡自然且讲究。从南至北的斜坡地势上建有大量廊庑及由其组成的院落。这些院落和组廊布局非常均衡、规整。从已发掘的部分廊庑木桩洞遗迹看，廊屋有多排柱洞，形成多个建筑单元空间。此地呈现的土墙、廊道、水渠、水井、假山石等遗迹说明，这一坡地也被皇家以多种园林建筑手段点缀修饰。

可见，其苑林区乃是多功能的园林，除了一般的殿堂和游憩建筑之外，还有佛寺、道观、浴室、暖房、讲堂、学舍等，不一而足。麟德殿是皇帝饮宴群臣、观看杂技舞乐和作佛事的地方，位于苑西北之高地上。根据遗址判断，它由前、中、后3座殿阁组成，面阔11间、进深17间，面积大约相当于北京明清故宫太和殿的3倍，足见其规模之宏大。

实例3　兴庆宫

兴庆宫（图3.7）又称为"南内"，在长安外郭城东北、皇城东南面之兴庆坊，占一坊半之地。兴庆坊原名隆庆坊，唐玄宗李隆基为皇太子时的府邸即在此处。相传府邸之东有旧井，为隆庆池。玄宗即帝位后，于开元二年(714年)就兴庆坊藩邸扩建为兴庆宫（图3.8），合并北面永嘉坊的一半，往南把隆庆池包入，为避玄宗讳改名为"兴庆池"，又名龙池。开元十六年(728年)，玄宗移住兴庆宫听政。宫的总面积相当于一坊半，根据考古探测，东西宽1.08 km，南北长1.25 km。有夹城(复道)通往大明宫和曲江，皇帝车驾"往来两宫，人莫知之"。根据龙池的位置和坊里的建筑现状，北半部为宫廷区，南半部为苑林区，呈北宫南苑的格局。

根据《唐两京城坊考》的叙述，则可以大致设想兴庆宫的总体布局情况：宫廷区共有中、东、西三路跨院。中路正殿为南薰殿；西路正殿为兴庆殿，后殿大同殿内供老子像；东路有偏殿"新射殿"和"金花落"。正宫门设在西路之西墙，名兴庆门。

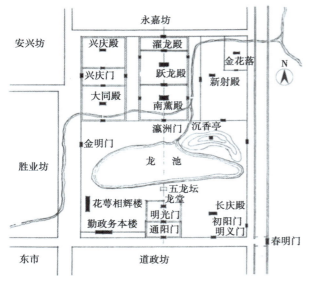

图 3.7　兴庆宫平面图

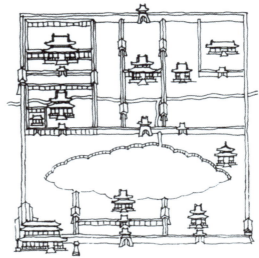

图 3.8　宋刻唐兴庆宫图碑

兴庆宫既然称为"南内"，那么它的苑林区也就相当于大内御苑的性质了。苑林区的面积稍大于宫廷区，东、西宫墙各设一门，南宫墙设二门。苑内以龙池为中心，池面略近椭圆形。池的遗址面积约 1.8 公顷，由龙首渠引来活水接济。池中植荷花、菱角及藻类等水生植物。池西南的"花萼相辉楼"和"勤政务本楼"是苑林区内的两座主要殿宇，楼前围合的广场遍植柳树，广场上经常举行乐舞、马戏等表演。这两座殿宇也是玄宗接见外国使臣、策试举人，以及举行各种仪式典礼、娱乐活动的地方。兴庆宫的西南隅地段曾经考古发掘，清理了宫城西南隅的部分墙垣发掘了勤政务本楼及其他宫殿遗址多处。南城墙有内、外两重，内墙自转角处往东发掘出 140 m 的遗址，墙基宽 5 m，上部宽为 4.4 m。勤政务本楼即建在这一道城墙之上，遗址西距西墙 125 m，很像一座城门楼。楼的平面呈长方形，现存柱础东西六排、南北四排，而阔五间，共 26.5 m，进深三间，共 19 m，面积约 500 m²。楼址的周围均铺有散水，宽 0.85 m。勤政务本楼的遗址与各种文献的记载大体上是相符的。

苑内林木荟郁，楼阁高低，花香人影，景色旖旎。龙池之北偏东堆筑土山，上建"沉香亭"。亭用沉香木构筑，周围的土山上遍种红、紫、淡红、纯白诸色牡丹花，是兴庆宫内的牡丹观赏区。池之东南面为另一组建筑群，包括翰林院、长庆殿及后殿长庆楼。

安史之乱平息后，唐玄宗于 758 年 1 月以太上皇的身份从四川返回长安，在这一片战乱之后的凄凉景象中，仍居兴庆宫。

实例 4　禁苑（隋大兴苑）

禁苑（图 3.9）在长安宫城之北，即隋代的大兴苑。因其包括禁苑、西内苑和东内苑三部分，故又名三苑。它与宫城太极宫和大明宫相邻，又在都城的北面，就其位置而言，应属于大内御苑的性质。

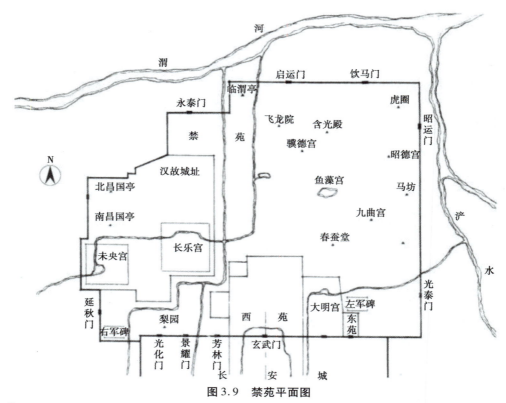

图 3.9 禁苑平面图

禁苑的范围辽阔,据《唐两京城坊考》记载,禁苑东界沪水,北枕渭河,西面包围汉长安故城,南接都城。东西 27 里,南北 23 里,周长 120 里。南面的苑墙即长安北城墙,设三门,东、西苑墙各设二门,北苑墙设三门。管理机构为东、西、南、北四监,"分掌各区种植及修葺园苑等,又置苑总监都统之,皆隶司农寺"。禁苑的地势南高北低,长安城内的永安渠自景耀门引入苑内连接汉代故城的水系。清明渠经宫城、西内苑引入,往北纵贯苑内而注入渭河,接济禁苑西半部之用水,共同汇入凝碧池。另外,从沪水引支渠自东垣墙入苑,接济禁苑东半部之用水,共同汇入广运潭、鱼藻池。"苑中宫亭,凡二十四所",即 24 处建筑群。

禁苑占地大,树木茂密,建筑疏朗,十分空旷。因而除供游憩和娱乐活动之外,还兼作驯养野兽、驯马的场所,供应宫廷果蔬禽鱼的生产基地,皇帝狩猎、放鹰的猎场。其性质类似西汉的上林苑,但比上林苑要小得多。禁苑扼据宫城与渭河之间的要冲地段,也是拱卫京师的一个重要的军事防区。苑内驻扎禁军神策军、龙武军、羽林军,设左军碑、右军碑。

西内苑在西内太极宫之北,亦名北苑。南北 1 里,东西与宫城齐。南面的苑门即宫城之玄武门,北、东、西苑门各一座。据《唐两京城坊考》,苑内的殿宇建筑共有 3 组:玄武门北以东的一组为观德殿、含元殿、冰井台、樱桃园、拾翠殿、看花殿、歌舞殿。以西的一组为广达楼、永庆殿、通过楼。西苑门外夹城中的一组为大安宫。

东内苑在东内大明宫之东侧,南北 1 km,东西相当于一坊之宽度。南门延政门,门之北为龙首殿和龙首池。池东有灵符应瑞院、承晖殿、看乐殿诸殿宇,以及小儿坊、内教坊、御马坊、球场亭子等附属建筑。

此外,苑内尚有飞龙院、骥德殿、昭德宫、光启宫、白华殿、会昌殿、西楼、虎圈等殿宇,以及亭 11 座,桥 5 座。顾名思义,骥德殿是观看跑马的地方,虎圈为养虎的地方。唐代宫廷盛行打马球的游戏,禁苑内有马球场一处,旁建"球场亭子"。

实例5   洛阳宫(隋东都宫)

　　洛阳宫,隋时称紫微城,即洛阳东都宫城。唐贞观六年(632年)改名洛阳宫(图3.10),武后光宅元年(684年)改名太初宫。宫的南墙设3座城门,中门应天门。应天门之北为正殿乾元殿,也是天子大朝之所,殿有四门,南曰乾元门。含元殿北为贞观殿,再北为徽猷殿。应天门、含元殿、贞观殿、徽猷殿构成宫廷区的中轴线,其东、西两侧散布着一系列的殿宇建筑群,其中有天子的常朝宣政殿、寝宫,以及嫔妃居住和各种辅助用房。宫廷区的东侧为太子居住的东宫,西侧为诸皇子、公主居住的地方。北侧即大内御苑"陶光园"。

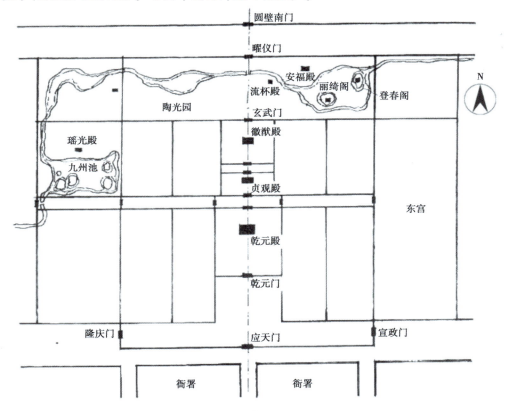

图3.10   隋、唐洛阳宫平面图

　　陶光园呈长条状,园内横贯东西向的水渠,在园的东半部潴而为水池。池中有二岛,分别建登春、丽绮二阁,池北为安福殿。据史料记载,宫城的西北角还有一处以九洲池为主体的园林区。据考古探测,宫城西北角有九洲池的大面积淤土堆积,西距西墙5 m,北距陶光园南墙148 m。淤土东西最长为280 m,南北最宽260 m,总面积约为5.56公顷。九洲池西北和东北角还各发现了一个进水口,潵水经陶光园内东西向河道向南流,从这里注入九洲池。九洲池南面的3个出水口向南伸出,宽9 m。其中两个在池南岸的两个大型宫殿建筑间,另一个在池东南角。池畔分布着宫殿与廊房,池中小岛上也有亭台建筑。

实例6   西苑(东都苑)

　　隋西苑即显仁宫(图3.11),又称会通苑。在洛阳城之西侧,隋大业元年(605年)与洛阳城同时兴建。这是历史上仅次于西汉上林苑的一座特大型皇家园林。苑城东面17里,南面39

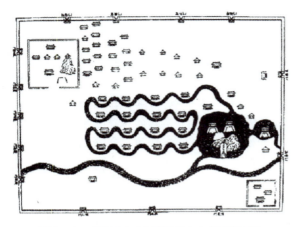

图 3.11 《元河南志》所附《隋上林西苑图》

里,西面 50 里,北面 20 里。西苑苑址范围内是一片略有丘陵起伏的平原,北背邙山,西、南两面都有山丘作为屏障。洛水和瀔水贯流其中,水资源十分充沛。

西苑是一座人工山水园,从文献记载看来,园内的理水、筑山、植物配置和建筑营造的工程极其浩大,都是按既定的规划进行的。总体布局以人工开凿的北海为中心。北海周长十余里,海中筑蓬莱、方丈、瀛洲三座岛山,高出水面百余尺。海北的水渠曲折萦行注入海中,沿着水渠建置十六院,均穷极华丽,院门皆临渠。

西苑大体上仍沿袭汉代以来"一池三山"的宫苑模式。山上有道观建筑,但仅具求仙的象征意义,实则作为游赏的景点。五湖的形式象征帝国版图,可能渊源于北齐的仙都苑。西苑内的不少景点均以建筑为中心,用十六组建筑群结合水道的穿插而构成园中有园的小园林集群,则是一种创新的规划方式。就园林的总体而言,龙鳞渠、北海、曲水池、五湖构成一个完整的水系,模拟天然河湖的水景,开拓水上游览的内容,这个水系又与"积土石为山"相结合而构成丰富的、多层次的山水空间,都是经过精心安排的。而龙鳞渠绕经十六院更需要依据精确的竖向设计。苑内还有大量的建筑营造,植物配置范围广泛、移栽品种极多。所有这些都足以说明西苑不仅是复杂的艺术创作,也是庞大的土木工程和绿化工程。它在设计规划方面的成就具有里程碑意义,它的建成标志着中国古典园林高潮期到来。

唐代,西苑改名"东都苑",武则天时名"神都苑"。面积虽已大为缩小,但是水系未变,建筑物则有所增损、易名。

实例7　上阳宫

上阳宫西面紧邻禁苑东都苑,东接皇城之西南隅,南临洛水,西距瀔水。始建于唐高宗上元年间,自洛水引支渠入宫,游而为池,池中有洲,沿洛水建长约 1 里的长廊。据《唐两京城坊考》:宫之正门为东门提象门,门内为正殿观风殿。这是一组廊院建筑群,正门观风门、正殿观风殿均东向,庭院内竹木森翠,有丽春台、耀掌亭、九洲亭。第二组建筑群名为化城院,在观风殿之北。第三组建筑群包括麟趾殿、神和亭、洞玄堂,在化城院之西。第四组建筑群为名本枝院,在观风殿之西。第五组建筑群以芬芳殿为主殿,靠近上阳宫之西北门芬芳门。第六组建筑群为通仙门内之甘汤院。

上阳宫的建筑密度较高,显然是以殿宇为主、园林为辅。同时,宫内花木繁多,绿化情况良好,再利用二水贯宫的诸多水量,构成了一派"胜仙家之福庭"的园林景观。

实例8　玉华宫

玉华宫在今西安北面的铜川市玉华乡,位于子午岭南端一条风景秀丽的山谷——凤凰谷中,玉华河由西向东蜿蜒流经谷地,而后注入洛河。这里气候宜人,"夏有寒泉,地无大暑"。玉华宫始建于唐高祖武德七年(624 年),原名仁智宫。唐太宗在此基础上大兴土木加以扩建,于贞观二十一年(647 年)落成,改名玉华宫。据当地出土的宋人张岷《游玉华山记》碑文记载:殿址"可记其名与处者六",正殿为玉华殿,其上为排云殿,又其上为庆云殿;正门为南风门,其东为晖和殿;宫门曰嘉礼门,此处为太子之居。此外,又在珊瑚谷和兰芝谷中建成若干殿宇及辅助用房。玉华宫的建筑除南风门屋顶用瓦覆盖之外,其余殿宇均葺以茅草,意在清凉并示俭约。

玉华宫建成后,唐太宗于贞观二十二年(648年)前往游幸,作《玉华宫铭》,在玉华殿召见高僧玄奘,询问译经情况,又命上官仪宣读《大唐三藏圣教序》。唐高宗时废宫为寺,改名玉华寺,玄奘由长安慈恩寺移居这里继续翻译佛经。玄奘十分欣赏此处的幽静环境、秀美风景,在返回京城后仍念念不忘。

玉华宫所在的凤凰谷,北依陕北黄土高原,南临八百里秦川。子午岭山巅更是一条重要的交通要道,秦始皇时修筑了"直道"。岭的东、西麓分别为洛河与泾河的河谷,地势平坦,农业发达,自古以来就是关中通往塞北的要道。玉华宫正好位于上述3条交通要道的重要节点,在经济、军事方面都具有十分重要的意义。

实例9　仙游宫

仙游宫在今周至县城南15 km,始建于隋开皇十八年(598年)。这里青山环抱,碧水萦流,气候凉爽宜人,而且还呈现为龙、砂、水、穴的上好风水格局,隋文帝曾多次临幸、避暑(图3.12)。行宫的基址在黑水河的河套地段,坐南朝北。南面以远处的秦岭(终南山)为屏障,其支脉"四方台"蜿蜒曲折,东、西分别有"月岭"和"阳山"两侧回护,形成太师椅状的山岳空间。北面平地上突起小山冈"象岭",与四方台遥相呼应成对景。黑水河来自西南,从东北面流出构成水口的形势。仙游宫周围的自然环境空间层次丰富,景观开阔而幽深,一水贯穿其间又形成河谷的穿插。

隋仁寿元年(601年),文帝下诏在全国各地选择若干高爽清静之处建灵塔安置佛舍利。

图3.12　仙游宫位置图

仙游宫作为被选中的一处,由大兴善寺的童真法师奉敕送舍利建塔安置。此后,仙游宫便因建塔而改为佛寺"仙游寺"。唐宋两代是仙游寺的鼎盛时期,殿宇林立,古塔挺秀,其宛若人间仙境的自然风光吸引了众多的文人墨客来此游览,并留下不少诗文题咏。

实例10　翠微宫

翠微宫在长安南25 km之终南山太和谷,初名太和宫,唐武德八年(625年)始建,贞观十年(636年)废。贞观二十一年(647年),唐太宗嫌大内御苑燥热,公卿大臣于是请求太宗重修太和宫作为避暑的离宫。太宗答应后,指派阎立德负责筹划,建成后改名翠微宫。

终南山横亘于关中平原之南缘,山势巍峨,群峰峙立。它的北坡比较陡峻,且多断崖,山间河流湍急,切入山岩成为许多峡谷。山岳空间层次丰富,自然风景十分优美。北坡还有不少小盆地,太和谷便是其中之一。这个盆地高出长安城约800 m,夏天气候凉爽宜人。它背倚终南山,东有翠微山,西有清华山双峰耸立回护,往北呈二级台地下降,通往山外的关中平原,林木翁郁,溪流潺湲,的确是建设离宫的理想基址。翠微宫的范围包括宫城和苑林区,苑林包围着宫城,这是汉唐离宫的普遍形制。宫城的正门北开曰"云霞门",其南为大朝"翠微殿",再南为正

寝"含风殿",三者构成宫城的中轴线。大朝的一侧另建皇太子的别宫,正门西开曰"金华门",内殿曰"安善殿"。这是一组殿宇台阁延绵的庞大建筑群。现经考古发掘,已探明遗址多处,发现唐代的筒瓦、莲花纹方砖、素面砖、瓦当、柱础、碑刻、造像、石狮、青瓷樽等多件,以及舍利塔残体。

贞观二十一年(647年)五月,翠微宫完工,唐太宗就临幸避暑,到秋七月返回长安。二十三年(649年)太宗再次临幸,随即病逝于宫内的含风殿。此后就再没有皇帝临幸,到唐宪宗元和年间,废宫为寺,改名翠微寺。

实例11 华清宫

华清宫在今西安城以东35 km的临潼县,南依骊山之北坡,北向渭河(图3.13)。骊山是秦岭山脉的一支,东西绵亘约20 km。两岭三峰平地拔起,山形秀丽,植被极好。远看犹如黑色的骏马,故曰骊山。两岭即东绣岭和西绣岭,中间隔着一条山谷。西绣岭北麓之冲积扇有天然温泉,也就是华清宫之所在。

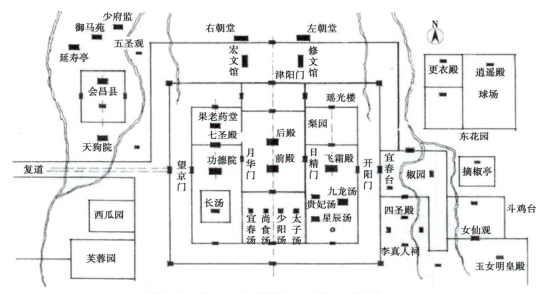

图3.13 华清宫平面设想图(据《长安志》绘制)

据《长安志》:秦始皇始建温泉宫室,名"骊山汤",汉武帝又加以修缮。隋开皇三年(583年),"又修屋宇,列树松柏千余株"。唐贞观十八年(644年),营建宫殿,名汤泉宫,作为皇家沐浴疗疾的场所。天宝六年(747年)扩建,改名华清宫。"骊山上下益治汤井,为池台殿环列山谷,明皇岁幸焉。又筑会昌城,即于汤所置百司及公卿邸第焉。"唐玄宗长期在此居住,处理朝政,接见臣僚,这里遂成为与长安城内相联系着的政治中心。相应地建置了一个完整的宫廷区,它与骊山北坡的苑林区结合,形成了呈北宫南苑格局的规模宏大的离宫御苑。宫苑的外围更绕以外廊墙,即"会昌城"。安史之乱后,华清宫逐渐荒废,五代时改建为道观,明清又废。

唐玄宗精心经营这座骊山离宫,其规划布局基本上以首都长安城作为蓝本:会昌城相当于长安的外廊城,宫廷区相当于长安的皇城,苑林区则相当于禁苑,只是方向正好相反。可以说,华清宫乃是长安城的缩影,足见它在当时众多离宫中的重要地位(图3.14)。

华清宫的宫廷区平面略呈梯形,中央为宫城,东部和西部为行政、宫廷辅助用房,以及随驾前来的贵族、官员的府邸。宫廷区的南面为苑林区,呈前宫后苑之格局。宫廷区的北面平原坦荡,除少数民居之外均为赛球、赛马、练兵的场地,包括讲武殿、舞马台、大球场、小球场等。唐玄宗曾经在这里观看过兵阵演练,参加过马球比赛。

苑林区亦即东绣岭和西绣岭北坡之山岳风景地,以建筑物结合于山麓、山腰、山顶等不同地貌而规划为各具特色的许多景区和景点。山麓分布着若干以花卉、果木

图 3.14　华清宫遗址公园

为主题的小园林兼生产基地,如芙蓉园、粉梅坛、看花台、石榴园、西瓜园、椒园、冬瓜园等。山腰则突出嶙岩、溪谷、瀑布等自然景观,放养驯鹿出没于山林之中。朝元阁是苑林区的主体建筑物,从这里修筑御道循山而下直抵宫城之昭阳门。山顶上高爽清凉,俯瞰平原,历历在目,视野最为开阔,修建许多亭台殿阁,高低错落,发挥其"观景"和"点景"作用。东绣岭有王母祠,其侧为骊山瀑布,飞流直泻冲击岩石成石瓮状,即石瓮谷。谷之西为福岩寺,亦名石瓮寺。寺之西北面为绿阁、红楼,两者隔溪遥遥相对。西绣岭三峰并峙,主峰最高,周代的烽火台设于此,相传为周幽王与宠妃褒姒烽火戏诸侯之处。峰顶建翠云亭,视野可及于数百里外。次峰上建老母殿、望京楼,后者亦名斜阳楼,每当夕阳西下,遥望长安城得景最佳。第三峰稍低,上建朝元阁。其南即老君殿,殿内供奉老子玉像。这两处建筑物均属道观性质,唐代皇帝多信奉道教,皇家园林中亦多有道观的建置。

值得一提的是,苑林区在天然植被的基础上,还进行了大量的人工绿化种植。不同的植物配置更突出了各景区和景点的风景特色,所用品种见于文献记载的有松、柏、槭、梧桐等三十余种,还生产各种果蔬供给宫廷。

实例 12　九成宫(隋仁寿宫)

九成宫在今西安城西北 163 km 的麟游县,始建于隋开皇十二年(592 年),原名仁寿宫,由宇文恺主持规划、设计事宜。仁寿宫的基址选择在杜河北岸一片开阔谷地,这里层峦叠翠,树林茂密,风景优美,气候凉爽宜人,乃是避暑胜地(图 3.15)。麟游在隋唐时为通往西北大道的交通枢纽,又是护卫首都西北面的军事要地,常驻重兵防守。所以仁寿宫的建置,不仅为了皇帝游赏、避暑的需要,也还有军事上的考虑。隋代仁寿宫的规模宏大,建筑华丽。隋文帝先后 6 次到此避暑,居住时间最长达一年半。隋亡后,宫殿废毁。唐贞观五年(631 年),唐太宗为了避暑养病,诏令修复仁寿宫,改名九成宫。

九成宫的宫墙有内、外两重。内垣之内为宫城,也就是宫廷区,位于杜河北岸山谷间的 3 条河流——北马坊河、永安河、杜水的交汇处。它前临杜河,北倚碧城山,东有童山,西邻屏山,南面隔河正对堡子山,山上森林茂密,郁郁葱葱。该地海拔近 1 100 m,夏无酷暑,确是一处风水宝地。宫墙东西 1 010 m,南北约 300 m。地势西高东低,呈长方形沿杜河北岸展开。

宫城为朝宫、寝宫及府库、官寺衙署之所在。宫城之外、外垣以内的广袤山岳地带,则为禁苑,也就是苑林区。宫城设城门 3 座:南门永光门,东门东宫门,西门玄武门。这座宫苑的建筑顺应自然地形,因山就势。宫城西部的一座小山丘"天台"作为大朝正殿"丹霄殿"的基座。正殿连同其两侧的阙楼和其前的两重前殿,组合为一组建筑群,把山坡覆盖住,类似汉代宫苑的"高台榭"做法,只不过是以小山丘代替人工夯土筑台。大朝正殿之后是寝宫,前面正对永光门,此三者构成了宫城的南北中轴线。宫城的中部和东部散布着许多殿宇,最大的永安殿建置长长的阁道直通

西面的大朝,颇有秦代宫苑的遗风;其余殿宇均为官署、府库、文娱和供应建筑。贞观年间发现的"醴泉"泉眼就在大朝的西侧,为此而修建了一条水渠沿宫城西垣转而东,直达东宫门。

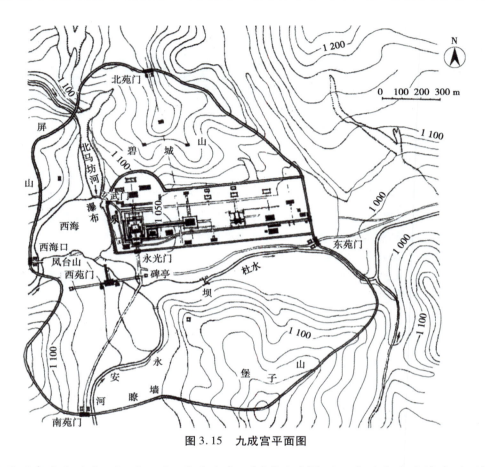

图 3.15　九成宫平面图

　　苑林区在宫城的南、西、北三面,周围的外垣(即"缭墙")沿山峦的分水岭修建,把制高点都围揽进来,以利于安全防卫。在 3 条河流交汇处筑水坝潴而为一个人工大池,因其紧邻宫城之西,称为西海。苑林区内有山有水,山水之景互相映衬,自然风光优美。宫城北面的碧城山顶位置最高。在这里建置一阁、二阙亭,可供远眺观景之用,也作为山制高部位的建筑点缀。西海的西北端靠近玄武门处,利用北马坊河的水位落差设一处高约 60 m 的瀑布,又为山岳景观增添了动态水景之生趣。从西海南岸隔水观赏宫城殿宇、瀑布及其后的群山屏障,上下天光倒影水中,宛若仙山琼阁。西海的南岸建水榭一座,两侧出阙亭,均建在高台之上,为苑林区的主体建筑。东、西连接复道及龙尾道下至地面,北面连接复道直接下至池上桥梁。

　　九成宫作为皇帝避暑的离宫御苑,由于它的规划设计能够和谐于自然风景而又不失宫廷的皇家气派,在当时是颇有名气的。许多画家以它作为创作仙山琼阁题材的蓝本,李思训、昭道父子就曾画过《九成宫纨扇图》《九成宫图》。著名文人为之诗文咏赞而留下千古名作的则更多了,《九成宫醴泉铭》是其中最有名的一篇。中唐以后,文人墨客来此游览的络绎不绝。唐代以九成宫为主题的诗文绘画对后世影响很大,九成宫几乎成为从宋代到清代怀古抒情之作的永恒题材了。

3.3　私家园林

这一时期,私家园林的艺术性较之上代又有所升华,着意于刻画园林景物的典型性格以及局部的细致处理。唐人已开始诗、画互渗的自觉追求。诗人王维的诗作生动地描写山野、田园的自然风光,使读者悠然神往,他的画亦具有同样气质而饶有诗意。中唐以后,某些园林已有把诗、画情趣赋予园林山水景物的情况。以诗入园、因画成景的做法,唐代已见端倪。通过山水景物而诱发游赏者的联想活动、意境的塑造,亦已处于朦胧的状态。

隐与仕结合,表现为"中隐"思想而流行于文人士大夫圈子里,成为士流园林风格形成的契机。同时,官僚这个社会阶层的壮大和官僚政治的成熟,也为士流园林的发展创造了社会条件和经济基础。文人参与造园活动,把士流园林推向文人化的境地,又促成了文人园林的兴起。唐代已涌现一批文人造园家,把儒、道、佛禅的哲理融于他们的造园思想中,从而形成文人园林观。文人园林不仅是以"中隐"为代表的隐逸思想的物化,它所具有的清沁淡雅格调和较多的意境含蕴,也在一部分私家园林创作中注入了新鲜的血液。这些,使得写实与写意相结合的创作方法又进一步深化,为宋代文人园林兴盛打下了基础。

唐长安作为首都,私家园林集中荟萃自不待言。在朝的权贵和官僚们同时也在东都洛阳修造第宅、园林。洛阳私园之多并不亚于长安,但其中多有园主人终生未曾到过的,正如白居易《题洛中第宅》诗中描述"试问池台主,多为将相官。终身不曾到,唯展宅图看"。

江南地区,政治中心北移之后私家园林已不如六朝时期鼎盛。扬州由于隋代开凿大运河而成为运河南端的水陆码头、江淮交通的枢纽,同时也带来了城市经济的繁荣。私家园林的兴建不在少数,正如诗人姚合《扬州春词三首》中所说的"园林多是宅""暖日凝花柳,春风散管弦"的盛况。史载扬州青园桥东,有裴堪的"樱桃园",园内"楼阁重复,花木鲜秀",景色之美"似非人间"。而"郝氏园"似乎还要超过它,正如诗人方干《旅次洋州寓居郝氏林亭》诗中所描写的,"鹤盘远势投孤屿,蝉曳残声过别枝。凉月照窗攲枕倦,澄泉绕石泛觞迟",显示出那一派犹如画意的园景。见于文献著录的扬州私家园林,大都以主人的姓氏作为园名,如郝氏园、席氏园等,这种做法一直沿袭到清代。

3.3.1　城市私园

这一时期的城市私园,主要是分布于城市居住坊里的"山池院"或"山亭院",所谓"山池院",即是唐代人对城市私园的普遍称谓。规模大者占据半坊左右,多为皇亲和大官僚所建。宅园多分布在城北靠近皇城的各坊,游憩园多半建在城南比较偏僻的坊里,因为园主人只是偶尔到此宴游,并不经常使用。长安城内的山池院,大抵都属于大官僚、皇亲贵戚园林的豪华格调类型,但是亦不乏清幽雅致的园林,以寄托身居庙堂的士人们向往隐逸、心系林泉的情怀。

洛阳有伊、洛二水穿城而过,城内河道纵横,为造园提供了优越的供水条件,故洛阳城内的城市私园亦多以水景取胜。同时,由于得水容易,园林中颇多出现摹拟江南水乡的景观,很能激发人们对江南景物的联想情趣。其城内的私园也像长安一样,纤丽与清雅两种格调并存。

城市私园的代表以白居易的履道坊宅园最为著名。履道坊宅园位于坊之西北隅,洛水流经此处,被认为是城内"风土水木"最胜之地。长庆四年(824 年),白居易自杭州刺史任上回洛阳,在杨凭旧园的基础上稍加修葺改造,深为满意。在他 58 岁时定居于此,遂不再出仕。履道坊宅园是园主人以文会友的场所,白居易 74 岁时曾在这里举行"七老会",与会者还有胡杲、吉皎、郑据、刘真、卢贞、张深等诗人。白居易专门为这座最喜爱的宅园写了一首韵文《池上篇》,

篇首的长序详尽地描述了此园:园和宅共占地1.1公顷,其中"屋室三之一,水五之一,竹九之一,而岛树桥道间之"。"屋室"包括住宅和游憩建筑,"水"指水池和水渠而言,水池面积很大,为园林的主体,池中有3个岛屿,其间架设拱桥和平桥相联系。他购得此园后,又进行了一些增建:"虽有台,无粟不能守也",乃在水池的东面建粟凛;"虽有子弟,尤书不能训也",乃在池的北面建书库;"虽有宾朋,无琴酒不能娱也",乃在池的西侧建琴亭,亭内置石梢。他本人"罢杭州刺史时,得天竺石一、华亭鹤二以归,始作西平桥,开环池路。罢苏州刺史时,得太湖石、白莲、折腰菱、青板舫以归,又作中高桥,通三岛径"。可见,白居易对这座园林的改造筹划是用过一番心思的,造园的目的在于寄托精神和陶冶性情,这种清纯幽雅的格调和"城市山林"的气氛,也恰如其分地体现了当时文人的园林观——以泉石竹树养心,借诗酒琴书怡性。

3.3.2　庄园、别墅

这时期的庄园、别墅,根据其选址的分布来看,主要有3种类型。

①单独建置在离城不远,交通往返方便,且风景比较优美地带的庄园别墅园。这类园林代表有李德裕的平泉庄和杜甫的浣花溪草堂。

两京的贵戚、官僚除了在城内构筑宅园之外,不少人还在郊外兴建别墅园,甚至一人有十余处之多。以唐长安为例,从文献记载的情况来看,凡属贵族、大官僚的,几乎都集中在东郊、西郊一带。这一带接近皇居的太极宫、大明宫,人工开凿的水渠、池沼较多,供水方便,这里集中了当时许多权贵的别墅园。而一般文人官僚所建的别墅多半地处南郊。南郊的樊川一带,风景优美,靠近终南山,多涧溪,地形略具丘陵起伏,并且物产丰富。不论两京贵戚还是文人官僚,他们所经营的别墅园林必然会有意无意地彼此影响,追求一种与东郊贵族别墅区相抗衡的迥然不同的情调——朴实无华、富于村野意味。

②单独建置在风景名胜区内的庄园别墅园。这类园林见于文献记载的不少,著名的如李泌的衡山别业、白居易的庐山草堂等。

唐代,全国各地的风景名胜区陆续开发建设,其中尤以名山风景区居多。文人、官僚们纷纷到这些地方选择合适的地段,依托于优美自然风景,而兴建别墅园林,成为一时之风尚。

③依附于庄园而建置的别墅园林,则以王维的辋川别业最为著名。

唐初制定的"均田制"逐渐瓦解,土地兼并和买卖盛行起来。唐代官员们通过收买和各种手段逐渐兼并附近农田而成为拥有一处或若干处庄园的大地主,显宦权贵尤其如此。他们身居城市,坐收佃租之经济效益。同时也在各自的庄园范围内,依附于庄园而建置园林——别墅园,作为暇时悠游消闲的地方,亦预为致仕之后颐养天年之所。

实例1　平泉庄

平泉庄位于洛阳城南30里,靠近龙门伊阙,园主人李德裕出身官僚世家。他年轻时曾随其父宦游在外十四年,遍览名山大川。入仕后瞩目伊洛山水风物之美,便有退居之志。于是,购得龙门之西的一块废园地,重新加以规划建设。李德裕平生癖爱珍木奇石,宦游所至,随时搜求。再加上他人投其所爱之奉献,平泉庄无异于一个收藏各种花木和奇石的大花园。

其中怪石品名甚多,《剧谈录》提到的有醒酒石、礼星石、狮子石等。有关园林用石的品类,李德裕写的《平泉山居草木记》中还记录了:"日观、震泽、巫岭、罗浮、桂水、严湍、漏泽之石",以及"台岭、八公之怪石,巫峡之严湍,琅琊台之水石,布于清渠之侧;仙人迹、鹿迹之石,列于佛榻之前"。平泉庄内栽植树木花卉的数量非常多,品种也非常丰富、名贵。《平泉山居草木记》中记录的名贵花木品种计有："天台之金松、琪树，称山之海棠、捆、桧，刻波之红桂、厚朴，海岈之香怪、木兰，天目之青神、凤集，钟山之月桂、宵鹍、杨梅，曲房之山挂、温树，金陵之珠柏、栾荆、杜鹃，茹山之山桃、侧柏、南烛，宜春之柳柏、红豆、山樱，蓝田之栗、梨、龙柏"等。

此外，园内还建置"台剧百余所"，有书楼、瀑泉亭、流杯亭、西园、双碧潭、钓台等，驯养了白鹭鸶、猿等珍禽异兽。可以推想，这座园林的"若造仙府"格调，正符合于园主人位居相国的在朝显宦身份和地位，与一般文人官僚所营园墅确是很不一样。

实例2　杜甫草堂

除长安、洛阳之外，当时一些经济、文化繁荣的城市，如扬州、苏州、杭州、成都等的近郊和远郊都有别墅园林建置情况的记载。著名的有成都杜甫草堂，迭经历代的多次改建而一直延续至今（图3.16）。

大诗人杜甫为避安史之乱，流寓成都。于上元元年（760年），择城西之浣花溪畔建置"草堂"，两年后建成。杜甫在《寄题江外草堂》诗中简述了兴建这座别墅园林的经

图3.16　杜甫草堂

过："诛茅初一亩，广地方连延。经营上元始，断手宝应年。敢谋土木丽，自觉面势坚。台亭随高下，敞豁当清川。虽有会心侣，数能同钓船。"可知园的占地仅1亩，随后又加以扩展。建筑布置随地势之高下，充分利用天然的水景。

园内的主体建筑物为茅草葺顶的草堂，建在草堂的一株古楠树的旁边。杜甫当年处境艰难，向亲友觅讨果树、桤木、绵竹等移栽园内。满园花繁叶茂，浓荫蔽日，再加上浣花溪的绿水碧波，以及翔于其上的群鸥，构成了一幅极富田园野趣和寄托着诗人情思的天然图画。

除避乱川北的一段时间外，杜甫在草堂共住三年零九个月，写成二百余首诗。以后草堂逐渐荒芜。唐末，诗人韦庄寻得旧址，出于对杜甫的景仰而加以维修，但已非原貌。自宋历明清，又经过十余次的重修改建。最后一次重修在清嘉庆十六年（1811年），大体上奠定今日"杜甫学堂"之规模。

实例3　庐山草堂

元和年间，任江州司马的白居易登临庐山，为奇秀的山景所动，于是将基址选择在香炉峰之北、遗爱寺之南的一处地段修建了别墅园林——"草堂"。白居易有足够的闲暇时间在庐山草堂居住，因而把自己的全部情思寄托于这个人工经营与自然环境完美谐和的园林上面。白居易以草堂为落脚的地方，遍游庐山的风景名胜，并广交山上的高僧。经常与东、西二林之长老聚会草堂，谈禅论文，结下了深厚的友谊。白居易还专门撰写了《草堂记》一文，记述了别墅园林的选址、建筑、环境、景观以及他的感受，由于这篇著名文章的广泛流传，庐山草堂亦得以知名于世。

草堂建筑和陈设极为简朴，草堂向北约五步，有许多奇山异石，并覆盖有许多奇木异草。向东有高约1m的小瀑布，缓缓泻下，遇石头发出琴筑般的美丽音色。其较远处的一些景观亦冠绝庐山，春天锦绣谷花卉全部争相开放，夏天的石门涧溪水流淌，秋天可以在虎溪处赏月，冬天炉峰被积雪覆盖，其景色阴晴显晦，昏旦含吐，千变万状。因此，后人称此景为"甲庐山"。

实例4 辋川别业

辋川别业位于陕西蓝田县南约20 km,这里山岭环抱、豁谷辐辏有若车轮,故名"辋川"(图3.17)。川水汇聚成河,经过两山夹峙的山峡口往北流入灞河。

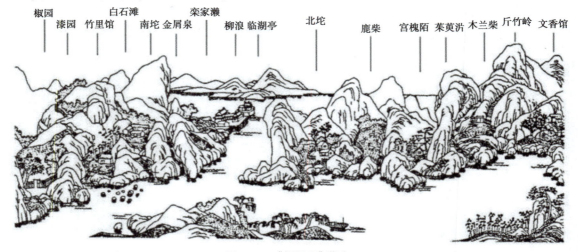

图3.17 《辋川图》摹本

辋川别业原为初唐诗人宋之问修建的一处规模不小的庄园别墅,当王维出资购得时,已呈一派荒废衰败景象,乃刻意经营,因就于天然山水地貌、地形和植被加以整治重建,并作进一步的园林处理。王维是著名的诗人,也是著名的画家,苏东坡誉之为"诗中有画,画中有诗"。王维晚年笃信佛教,精研佛理。因而园林造景,尤重诗情画意。辋川别业有山、岭、岗、坞、湖、溪、泉、沂、濑、滩以及茂密的植被,总体上以天然风景取胜,局部的园林化则偏重于各种树木花卉的大片成林或丛植成景。建筑物并不多,形象朴素,布局疏朗。别业建成之后,一共有20处景点:孟城坳、华子冈、文杏馆、斤竹岭、鹿砦、木兰柴、茱萸沜、宫槐陌、临湖亭、南坨、欹湖、柳浪、栾家濑、金屑泉、白石滩、北坨、竹里馆、辛夷坞、漆园、椒园。王维是在政治上失意、心情郁悒的情况下退隐辋川的,这在他对某些景点的吟咏上也有所流露。如《华子冈》:"飞鸟去不穷,连山复秋色。上下华子冈,惆怅情何极",流露出自己在政治上走下坡路时的无限惆怅;《文杏馆》一诗则因山馆的形象而引起遐思,以文杏、香茅来象征自己的高洁;《辛夷坞》因木芙蓉而抒发孤芳自赏的感慨,表达了自己不甘心沉沦,仍有兼济天下的意愿。

王维入住后,心情十分舒畅,经常乘兴出游,即使在严冬和月夜,也不减游兴,其余时间便弹琴、赋诗、学佛、绘画,尽情享受回归大自然的赏心乐事。而辋川别业与王维的诗画作品——《辋川集》《辋川图》的同时问世,亦足以从一个侧面显示山水园林、山水诗、山水画之间的密切关系。

3.4 寺观园林

佛教和道教经过东晋、南北朝的广泛传布,到唐代已达到了普遍兴盛的局面。佛教的13个宗派都已经完全确立,道教的南北天师道与上清、灵宝、净明逐渐合流,教义、典仪、经籍均形成完整的体系。唐代的统治者出于维护封建统治的目的,采取儒、道、释三教共尊的政策,在思想上和政治上都不同程度地加以扶持和利用。

随着佛教的兴盛,佛寺遍布全国,寺院的地主经济亦相应地发展起来。大寺院拥有大量田产,相当于地主庄园的经济实体。田产有官赐的,有私置的,有信徒捐献的。唐代皇室奉老子为始祖,道教也受到皇家的扶持。宫苑里面建置道观,皇亲贵戚多有信奉道教的。

此时,寺、观的建筑制度已趋于完善,大的寺观往往是连宇成片的庞大建筑群,包括殿堂、寝膳、客房、园林四部分功能分区。封建时代的城市,市民居住在封闭的坊里之内,缺少为群众提供公共活动的场所设置。在这种情况下,寺、观往往在进行宗教活动的同时也开展社交和公共活动,佛教提倡"是法平等,无有高下",佛寺更成为各阶层市民平等交往的公共中心。寺院每到宗教节日举行各种法会、斋会。届时还有艺人的杂技、舞蹈表演,商人设摊做买卖,吸引大量市民前来观看。平时一般都是开放的,市民可入内观赏殿堂的壁画,聆听通俗佛教故事的"俗讲",无异于群众性的文化活动。寺院还兴办社会福利事业,为贫困的读书人提供住处,收养孤寡老人等。道观的情况,也大致如此。

由于寺观进行了大量的世俗活动,逐渐成了城市公共交往的中心,它的环境处理必然会把宗教的肃穆与人间的愉悦相结合考虑,因而更重视庭院的绿化和园林的经营。许多寺、观以园林之美和花木的栽培而闻名于世,文人们都喜欢到寺观以文会友、吟咏、赏花,寺观的园林绿化亦适应于世俗趣味,追摹私家园林。

据《长安志》和《酉阳杂俎·寺塔记》的记载,唐长安城内的寺、观共有152所,建置在77个坊里之内。部分为隋代的旧寺观,大部分为唐代兴建的,其中不少为皇室、官僚、贵戚舍宅改建的。这些寺观占地面积都相当可观,规模大者竟占一坊之地,如靖善坊的大兴善,是京城规模最大的佛寺之一。

隋唐时期的佛寺建筑均为"分院制",即由若干个以廊庑围合而成的院落组织为建筑群。大的院落或主要殿堂所在的院落,一般都栽植花木而成为绿化的庭院,或者点缀山、池、花木而成为园林化的庭院。

寺观内栽植树木的品种繁多,松、柏、杉、桧、桐等比较常见。汉唐时期,关中平原的竹林是很普遍的,因而寺观内也栽植竹林,甚至有单独的竹林院。此外,果木花树亦多栽植,而且具有一定的宗教象征寓意,如道教认为仙桃是食后能使人长寿的果品,因而道观多栽植桃树,以桃花之繁茂而负盛名。此外,长安城内水渠纵横,许多寺观引来活水在园林或庭院里面建置山池水景。寺观园林及庭院山池之美、花木之盛,往往使得游人们流连忘返。描写文人名流到寺观赏花、观景、饮宴、品茗的情况,在唐代诗文中是屡见不鲜的,也表明了寺观园林所兼具城市公共园林的职能。

寺观不仅在城市建置,而且遍及郊野。但凡风景优美的地方,尤其是山岳风景地带,几乎都有寺观建置,故云:"天下名山僧(道)占多。"全国各地以寺观为主体的山岳风景名胜区,到唐代差不多都已陆续形成。如佛教的大小名山,道教的洞天、福地、五岳、五镇等,既是宗教活动中心,又是风景游览的胜地。寺观作为香客和游客的接待场所,对风景名胜区之区域格局的形成,和原始型旅游的发展,起着决定性的作用。佛教和道教的教义都包含尊重大自然的思想,又受到魏晋南北朝以来所形成的传统美学思潮影响,寺、观的建筑当然也就力求和谐于自然的山水环境,起着"风景建筑"的作用。郊野的寺观把植树造林列为僧、道的一项公益劳动,也有利于风景区环境保护。因此,郊野的寺观往往内部花繁叶茂,外围古树参天,成为游览的对象、风景的点缀。许多寺观的园林、绿化、栽培名贵花木、保护古树名木的情况,也屡见于当时的诗文中。

在敦煌莫高窟唐代壁画的西方净土变中,另见一种"水庭"的形制,在殿堂建筑群的前方开凿一个方整的大水池,池中有平台(图3.18)。如第217窟的北壁净土变,背景上的二层正殿厢中,其后的回廊前折形成"凹"字形,回廊的端部分别以两座楼阁作为结束。然后又各从东、西折而延伸出去,在它们的左右还有一些楼阁和高台。建筑群的前面是大水池和池中的平台,主

图 3.18　敦煌盛唐第 217 窟净土变壁画

要平台在中轴线上，主要平台的左右又各有一个平台，其间联以平桥，类似池中二岛。这种水池是依据佛经中所述说的西方净土"八功德水"画出来的。殿庭中的大量水面，显然是出于对天国的想象，可能与印度天气较热经常沐浴的习惯有关系。

净土变中的寺院水庭形象虽然是理想的天国，但实际上也是人间的反映。这种水庭形象在有关唐代佛寺的文献中并无明确记载，但也有些迹象可寻。云南昆明圆通寺，始建于唐代，重建于明成化年间，正殿的东西两侧伸出曲尺形回廊，经过东西配殿连接于南面穿堂殿两侧。此回廊围合的庭院全部为水池——水庭，池中央建八角亭，南北架石拱桥分别与正殿和穿堂殿前的月台相连接，这个水庭基址应是保留下来的唐代遗构。云南巍山县巍宝山的文昌宫，始建于唐南诏时期，现存的庭院内也全部为水池，池中一岛，岛上建亭，其前后架桥通向正殿和山门。这两处寺观建筑群的形制相同，大体上类似于敦煌壁画中唐代净土变所描绘的水庭，可谓古风犹存。此外，山西太原晋祠宋代建筑圣母殿前的"鱼沼飞梁"，与唐代寺观的水庭似乎也有渊源。所以说，水庭也是唐代寺观园林的一种表现形式。

隋唐著名的寺观园林实例，以大慈恩寺最为著名。唐大慈恩寺是唐贞观二十二年（648 年）太子李治（即唐高宗）为了追念其母亲文德皇后，在皇宫城南晋昌里的"净觉故迎蓝"旧址营建的新寺，面积 228 公顷，是现存寺院面积的 7 倍，整个新寺寺名为"大慈恩寺"（图 3.19）。当时的大慈恩寺是唐代长安城内最著名、最宏丽的佛寺。寺院新建落成时，唐代高僧玄奘受朝廷圣命，为首任上座主持。寺内的大雁塔是玄奘亲自督造，并在此翻译佛经十余年，领管佛经译场，同时创立了汉传佛教八大宗派之一的唯识宗。大雁塔是唐高宗永徽三年（652 年），玄奘法师为供养从印度请回的经像、舍利，奏请高宗允许而修建（图 3.20）。塔高 64.5m，共七层，塔底呈方锥形，底层每边长 25m，塔内装有楼梯，供游人登临，可俯视西安全貌。塔上有精美的线刻佛像，有著名的《大唐三藏圣教序》《大唐三藏圣教序记》碑，有中国名塔照片展览、佛舍利子、佛脚石刻、唐僧取经足迹石刻等。现今大雁塔经过修复，古塔雄伟，寺殿香火缭绕，庭院鲜花争艳，是一处特别吸引国内外游人的游览胜地。从建寺至今，大慈恩寺在战乱中屡次被毁，又屡次重建，唯独大雁塔完整地保存了下来，现存的寺院只是当时的西塔院。

图 3.19　大慈恩寺庭院

图 3.20　大雁塔

3.5 其他园林

3.5.1 衙署园林

在唐代的衙署内,比较注重园林的经营。比如长安的中南书院,在雕梁画栋的殿宇间,就点缀着许多竹树奇花,为严整的衙署建筑更增益了几分清雅宜人的气氛。位于大明宫右银台门之北的翰林学士院,院内栽植古槐、松、玉蕊、药树、柿子、木瓜、庵罗、垣山桃、杏、李、樱桃、柴蔷薇、辛夷、葡萄等诸多品种的花木,大多由诸翰林学士自己种植而逐渐繁衍起来,可以说是一种别开生面的绿化方式。各处地方政府的衙署,多由文人担任地方官者,更关注衙署园林的建设。如白居易任江州司马时,时间绰有余裕,"可以从容于山水诗酒间",于是便在官舍内建置园池以自娱。

从上述的情况来看,唐代衙署园林的建置已经很普遍了。甚至连听讼断狱的严肃场所,也要为官员提供园林的享受。

实例 1　绛州衙署园

山西绛州(今新绛县)州衙的园林,位于城西北隅的高地上,始建于隋开皇年间,历经数度改建、增饰,到唐代已成为晋中一处名园(图 3.21)。唐穆宗时,绛州刺史樊宗师再加修整,并写

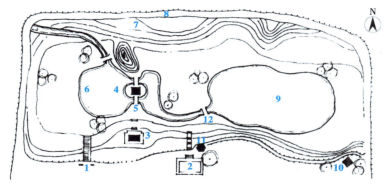

图 3.21　绛守居园平面图

| 1. 园门(虎豹门) | 2. 堂庑 | 3. 香轩 | 4. 泂涟亭 | 5. 子午梁 | 6. 西水池 |
| 7. 鳌豚原 | 8. 风堤 | 9. 苍塘 | 10. 柏亭 | 11. 新亭 | 12. 望月桥 |

成《绛守居园池记》一文,详细记述了此园。园的平面略呈长方形,自西北角引来活水横贯园之东、西,潴而为两个水池。东面较大的水池"苍塘",石砌护岸,围以木栏。塘水深广,水波粼粼呈碧玉色,周围岸边种植桃、李、兰、蕙,阴凉可祛暑热。塘西北的一片高地名"鳌豚原",原上为当年音乐演奏和宴请宾客之地,居高临下可以俯视苍塘中之鹏、鹭等水鸟嬉戏。西面较小的水池当中筑岛,岛上建小亭名"泂涟"。岛之南北各架设虹桥名"子午梁"以通达池岸。子午梁之南建轩舍名"香",轩舍周围缭以回廊,呈小院格局。轩舍之东,约当园的南墙之中央部位有小亭名"新",亭前有巨槐,浓荫蔽日。亭之南,紧邻园外的公廨党庑,为判决衙事之所,也可供饮宴。亭之北,跨水渠之上联系南北交通的'望月'桥。园的北面为土堤"横亘",提抱东、西以作围墙,分别往南延伸,即州署的围墙。园的南墙偏西设园门名"虎豹门",门之左扇绘虎与野猪相搏,右扇绘胡人与豹相搏的图画。园内的观赏植物计有柏、槐、梨、桃、李、兰、蕙、蔷薇、藤萝、莎草等,还养畜鹏、鹭等水禽。园林的布局以水池为中心,池、堤、渠、亭间以高低错落的土丘相接,使景有分有隔而成原、隰、堤、溪、壑等自然景观。建筑物均为小体量,数量很少,布置疏朗有

致,显然是以山池花木之成景为主调。由于园址地势高爽,可以远眺,故园外之借景也很丰富。唐代以后,此园又历经宋、明、清的多次重修改建。

实例2 东湖

东湖,位于四川成都市新繁镇,是中唐名相李德裕任新繁县令时修建的新繁县署园林的遗址。李德裕出身世家望族,封卫国公,有较高的园林艺术素养,曾主持建自己的别墅园——洛阳平泉庄。据五代孙光宪《北梦琐言》载:"新繁县有东湖,李德裕为宰日所凿。"明、清县志皆采用此说,但《唐书》本传却未载李任新繁县令事。北宋政和八年(1118年),宋侑作《新繁卫公堂记》,记述了此园情况:"繁江令舍之西,有文饶堂者,旧矣。前植巨楠,枝干怪奇。父老言:唐卫公为令时凿湖于东,植楠于西,堂之所为得名也。公讳德裕,字文饶,太和中来镇蜀,由蜀入相。"此园历经宋明清各代的多次重建,民国初年辟作新繁东湖公园,成为巴蜀地区的名园之一。

3.5.2 公共园林

公共园林出现于东晋之世,名士们经常聚会的地方如"新亭""兰亭"等应是其雏形。唐代,随着山水风景的大开发,风景名胜区、名山风景区遍布全国各地,在城邑近郊一些小范围的山水形胜之处,建置亭、榭等小体量建筑物作简单点缀,而成为园林化公共游览地的情况也很普遍。以亭为中心,因亭而成景的邑郊公共园林有很多见于文献记载。文人出身的地方官,往往把开辟此类园林当作是为百姓办实事的一项政绩,当然也为了满足自己的兴趣爱好,提高自己的官声,则更是乐此而不遗余力。

在经济、文化比较发达的地区,大城市里一般都有公共园林,作为文人名流聚会饮宴、市民游憩交往的场所。例如扬州,嘉庆重修的《扬州府志》就记载了几处由官府兴建的公共园林。长安作为都城,是当时规模最大的城市和政治、经济、文化中心,其公共园林,绝大多数在城内,少数在近郊。长安城内,开辟公共园林是比较有成效的,包括3种情况:

①利用城南一些坊里内的山丘——"原",如乐游原;
②利用水渠转折部位的两岸而作为以水景为主的游览地,如著名的曲江;
③对街道进行绿化点缀。

实例1 乐游原

乐游原是唐长安城的最高点,呈现为东西走向的狭长形土原。东端的制高点在长安城外,中间的制高点在紧邻东城墙的新昌坊,西端的制高点在升平坊。乐游原的城内一段地势高爽、景界开阔,游人登临原上,长安城的街市宫阙、绿树红尘,均历历在目,为登高览胜最佳景地。早在两汉宣帝时,曾在西端的制高点上建"乐游庙"。隋开皇二年(582年),在中间的制高点上建灵感寺。唐初寺废,唐太平公主在此添造亭阁,营造了当时最大的私宅园林——太平公主庄园。韩愈《游太平公主庄》诗云:"公主当年欲占春,故将台榭押城闉,欲知前面花多少,直到南山不属人。"仅在乐游原上的一处园林,因太平公主谋反被没收后,就分赐给了宁、申、歧、薛四王,可以想象当时乐游原规模之大。后来四王又大加兴造,遂成为以冈原为特点的自然风景游览胜地。乐游原地势高耸,登原远眺,四望宽敞,京城之内,俯视如掌。同时,它与南面的曲江芙蓉园和西南的大雁塔相距不远,眺望如在近前,景色十分宜人。

实例2 曲江

曲江又名曲江池,在长安城的东南隅,因水流曲折得名(图3.22)。这里在秦代称隄州,并修建有离宫称"宜春苑",汉代在这里开渠,修"宜春后苑"和"乐游苑"。隋初宇文恺奉命修筑

· 60 ·

大兴城，以其地在京城之东南隅，地势较高，根据风水堪舆之说，遂不设置居住坊巷而凿池以厌胜之。宇文恺详细勘测了附近地形之后，在南面的少陵原上开凿一条长约 10 km 的黄渠，把义谷水引入曲江，扩大了曲江池之水面。隋文帝不喜欢以"曲"为名，又因为它的水面很广而芙蓉花盛开，故改名芙蓉池。据记载，唐玄宗时引浐河上游之水，经黄渠汇入芙蓉池，恢复曲江池旧名。池水充沛，池岸曲折优美，且为芙蓉园增建楼阁。芙蓉园占据城东南角一坊的地段，并突出城外，环池楼台参差，林木葱郁。周围有围墙，园内总面积约 2.4 km^2，曲江池位于园的西部，水面约 0.7 km^2。全园以水景为主体，一片自然风光，岸线曲折，可以荡舟。池中种植荷花、菖蒲等水生植物。亭楼殿阁隐现于花木之间。杜甫《哀江头》中有"江头宫殿锁千门，细柳新蒲为谁绿？"之诗句。曲江的南岸有紫五楼、彩霞亭等建筑，还有御苑"芙蓉苑"；两面为杏园、慈恩寺。这是一处大型的公共园林，也兼有御苑的功能（图 3.23）。

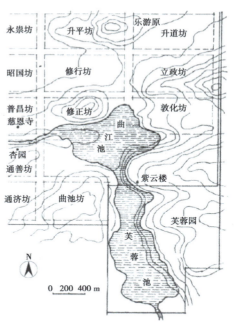

图 3.22 唐长安曲江平面图

唐代曲江池作为长安名胜，定期开放，人们均可游玩，以中和（农历二月初一）、上巳（三月初三）最盛；中元（七月十五日）、重阳（九月九日）和每月晦日（月末一天）也很热闹。上巳节这一天，按照古代修禊的习俗，皇帝例必率嫔妃到曲江游玩并赐宴百官。沿岸张灯结彩，池中泛画舫游船，乐队演奏教坊新谱的乐曲。平民百姓则熙来攘往，平日深居闺阁的妇女亦盛装出游。在城市里面的市民公共游览的同时兼有皇家御苑的功能，这在以皇权政治为轴心的封建时代是极为罕见的情况。曲江池的繁荣也从一个侧面反映了盛唐之世的政局稳定、社会安宁。

图 3.23 曲江遗址公园

曲江最热闹的季节是春天，新科及第的进士在此举行的"曲江宴"则又为春日景观平添了几笔重彩。曲江宴十分豪华，排场很大，长安的老百姓多有往观者，皇帝有时亦登上紫云楼垂帘观看。这种宴集无疑会助长奢侈的社会风气，在唐武宗时曾一度禁止，但不久必恢复而且更为隆盛，时间上一直延长到夏天。曲江宴之后，还要在杏园内再度宴集，即是"杏园宴"。刘沧《及第后宴曲江》诗有句云："及第新春选胜游，杏园初宴曲江头。"杏园探花之后，还有雁塔题名，即到慈恩寺的大雁塔把自己的名字写在壁上。至此，便最终完成士子们"十年寒窗苦、一朝及第时"所举行的隆重庆祝的三部曲活动。

实例 3　街道绿化

由于朝廷重视，长安城的街道绿化十分出色。贯穿于城内的 3 条南北向大街和三条东西向大街称为"六街"，宽度均在百米以上，其他的街道也都有几十米宽。长安的街道全是土路，两侧的坊墙也是夯土筑成，可以设想刮风天那一派尘土飞扬的情况，大大降低了城市环境质量。

但街的两侧有水沟,栽种整齐的行道树,称为"紫陌"。远远望去,一片绿荫,间以各种花草,保养及时,足以在一定程度上抑制尘土飞扬,对改善城市环境质量是有利的。树茂花繁郁郁葱葱,则又淡化了大片黄土颜色的枯燥。街道的行道树以槐树为主,公共游息地则多种榆、柳,对城市环境的美化起到了很大的作用。

3.6　隋、唐、五代园林的主要特征

隋、唐、五代的园林在魏晋南北朝所奠定的风景式园林艺术的基础上,随着封建经济、政治和文化的进一步发展而臻于高潮的局面。唐朝因农民起义和藩镇反叛而于907年灭亡。五代十国时期北方战争频繁,破坏严重,唐朝所建的宫苑、园林大多毁于战乱。相对而言,南方较为稳定,隋唐时已兴起的许多商业城市如扬州、南京、苏州、杭州等地的经济和文化在此时期也有发展,而且大多有园林建设,不仅发扬了秦汉的磅礴气度,又在精致的艺术经营上取得了辉煌的成就。这个高潮局面继续发展到宋代,在两宋的特定历史条件和文化背景下,形成了更为丰富的园林特征。

3.6.1　园林选址

隋唐时期的园林选址,大多围绕经济发达的城市来建置。城内的大部分居住坊里均有宅园或游憩园;其他或者建置在离城不远,交通往返方便,且风景比较优美的地带;或者单独建置在风景名胜区内;或者依附于庄园而建置。比如长安城的园林选址情况:长安的郊外林木繁茂,山清水秀,散布着许多"原",南郊和东郊都是私家园林荟萃之地。关中平原的南面、东面、西面群山回环,层峦叠翠,隋唐的许多行宫、离宫、寺观都建置在这一带地方。北面则是渭河天堑,沿渭河布列汉唐帝王陵墓,陵园内广植松柏,更增益了这里的绿化效果。就这个宏观环境而言,长安的绿化不仅局限于城区,还以城区为中心,更向四面辐射,形成了近郊、远郊乃至关中平原的绿色景观大环境的烘托。长安城就仿佛是一颗镶嵌在辽阔无比的绿色海洋上的绿色明珠。

3.6.2　园林布局

隋唐园林的空间布局为:大型园林讲究气势恢宏,小型园林讲究浓缩精华。大型园林在设计时,多利用自然山川筑园,布局磅礴大气,错落有致。

小型园林多利用花草、假山、水塘、动物等自然物,浓缩在一座封闭的院落中布局体现,十分精致。如唐代的宅园中多以前宅后园的布局,履道坊宅园即属此类;也有园、宅合一的布局,即住宅的庭院内穿插着园林,或者在园林中布置住宅建筑。

园林多讲究崇尚自然、融入自然的格局情调。这体现在每处园林都注重山水景观,并做到了城市与郊苑的结合,人工景观与自然景观的结合。无论是隋唐的皇家园林还是私家园林,在布局上都以山和水的造型来布景,甚至像九成宫、华清宫等大型皇家园林都运用天然山川作为园区景致。同时,城郊曲江公共园林的设置,既能使城市空间打破城墙的束缚,向外扩展,又能体现出当时隋唐园林亲近自然的社会风气。

3.6.3　造园要素

风景式园林创作技巧和手法的运用有所提高并跨入了一个新的境界,隋唐时期造园用石的美学价值得到了充分肯定,园林中的"置石"做法已经比较普遍。"假山"一词开始用作为园林筑山的称谓,筑山既有土山,也有石山(土石山),但以土山居多。石山因材料及施工费用昂贵,

仅见于宫苑和贵戚官僚的园林中。但无论土山或石山,都能够在有限的空间内堆造出起伏延绵、模拟天然山脉的假山,既表现园林"有若自然"的氛围,又能以其造型而显示深远的空间层次。

园林的理水,除了依靠地下泉眼而得水之外,更注意从外面的河渠引来活水。郊野的别墅园一般都依江临河,即便城市的宅园也以引用沟渠的活水为贵。西京长安城内有好几处人工开凿的水渠;东都洛阳城内水道纵横,城市造园的条件较长安更优越。活水既可以为池、为潭,又能成瀑、成濑、成滩,回环紫流,足资曲水流觞,潺湲有声,显示水体的动态之美,人为丰富了水景的创造。皇家园林内,往往水池、水渠等水体的面积占去相当大的比重,而且还结合城市供水,把一切水资源都利用起来,从而形成了完整的城市供水体系。像西苑那样在丘陵起伏的辽阔范围内,人工开凿一系列的湖、海、河、渠,尤其是回环蜿蜒的龙鳞渠,离不开竖向设计技术的发展,还有以龙鳞渠为中心环绕十六院建筑群,蔚为壮观。

隋唐时期园林植物题材则更多样化,文献记载有足够品种的观赏树木和花卉以供选择。园林建筑从极华丽的殿章楼阁到极朴素的茅舍草堂,它们的个体形象和群体布局均丰富多样而不拘一格。

复习思考题

1. 隋、唐、五代时期皇家园林的主要特征是什么?
2. 为什么说东都苑(隋西苑)的基本建成标志着中国园林高潮期的到来?
3. 这一时期私家园林有哪些类型? 各有哪些分布特点?
4. 简述这一时期寺观园林的造园手法。
5. 简述长安公共园林的形成背景及主要类型,并举例说明。
6. 简述隋、唐、五代园林的主要特征。

4 宋、辽、金园林

4.1 历史与园林文化背景

宋、辽、金园林

4.1.1 历史背景

960年，宋太祖赵匡胤即位后建都于后周的旧都开封，改名东京。东京的水陆交通十分方便，唐以来一直是中原的重要商业城市。至宋代，关中经济已呈衰落之势，江南地区的经济则长期繁荣发展而跃居全国之首，建都东京可依靠江南地区水运的粮食和财富供应。从此，中国封建王朝的都城便逐渐往东转移。1126年，金军攻下东京，改名汴梁。次年金太宗废徽、钦二帝，北宋灭亡。宋高宗赵构逃往江南，建立半壁河山的南宋王朝，与北方的金王朝处于对峙之局面。1138年定杭州为"行在"（临时首都），改名临安。1279年，南宋亡于元。此前蒙古于至元八年（1271年）灭金，忽必烈定国号为元，次年，将中都改称大都（今北京），作为都城。

东北契丹族建立的辽王朝取得北宋的幽、燕地区之后，利用这个地区在军事、政治、经济各方面的有利条件，以此为基地而向南扩张，势力伸入华北大平原。并把幽州城升格为五京之一，改名南京，又称燕京。辽王朝推行"胡汉分治"的政策，在汉人聚居并有着高度发展的封建社会和经营定居农业的幽、燕地区另建立起一套有别于其国内奴隶制政权的政治制度，地方上的统治机构大体上沿袭唐以来的旧制，各级官吏也都由汉人担任。因此，南京的经济、文化都很繁荣，在辽代的五京之中，也是规模最大的一座城市。

辽末，东北松花江一带的女真族迅速由部落联盟走向奴隶制，并建立国家政权——金。金王朝建立后经常与辽统治者发生冲突并占领辽的大部分国土。1122年金军占领南京，次年按约将南京交还北宋，1125年又将其夺回，并继续南侵。在占领区内也像辽代一样推行"胡汉分治"，沿袭辽代的地方统治机构。金王朝灭北宋和辽之后，势力逐渐向南推移。到海陵王时，其统治地区已包括从东北到华北、中原的北半个中国。1153年，海陵王迁都南京，改名中都。迁都之前对南京进行了大规模的扩建，城市的规划布局完全模仿北宋的东京。金王朝全面推行汉化，政治稳定、经济繁荣、文化昌盛，与南宋形成对峙的局面，历时约150年。

同时在西北边陲，党项族的西夏政权崛起，1033年建都兴庆府（今宁夏银川市）。西夏人拓展国土，积极吸收汉文化，并根据汉字创造出西夏文字。国势逐渐强大，先后与辽、宋、金抗衡，时战时和。1227年，西夏被成吉思汗率领的蒙古军灭亡。

4.1.2 园林文化背景

在中国的文明历史中，无论经济、文化、科技方面，两宋都占有重要的历史地位，而在文化方面的贡献则尤为突出。

从中唐到北宋，是中国文化史上的一个重要的转化阶段。在这个阶段里，作为传统文化主体的儒、道、释三大流派,都处在一种蜕变之中。儒学转化成为新儒学——理学;佛教衍生出完全汉化的禅宗;道教从民间的道教分化出向老庄、佛禅靠拢的士大夫道教。从两宋开始,文化的发展也像宗法政治制度及其哲学体系一样,都在一种内向封闭的境界中实现着从总体到细节的不断自我完善。与汉唐相比,两宋士人心目中的宇宙世界缩小了。文化艺术已由表面的外向拓展转向于纵深的内在开掘,其所表现的精微细腻程度则是汉唐所无法企及的。因此,宋代实为中国封建社会中承上启下的一个关键时期。园林作为社会文化的重要内容之一,也不例外。它历经千余年的发展亦"造极于赵宋之世"而进入完全成熟的时期。作为一个体系,园林的内容和形式均趋于定型,造园的技术和艺术达到了历来的最高水平,形成中国古典园林发展史上的一个高潮阶段。这种情况之所以出现,是有其特殊的文化背景的。

（1）经济方面　南宋时手工业生产有了长足发展。在农业和手工业发展的基础上,南宋的商品经济更加发展,具体表现为城市的繁华,商业和手工业的兴盛,海外贸易的空前活跃。张择端《清明上河图》所描绘的就是汴京清明时节的热闹景象,是汴京当年商业繁荣的见证,也是北宋城市经济发展的写照。在这种经济发达的状态下,终于形成了宫廷和社会生活的浮华、侈靡的繁华。上自帝王,下至庶民,无不大兴土木、广营园林。皇家园林、私家园林、寺观园林大量修建,其数量多,分布广,较隋唐时期有过之而无不及。

（2）文化方面　宋代是中国古代文化最光辉灿烂的时期。宋代重文轻武,文人的社会地位比以往任何时代都高,读书应举的人比以前任何时候都多,学校教育得到了较大的发展,推动了文化的普及和学术的繁荣。理学盛行,道教、佛教及外来的宗教均颇为流行。文学上出现了欧阳修等散文大家,宋词是这一时期的文学高峰,晏殊、柳永、苏轼、周邦彦、李清照、辛弃疾等均为一代词宗。宋、金时话本、戏曲也较盛行。另外,中国古代山水画发展到北宋中期,产生了巨大变化。突出的一点是多数山水画家不再过隐居生活,他们也不再强调山水画一定要表现隐居思想。绘画也对造园艺术产生了空前影响。以写实和写意相结合的方法表现"可望、可行、可游、可居"的理想境界,体现"对景造意,造意而后自然写意,写意自然不取琢饰"的画理。著名画家郭熙还在探求山水画的艺术美的过程中创立了"三远说",即高远、深远、平远,在理论上阐明了山水画所特有的3种不同的空间处理和由此产生的意境美、章法美。在题材选择上更倾心于园林景色和园林生活的描绘,更多体现对意境的追求。这一时期,文人也广泛参与造园。在这种文化氛围之中,园林规划设计更注重意境的创造,而山水诗、山水画、山水园林则相互渗透（图4.1）。

图4.1　《踏歌图》（宋,马远）

（3）科技方面　宋代的科技发展是中国古代科技发展的黄金时期。在闻名于世的中国古代四大发明中,指南针、印刷术和火药三项主要是在宋代得到应用和发展的。在数学、天文、地理、地质、物理、化学、医学、农学、农业技术、建筑等方面,都有许多开创性的探索。

（4）建筑技术方面　宋代的建筑艺术较之汉唐,发生了相当巨大的变化。这是中国建筑最大的一次转型,它由汉唐的雄浑质朴、宏伟大气,转变为宋代的柔丽纤巧、清雅飘逸。最具特征的是,宋代建筑挑檐,不似汉唐的沉稳厚重,而是翘立飞扬,极富艺术感,而且相当柔美细腻、轻灵秀逸。这其实较集中地体现出了宋代建筑的风格。李明仲的《营造法式》和喻皓的《木经》,是官方和民间对当时发达的建筑工程技术实践经验的理论总结。建筑单体已经出现架空、复

道、坡顶、歇山顶、庑殿顶、攒尖顶、平顶等造型,有一字形、曲尺形、折带形、丁字形、十字形、工字形等各种平面,还有以院落为基本模式的各种建筑群体组合的形式及其依山、临水、架岩、跨涧结合于局部地形地物的情况,建筑已经充分发挥了其点景作用。

(5)造园艺术方面　宋代的园林树木和花卉栽培技术在唐代的基础上又有所提高,已经出现嫁接和引种驯化的方式。此外,文人对花艺的热情又促使园林品赏向精美细腻、高雅格调方向发展,栽植竹、菊、梅、兰。宋代文人追求雅致情趣的手段,成为园林的雅致格调的象征。种竹成景蔚然成风,产生了"三分水、二分竹、一分屋"的说法,即使一些不起眼的小酒家也设置"花竹扶疏"的小庭院以招揽顾客(图4.2)。另外,叠石技术水平大为提高,出现了以叠石为业的技工,吴兴称之为"山匠",苏州称之为"花园子"。园林置石已成

图4.2　《四景山水图》(宋,刘松年)

为造园要素之一,广泛应用于园林兴造,江南地区尤甚。园林用石盛行单块的"特置",以"漏、透、瘦、皱"作为太湖石的选择和品评的标准。所有这些,都为园林的广泛兴造提供了技术上的保证,也是造园艺术成熟的标志。

4.2　皇家园林

宋代的皇家园林集中在东京和临安两地,若论园林的规模和造园的气魄,远不如隋唐,但规划设计的精致则过之。园林的内容比之隋唐较少皇家气派,更多地接近于私家园林,南宋皇帝就经常把行宫御苑赏赐臣下或者把臣下的私园收归皇室作为御苑。宋代皇家园林之所以出现规模较小和接近私家园林的情况,与宋代皇陵之简约一样,一方面受国力国势的影响,另一方面与当时朝廷的政治风尚也有直接的关系。

而自五代至两宋,在中国北方,契丹族及女真族曾先后建立了辽、金两个少数民族政权,并相继维持了三百余年的统治。辽、金两朝虽然地域仅半壁,但它对后世却有很重要的影响。北京取代西安、洛阳等以往古老的都城,成为全国的政治中心,辽、金燕京的部分苑囿也被一直沿用到明清。

辽王朝占据幽燕地区之后,以南京作为陪都。南京城的具体位置在今北京外城之西。它的南面是宋、辽互市的榷场,北面通过榆关路、松亭关路、古北口路和石门关路等驿道与塞外交通,和高丽、西夏乃至西域都维持着商业联系。南京不仅经济繁荣,在辽、宋对峙的形势下军事战略地位也十分重要,作为陪都又具有政治上的地位。为了适应这些情况,城市相应地进行了适当规模的建设。南京的外城廓略近方形,每面城墙各设二门,子城(皇城)在外城之西南隅。宫城在子城之东南,南半部突出于子城少许,正门名启夏门,大朝正殿名元和殿。同时,辽代皇家园林见于文献记载的有内果园、瑶池、柳庄、栗园、长春宫等处。同时,辽代贵族、官僚的邸宅多半集中于子城之内。外城西部湖泊罗布,故亦有私家园林的建置。

金王朝灭辽和北宋后,海陵王于1151年由上京会宁府迁都南京,建"中都"燕京。中都城沿袭北宋东京的三套方城之制,外城东西宽3.8 km,南北长4.5 km。城门十三座,皇城在外城的中部偏西,宫城在皇城的中部偏东,拆取宋汴京宫室木材来兴建燕京宫殿。在都门处夹道重行植柳各百里。居住区仿照东京的里坊制,共62坊。除此之外,中都的御苑一部分利用辽南京的旧苑,大部分为新建,尤其在金世宗大定以后,皇家园林建设的数量和规模均十分可观,分布在城内、近郊和远郊。城内御苑见于文献记载的有西苑、东苑、南苑、北苑、兴德宫等处。其中包

含着著名的"中都八苑",即芳园、南园、北园、熙春园、琼林苑、同乐园、广乐园、东园。除此之外,中都城近郊和远郊的御苑比较多,包括行宫御苑和离宫御苑,主要有建春宫、大宁宫、长春宫、玉泉山行宫、钓鱼台行宫等处。

4.2.1　东京的皇家园林

北宋定都的东京,原为唐代的汴州,即今河南开封,是一个因大运河而繁荣的古都(图4.3)。东京城的布局,基本上承袭隋唐以来的传统,但较之隋唐的长安又有所不同。东京不是在有完整规划和设计下建设的,而是在一个旧城的基础上改建而来的。东京五代开始成为政治经济中心,后周正式定都于此。北宋城市人口近百万,商业经济空前繁荣,城三重相套,即宫城、内城、外城,每重城垣之外围都有护城河环绕。最外的城郭为后周显德二年(955年)扩建,周长40里,略近方形,为民居和市肆之所。第二重内城即唐时州城,史载"周二十里五十步",除部分民居、市肆外主要为衙署、王府邸宅、寺观之所。内城中心偏北为州衙改建成的宫城,周长5里。由宫城正门宣德门向南,通过汴河上的州桥及内城正门朱雀门到达城郭正门南薰门,路宽200余步,称为"御道",是全城的中轴线。整个城郭的各种分区,基本上都是按此轴线为中心来布置的,城市中心与重心合一。州桥附近有东西向的干道与纵轴相交,为全城横轴。这些都和汉魏邺城以来都城的布局相似。在宫城外东北有皇家园林艮岳,城内有寺观70余处,城外有大型园林金明池和琼林苑,这些都丰富了城市景观。汴梁首次在宫城正门和内城正门间设置了"丁"字形纵向广场。这种建设模式对以后直至明清的都城布局产生了很大影响。

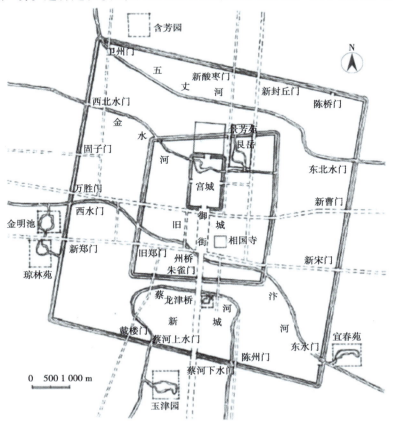

图4.3　北宋东京城平面图

东京开封府有汴、蔡(惠民)、金水、广济(五丈)四河,流贯城内,合称漕运四渠,形成了以东京开封府为中心的水运交通网。跨河修建了各种式样的桥梁,包括天汉桥和虹桥。这四条运河不仅输送漕粮及各种物资,而且解决了城市供水,以及宫廷、园林的用水问题。

北宋东京规划上的最大特点,是沿着通向街道的巷道布置住宅。城市内部布局发展为街市、桥市的坊市混合型,坊市突破,莫过于彻底废弃了"里坊制",取消了坊墙,使街坊完全面向街道,沿街设置商铺,坊墙消失,沿街的铺面房屋多为二三层,使得居住和商用在有限的平面空间内可得到更有效的利用。城市营建规划具有前瞻性,如已经考虑到了防泥泞、防火等。

东京的皇家园林,只有大内御苑和行宫御苑。属于大内御苑的为后苑、延福宫、艮岳三处,属于行宫御苑的分布在城内外,城内有景华苑等处,城外计有琼林苑、宜春园、玉津园、金明池、瑞圣园、牧苑等处。其中比较著名的为北宋初年建成的"东京四苑"——琼林苑、玉津园、金明池、宜春苑,以及宋徽宗时建成的延福宫和艮岳。

实例1　艮岳

艮岳,初名万岁山,后改名艮岳、寿岳,或连称寿山艮岳,位于今河南开封,是北宋著名的皇家园林,唐、宋写意山水园的代表(图4.4)。艮岳构园设计以情为立意,以山水画为蓝本,以诗词品题为主题,园中有诗,园中有画,创造了一种趋向自然情致的意态和趣味,成为元、明、清宫苑的重要借鉴。

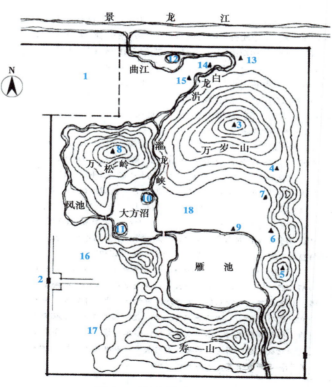

图4.4　寿山艮岳平面图

1.上清宝箓宫　2.华阳宫　3.介亭　4.萧森亭　5.极目亭　6.书馆　7.萼绿华堂
8.巢云亭　9.绛霄亭　10.芦渚　11.梅渚　12.蓬壶　13.清闲馆　14.漱玉轩
15.高阳酒肆　16.西庄　17.药寮　18.射圃

寿山艮岳是先经过周详的规划设计,然后根据图纸施工建造的,设计者就是以书画著称的宋徽宗赵佶本人,因此艮岳具有浓郁的文人园林意趣。艮岳位于汴京(今河南开封)景龙门内以东,封丘门(安远门)内以西,东华门内以北,景龙江以南,周长约6里,面积约为750亩。宋徽宗营造此园,不惜花费大量财力、物力、人力,巧取豪夺。他在位时,命平江人朱缅专搜集江浙一带奇花异石进贡,号称"花石纲",并专门在平江设应奉局狩花石。载以大舟,挽以千夫,凿河断桥,运送汴京,营造艮岳。其具体特点包括以下几个方面。

①山体布局:全园的东半部以山为主,西半部以水为主,形成"左山右水"的格局,山体从北、东、南三面环抱水体。以艮岳为园内各景的构图中心,以万松岭和寿山为宾辅,形成主从关系。介亭立于艮岳之巅,成为群峰之主,景界极为开阔。侧岭"万松岭"上建有巢云亭,与主峰的介亭东西呼应形成对景,即"先立宾主之位,次定远近之形"的山水画的创作手法,以此作为造园宗旨,再加上恰到好处的叠石理水,使得山无止境,水无尽意,山因水活,绵延不尽。

②水体形态:万松岭与寿山两峰并峙,两山之间的水向下流入雁池。雁池水清澈涟漪,游禽浮泳水面之上,栖息石间,数量非常多。池水从山涧出来变成小溪,从南向北从山脊间流过,往北流入景龙江,往西与方沼、凤池相通,形成了谷深林茂、曲径两旁完整的水系,包罗内陆天然水体的全部形态:河、湖、沼、溪、涧、瀑、潭等。合理的水系,形成了艮岳极好的布局。

③建筑利用:艮岳中的建筑物具有使用与观赏的双重功能,即"点景"与"观景"作用,造型艺术充分结合地形地貌无一定之规,集宋代建筑艺术之大成,建筑不仅发挥了重要的成景作用,而且就园林总体而言又从属于自然景观。亭、台、轩、榭等,布局疏密错落,有的追求清淡脱俗、典雅宁静,有的可供坐观静赏,而在峰峦之势,则构筑可以远眺近览的建筑。除了游赏性园林建筑之外,艮岳中的宫殿,已不是成群或成组为主的布置,而是因势因景点的需要而建的,这与唐以前的宫苑有了很大的不同。建筑类型还包括了道观、庵庙、水村、野居等。建筑作为造园的四要素之一,在园林中的地位愈加重要。

④植物种植:园内植物已知的数十个品种,包括乔木、灌木、果树、藤本植物、水生植物、药用植物、草本花卉、木本花卉及农作物等,其中很大一部分是从南方引种驯化的。植物的配置方式有孤植、丛植、混交、片植等多种形式。园内许多景区、景点都是以植物景观为题,如植梅万本的梅岭、在山冈上种植丹杏的杏岫、山冈险奇处丛植丁香的丁嶂,以及椒崖、龙柏坡、斑竹麓、海棠川、万松岭、梅渚、芦渚、萼绿华堂、药寮、雪浪亭等。同时,林间放养的珍禽异兽较多,但其功能作用有了根本的变化,已不再供狩猎之用,而是起增加自然情趣的作用,是园林景观的组成部分之一。

艮岳的营建,是我国园林史上的一大创举,它不仅有艮岳这座全用太湖石叠砌而成的园林假山之最,更有众多反映我国山水特色的景点。它既有山水之妙,又有众多的亭、台、楼、阁的园林建筑,是一个典型的山水宫苑,是一座叠山、理水、花木、建筑完美结合的具有浓郁诗情画意而较少皇家气派的人工山水园,代表宋代皇家园林的风格特征和宫廷造园艺术的最高水平。

实例2 金明池

金明池是北宋著名别苑,又名西池、教池,位于东京顺天门外,遗址在今开封市城西的南郑门口村西北、土城村西南和吕庄以东和西蔡屯东南一带。金明池始建于五代后周显德四年(957年),原供演习水军之用。后经北宋王朝的多次营建,池内各种设施逐渐完善,池的功能由训练水军慢慢为水上娱乐表演所取代,金明池随之成为一处规模巨大、布局完备、景色优美的皇家园林。金明池周长约9里,池形方整,四周有围墙,设门多座,西北角为进水口,池北后门外,即汴河西水门。正南门为棂星门,南与琼林苑的宝津楼相对,门内彩楼对峙。在其门内自南岸至池中心,有一巨型拱桥——仙桥,长数百步,桥面宽阔。桥有三拱,中央隆起,如飞虹状,称为"骆驼虹"。桥尽处,建有一组殿堂,称为五殿,是皇帝游乐期间的起居处。北岸遥对五殿,建有一

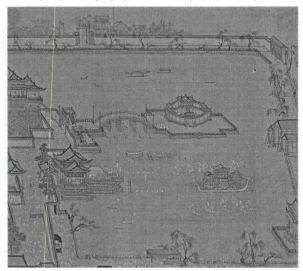

图4.5　金明池夺标图(宋,张择端)

"奥屋",又名龙奥、大奥,是停放大龙舟处。"大奥"解决了修船"在水中不可施工"的困难,是一大创造,应为世界上最早的船坞。仙桥以北近东岸处,有面北的临水殿,是赐宴群臣的地方。金明池开放之日,称为"开池",基本上定于每年三月一日至四月八日,对庶民开放,其间游客如蚁。而每当皇帝幸池观看以龙舟为中心进行的争标比赛,则"游人倍增",这时游池活动达到高潮。东岸临时搭盖彩棚,百姓在此看水戏。西岸环境幽静,游人多临岸垂钓。宋画《金明池夺标图》是描述当时在此赛船夺标的生动写照(图4.5),描绘了宋汴梁皇家园林内赛船场景。北宋诗人梅尧臣、王安石和司马光等均有咏赞金明池的诗篇。金明池园林风光明媚,建筑瑰丽,有诗云:"金明池上雨声闻,几阵随风入夜分。"故"金池夜雨"为著名的汴京八景之一。靖康年间,随着东京被金人攻陷,金明池亦"毁于金兵",池内建筑破坏殆尽。

实例3　琼林苑

　　琼林苑是东京城皇家四御园之一,位于外城顺天门西南,南临顺天大街,建于乾德二年(964年)。因琼林苑在新郑门外,俗称为西青城。大门北向,牙道皆种植长松古柏,两旁有石榴园、樱桃园等,内有亭榭。苑内松柏森列,百花芳郁,其树木、花草多为南方引种驯化。政和年间在苑东南筑华嘴冈,高数十米,上建横观层楼,金碧辉煌。山下有锦石缠道、宝砌池塘。根据史书记载,琼林苑是皇家重要的游乐场所。北宋帝王每年春天都要到金明池主持"开池"仪式,观军士水戏表演和龙舟争标。然后到琼林苑,在宝津楼上由教坊奏乐,大宴群臣。在这座园林中,皇帝有时与大臣们一起作诗,有时和大臣们一起射箭,或是看军士们表演射柳枝的技艺。太宗时,皇帝亲自在琼林苑中宴请新科进士,名曰"琼林宴",此后成为定制。在宴会上,皇帝还要赐袍、赐诗、赐书。新科进士在享受赐宴之日,还可享受一项特权,即可在苑中折鲜花佩戴于冠顶。

4.2.2　临安的皇家园林

　　临安的前身杭州,五代时为吴越国的都城,宋室南迁,作为"行在"。临安濒临钱塘江、连接大运河,水陆交通非常方便,不仅是南宋的政治、文化中心,也是当时最大的商业都会。南宋建都之初,政局不稳,一切沿袭原杭州的规模,没有重大建设可言。绍兴十一年(1141年)与金朝和谈之后,局势趋于稳定,立即着手开展城市的改造和扩建工作。临安的城市改造和建设,包括政治和经济双重内涵。政治上要求按首都规格,将原来地方建制的治所城市,改造成为一代国都城市。经济上则随着当时商品经济高速发展的形势,将原来地区性的商业都会扩展为全国性的商业中心城市。双重改造,重在经济,这是推动城市规划制度变革的关键,也是临安的都城建

设不同于以往都城建设之以政治为主导的一个最大特点(图4.6)。

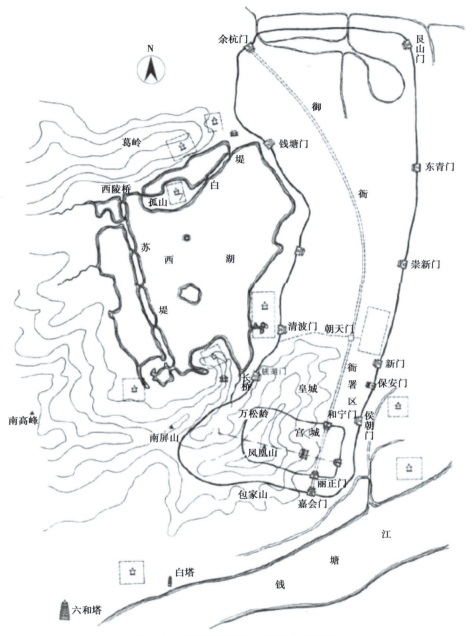

图4.6　南宋临安城及主要宫苑分布图

　　所以说,临安是在吴越和北宋杭州的基础上,增筑内城和外城的东南部,加以扩大而成的。内城即皇城,位于外城之南。皇城之内为宫城即大内,直到南宋末年才全部建成。据《武林旧事》记载:宫城包括宫廷区和苑林区,在周长九里的地段内计有殿三十、堂三十二、阁十二、斋四、楼七、台六、亭九十、轩一、观一、园六、庵一、祠一、桥四,这些建筑都是雕梁画栋,十分华丽。政府衙署集中在宫城外的南仓大街附近,经过皇城的北门朝天门与外城的御街连接,虽然仍保持着御街—衙署区—大内的传统皇都规划的中轴线格局,但限于具体的地形已不成规整的形

式。在方向上亦反其道而行,宫廷在前、衙署在后,百官上朝皆需由后门进入。这是由于适应于复杂的地形条件而采取的变通办法,当时称之为"倒骑龙"。

外城的规划采取新的市坊规划制度,着重于城市经济性的分区结构。自朝天门直达众安桥的御街中段两侧大片地带,均划作中心综合商业区。御街南段与衙署区相对应之通江桥东、西地段,则充作官府商业区。这两个商业区在城市中所处位置都很重要,后者甚至与衙署区并列,足见经济因素对临安城改造规划的巨大影响。此外,手工业、商业网点、仓库、学校以及居住区等都穿插分布于外城各街巷,已见不到早先的坊里制的痕迹了。

临安的地理环境极为优越,城西是万顷碧波的西湖,湖外三面青山环抱,城东濒临钱塘江,美丽的湖山胜境俨然是一座极大的天然花园。虽然临安的南宋皇宫简陋,规模狭小,常一殿多用,但御苑却精致、华美。临安大内御苑只有后苑一处,行宫御苑主要分布在西湖四周,如湖北岸有集芳园、玉壶园,湖南岸有屏山园、南园,湖东岸有聚景园,湖北部的小孤山上有延祥园。此外还有宫城附近的德寿宫、樱桃园,城西部三天竺峰下的天竺御园等处。

实例1　后苑

后苑为宫城大内御苑的苑林区,位于杭州凤凰山西北部,地势高爽,地形旷奥兼备,视野广阔,受钱塘江之江风,较杭州其他地方凉爽,故为宫中避暑之地。据明万历《钱塘县志》载,南宋大内共有殿三十、堂二十二、斋四、楼七、阁二十、轩一、台六、观一、亭九十。园内有人工开凿的水池,约10亩,称为小西湖,湖边有一百八十间长廊与其他宫殿相连。据《南渡行宫记》记载,宫后苑以小西湖为中心,山上山下散置若干建筑,建筑中有用茅草作顶的茅亭,名"昭俭"。有不施彩绘的建筑,如翠寒堂。后苑广种花木,形成梅冈、小桃园、杏坞、柏木园等以植物为特色的景点。后苑建筑布置疏朗,遍植名花嘉木,宫殿参差排列,掩映在青山碧水之间,效仿东京艮岳的做法。

实例2　德寿宫

德寿宫位于临安城望仙桥东,史料记载最早是秦桧府邸,他死后被收归官有,改筑新宫。1162年,宋高宗倦于政事,将此地重新修治,改名"德寿宫",打算作为养老之所,不久后即退位并移居于此,当时人称"北内"。德寿宫占地总面积为17公顷,殿宇楼阁森然,又有大量名花珍卉,其后苑被布置为东、南、西、北四区,并有亭榭溪池点缀其间。东区以观赏各种名花为主,有香远堂、清深堂、松菊三径、梅坡、月榭、清新堂、芙蓉冈等。南区主要为各种文娱活动场所,如同南载忻堂为御宴之所,有观射箭的射厅,还有马场、球场等。荷花池中有至乐亭。另有集锦亭、清旷堂、半丈红、泻碧池。西区以山水风景为主调,回环萦流的小溪沟通大水池,建有冷泉堂,文杏、静乐二馆,浣溪楼。北区则建置各式亭榭,如用日本椤木建造的绛华亭,观赏桃花的清香亭,遍植苍松的盘松亭,又有茅草顶的倚翠亭。后苑四个景区的中央为人工开凿的大水池,引西湖水,从池中可乘画舫至西湖,池中遍植荷花,叠巧石拟为飞来峰之景,景物悉如西湖。"飞来峰"石洞内可容纳百人,模仿西湖灵隐的飞来峰建造,被宋孝宗称为"壶中天地"。其西建有大楼,取苏轼"赖有高楼能聚远,一时收拾与闲人"诗句,题额为"聚远楼"。远香堂前有方池,四畔雕镂栏杆晶莹可爱,池有十余亩,内广植千叶白莲。堂东有万岁桥,长六丈,玉石砌成,桥中作四面亭,用新罗白椤木盖造,极为雅洁。

4.3　私家园林

两宋时期的山水文化空前繁荣,能诗善画者大多也经营园林,他们对奇石有独特的鉴赏力,置石、叠山、理水、莳花、植木都十分考究,技术水平日益提高。建筑造型及内外檐的装修,也注重与自然环境有机结合。虽然园林规模越来越小,但空间变化愈见丰富,景物愈趋精致。南宋时期,借助于优越的自然条件,园林风格一度表现为清新活泼,自然风景与名胜得到进一步的开发利用。江南出现了文人园林群。中原和江南是宋代的政治、经济、文化中心,中原洛阳、东京,江南临安、吴兴、苏州等地成为历代名园荟萃之地。

4.3.1　中原地区的私家园林

在北宋初年李格非所作《洛阳名园记》中,介绍了洛阳比较著名的园林19处,其中的18处为私家园林,包括宅园、游憩园和花卉专类园。多数是在唐朝庄园别墅园林的基础上发展起来的,但在布局上已有了变化。它与以前园林的不同特点是,园景与住宅分开,园林单独存在,专供官僚富豪休息、游赏或宴会娱乐之用。这种小康式的私家园林,属于宅园性质的有6处:富郑公园、环溪、湖园、苗帅园、赵韩王园、大字寺园;属于单独建制的游憩园性质的有10处:董氏西园、董氏东园、独乐园、刘氏园、丛春园、松岛、水北胡氏园、东园、紫金台张氏园、吕文穆园;属于以配置花卉为主的花园性质的有3处:归仁园、李氏仁丰园、天王院花园子。《洛阳名园记》是有关北宋私家园林的一篇重要文献,对所记载诸园的总体布局,以及山池、花木、建筑等园林景观描写翔实生动。从其记述中可以看出,宋宅园别墅都采取山水园形式。根据它的描述,洛阳私家园林的特征有四点。

①游园一般都是定期向市民开放,主要是供公卿士大夫们进行宴集、游赏等活动。园内一般均有较广阔的空间供人们集会;

②洛阳私家园林多以花木成景取胜,相对而言,山池、建筑仅作陪衬;

③筑山仍以土山为主,仅在特殊需要的地方掺以少许石料;

④园内建筑形象丰富,但数量不多,布局疏朗。建筑物的命名均能体现该处景观的特色,有一定的意境含蕴。

实例1　富郑公园

富弼是北宋神宗两朝宰相,在洛阳建有著名的私家园林——富郑公园(图4.7)。李格非说:"独富郑园最为近辟,而景物最盛。"园林布局大致为:以水池为中心并略作偏东,南北为山体,东西植林地,除中轴线上两座主体建筑外,其他建筑均为亭、轩之类的小型园林建筑。北区包括有三纵一横4个山洞的土山,山北为竹林,竹林深处布置了一组亭子,错落有致。南区以开朗的景观为主,由东北方的小渠引园外活水,注入大水池,池北为全园主体建筑"四景堂"。登四景堂则全园景色一览无遗。

富郑公园为典型一池三山布局,该园的艺术特点在于以景分区,在景区中强调起景、高潮和结束的安排。各个景区各具特色,或幽深宁静,半露半含于花木竹林中,翠竹摇空,曲径通幽;或为开

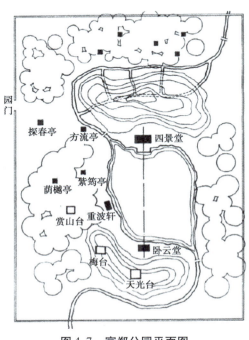

图4.7　富郑公园平面图

朗之景,如四景堂等;或以梅台取胜,园林空间多层次多变化,从而达到岩壑幽胜,峰峦隐映,松桧阴郁,秀若天成的意境。

实例2 环溪

环溪是宣徽南院使王拱辰的宅园。该园布局别致,南、北开凿两个水池,两池东西两端以各小溪连接,收而为溪,放而为池,从而形成溪水环绕当中一大洲的格局,故名"环溪"。主建筑集中在大洲上,南水池之北岸建洁华亭,北水池之南岸建凉榭,均为临水建筑。凉榭西有锦厅和秀野台,园中遍植松、桧等各类花木千株,时可赏玩。此园的布局可谓别具一格,以溪流和池水组成的水景为主题,临水除构置园林建筑外,绿化配置以松梅为主调,花木丛中辟出空地搭帐供人们赏花,足以看出在园林布局中匠心独运的妙处。

借景的手法在环溪中也运用得体。南望层峦叠嶂,远景天然造就,北望有隋唐宫阙楼殿,千门万户,绵延十余里,山水、建筑尽收于眼底。园内又有宏大壮丽的凉榭、锦厅,其下可坐数百人。环溪的园林建筑成为洛阳名园中之最。

实例3 湖园

此园原为唐代相裴度的宅园,但宋时归何人却不详。湖园为一水景园,全园的构图中心是一大湖,湖中有一大洲名叫百花洲,洲上建堂。湖北岸有一个大堂叫四并堂,堂名出于谢灵运《拟魏太子邺中集诗》序"天下良辰美景,赏心乐事,四者难并"之句。大洲种有许多花木,环湖多为成片的林木和修竹。园中的主要建筑百花洲堂和四并堂隔水遥相呼应。此外,湖的东面有桂堂,湖西岸有迎晖亭、梅台、知止庵隐蔽在林荟之中,环翠亭超然高出于竹林之上,而翠樾亭前临渺渺大湖。当时的人认为园林景观规模宏大就不会做到曲径通幽,而园内水景比较多的,就很难做到视野辽阔。但是湖园兼此两者,因而在当时是颇有名气的。李格非对该园推崇备至,并给予了很高的评价,"虽四时不同,而景物皆好"。

实例4 董氏西园

董氏西园,特点是布局方式是模仿自然,又取山林之胜。入园门之后的起景点是三堂相望,一进门的正堂和稍西一堂划为一个景区,过小桥流水有一高台。这里在地形处理上注意了起伏变化,不使人进园后,有一览无余之感,又可以说是障景和引人入胜的设计手法。

登高台而望,则可略观全园之胜。从台往西,竹丛之中又有一堂。树木浓郁,竹林深处有石芙蓉。在幽深的竹林之中,有令人清心的涌泉。这里确实是盛夏纳凉的好去处。循林中小路穿行,可达清水荡漾的湖池区。这种先收后放的设计方法,创造出豁然开朗的境界。湖池之南有堂与沏池之北的高亭遥相呼应,形成对景。登亭又可总览全园之胜,但又不是一览无余。小小的西园,意境幽深,空间变化有致,不愧为"城市园林"。

实例5 董氏东园

董氏东园,是专供载歌载舞游乐的园林。园中宴饮后醉不可归,便在此坐下,有堂可居。记载中说明当时园中有的部分已经荒芜,而流杯亭、寸碧亭尚完好,其他的景观与建筑内容不多,而比较有特色的是除了有大可十围的古树外,西有大池,四周有水喷泻池中而阴出,故朝夕如飞瀑而池水不溢出,说明此园的水景有其高人一等的地方。《洛阳名园记》中说,盛醉的洛阳人到了这里就清醒,故俗称醒酒池,主要是因为清逸幽新的水面和喷泻的水,凉爽宜人,使人头脑清醒,这是水景的另一种妙用。

实例6 独乐园

司马光的"独乐园",园中有藏书五千卷的读书堂。堂北有大池,池中筑岛,环岛种竹一圈。池北有竹斋,土墙茅顶。读书堂南面有弄水轩,轩内有水池,从暗渠引水入池,内渠分成五股,又称"虎爪泉"。池水过轩后成两条小溪,流入北部大池。此外便是大片的药圃和花圃。整个园子面积虽然不大,格调简素,园中各景点文化内涵很丰富,有不少景名来自诗文的典故。一草一木一石,都成为抒发情感的特殊工具。

实例7 李氏仁丰园

李氏仁丰园,是名副其实的花园类型的园林,不仅洛阳的名花在李氏仁丰园中应有尽有,远方移植来的花卉等也有种植,总计在千种以上。更值得注意的是,从该园的记载中可以断定,至少是在宋代,已用嫁接的技术来创造新的花木品种了,这在我国造园史上是了不起的成就。李氏仁丰园也不仅仅养花木,也有四并、迎翠、灌缨、观德、超然五亭等园林建筑,供人们在花期游园时赏花和休息之用。

4.3.2 江南地区的私家园林

正当唐末开代、中原战乱频繁的时候,江南钱氏地方政权建立的吴越国却一直维持着安定承平的局面。因而直到北宋时,江南的经济、文化都得以保持着历久发展不衰的势头,在某些方面甚至超过中原。宋室南渡,偏安江左,江南遂成为全国最发达的地区,私家园林呈兴盛之势。

临安作为南宋的"行在"和江南的最大城市,西临西湖及其三面环抱的群山,东临钱塘江,既是当时的政治、经济、文化中心,又有美丽的湖山胜境。这些都为民间造园提供了优越的条件,因而自绍兴十一年(1141年)南宋与金人达成和议、形成相对稳定的偏安局面以来,临安私家园林的盛况比之北宋的东京和洛阳有过之而无不及,各种文献中所提到的私园名字总计约百处之多。它们大多数分布在西湖一带。西湖一带的私家园林,《梦粱录》卷十九记述了比较著名的16处,《武林旧事》卷记述了45处,其中分布在三堤路的5处,北山路的21处,葛岭路的14处。除了比较集中在环湖的四面之外,还有一些散布于湖西的山地以及北高峰、三台山、南高峰、泛洋湖等地。

实例1 南、北沈尚书园

南、北沈尚书园是南宋尚书沈德和的一座宅园与一座别墅园。南园在吴兴城南,占地百余亩,园内果木丰茂,建有聚芝堂、藏书室。堂前有数十亩的大池,池中有小山名蓬莱,池南竖立三块数丈高的太湖石,高数丈,秀润奇峭。

北沈尚书园在城北,又名被村,占地三十余亩,三面临水,前临太湖,园中又凿5个水池,均与太湖沟通,有对湖台,可望太湖诸山。

南园以山石之类见长,北园以水景之秀取胜,两者为同一园主人,因地制宜而形成不同特色的园林景观。

实例2 沧浪亭

沧浪亭位于苏州市人民路南端,是苏州最古老的园林(图4.8)。北宋时为文人苏舜钦购得,定名"沧浪亭",取《孟子·离娄》和《楚辞》所载孺子歌"沧浪之水清兮,可以濯我缨;沧浪之水浊兮,可以濯我足"之意。

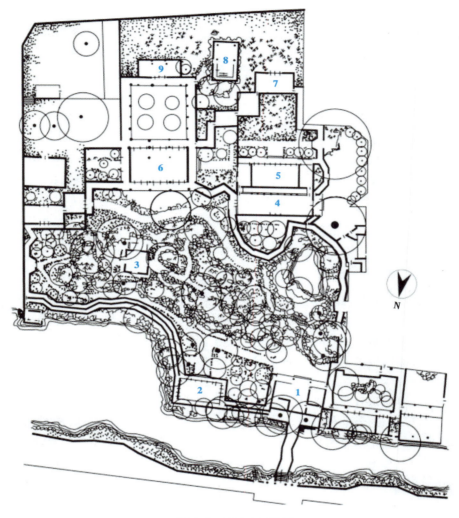

图4.8　沧浪亭平面图

1.大门　　2.面水轩　　3.沧浪亭　　4.清香馆　　5.五百明贤祠
6.明道堂　　7.翠玲珑　　8.看山楼　　9.瑶华境界

　　沧浪亭全园布局自然和谐，景色简洁古朴。园林面水而建，溪流由南门前流过，一座古朴石桥架于溪流之上。过桥入园，迎面即为山林之景，有开门见山的独特构思。该园中部为一大型山丘，上有古木掩映，最高处筑有沧浪亭，四周环建大小建筑和曲廊。

　　沧浪亭采用了园外借山，园前借水的手法，将门前的溪流与园中的水轩、藕香榭、观鱼处等融为一体；又通过西南处高二层的看山楼，远眺城外，巧借诸峰，将园内外的景色互相引借，使山、水、建筑构成整体。其中，在园林东北面以复廊将园内与园外进行了巧妙的分隔，形成了既分又连的山水借景，在复廊临水一侧行走，有"近水远山"之情；而在复廊近山一侧行走，则产生"近山远水"之感。此外，全园漏窗共108式，图案花纹变化多端，造型题材多变，无一雷同，构造精巧且意象丰富；起到了拓展空间的作用，使园外之水与园内之山相映成趣、相得益彰，成为园林借景的典范。

　　该园自西向东，分别建有闻妙香室、明道堂、瑶华境界、看山楼、翠玲珑、仰止亭、五百名贤祠等建筑。其中明道堂体量最大，为讲学之所；看山楼最高，可望西南郊诸山峰秀色；翠玲珑最为雅静，历来为文人墨客觞咏诗画之地。而沧浪亭隐藏在山顶之上，飞檐凌空（图4.9）。亭的造型雅致，与整个园林的气氛相协调。石柱上石刻对联："清风明月本无价；近水远山皆有情。"上联选自欧阳修的《沧浪亭》，下联选自苏舜钦的《过苏州》。

沧浪亭在选址、布局、建筑、种植等方面集中体现了江南私家园林的造景特征，堪称构思巧妙、手法得宜的园林佳作。

图4.9　沧浪亭

实例3　梦溪园

梦溪园位于江苏镇江东侧的东河边中段，是北宋科学家、政治家沈括晚年在镇江定居的住宅。沈括在此完成了闻名中外的不朽著作——《梦溪笔谈》。沈括三十岁时，常梦见"一风景秀美之地，山明水秀，登小山，花木如覆锦；山之下有水，澄澈悦目，心中乐之，因欲谋居"。若干年后沈括路过镇江，见其地，不禁又惊又喜，觉得宛若梦中所游之地，于是遂举家移居于此，建草舍，筑小轩，将门前小溪命名为"梦溪"，庭院命名为"梦溪园"。梦溪园原占地十余亩，依山而筑，环境幽静，景色宜人。园内有花堆阁、岸老堂、肖肖堂、壳轩、深斋、远亭、花峡早等建筑。沈括居于此八年，死后归葬于杭州，其家属仍居镇江，而梦溪园逐渐荒芜。南宋宁宗年间，辛弃疾任镇江知府时，曾进行修葺。

4.4　寺观园林

两宋时代，中国化的佛教进一步儒化，佛教诸宗向禅宗融合，产生了新儒学——理学，成为思想界的主导力量。随着禅宗与文人士大夫在思想上的沟通，儒、佛合流，一方面在文人士大夫之间盛行禅悦之风，另一方面禅宗僧侣也日益文人化。许多禅僧都擅长书画诗酒风流，以文会友，经常与文人交往、酬唱，而佛寺园林正是这种交往、酬唱的最理想场所。

道教方面，宋代南方盛行天师道，北方盛行全真道，但也有天师道。宋末南北天师道合流，元代时期天师道的各派都归并为正一道。正一道的道士绝大多数不出家俗称"火居道士"，从此以后，全国范围内正式形成正一、全真两大教派并峙的局面。

宋代继承唐代儒、道、释三教共尊的传统更加以发展为儒、道、释互相融汇。道教向佛教靠拢，逐渐发展分化成两种趋势。其中一种趋势便是向老庄靠拢，强调清静、空灵、恬适、无为，表现为高雅闲逸的文人士大夫情趣。同时，也有一部分道士像禅僧一样逐渐文人化。

禅宗教义倡导内心的自我解脱，注重从日常生活的细微小事中得到启示和从大自然的陶冶欣赏中获得超悟，这种深邃玄远、纯净清雅的情操，使得他们更向往远离城镇尘俗的幽谷深山。同样，道士同样具有类似禅僧的情怀，讲究清静简寂、栖息山林如闲云野鹤般逍遥。这种思想与当时文人士大夫的思想相接近，进而加强沟通，促进儒、佛的合流，使得文人士大夫之间盛行禅悦之风。同时，禅宗僧侣也日益文人化。僧道们文人化的素养和对大自然美的鉴赏能力，掀起了继两晋南北朝之后又一次在山野风景地带建置寺观的高潮，客观上无异于对全国范围内的风景名胜区特别是山岳风景名胜区的再度大开发。由于政府对佛教的保护，宋朝时期的寺院一般都拥有田地、山林，享有减免赋税和徭役的特权，佛教势力遍布大江南北。尤其南宋迁都临安之后,江南地区逐渐发展成为佛教禅宗的中心。著名的"禅宗五山"都集中在江南地区。其中,临安的西湖一带是当时国内佛寺建筑最集中的地区之一。

由于文人广泛地参与到佛寺的造园活动中,从而使寺观园林由世俗化进而达到文人化的境地。它们与私家园林之间的差异,除了尚保留着一点烘托佛国、仙界的功能之外,基本上已消失。

宋代东京城内及城郭的许多寺观都有各自的园林,其中大多数在节日或一定时期内向市民开放。除宗教法会和定期的庙会之外,游园已经成为一项主要内容,多少具有类似城市公共园林的职能。并形成以佛寺为中心的公共游览地,吸引众多居民甚至皇帝到此探春、消夏或访胜寻幽。南宋时期,在西湖的山水间大量兴建私家园林和皇家园林,而兴建的佛寺之多,绝不亚于两者之和。由于大量佛寺的建置,临安成了佛教圣地,前来朝山进香的香客络绎不绝。

除此之外,辽代时期佛教盛行,南京城内及城郊均有许多佛寺。著名的如吴天寺、开泰寺、竹林寺、大觉寺、华严寺等,其中不少附建园林。城北郊的西山、玉泉山一带的佛寺,大多依托于山岳自然风景而成为皇帝驻跸游幸的风景名胜,如中丞阿勒吉施舍兴建的香山寺等。

实例1 灵隐寺

灵隐寺位于杭州西湖灵隐山麓,处于西湖西部的飞来峰旁。灵隐寺又名"云林禅寺",始建于东晋(326年),到宋宁宗嘉定年间,灵隐寺被誉为江南禅宗"五山"之一,到现在已有一千六百多年历史,是我国佛教禅宗十刹之一。当时印度僧人慧理来杭,看到这里山峰奇秀,以为是"仙灵所隐",就在这里建寺,取名灵隐。

图4.10 灵隐寺大雄宝殿

灵隐寺布局与江南寺院格局大致相仿,进天王殿正中佛龛里坐着袒胸露腹的弥勒佛,两边为四大天王。过天王殿为庭院,院中古木参天。正面是大雄宝殿(原称觉皇殿),单层三叠重檐,重檐高33.6 m,十分雄伟、气势嵯峨(图4.10)。大殿正中佛祖释迦牟尼像高踞莲花座之上,领首俯视,令人敬畏。这也是我国最高大的木雕坐式佛像之一。

灵隐寺的园林,处在千峰竞秀、万壑争流的西湖西面崇山峻岭幽谷中,步移景异,丰富多彩。进灵隐山门,就建有"两涧飞来处,云深合一桥"的"合涧桥"。东西两涧,一条源于天竺山,一条源于法云弄内石人岭。从合涧桥行百步到回龙桥,桥上有一亭"春淙"仰望峰,俯听泉鸣,乐在其中。春淙亭西面即为飞来峰。同时,在青林洞、玉乳洞、龙泓洞、射阳洞以及沿溪涧的悬崖峭壁上,有五代至宋元年间的石刻造像330余尊。其中最引人注目的,要数那喜笑颜开的弥勒佛,这是飞来峰石窟中最大的造像,为宋代造像艺术的代表作,具有较高的艺术价值。

灵隐寺内的植物景观大多数为自然形成,受到人为干预的成分较少,且古树名木高耸巨大、外形优美,给人以幽深古远的历史沧桑感。这正是寺观园林所需要展现给世人的视觉震撼与心灵上的洗涤。再加上景区处于山麓地带,所以展现出了很好的山地园林的植物景观,也符合寺观园林所需要表现的禅宗意境。

作为寺观园林的灵隐寺,佛教禅宗是主题,但宗教思想毕竟是抽象无形的,人们在参禅祭拜的过程中通过寺庙园林巧妙地将抽象的具体化,无形的有形化,自然的人性化,视道如花,化木为神,从而在真正意义上使得抽象的禅宗、人为的建筑与自然的植物三者有机地融为一体,产生既有深厚文化底蕴,又具蓬勃生机的园林艺术效果。

实例2　大觉寺

大觉寺在北京海淀区西郊群山环抱的旸台山麓(图4.11)。寺内以清泉、玉兰和杏林闻名京华。建于辽咸雍四年(1068年),初名清水院。金时为西山八大院之一,称"灵泉寺"。明正统十四年(1449年)重修,清康熙五十九年(1720年)、乾隆十二年(1747年)大修。之后,又经过后人的不断维修,使大觉寺的各类建筑保存完好。

图4.11　北京大觉寺

大觉寺坐西朝东,各种建筑依山势层叠而上,颇为壮观。全寺分中路、北路和南路三大部分,中轴线上依次为山门、天王殿、大雄宝殿、无量寿佛殿、龙王殿等。四宜堂、憩云亭、领要亭等清代园林建筑,布列于南路,北路为僧舍。此外还有一座舍利塔,是清代乾隆年间(1736—1795年)该寺住持迦陵禅师的墓塔。

大觉寺的园林景观以清泉、古树、玉兰、环境幽雅而闻名。寺内清泉颇多,比较著名的一处位于龙湾堂前,山后的灵泉汇集到水池的龙首散水上,喷入池中;另一处在北玉兰院中,有一处由整块黑色大理石雕刻出的水池,上面流下的泉水蓄在池中,又从池中顺水道向下流淌。石头上刻有"碧韵清"三个大字。在古树方面,最著名的位于四宜堂内,有一高十多米的白玉兰树,相传为清雍正年间的迦陵禅师亲手从四川移植,树龄超过300岁。玉兰树冠庞大,花大如拳,为白色重瓣,花瓣洁白,香气袭人。玉兰花于每年的清明前后绽放,持续到谷雨,因此大觉寺玉兰是北京春天踏青的胜景。另外寺内还有一棵千年的银杏树,位于无量寿佛殿前,左右各一株。北面的一株雄性银杏,相传是辽代所植,距今已有900多年的历史,故称千年银杏、辽代"银杏王"。

实例3　韬光庵

韬光庵在北高峰南麓之巢杞坞,距离灵隐寺约1 km,为韬光禅师所建。五代后晋天福三年(944年)吴越王重建,改名广岩庵,宋真宗年间又名法安院,后寺又以人易名,为韬光寺。1982年韬光庵被大火烧毁后,改建为一座敞厅,名"白云深处"。

韬光庵是一座园林化寺院,融合池泉亭台于山川沟壑、茂林修竹之间,游人沿着曲折石阶向上攀登,有移步换景、豁然开朗之感。韬光庵建筑的整体结构大致符合"一正两厢"的中国传统建筑格局,却又根据山体的走势而有创新。其中轴线底层是大雄宝殿,中间是法安堂,最上层是吕纯阳殿和祖师殿,为寺院主体建筑,多为两层通透式结构,通过各具特色的雕刻门窗,把室内和室外融为一体,裸露的青砖,白色的墙体和枣红色的门窗,和以黄色为主色调的传统寺院相比,别具一番风味。中轴线左边为茶院和僧寮,游客和信众可以在茶院一边饮茶一边欣赏西湖美景。沿大雄宝殿右拐,是韬光庵最美的地方,简直就是一个小小的江南园林。前面是大名鼎鼎的金莲池,传说韬光禅师在此引水种金莲,左边是一瓯亭,右边是诵芬阁和观音殿。诵芬阁是一个隔景式建筑,穿过诵芬阁,再经过一座小桥,才能到达观音殿,营造出了一种纵深的距离美。观音殿为一重檐六角楼,建筑在一个水池之上,仿佛西方极乐世界的七宝莲池和琼楼玉宇。现在韬光庵的法安堂二楼扶廊是整座寺院最佳的观景台,游人站在那里,脚下是一层层形状各异的亭台楼阁,远方是群山环抱的西子湖,令人心旷神怡。

韬光庵位处半山腰,寺门又刚好对着钱塘江,可观红日初升之状,人们把宋之问的"楼观沧海日,门对浙江潮"这两句名诗镌刻在韬光庵的观海亭上。宋代,"韬光观海"是"钱塘十景"之一。到了清代,又被列为"西湖十八景"之一,寺因人传,人因寺显。

4.5 其他园林

4.5.1 公共园林

宋代的公共园林是指由政府出资在城市低洼地、街道两旁兴建,供城市居民游览的城市公共园林。具有公共园林性质的寺院在宋代也有所发展,如在我国的一些名山胜景庐山、黄山、嵩山、终南山等地,修建了许多寺院,有的既是贵族官僚的别庄,往往又作为避暑消夏的去处。除此之外,在个别的经济、文化发达的地区,甚至在农村也有公共园林的建置。随着宋代地主小农经济的完全成熟,农村的聚落——村落亦普遍发展起来,而成为一种基层的行政组织。村落多数仍为一姓的聚族而居,也有若干姓氏的家庭聚居,有的村落周围甚至还有寨墙,故又称为村寨。

实例1 西湖

西湖位于现今杭州市西部,古称钱塘湖,又名西子湖,自宋代始称西湖。在古代西湖是和钱塘江相连的一个海湾,后钱塘江沉淀积厚,塞住湾口,变成一个礁湖,直到600年前后,湖泊的形态固定下来。唐宋时期奠定了西湖风景园林的基础轮廓,后经历代整修添建,特别是中华人民共和国成立后,挖湖造林、修整古迹,使西湖风景园林更加丰富完整,成为中外闻名的风景游览胜地。

现西湖南北长3.3 km,东西宽2.8 km,周长15 km,面积650公顷。湖中南北向的苏堤、东西向的白堤把西湖分割为外湖、里湖、小南湖、岳湖和西里湖5个湖面。在外湖中鼎立着三潭印月、湖心亭和阮公墩3个小岛,这是沿袭汉建章宫太液池中立三山的做法。西湖的南、西、北三面被群山环抱,这一湖山秀丽的景色构成西湖的主景,其整体面貌十分突出动人。西湖的周边、山中、湖中也都组织了不同特色的园景,通过园路将其串联起来,形成有序的园林空间序列。

西湖风景在春夏秋冬、晴雨朝暮各不相同。西湖的春天,有"苏堤春晓""柳浪闻莺""花港观鱼"景观;夏日的"曲院风荷"(图4.12),秋季的"平湖秋月";冬天的"断桥残雪"各具美态。薄暮"雷峰夕照",黄昏"南屏晚钟",夜晚"三潭印月"(图4.13),雨后浮云"双峰插云"又都美丽宜人。这著名的"西湖十景",以及其他许多园中园景观展现了四季朝暮的自然景观。

图4.12 西湖十景——曲院风荷

图4.13 西湖十景——三潭印月

西湖不但山水秀丽,而且还有丰富的文物古迹、优美动人的神话传说,自然、人文、历史、艺术,巧妙地融合在一起。它是利用自然创造出的自然风景园林,极具中国园林特色,是中国乃至全世界最优秀的园林作品之一。

实例2 苍坡村

浙江楠溪江苍坡村,是历经千百年沧桑而保存下来的,也是迄今发现的唯一一处宋代农村公共园林(图4.14)。苍坡村始建于955年,原名苍墩。现存的苍坡村是南宋淳熙五年(1178年),九世祖李嵩邀请国师李时日设计的,至今已有八百多年历史。虽经近千年的沧桑风雨,旧颜未改,仍然保留有宋代建筑的寨墙、路道、住宅、亭榭、祠庙、水池以及古柏等,处处显示出浓郁的古意。苍坡村呈现开朗、外向、平面铺展的水景园形式,既便于村民的群众性游憩、交往,又能与周围的自然环境相呼应、融糅,从而增添了村落的画意之美。苍坡村在村庄的布局构思上,非常注重文化的内涵。村庄是以"文房四宝"来进行布局:通往村西的铺砖石长街为"笔",正对村外右面的笔架山,仿佛一支笔搁在笔架的前面。凿3块5 m长的条石为"墨锭",辟东西两方池为"砚"。垒卵石成方形的村墙,使村庄像一张展开的"纸"。这是"耕读"思想在山村规划建设中的充分体现,是宋代社会文化的一大特征。

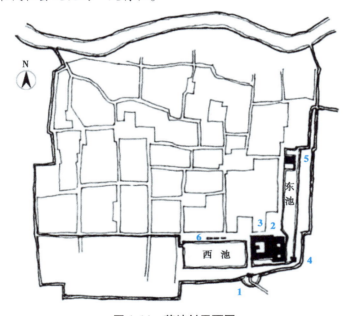

图4.14 苍坡村平面图
1.寨门 2.仁济庙 3.宗祠 4.望兄亭 5.水月堂 6.长条石

4.5.2 祠堂园林

"祠堂"供祭祀活动之用,它的建筑群体布局按一定的序列,具有一定的纪念意义,并与庭院的园林化和绿化环境相结合而形成"祠堂园林"。其中,山西晋祠是现存的最古老、规模很大、园林氛围极浓郁的祠堂建筑群,因而也是一处罕见的大型祠堂园林(图4.15)。

晋祠在山西省太原市西南25 km的悬瓮山麓、晋水源头,它的创建可以远溯到周代。发展到宋代之后,对晋祠又进行了较大的修葺、改建,大体上形成了总体之现状格局。北宋仁宗天圣

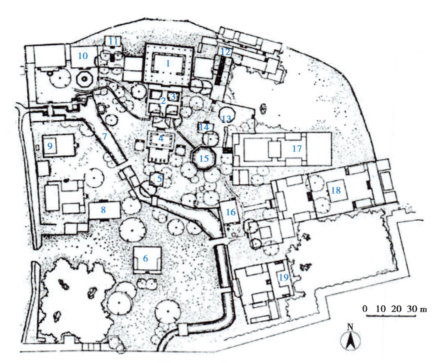

图4.15　晋祠总平面图

1.圣母殿　　2.飞梁　　3.鱼沼　　4.献殿　　5.金人台　　6.水镜台　　7.智伯渠

8.胜瀛楼　　9.三圣祠　　10.水母楼　　11.公输子祠　　12.朝阳洞　　13.善利泉　　14.挡水亭

15.莲池　　16.戏台　　17.唐叔虞祠　　18.关帝庙　　19.文昌宫

图4.16　晋祠圣母殿

年间(1023—1031年)在晋祠内修建了规模宏伟的"圣母殿",坐北向南,面阔七间,重檐歇山顶。殿内神龛供奉邑姜坐像,两旁分列42尊侍从的塑像,为宋代泥塑之精品(图4.16)。从此以后,圣母殿成为晋祠建筑群的主体。圣母殿以南为架在方形水池上的宋构十字形桥,即著名的"鱼沼飞梁"。飞梁之东为金代修建的献殿,供奉祭品之用。殿前月台上陈设铁铸狮子一对,其南为牌坊"对越坊",两侧分列钟楼和鼓楼。坊之南为一平台,台四隅各立铁铸人像一尊,故名"金人台"。台以南跨水建会仙桥,过桥即为明代修建的戏楼"水镜台"。这几座建筑构成了一条严整有序而又富于韵律变化的南北向中轴线,成为整个晋祠建筑群的轴心,越发烘托出圣母殿的主体建筑地位。

中轴线以东的建筑群坐东朝西,包括唐叔虞祠、昊天祠、文昌宫等,崇台高阁沿山麓的坡势迭起,颇有气派。以西的建筑群包括胜瀛楼、水母楼、难老泉亭及隋代修建的舍利塔等,利用丰富的建筑形象配合局部地形之高低错落而不拘一格,再加层层跌落的小桥流水穿插,则又显示出几分江南的风韵。晋祠的北、西、东三面为悬翁山环抱,建筑物从唐宋到明清,虽非同一时期建成,却布局紧凑、浑然一体,能充分利用山环水绕的地形特点,寓严整于灵活,随宜中见规矩,仿佛经过统一的总体规划。

4.6　宋、辽、金园林的主要特征

从北宋到清雍正朝的七百多年间,中国古典园林继唐代达到高潮之后,持续发展而臻于完全成熟的境地。两宋作为成熟时期的前半期,在中国古典园林发展史上,乃是一个极其重要的承前启后阶段;而辽金时期园林作为宋代向元、明、清时期园林的过渡阶段,亦起了重要的推动作用。这个阶段造园的主要特点大致概括为下述几个方面。

4.6.1　园林布局

宋、辽、金时期园林的最重要布局特色,便是最大限度地描摹自然。其中,山水画是最能直观全面地体现宋代文人审美情趣的艺术形式,而深受文人情怀影响的宋代文人化园林,则将这种审美情趣立体地表达了出来。两者虽然形式不同,但却意境相通。

追求山水画境的园林布局,首先表现为园林布局的主次分明。各景致要彼此区分,又要相互依存、互为协调,才能构成生动自然的美的整体,让人能由此产生一种"见青烟白道而思行,见平川落照而思望,见幽人山客而思居,见岩扃泉石而思游"的丰富的审美体验。这种"师造化"的布局手法,运用在文人化园林中,便表现为宾主分明。讲究主景的突出,同时又有配景的烘托掩映,从而使主、配景相得益彰。

其次,园林中具体的景物之间也注重相互映衬、互为烘托。大至山水布局,小至花石树木的配置莫不如此,这与山水画的构图原则是相通的。同时,宋代的园林,其景致的布局方法不是等距离分配,而是在局部相对独立讲究整体的连贯,这样才能让峰峦、河流一气呵成,亭台楼榭与松竹翠柳交相辉映。同时还要在统一中求变化,讲究气韵生动。

最后,园林虽以精巧雅致闻名,但从整体布局风格上来看,依然是崇尚简约而不尚繁复,这一点,与山水画的意境亦是相通的。

总之,园林在整体布局上与山水画意境相通,大多追求自然之态,强调景观的主次分明、布局的错落有致、整体风格的疏朗简约。

4.6.2　造园要素

宋、辽、金的园林叠石、置石均显示其高超技艺,理水已能够缩移摹拟自然界全部的水体形象,与石山、土石山、土山的经营相配合而构成园林的地貌骨架。观赏植物由于园艺技术发达而具有丰富的品种,为成林、丛植、片植、孤植的植物造景提供了多样选择余地。园林建筑已经具备后世所见的几乎全部形象,它作为造园要素之一,对园林的成景起着重要作用。尤其是建筑小品、建筑细部、室内家具陈设之精美,比之唐代又更胜一筹,这在宋人的诗词及绘画中屡屡见到。

此外,唐代园林创作的写实与写意相结合的传统,到南宋时大体上已完成其向写意的转化。这是由于禅宗哲理以及文人画写意画风的直接影响,诸如"须弥齐子""壶中天地"等美学观念也起到了催化作用。文人画的画理介入造园艺术,从而使得园林呈现为"画化"的表述。景题、匾联的运用,又赋予园林以"诗化"的特征。它们不仅更具象地体现了园林的诗画情趣,同时也深化了园林意境的含蕴。而后者正是写意的创作方法所追求的最高境界。所以说,"写意山水园"的塑造,到宋代才得以最终完成。

总之,以皇家园林、私家园林、寺观园林为主体的宋、辽、金园林,其所显示的蓬勃进取的艺

术生命力和创造力,达到了中国古典园林史上登峰造极的境地。元、明和清初虽然尚能秉承其余绪,但在发展的道路上就再没有出现过这样的势头了。

复习思考题

  1. 宋代的社会风气对园林的影响体现在哪些方面?

  2. 简述寿山艮岳的园林布局、风格特点、园林成就及其历史影响。

  3. 简述沧浪亭的造园手法和园林特色。

  4. 宋、辽、金时期的寺观园林是如何进一步世俗化的?

  5. 简述西湖的布局手法及园林特色。

  6. 简述宋、辽、金园林的主要特征。

5 元、明、清园林

5.1 历史与园林文化背景

元、明、清园林

5.1.1 历史背景

  自成吉思汗建国以来，以族名为国名，称大蒙古国，先后灭了辽、西夏和金。至元八年（1271年）十一月，正式建国号为"大元"。忽必烈用"大元"来取代"大蒙古国"，表明他所统治的国家，已经不只是属于蒙古一个民族的，而是中原封建王朝的继续。至元九年（1272年）二月，忽必烈改中都为大都，宣布在此建都。至元十六年（1279年），南宋亡于元。至此，忽必烈建立的元朝实现了中国历史上一次新的大统一，元朝的版图是我国历史上最大的，超过了汉唐盛世。

  至元三十一年（1294年）元世祖忽必烈去世，嫡孙铁穆耳即位，史称成宗。成宗在位期间实行守成政治，政局相对稳定。大德十一年（1307年）成宗死后的半个世纪中，元朝长期陷入皇位争夺的纷争。从泰定年间（1324—1327年）起，天灾几乎连年不断，到处都有大量饥民。政权腐败，贪贿成风，整个社会处在极度黑暗的统治之下，不断掀起了反抗元朝统治的武装起义。其中，朱元璋于应天府奉天殿即皇帝位，得以君临天下，世子标为太子，建国号大明，年号洪武。同年八月攻入大都，宣告了元朝统治的灭亡。朱元璋改大都为北平，以应天为南京。

  洪武二十五年（1392年），太子朱标病亡，朱元璋立太子的嫡子朱允炆为皇太孙。洪武三十一年（1398年），朱元璋亡，朱允炆即帝位，年号建文。后其叔父燕王朱棣发动"靖难之变"，起兵攻打建文帝。1402年，朱棣在群臣的拥戴下登上帝位，历史上称成祖，并宣布以第二年为永乐元年，定北平为北京。为了弥补因削藩而削弱的边防力量，永乐帝决定迁都北平。决定迁都后，就着手修建京杭大运河。永乐四年（1406年），下令筹建北京宫殿，并重新改造整个北京城。永乐十八年（1420年）以迁都北京诏天下。至明神宗执政后期荒于政事，国家运转几乎停摆，使大明王朝逐渐走向衰亡。

  就在明朝国势衰落之际，东北境内的女真族（后改为满洲族）迅速崛起。万历四十四年（1616年），努尔哈赤在赫图阿拉称汗，国号大金，年号天命。历史上称为后金。努尔哈赤死后，第八子皇太极夺取了汗位。即位后的第十年，皇太极称帝，废去"金"的国号，改为"大清"，又改族名女真为"满洲"，改元崇德，并在盛京（沈阳）重修城垣，新建宫殿。崇祯十六年（1643年）八月，皇太极暴病亡故，六岁的儿子福临即位，是为清世祖，由叔父多尔衮和济尔哈郎共同辅政，以后一年为顺治元年。崇祯十七年（顺治元年，1644年）三月中旬，李自成率领起义军拿下北京门户居庸关，攻破皇城。崇祯帝走投无路，爬上万寿山（今景山），吊死在寿皇亭旁的一棵槐树上，朱明王朝宣告灭亡。

  顺治元年（1644年）五月，清军在摄政王多尔衮的率领下，由吴三桂引导，开进了北京城。十月，福临在北京登皇帝宝座，颁即位诏于天下，成为清军入关以来第一位皇帝。顺治十八年

(1661年)正月,逝于禁宫内,时年二十四岁,遗诏传位于第三子玄烨,即康熙帝。康熙帝的统治能顺应当时社会发展的需要,采取适应生产关系变化的措施,发展了农业、手工业和商业;同时康熙帝也是中国统一的多民族国家的捍卫者,奠定了清朝兴盛的根基,开创康乾盛世的局面,被后世学者尊为"千古一帝"。康熙之孙乾隆在位时是中国封建社会漫长历史上最后一个繁荣时代,政治稳定,经济发展,多民族的统一大帝国最终形成。这个帝国表面上的强大程度似乎可以仿效汉、唐,然而当时的世界形势远非昔比,西方殖民主义国家挟持其发达的工业文明和强大的武装力量逐渐向东方扩张。到了道光、咸丰时期,以英国为首的西方殖民主义势力通过两次鸦片战争用炮舰打开了"天朝"的封建锁国门户。从此,中国古老的封建社会由盛而衰,终于一蹶不振。

5.1.2　园林文化背景

元朝在蒙古贵族的统治下,汉族文人地位低下,蒙受着极大的耻辱和压迫,这种社会的急剧变化同时也带来了审美趣味上的差异。很多文人或被迫或自愿地放弃"学优则仕"这一传统道路,把时间、精力和情感思想寄托在文学艺术上,往往以笔墨抒发胸中郁结。所谓"元人尚意",求意趣而不重形似,正是元朝绘画的特点。山水画是这种思想寄托的领域之一,其基本特征就是文学趣味异常突出——形似与写实迅速被放在次要的位置上,而更强调和重视的是主观的意兴和心绪。与文学趣味并行,并且能够具体体现这一趣味的是,对笔墨的突出强调,这是构成元画的特色,也是中国绘画艺术史上又一次创造性的发展。在文人画家看来,绘画的美不仅在于描绘自然,而且在于或更在于描画本身的线条、色彩即笔墨本身。笔墨可以具有不依存于表现对象(景物)的相对独立的美。它不仅是形式美、结构美,而且在这种形式结构中能够传达出人的种种主观精神境界。与其相辅相成的是,书法与绘画也密切结合起来。线条自身的流动转折,墨色自身的浓淡、位置,它们所传达出来的情感、力量、意兴、气势等,构成了重要的美的境界。

此外,从元画开始的另一个中国画的独特之处,是在画上题字作诗,以诗文来直接配合画意,相互补充和结合。不同于唐人的题款藏于石隙树根处,也不同于宋人的一线细楷,元人的题诗写字占据了很大的画面,他们有意识地使这些诗字成为整个构图的重要组成部分。一方面,可以使书与画以同样的线条来彼此配合呼应;另一方面,可以通过文字所明确表达的含义来增加画面的文学趣味和诗情画意。这些绘画方面的发展将水墨山水画推向了登峰造极的境地,给明、清两代以巨大的影响。尽管由于专制苛酷、画家动辄得咎,明初的画坛上出现了一时的泥古仿古现象,但到了明中叶以后,元代的那种自由放逸、别出心裁的写意画风又再次辉煌。各大画派迅速崛起,文人画则风靡一时,成为当时之主流。

绘画理论的发展和变化,必然影响到以其为理论指导的造园艺术的变化。另外,文人、画家直接参与造园的也比过去更为普遍,个别的甚至成为专业的造园家,而造园工匠本身也在不断地提高自身的文学艺术修养。诸如上述因素的影响,园林艺术的创作也相应地出现了两个明显的变化。一是除了以往的全景模拟缩移自然山水景物之外,还出现了以山水局部来象征山水整体的更为深化的写意创作手法,园中景物可以非常平凡简单,但意兴情趣却很浓厚。二是如同绘画的题款一样,景题、匾额、对联在园林中也普遍使用,意境信息的传达得以直接借助于文字、语言而大大增加了信息量。园林意境的蕴藏更为深远,园林艺术比以往更密切地融合了诗文、绘画的趣味,从而赋予园林本身以更浓郁的诗情画意。

到了乾隆盛世,这个时期的封建文化沿袭宋明传统,但已失去宋明两朝的能动、进取精神,反映在艺术创作上,一是守成多于创新,二是过分受到市民趣味的浸润而越来越表现为追求纤巧琐细,形式主义和程式化的倾向。乾隆时期的造园活动之广泛,造园技艺之精湛,可以说达到了宋、明以来的最高水平。北方的皇家园林和江南的私家园林,同为中国后期园林发展史上的两大高峰,但也同时开始逐渐暴露其过分局限于形式和技巧的消极一面。源远流长的中国古典园林体系尽管呈现末世衰颓,但由于其根深叶茂,仍然持续发展了一个相当长的阶段。同治、光绪年间的造园活动又再度呈现蓬勃兴盛的局面,然而园林只不过维持了传统的外在形式,作为艺术创作的内在生命力已经是越来越微弱了。

5.2　皇家园林

　　元王朝统治中国不足百年,因此皇家园林建置不多。明代御苑建设重点在大内御苑,与宋代有所不同的一是规模又趋于宏大,二是突出皇家气派,具有更多的宫廷色彩。而清王朝入关定都北京后,全部沿用明代的宫殿、坛庙、园林等,并无多少皇家的建设活动。直到康熙中叶以后,逐渐兴起一个皇家园林的建设高潮。这个高潮奠基于康熙年间,完成于乾隆,乾隆、嘉庆年间形成了全盛的局面。

5.2.1　元代皇家园林

　　元代皇家园林均在皇城范围之内,主要的一处即在金代大宁宫的基址上拓展的大内御苑,占去皇城北部和西部的大部分地段,十分开阔空旷、尚保留着游牧民族的粗犷风格。其中,大内御苑太液池是元代皇家园林的代表(图5.1)。

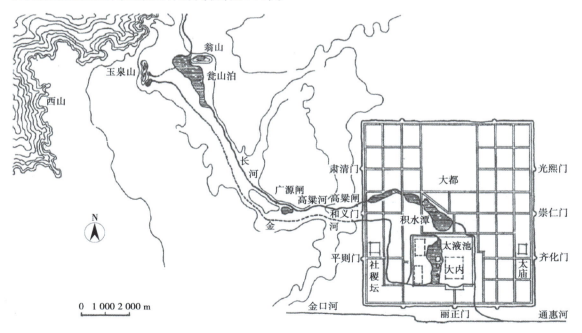

图 5.1　元大都及西北郊平面图

　　大内御苑园林的主体为开拓后的太液池,池中3个岛屿呈南北一线布列,沿袭着历来皇家园林的"一池三山"传统模式(图5.2)。最大的岛屿即金代的琼华岛,至元八年(1271年)改称万寿山,后又改名万岁山。山的地貌形象仍然保持着金代模拟艮岳万岁山的旧貌。山上的山石堆叠仍为金代故物。万岁山有三峰,正中山顶上为广寒殿,东山顶上是荷叶殿,西山顶是温石浴室。广寒殿,面阔七间,是岛上最大的一幢建筑物。山南坡居中为仁智殿,左、右两侧为介福殿、延和殿。综观万岁山建筑群的设计,可说是仿秦汉神山仙阁的传统。殿亭的命名,也可看出仿仙境之意,如广寒、方壶、瀛洲、金露、玉虹等。广寒殿是元世祖忽必烈时的主要宫殿,不少盛典都是在这里举行的。因此,这里的殿亭虽然依山因势而筑,但还是左右对称,格局整齐。广寒殿左有金露,右有玉虹。山半,三殿并列,中为仁智,右为介福,左为延和。方壶、瀛洲也是一左一右互相对称。至于设置牧人室、马室等建筑,还可想见游牧民族的生活传统。广寒殿坐落于大都城地势最高之处,高耸雄伟,光辉灿烂。登广寒殿四望空阔,远眺西山云气,缥缈山间,下瞰大都市井,栉比繁盛。万岁山和太液池,山水相映,益增光彩。

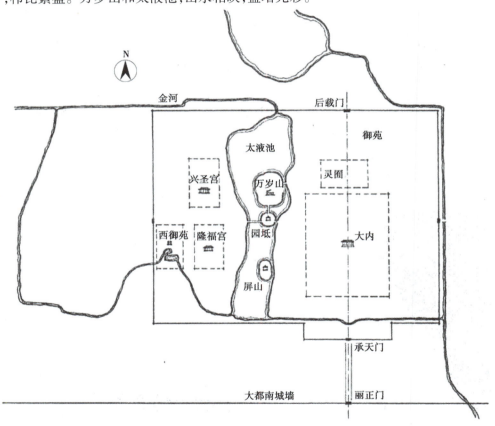

图5.2　元大都皇城内御苑平面图

太液池中的其余二岛较小,一名"圆坻",一名"犀山"。圆坻为夯土筑成的圆形高台,上建仪天殿。北面为通往万岁山的石桥,东、西亦架桥连接太液池两岸。东侧的是木桥,长120尺,宽22尺,通往大内御苑。西侧的是木吊桥,长470尺,宽22尺,中间设有立柱。犀山最小,在圆坻之南,"上植木芍药"。太液池之水面遍植荷花,沿岸没有殿堂建置,均为一派林木翁郁的自然景观。池西,靠北为兴圣宫,靠南为隆福宫,这两组大建筑群分别为皇太子和皇后的寝宫。隆福宫之西另有一处小园林,称为"西御苑"。西御苑是以假山和池为骨干,山上建殿,后有石台。

5.2.2 明代皇家园林

明代皇家园林建设的重点也在大内御苑。其中,少数建置在紫禁城的内廷,大多数则建置在紫禁城外、皇城以内的地段,有的毗邻紫禁城,有的与之保持较近的距离,以便于皇帝经常游幸(图5.3)。

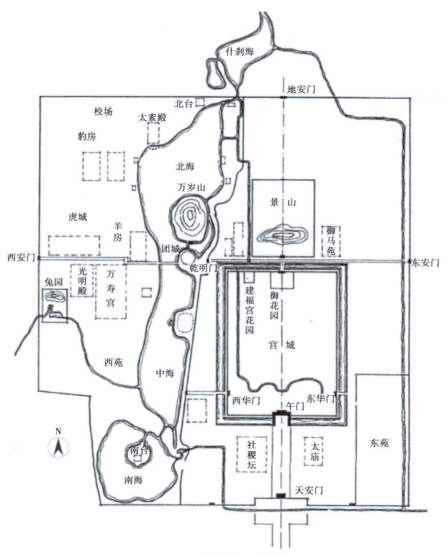

图5.3　明代皇家园林分布图

明代的大内御苑共有6处:位于紫禁城内廷中路、中轴线北端的御花园,位于紫禁城内廷西路的慈宁宫花园,位于皇城北部中轴线上的万岁山,位于皇城西部的西苑,位于西苑之西的兔园和位于皇城东南部的东苑。

实例1　西苑

西苑即元代太液池的旧址,它是明代大内御苑中规模最大的一处。西苑的水面大约占园林总面积的1/2。东面沿三海岸筑宫城,设三门:西苑门、乾明门、陟山门。西面仅在玉河桥的西端一带筑宫墙,设棂星门。"西苑门"为苑的正门,正对紫禁城之西华门。入门,但见太液池上"烟霏苍莽,蒲荻丛茂,水禽飞鸣,游戏于其间。隔岸林树阴森,苍翠可爱"。循东岸往北为蕉园,又名椒园,正殿崇智殿平面呈圆形,屋顶饰黄金双龙。殿后药栏花圃,有牡丹数百株。殿前小池,金鱼游戏其中。西有小亭临水名"临漪亭",再西一亭建水中名"水云榭"。再往北,抵团城。

图5.4 团城

团城自两披洞门拾级而登,东为昭景门、西为衍祥门(图5.4)。城中央的正殿承光殿即元代仪天殿旧址,平面呈圆形,周围出廊。殿前古松三株,皆金、元旧物。团城的西面,大型石桥玉河桥跨湖,桥之东、西两端各建牌楼"金鳌""玉栋",故又名"金鳌玉栋桥"。桥中央空约丈余,用木枋代替石拱券,可以开启以便行船。桥以西的御路过棂星门直达西安门,桥以东经乾明门直达紫禁城东北,是横贯皇城的东西干道。

团城的北面,过石拱桥"太液桥"即为北海中之大岛琼华岛,也就是元代的万岁山。桥之南、北两端各建牌楼"堆云""积翠",故又名"堆云积翠桥"。琼华岛上仍保留着元代的叠石嶙峋、树木蓊郁的景观和疏朗的建筑布局。琼华岛山顶为广寒殿,是一座面阔七间的大殿。同时,从岛上一些建筑物的命名来看,显然也是有意识地模拟神仙境界。

由琼华岛东坡过石拱桥即抵陟山门。循北海之东岸往北为凝和殿,殿坐东向西,前有涌翠、飞香二亭临水。再往北为藏舟浦,水殿二,深十六间,是停泊龙舟凤舸的大船坞。其旁另有一小船坞。

总的看来,明代的西苑,建筑疏朗,树木蓊郁。既有仙山琼阁之境界,又富水乡田园之野趣,无异于城市中保留的一大片自然生态的环境。直到清初,仍然维持着这种状态,但在琼华岛和南海增加了一些建筑物,局部的景观有所改变。

实例2 御花园

御花园又名"后苑",在紫禁城内廷中路坤宁宫之后(图5.5)。这个位置也是紫禁城中轴线的尽端,体现了封建都城规划的"前宫后苑"的传统格局。

这座园林的建筑密度较高,十几种不同类型的建筑物一共20余幢,几乎占去全园1/3的面积。建筑布局按照宫廷模式即主次相辅、左右对称的格局来安排,园路布设亦呈纵横规整的几何式,山池花木仅作为建筑的陪衬和庭院的点缀。这在中国古典园林中实属罕见,主要因其所处的特殊位置,同时也为了更多地显示皇家气派。但建筑布局能在端庄严整之中力求变化,虽左右对称而非完全均齐,山池花木的配置则比较自由随意。因而御花园的总体于严整中又富有浓郁的园林气氛。

全园的建筑物按中、东、西三路布置。中路居中偏北为体量最大的钦安殿,内供玄天上帝像。明代皇帝多信奉道教,故以御花园内的主体建筑物钦安殿作为宫内供奉道教神像的地方,以后历朝均相沿未变。殿周围环以方形的院墙,院墙比一般的宫墙低矮,仅高出殿的基座少许。这样不致遮挡视线,能够显露钦安殿作为全园的构图中心的巍峨形象。东、西两路建筑物的体量比较小,以此来烘托、反衬中路钦安殿之宏伟。

东路的北端偏西原为明初修建的观花殿,万历年间废殿改建为太湖石依墙堆叠的假山"堆秀山"。山顶可登临眺望紫禁城之景,是紫禁城内的一处重阳登高的地方。山上有"水法"装置,由人工贮水于高处,再引下从山前石蟠龙口中喷出。假山东则为面阔五间的摛藻堂,堂前长方形水池,池之南是上圆下方四面抱厦的万春亭,其与西路对称位置上的千秋亭,同为园内形象最

图 5.5　御花园平面图

1. 承光门　2. 钦安殿　3. 天一门　4. 延晖阁　5. 位育斋　6. 澄瑞亭　7. 千秋亭　8. 四神祠　9. 鹿囿
10. 养性斋　11. 井亭　12. 绛雪轩　13. 万春亭　14. 浮碧亭　15. 摘藻堂　16. 御景亭　17. 坤宁门

丰富、别致的一双姊妹建筑。其前的方形小井亭之南，靠东墙为绛雪轩，轩前砌方形五色琉璃花池，种牡丹、太平花，当中特置太湖石，好像一座大型盆景。

西路北端，与东路堆秀山相对应的是延晖阁。其西为五开间的位育斋，斋前的水池亭桥及其南的千秋亭（图5.6），均与东路相同。千秋亭之南、靠西墙为园内的一座两层楼房养性斋，楼前以叠石假山障隔为小庭院空间，形成园内相对独立的一区。养性斋的东北面为大假山一座，四面设蹬道可以登临。山前建方形石台，高与山齐，登台可四望亦可俯瞰园景。

建筑布局在保持中轴对称原则的前提下，尽量在体形、色彩、装饰、装修上予以变化，并不像宫殿建筑群那样绝对地均齐对称。因此，园内的20余幢建筑物，除万春亭和千秋亭、浮碧亭和澄瑞亭之外，几乎没有雷同的，表现了匠师们在设计规划上的精心构思。

图 5.6　千秋亭

5.2.3　清代皇家园林

清王朝建立以宗族血缘关系为纽带的君主高度集权统治的封建大帝国。皇家园林的宏大规模和皇家气派，较之明代表现得更为明显。

广大的北京西北郊，山清水秀。素称"神京右臂"的西山，峰峦连绵，自南趋北，余脉在香山的部位兜转而东，好像屏障一样远远拱列于这个平原的西面和北面。这个广大地域按其地貌景观的特色可分为三大区：西区以香山为主体，包括附近的山系及东麓的平地；中区以玉泉山、瓮山和西湖为中心的河湖平原；东区即海淀镇以北、明代私家园林荟萃的大片多泉水的沼泽地。

香山是西山山脉北端转折部位的一个小山系,峰峦层翠的地貌形胜,为西山其他地方所不及。早在辽、金时期即为帝王娱游之地,许多著名的古寺也建置在这里,更增添了人文景观之胜。康熙十六年(1677年),在原香山寺旧址扩建香山行宫,作为临时驻留的一处行宫御苑。

玉泉山小山冈平地突起,山形秀美,林木葱翠,尤以泉水著称。金代已有行宫的建置,寺庙也不少。康熙十九年(1680年),在玉泉山的南坡建成另一座行宫御苑"澄心园",康熙二十三年(1684年)改名"静明园"。

进入乾隆时期,达到了始于康熙时期的皇家园林建设的高潮,这个皇家建园高潮规模广大,内容丰富,在中国历史上是罕见的。从乾隆三年(1738年)到三十九年(1774年)30多年间,皇家的园林建设工程几乎没有间断,新建、扩建的大小园林总计起来约有上千公顷,分布在北京皇城、宫城、近郊、远郊、基辅及承德等地。营建规模非常大,以西苑改建为主的大内御苑建设,仅仅是乾隆时期皇家园林建设的一小部分,大量地分布在城郊和塞外各地的行宫和离宫御苑,无论是在规模还是内容上均足以代表清代宫廷造园艺术的精华。

经过对西北郊水系的整治,昆明湖的蓄水量大为增加,北京的西北郊形成了以玉泉山、昆明湖为主体的一套完整的、可以控制调节的供水系统,它保证了宫廷、园林的用水,也利于农田灌溉,还形成了一条皇家专用的水上游览路线。

乾隆时期的西北郊,已经形成一个庞大的皇家园林集群,其中规模宏大的五座是圆明园、畅春园、香山静宜园、玉泉山静明园、万寿山清漪园,即后来著称的"三山五园"(图5.7)。它们都由乾隆亲自主持修建或扩建,精心规划,精心施工,几乎汇聚了风景式园林的全部形式,代表着中国后期宫廷造园艺术的精华。

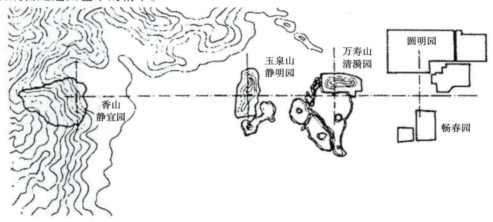

图5.7 三山五园分布图

乾隆时期是明、清皇家园林的鼎盛时期,它标志着康、雍以来兴起的皇家园林建设高潮的最终形成,它在造园艺术方面所取得的成就使得北方园林与江南园林形成南北并峙的局面。至嘉庆年间,尚能维持这个鼎盛局面,但已不再进行较大规模的建置。乾、嘉盛世的皇家园林鼎盛局面,也正预示着它的衰落阶段即将来临。至道光朝,中国封建社会最后繁荣阶段已经结束,皇室再没有财力营建新园。鸦片战争之后中国沦为半殖民地半封建社会,众多皇家御苑被抢劫焚烧。

实例1 北海

北海位于北京市中心,它是在元代太液池及明代西苑的旧址上改建而来的,是我国现存最悠久、保存最完整的皇家园林之一(图5.8)。

1.万佛楼
2.阐福寺
3.极乐世界
4.五龙亭
5.澄观堂
6.西天梵境
7.静清斋
8.先蚕堂
9.龙王庙
10.古柯亭
11.画航亭
12.船坞
13.濠濮间
14.琼华岛
15.陟山门
16.团城
17.桑园门
18.乾明门
19.承光左门
20.承光右门
21.福华门
22.时应门
23.武成殿
24.紫光阁
25.水云阁
26.千圣殿
27.内监学堂
28.万善殿
29.船坞
30.西苑门
31.奇耦斋
32.崇雅店
33.丰泽园
34.勤政殿
35.结秀亭
36.荷风惠露亭
37.大圆镜中
38.长春书屋
39.迎重亭
40.瀛台
41.涵元殿
42.补铜书屋
43.牣鱼亭
44.翔鸾阁
45.淑清院
46.日知阁
47.云绘楼
48.清音阁
49.船坞
50.同豫轩
51.鉴古堂
52.宝月楼

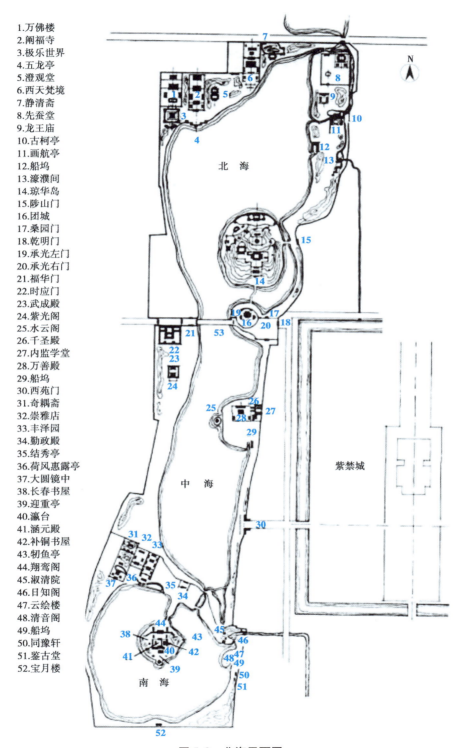

图 5.8 北海平面图

图5.9　北海琼华岛鸟瞰

北海的开发始于辽代,金代又在辽代初创的基础上于大定十九年(1179年)建成规模宏伟的太宁宫。太宁宫沿袭我国皇家园林的规制,并将北宋汴京艮岳御园中的太湖石移置于琼华岛上。至元四年(1267年),元世祖忽必烈以太宁宫琼华岛为中心营建大都,琼华岛及其所在的湖泊被划入皇城,赐名万寿山、太液池(图5.9)。明代时仍沿用,并在南端加挖了南海,合中海、北海为三海,统称为西苑,是明朝主要的御苑。清代在三海中又有许多兴建,尤其是北海。清顺治八年(1651年)在琼华岛山顶建喇嘛塔(白塔)上,山前建佛寺。乾隆时期对北海进行大规模的改建,奠定了此后的规模和格局。

北海占地69公顷(其中水面39公顷),布局以池岛为中心,池周环以若干建筑群。琼华岛是金、元遗迹,以土堆成,但北坡叠石成洞,洞长达百米左右,有出口多处,可通至各处亭阁。琼华岛山顶元、明时为广寒殿,顺治八年(1651年)改建为喇嘛塔,成为全园构图中心。乾隆时岛上兴建了悦心殿、庆霄楼、琳光殿和假山石洞等。并在山北沿池建二层楼的长廊,用以衬托整个万岁山。长廊与喇嘛塔之间的山坡上建有许多亭廊轩馆,山南坡、西坡又有殿阁布列其间,使四面隔池遥望都能组成丰富的轮廓线。琼华岛南隔水为团城(明称圆城),上有承光殿一组建筑群,登此可作远眺。两者之间有一座曲折的石拱桥,将两组建筑群的轴线巧妙地联系起来。北海北岸布置了几组宗教建筑,有小西天、大西天、阐福寺等,还有大圆智宝殿前彩色琉璃镶砌的九龙壁。从北面池畔的五龙亭隔岸遥望琼华岛万岁山,景色优美。在北海东岸和北岸还有濠濮间、画舫斋和静心斋3组幽曲封闭的小景区,与开阔的北海形成对比。

北海园林博采众长,有北方园林的宏阔气势和江南私家园林婉约多姿的风韵,并蓄皇家宫苑的富丽堂皇及宗教寺院的庄严肃穆,气象万千而又浑然一体,是中国园林艺术的瑰宝。

实例2　圆明园

圆明园始建于清康熙朝,完成于乾隆时期,由单一座圆明园发展为由圆明、绮春、长春三园组成,是一座由大小水面、不同高低的山丘和形式多样的建筑组成的大型皇家园林(图5.10)。它位于北京城西北的海淀区,这里原为一片平地,既无山丘,又无水面,但是地下水源很丰富,为建造园林提供了良好的条件,其园林景观具有下述特点。

首先是平地造园,以水为主。园内大小水面占全园面积350公顷的一半,其中最大水面为圆明园中心的福海,宽达600 m,湖中还建有3座小岛;中型水面有圆明园的后湖等,长宽200~300 m,隔湖可观赏到对岸景色;小型水面和房前屋后的池塘更是无数;还有回流不断的小溪河,将这些大小水面串联为一个完整水系,构成为一个十分有特色的水景园林。而所有这些水面统统是由平地挖出来的,用挖出之土就近堆山,所以湖多山也多,大小山丘加起来占了全园面积的1/3。

其次,园中有园,一组又一组的小型园林布满全园。它们或以建筑为中心,配以山水植物,或在山水之中,点缀亭台楼阁;利用山丘或墙垣形成一个又一个既独立又相互联系的小园,组成无数各具特点的景观。这里有供皇帝上朝听政用的正大光明殿建筑群;有福海与海中三岛组成的,象征着仙山琼阁的"蓬岛瑶台";有供奉祖先的安佑宫和敬佛的小城舍卫城;有建造在水中的,平面呈"卍"字形的建筑"万方安和"。园里还相继出现了苏州水街式的买卖街、杭州西湖的

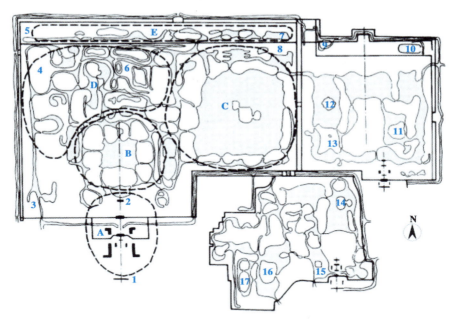

图 5.10　圆明三园平面图

1. 照壁	2. 正大光明殿	3. 藻园	4. 安佑宫	5. 紫碧山房	6. 文源阁	7. 天宇空明
8. 方壶胜境	9. 方外观	10. 方河	11. 玉玲珑馆	12. 海岳开襟	13. 思永斋	14. 凤麟洲
15. 鉴碧亭	16. 澄心堂	17. 畅和堂	A. 宫廷区	B. 后湖区	C. 福海景区	D. 小园林集群

E. 北墙内狭长地带

柳浪闻莺、平湖秋月和三潭印月等著名景观,不过这些江南胜景在这里都是小型的,近似模型式的景点。

　　另外,圆明园的建筑形式多样,极富变化。园中建筑平面除惯用的长方形、正方形外,还有工字、田字、中字、卍字、曲尺、扇面等多种形式;屋顶也随不同的平面而采用庑殿、歇山、悬山、硬山、卷棚等单一或者复合的形式;光园内的亭子就有四角、六角、八角、圆形、十字形,还有特殊的流水亭;廊子也分直廊、曲廊、爬山廊和高低跌落廊等。乾隆时期还在长春园的北部集中建造了一批西式石建筑,由意大利教士、画家郎世宁设计,采用的是充满烦琐石雕装饰的欧洲"巴洛克"风格的形式,建筑四周也布置着欧洲园林式的整齐花木和喷水泉,这是西方建筑形式第一次集中地出现在中国(图5.11)。

图 5.11　圆明园遗址

　　圆明园前后建设了近40年,雍正时形成圆明园24景,乾隆时又增加20景,加上长春园的30景,万春园的30景,共有100多处不同的景点,所以西方人把这座精美、宏伟的园林称为"万园之园"。1860年,在第二次鸦片战争中,圆明园被英法联军所焚毁。

实例3　颐和园

　　颐和园位于北京西北郊,是我国目前保存最完整、最大的一座古园林(图5.12)。颐和园原名清漪园,始建于清乾隆十五年(1750年)。为了给皇太后祝寿,在瓮山圆静寺旧址建大报恩延寿寺,历时15年建成了清漪园。1860年英法联军入侵中国,英法联军焚毁了该园,清光绪十二年(1886年)重建,更名为颐和园。

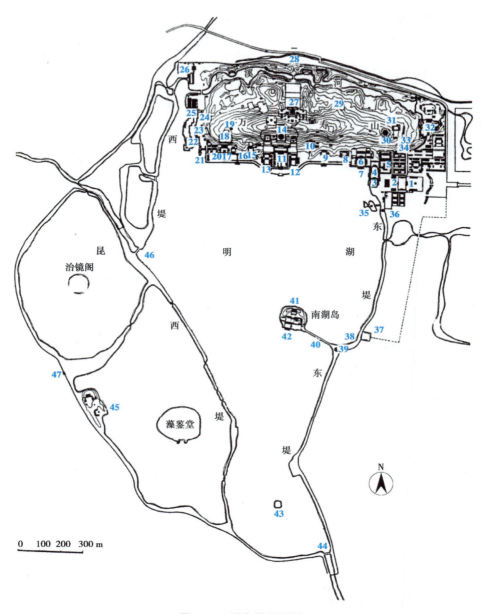

图 5.12　颐和园平面图

1. 东宫门	2. 仁寿殿	3. 玉澜堂	4. 宜芸馆	5. 德和堂	6. 乐寿堂	7. 水木自亲	8. 养云轩

1. 东宫门　　2. 仁寿殿　　3. 玉澜堂　　4. 宜芸馆　　5. 德和堂　　6. 乐寿堂　　7. 水木自亲　　8. 养云轩
9. 无尽意轩　10. 写秋轩　11. 排云殿　12. 介寿堂　13. 清华轩　14. 佛香阁　15. 云松巢　16. 山色湖光
17. 听鹂馆　18. 画中游　19. 湖山真意　20. 石丈亭　21. 石舫　22. 小西泠　23. 延清赏　24. 贝阙
25. 大船坞　26. 西北门　27. 须弥灵境　28. 北宫门　29. 花承阁　30. 景福阁　31. 益寿堂　32. 谐趣园
33. 赤城霞起　34. 东八所　35. 知春亭　36. 文昌阁　37. 新宫门　38. 铜牛　39. 廓如亭　40. 十七孔桥
41. 涵虚堂　42. 鉴远堂　43. 凤凰墩　44. 绣绮桥　45. 畅观堂　46. 玉带桥　47. 西宫门

　　全园占地 290 公顷,可分为朝政区、生活区和景观区 3 部分。朝政区以东宫门入口处的仁寿殿为中心,是皇帝处理朝政和接见大臣的地方,仁寿殿坐西朝东,面阔七间卷棚歇山顶。生活区主要由玉澜堂、宜芸馆、乐寿堂 3 组院落组成,居万寿山之东南,临昆明湖北岸,避风采光极佳,给人以亲切舒适之感。3组院落均有回廊相连,其间建有"德和园"及"扬仁风"两处游乐小区,德和园为看戏场所,扬仁风为幽静的山景庭院。景观区为全园精华所在,主要以佛香阁为中心,佛香阁八角3层,高40m,是颐和园中最高的标志性建筑(图5.13)。佛香阁东西,各有清晏舫、画中游、湖光山色共一楼等建筑,一条长廊将各景区串联成一体。万寿山之东为著名的园中之园——谐趣园(图5.14),该园仿江南名

图5.13 颐和园佛香阁

园——寄畅园而建,其风格和情趣均有独到之处。颐和园的后山多为寺庙,被英法联军焚毁后尚未恢复,这里自然宁静,颇具野趣。后湖湖面狭长,原有模仿苏州的买卖街的众多店铺散布两岸。

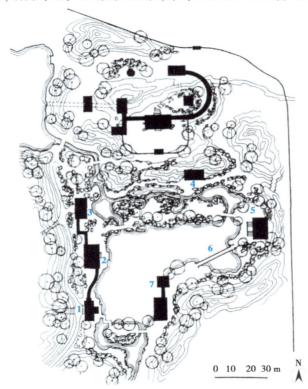

图5.14 谐趣园平面图

1.园门 2.詹碧斋 3.就云楼 4.墨妙轩 5.载时堂 6.知鱼桥 7.水乐亭

图5.15 颐和园十七孔桥

昆明湖居万寿山正南,水面积226.7公顷,是清代皇家园林中最大的水面,共有六岛、两堤、九桥。十七孔桥为昆明湖中最大的桥(图5.15),与南湖岛衔接,岛上主要建筑为涵虚堂。颐和园西堤各桥风格各异,与西面玉泉山诸景观相互呼应,扩展了全园的深度和意境,园中东堤有文昌阁、知春亭、廊如亭等建筑,使得平直的堤岸有了高低不同的节奏感。

颐和园湖山秀丽,成熟的造园艺术、优美的自然景色,代表着后期中国皇家造园艺术的精华,集中体现了中国古

代大型山水园林的造园成就。

实例4 避暑山庄

位于河北承德市内的避暑山庄是清朝最先建造的一座大型皇家园（图5.16）。山庄所在地具有十分优越的自然条件，西北面有起伏的峰峦和幽静的山谷，东南面为平坦的原野，还有纵横的溪流与湖泊水面，东面武烈河水加上庄内的热河泉使溪流、湖泊有丰富的水源。

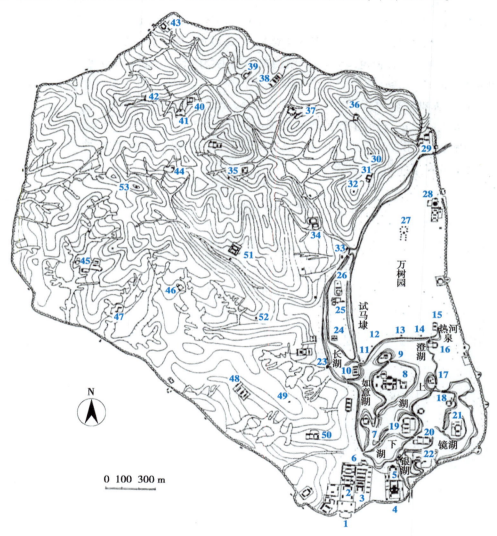

图5.16　避暑山庄平面图

1.丽正门	2.正宫	3.松鹤斋	4.德汇门	5.东宫	6.万壑松风	7.芝径云堤
8.如意洲	9.烟雨楼	10.临芳墅	11.水流云在	12.濠濮间想	13.莺转乔木	14.莆田丛樾
15.苹香片	16.香远益清	17.金山亭	18.花神庙	19.月色江声	20.清舒山馆	21.戒得堂
22.文园狮子林	23.殊源寺	24.远近泉声	25.千尺雪	26.文津阁	27.蒙古包	28.永佑寺
29.澄观斋	30.北枕双峰	31.青枫绿岛屿	32.南山积雪	33.云容水态	34.清溪远流	35.水月庵
36.斗老阁	37.山近轩	38.广元宫	39.敞晴斋	40.含青斋	41.碧静堂	42.玉岑精舍
43.宜熙斋	44.创得斋	45.秀起堂	46.食蔗居	47.有真意轩	48.碧峰寺	49.锤峰落照
50.松鹤清越	51.梨花伴月	52.观瀑亭	53.四面云山			

清康熙为了避暑,在承德北郊热河泉源头处建造了这座离宫。乾隆时又加以扩建,至1790年建成36景,使山庄成为占地560公顷的清朝最大的一座皇家园林,因夏季有浓密树木与众多的湖泊水面的调剂,气候凉爽,取名为避暑山庄。

避暑山庄作为一座离宫,也包括宫廷与苑林两个区域。宫廷区有正宫、松鹤斋和东宫三组宫殿建筑群组,按"前宫后苑"的传统布局3组并列地安置在山庄的南面。苑林区在宫廷之北,它包括湖泊区、平原区和山岳区三大景区。

图5.17　避暑山庄湖泊景区

湖泊景区紧靠在宫廷区之北,面积约占全园的1/6,全区满布湖泊与岛屿,可以把它看作一个由洲、岛、堤、桥分割成大小水域的大水面(图5.17)。而就在这大小洲、岛上和堤岸边分布着成组或单独的厅、堂、楼、馆、亭、台、廊、桥。湖泊区的建筑占到全园的一半。建筑四周的水面、堤岸的形态、水口、驳岸的处理、庭院的堆石、植物的配置都以江南水乡和著名园林为蓝本做了精心的设计与施工。

平原景区紧邻在湖泊区之北,它东界园墙,西北依山,形成一狭长的三角形平原地段,面积约与湖泊区相当。其东的万树园种植着榆树,养有麋鹿于林间;西部是称作"试马埭"的一片草茵地,其间散布蒙古包。这片平地中建筑物很少,东北角的一组佛寺——永佑寺比较有规模,寺中九层舍利塔耸立于平原之上,十分醒目,成为全园北端的一处重要景观(图5.18)。南面临湖散列着四座形式各异的凉亭,它们既是草原南端的点景建筑,又是观赏湖泊区水景风光的良好场所。

山岳景区位于山庄西北部,占据全园面积的2/3,相对高差180 m,这里山峦涌叠,气势浑厚。在这片山林中散布着20余处小型园林与寺庙建筑群,它们都是根据山地特点,布置得曲折起伏,错落有致。

在避暑山庄东面和北面的山麓,分布着宏伟壮观的寺庙群,即外八庙(图5.19),其名称分别为:溥仁寺、溥善寺(已毁)、普乐寺、安远庙、普宁寺、须弥福寺之庙、普陀宗乘之庙(图5.20)、殊像寺。外八庙以汉式宫殿建筑为基调,吸收了蒙、藏、维等民族建筑艺术特征,创造了多样统一的寺庙建筑风格。

图5.18　永佑寺舍利塔

图5.19　外围寺庙建筑群

图5.20　普陀宗乘之庙

避暑山庄的山区所占面积甚大,园林造景根据地形特点,充分加以利用,以山区布置大量风景点,形成山庄特色。园中水面较小,但在模仿江南名胜风景方面也有其独特之处。而远借园外东北两面的外八庙景观,也是此园成功之处。

5.3 私家园林

元、明、清的私家园林形成了江南、北方、岭南三大风格鼎峙的局面,这三大风格主要表现在各自造园用材、形象、技法以及园林规划上。

5.3.1 北方私家园林

北方私家园林,建筑形象稳重,再加上封闭感效果,别具一种不同于江南的刚健之美。由于北方水资源匮乏,园林供水困难,因而水池面积较小,甚至采用单园的做法,这不仅使水景的建置受影响,也由于缺少挖池的土方致使筑土不能太多太高,北方叠石做假山的规模就大一些。叠山多为太湖石和青石,形象偏于凝重,与北方建筑风格十分协调,颇能表现幽燕沉雄气度。植物配置观赏树种,比江南少,尤缺阔叶常绿树和冬季花木园林的规划布局,中轴线、对景线的运用较多,更赋予园林以凝重、严谨格调,园内空间划分较少,整体性较强,也不如江南私园曲折多变。

北京是北方造园活动中心,亦是私家园林精华荟萃之地。北京作为一个政治、文化城市,其性质与苏州、扬州有所不同。民间的私家造园活动以官僚、贵戚、文人的园林为主流,数量上占绝大多数。园林的内容,有的保持着士流园林的传统特色,有的则更多地著以显宦、贵族的华靡色彩。造园叠山一般都使用北京附近出产的北太湖石和青石,前者偏于圆润,后者偏于刚健,但都具有北方的沉雄意味。建筑物由于气候寒冷而封闭多于通透,形象凝重。植物也多用北方花木。所有这些人文因素和自然条件,形成了北京园林不同于江南的地方风格特色。北京的造园活动如此频繁,究其原因有3点:一是在明、清及取江南造园技艺的基础上,结合北方的自然条件和人文条件,所形成的地方风格已臻于成熟和定型;二是继康、乾盛世之后,大量官僚、王公贵戚集聚北京,有宅必有园;三是康熙以来,皇家园林建设频繁,至乾隆时达到高潮,从而形成设计、施工、管理的一套严密体系和熟练队伍,为民间园林建设创造了有利的条件,产生一定促进作用。北京城内私家园林多数为宅园。内城东富西贵,外城多集中会馆园林。

实例1 清华园

清华园在海淀北面,是康熙时畅春园的前身。园的规模在文献记载中说法不一,但就在其废址上修建的畅春园的面积来看,其占地很广,大约在80公顷,在当时是一座特大型的私家园林。

有关清华园的诗文题咏和记载很多,把其中描写园景比较具体的加以归纳,大致可以看出该园的一个概貌。清华园是一座以水面为主体的水景园,水面以岛、堤分隔为前湖、后湖两个部分,主要建筑物大体上按南北中轴线呈纵深布置。南端为两重的园门,园门以北即为前湖,湖中养金鱼。前、后湖之间为主要建筑群"挹海堂"之所在,这也是全园风景构图的重心。堂北为"清雅亭",大概与前者互成对景或呈掎角之势。亭的周围广植牡丹、芍药之类的观赏花木,一直延伸到后湖南岸。后湖之中有一岛屿与南岸架桥相通。岛上建亭"花聚亭",环岛盛开荷花。后湖的西北岸,临水建有水阁观瀑和听水音。后湖的北岸,利用挖湖的土方模拟真山的脉络气势堆叠成高大的假山。山畔水际建高楼一幢,楼上有台阁可以观赏园外西山玉泉山的借景。这幢建筑物也是中轴线的结束。园林的理水,大体上是在湖的周围以河渠构成水网地带,便于因水设景。湖面很大,冬天可以走冰船。河渠可以行舟,既作水路游览之用,又解决了园内供应的交通运输问题。园内的叠山,除土山外,使用多种的名贵山石材料,其中有产自江南的。山的造型奇巧,有洞壑,也有瀑布。在植物配置方面,花卉大片种植的比较多,而以牡丹和竹最负盛名于当时。园林建筑有厅、堂、楼、台、亭、阁、榭、廊、桥等。形式多样,装修彩绘雕饰都很富丽堂皇。

清华园至万历十年(1582年)才建成,李伟以皇亲国戚之富,经营此园,可谓不惜工本。像这样的私家园林,不仅在当时的北方绝无仅有,即使在全国范围内也不多见,所以清朝康熙帝时在清华园故址上修建畅春园。这个选择未必是偶然,一则可以节省工程量,二则它的规模和布局也能适应于离宫御苑在功能和造景方面的要求。由此看来,清华园对清初的皇家园林有一定的影响。

实例2　半亩园

半亩园在北京内城弓弦胡同(今黄米胡同),始建于清康熙年间,相传著名的文人造园家李渔曾参与规划,所叠假山誉为京城之冠。其后屡易主人,逐渐荒废。道光二十一年(1841年),由金代皇室后裔、大官僚麟庆购得,他购得此园时正在两江总督任内,乃命长子崇实延聘良工重建,一切绘图烫样均寄往江南由他亲自审定,两年后完工。

半亩园园林紧邻于邸宅的西侧,夹道间隔,夹道的南端设园门。园的南半部以一个狭长形的水池为中心,弄石驳岸曲折有致,池中央叠石为岛屿,岛上建十字形的"玲珑池馆",东、西两侧平桥接岸,把水池划分为两个水域,池北的庭院正厅名"云荫堂"。

同时,园林的面积比后期的略小一些,包括南、北两区。南区是园林的主体,正堂云荫堂为一座三开间卷棚建筑,前出一间悬山抱厦,与两厢三面围合成庭院。庭院内陈设日晷、石笋盆栽等小品,其南为长方形的小水池种植荷花。东厢作成随墙的曲折游廊,设门通往夹道。西厢"曝画廊"的南端连接书斋"退思斋",后者的南墙和西墙均与大假山合而为一。循假山之磴道可登临平屋顶,退思斋、曝画廊的平屋顶做成"台"的形式名"蓬莱台"。台的北端为"近光阁",两者均可观赏园外借景,也是赏月、消夏的地方。利用房屋的平屋顶结合假山叠石作"台"的处理时北方园林中常见的手法,显然源出于北方居民建筑之多有上人的平屋顶结构。北区由两个较大的院落组成。"拜石轩"坐南朝北,是园主人的日常读书赏石的地方。轩内陈列着麟庆收集的各种奇石。

麟庆时期的半亩园,南区以山水空间与建筑院落空间相结合,北区则为若干庭院空间的组织而寓变化于严整之中,体现了浓郁的北方宅园性格。利用屋顶平台拓宽视野,也充分发挥了这个小环境的借景条件。园林的总体布局自有其独特的章法,但在规划上忽视了建筑的疏密安排。

5.3.2　江南私家园林

元、明、清江南地区,大致为今天的江苏南部、安徽南部、浙江、江西等地。元、明、清的江南,经济之发达冠于全国,也促成了这些地区文化水平的不断提高,文人辈出;江南河道纵横,水网密布,气候温和湿润,适宜花木生长;民间建筑技艺精湛,又盛产造园用的优质石材,所有这些都为造园提供了优越的条件。江南的私家园林遂成为中国古典园林后期发展史上的一个高峰,代表着中国园林艺术的最高水平。元、明、清初江南私家园林兴造数量之多,是国内其他地区所不能企及的。绝大部分城镇都有私家园林的建置,而扬州和苏州则更是精华荟萃之地。北京地区以及其他地区的园林,甚至是皇家园林,都在不同程度上受到它的影响。

明代扬州园林见于文献著录的不少,绝大部分是建在城内及附郭的宅园和游憩园,郊外的别墅园尚不多。这些大量兴造的"城市山林"把扬州的造园艺术推向一个新的境地。到了清初,扬州私家园林造园更加兴旺发达。纲盐法施行后,扬州又成为两淮食盐的集散地,大盐商是商人中的最富有者,他们多儒商合一、附庸风雅,出入官场,参与文化活动,扶持文化事业,因而扬州也是江南主要的文化城市,聚集了一大批文人、艺术家。戏剧、书画、工艺美术尤为兴盛,著名的"扬州八怪"便是以扬州作为他们艺术活动的基地。在这种情况下,私家园林盛极一时当然也可想而知。

苏州的城市性质与扬州不同,虽然两者均为繁华的消费城市,但苏州文风特盛,登仕途、为宦官的人很多,这些人致仕还乡则购田宅、建园墅以自娱,外地的官僚、地主亦多来此定居颐养天年。因此,苏州园林属文人、官僚、地主修造者居多,基本上保持着正统的士流园林的格调,绝大部分均为宅园而密布于城内,少数建在附近的乡镇。

而到了清朝后期,江南的私家园林建设继承上一代势头,普遍兴旺发达,除极少数的明代遗址被保存下来之外,绝大多数是在明代的旧园基础上改建或完全新建的。早在康熙年间,扬州园林已经从城内逐渐发展到城外西北郊保障河一带的河湖风景地,乾隆时期,是扬州园林的黄金时代,同治以后,江南地区私家造园活动中心逐渐转移到太湖附近的苏州,杭州也成为江南私园集中地之一。

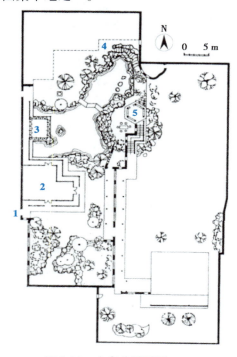

图 5.21 小盘谷平面图
1.园门　　2.花厅　3.水榭
4.水流云在　5.风亭

实例1　小盘谷

小盘谷在扬州新城东南的大树巷,始建于清乾隆年间(图5.21)。光绪时归大官僚两广总督周馥所有,重加修葺。民国初年再度修整,如今东半部已完全塌废,仅西半部保留下来。面积大约为0.3公顷。

此园为小型宅园,紧邻邸宅的东侧,自邸宅大厅旁边的月洞门入园,门额上书"小盘谷"三字。入园便是一个小庭院,坐北花厅三间,南面沿墙堆筑土石小型假山。绕过花厅东侧,往北忽见假山水池豁然开朗,景观为之一变,这就是小园林设计经常运用的收放对比手法。

花厅的北半部做成曲尺形,厅的北侧有水榭枕流,以随墙游廊连接。水榭与隔岸的太湖石大假山遥遥相对,这又是小型园林中常见的建筑物与山石隔水池相对互为观赏的格局。水池虽小,但亦用曲桥划分为两个水域以增加水面的层次并形成水尾。过曲桥即抵达对岸大假山的山洞口,山洞极幽曲深广,洞内设置棋桌供弈棋、闲坐、纳凉,利用孔穴采光。山洞的出口临水,游人至此可循石阶下至水面,再经水上的"步石"、岩道导至园北端的花厅。厅前大假山尽头处有磴道可登

山,这里形成一个谷口,题名"水流云在"。假山占地并不大,山内空,其腹类似薄壳结构,既节省石料,又能够创为曲折多变化,具有天然采光的洞景,无论是艺术处理还是工程技术都是难能可贵的。山顶建八方单檐小亭"风亭",坐亭中可以俯瞰园林东西两半部的全景,也可以远眺园

外的借景。亭之东南有曲尺形的跌落廊循山而下，延伸到平地上的一段又做成"里外廊"的形式。廊一侧的墙上开大面积的漏窗，把园的东、西两半部通过"透景"而沟通起来。

大假山全部用太湖石堆叠，亭侧一峰峥嵘突起，高出水面9 m，通体宛若行云舒卷，很有动态的气势。此山被当地称为"九狮图山"，是江南叠山的上品之作。水池的岸线曲折有致，全部为太湖石驳岸，多半架空成小孔穴仿佛常年经水流冲刷侵蚀而成者。这是扬州园林中普遍使用的驳岸处理手法，颇能以小见大、幻化江湖万顷之势。

此园虽小而用地却十分紧凑，空间有障隔通透的变化，主次分明，显示了江南小型宅园的精致而幽深含蓄的典型性格。

实例2 何园

何园坐落于江苏省扬州市的徐凝门街，占地1.4公顷，被誉为"晚清第一园"，原名"寄啸山庄"，取自陶渊明的《归去来兮辞》"依南窗以寄傲，登东皋以舒啸"。后由清光绪年间何芷舠所购买改造，扩为园林，更名"何园"。何园整体布局主要分为西园、东园、园居院落及片石山房4个部分。

西园是何园的主体。西园以水池居中，池中央是号称"天下第一亭"的水心亭，这座水心亭是中国仅有的水中戏亭，专供园主人观赏戏曲、歌舞和纳凉赏景之用（图5.22）。西园楼台极富层次，在水池北面，有上下两层的七楹楼房，中间三间稍突，两侧两间稍敛，歇山顶式建筑四角昂翘，就像振翅起舞

图5.22 何园西园的水心亭与复廊

的蝴蝶，被称为"蝴蝶厅"。此处原为园主人接待宴请宾客之处，所以也称"宴厅"。西园的楼台虽然参差不齐，却是用超过430 m的复廊连接起来，它是"天下第一廊"。廊的东南两面都开有漏窗，有折扇形、花瓶形、梅朵形、海棠形等，形态各异，从窗中向外看，窗子如同画框，在何园的不同角度取景，被称为"天下第一窗"。

东园的主要建筑是四面厅，为一船厅，单檐歇山式，带回廊，面阔15 m，进深9 m。厅似船形，四周以鹅卵石、瓦片铺地，花纹做水波状，给人以水居的意境。以此建筑为主景，南向的明间廊柱上，悬有木刻联句"月作主人梅作客，花为四壁船为家"；厅北有假山贴墙而成；东有一六角小亭，背倚粉墙；西有石阶婉转通往楼廊；南边建有五间厅堂，三面有廊，复道廊中有半月台。

何园南部的园居院落由煦春堂和两座洋楼组成，是一幢单檐歇山顶建筑，整座煦春堂大厅分正厅和耳厅两大部分，为目前扬州市保存最大最完整的楠木厅，是主人会客的地方。正厅大门两侧，采用了西洋建筑元素，选用整块4 m²的玻璃配成窗，有利于采光。在朝南一面走廊上有13个西式木雕月牙门，上面雕有折枝、牡丹花和牡丹花篮等，象征主人对如意、美好、吉祥、富贵生活的神往。

何园东端还有一个规模不大的"片石山房"。何园自古就有大花园、小花园之说，如果把何园比作大花园，那么小花园就是园中之园的片石山房了。片石山房，原名"双槐园"，是按清朝初期画坛巨匠石涛"叠石造园"的实物孤本，被称为"天下第一山"，门楣上的"片石山房"四字系移用石涛墨迹。

何园是晚清时期扬州最后建造的一座大型园林，集扬州园林的精髓于大成，成为中国园林史上的一朵奇葩。

实例 3　个园

　　个园在扬州新城的东关街,清嘉庆二十三年(1818 年)大盐商黄应泰利用废园"寿芝圃"的旧址建成。黄应泰本人别号个园,园内多种竹子,故取竹字的一半而命园之名为"个园"(图 5.23)。个园以假山堆叠之精巧而名重一时,《扬州画舫录》所谓"扬州以园亭胜,园亭以叠石胜",个园的假山即是例证。个园假山的立意颇为不凡,它采取分峰用石的办法,创造了象征四季景色的"四季假山",这在中国古典园林中实为独一无二的例子。

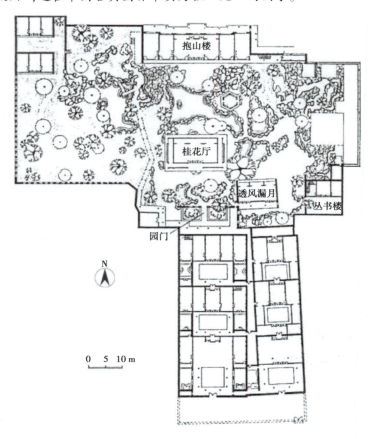

图 5.23　个园平面图

　　这座宅园占地大约 0.6 公顷,紧接于邸宅的后面。从宅旁的"火巷"进入,迎面一株老紫藤树,往前向左转经两层复廊便是园门。门前左右两旁的花坛满中修竹,竹间散置参差的石笋,象征"雨后春笋"。竹石点破"春山"主题,传达传统文化中的"惜春"理念。入了园门,还是同一座春山,还是竹石图画,这里有象形石点缀出的十二生肖,花坛里间植有牡丹芍药。

　　进门绕过小型假山叠石的屏障,即达园的正厅"宜雨轩",俗称"桂花厅"。厅之南丛植桂花,厅之北为水池,水池驳岸为湖石孔穴的做法。水池的北面,沿着园的北墙建楼房一幢,共七开间,名"抱山楼"。两端各以游廊连接于楼两侧的大假山,登楼可俯瞰全园之景。抱山楼之西侧为太湖石大假山,它的支脉往楼前延伸少许,把楼房的庞大体量适当加以院隔。大假山全部用太湖石堆叠,高约 6 m。山上秀木繁荫,有松如盖,山下池水蜿蜒流入洞屋。渡过石板曲桥进入洞屋,宽敞而曲折幽邃。洞口上部的山石外挑,桥面石板之下为清澈的流水,夏日更觉凉爽。假山的正面向阳,呈灰白色的太湖石表层在日光照射下所起的阴影变化特多,有如夏

天的行云,又仿佛人们常见的夏天的山岳多姿景象,这
便是"夏山"的缩影(图5.24)。

"秋山"为黄石假山,在园中东北角,用粗犷的黄石叠
成,高约7 m。山顶建四方亭,山隙古柏斜伸,倚伴嶙峋山
石。山上有3条磴道,一条两折之后仍回原地,一条可行
两转,逢绝壁而返。唯有中间一路,可以深入群峰之间或
下至山腹的幽室。在山洞中左登右攀,境界各殊,有石
室、石凳、石桌、山顶洞、一线天,还有石桥飞梁,深谷绝
涧,有平面的迂回,有立体的盘曲,山上山下,又与楼阁相
通。秋山山顶置亭,形成全园的最高景点。

图5.24　个园

个园的东南隅建置三开间的"透风漏月"厅,厅侧有高大的广玉兰一林,东偏为芍药台。厅
前为半封闭的小庭院,院内沿南墙堆叠雪石假山。透风漏月厅是冬天阳炉赏雪的地方,为了象
征雪景而把庭前假山叠筑在南墙背阴的地方,雪石上的白色晶粒看上去仿佛积雪未消,这便是
"冬山"的立意。南墙上开一系列的小圆孔,每当微风掠过发出声音,又让人联想到冬季北风呼
啸,更渲染出隆冬的意境。

这4组假山环绕于园林的四周,从冬山透过墙垣上的圆孔又可以看到春日之景,寓意于一
年四季、周而复始,隆冬虽届,春天在即,从而为园林创造了一种别开生面的、耐人寻味的意境。

实例4　网师园

网师园位于苏州古城东南角,原为南宋吏部侍郎史正志在此地建"万卷堂"旧址。清乾隆
年间,光禄寺少卿宋宗元退隐,购得此地筑园,称其为"网师园"。

网师园面积为5 400 m²,布局形式为东宅西园、宅园相连,有序结合(图5.25)。全园共由5
部分组成,以中部山池为构图中心,东为住宅区,南为宴乐区,西为殿春簃内园,北为书房区。因
景划区,境界各异。整个园林的空间安排采取主、辅对比的手法,为突出主景区,于是在它的周
围安排若干较小的辅助空间。同时,中部景区围绕20 m见方的荷花池展开,是全园的主体空
间,四周假山建筑、花木配置疏密有间,高低错落,显得开朗而宁静,形成众星拱月的格局。水面
四周为4个景点:射鸭廊、濯缨水阁、月到风来亭和看松读画轩,分别可赏春、夏、秋、冬四季景色
(图5.26)。

殿春簃是网师园中一所独立的小院,富有明代庭园"工整柔和,雅淡明快,简洁利落"的特
色,位于主要景区的西侧(图5.27)。小院布局独具匠心,北部为一大一小宾主相从的书房,屋
后设有天井,南部为一大院落,散布着山石、清泉、半亭。南北两部形成空间大小、明暗、开合、虚
实的对比,十分精致。院内的花街铺地颇具特色,用卵石组成的渔网图案隐隐透出"网师"的
意境。

园南部的小山丛桂轩和琴室均为幽奥的小庭院。"小山丛桂轩"之南是曲折状的太湖石山
坡,具有南倚较高的园墙而成阴坡,山坡上丛柏桂树,更杂以蜡梅、海棠、天竺、慈孝竹等。"琴室"
的入口从主景区几经曲折方能到达,一厅一亭几乎占去小院的一半,余下的空间但见白粉墙垣
及其前的少许山石和花木点缀,其幽邃安谧的气氛与操琴的功能十分协调。园林北角上的"集
虚斋"前庭是另一处幽奥小院,院内修竹数竿,透过月洞门和竹外一枝轩可窥见主景区水池的
一角之景,是运用透景的手法而求得奥中有旷,设计处理上与琴室又有所不同。此外,尚有小
院、天井多处。

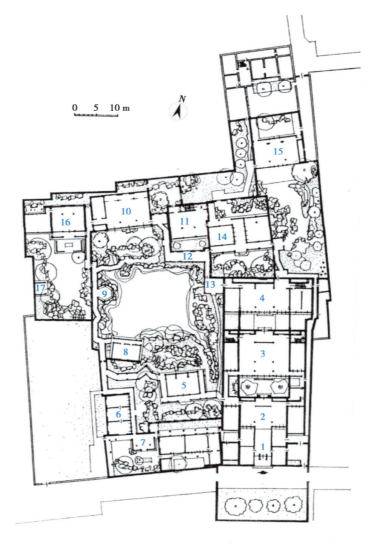

图 5.25　网师园平面图

1. 宅门　　　　2. 轿厅　　　　3. 大厅　　　　4. 撷秀楼　　　　5. 小山丛桂轩　　　6. 蹈和馆

7. 琴室　　　　8. 濯缨水阁　　9. 月到风来亭　10. 看松读画轩　11. 集虚斋　　　　12. 竹外一枝轩

13. 射鸭廊　　　14. 五峰书屋　　15. 梯云室　　　16. 殿春簃　　　　17. 冷泉亭

图 5.26　网师园中部景区

图 5.27　网师园殿春簃庭院

网师园主题突出,布局紧凑,小巧玲珑,清秀典雅。园景空间环环相扣,庭院布局层层相叠,屋宇山池花木相互衬托,互为借景,形成丰富的景观层次和无穷的景趣变化,是苏州古典园林中以少胜多的典范。

实例5 拙政园

拙政园位于苏州城内东北。明正德年间御史王献臣在这里建造园林,后多次易主分割,历经400余年。20世纪50年代初进行了全面修整和扩建,现在全园总面积约4公顷,包括中区、东区和西区3个部分(图5.28)。

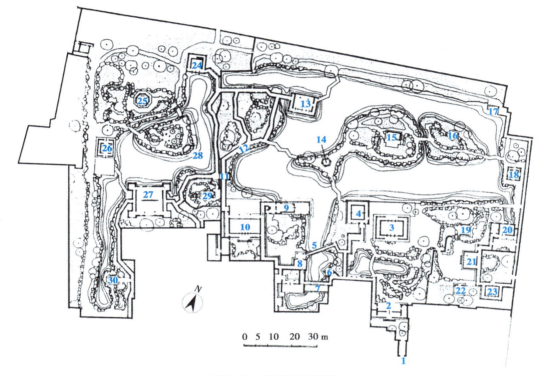

图5.28 拙政园平面图

1. 园门	2. 腰门	3. 远香堂	4. 倚玉轩	5. 小飞虹	6. 松风亭
7. 小沧浪	8. 得真亭	9. 香洲	10. 玉兰堂	11. 别有洞天	12. 柳荫曲路
13. 见山楼	14. 荷风四面亭	15. 雪香云蔚亭	16. 北山亭	17. 绿漪亭	18. 梧竹幽居
19. 绣绮亭	20. 海棠春坞	21. 玲珑馆	22. 嘉宝亭	23. 听雨轩	24. 倒影楼
25. 浮翠阁	26. 留听阁	27. 三十六鸳鸯馆	28. 与谁同坐轩	29. 宜两亭	30. 塔影亭

在拙政园中,中区为全园精华所在,面积约1.8公顷,整体布局以水为心,空间开阔,层次深远,建筑精美。主体建筑为远香堂,三开间单檐歇山,四面玻璃门窗,是主人宴待宾客的地方,在其中可尽览四周景致(图5.29)。远香堂东南有枇杷园,内遍植枇杷、翠竹、芭蕉等植物,其院落布局疏密有致,装修精巧,富有田园气息,它还联系着听雨轩,海棠春坞等庭院。枇杷园北有小山相连,上建有绣绮亭,在此可纵览中区全园景色。远香堂北,荷池对岸有杂石土山,上遍植绿树奇花,上建有雪香云蔚。中区西北建有四面环水的见山楼,登临其上可观虎丘胜景,亦可朝东南观全园景色。远香堂西南,有小沧浪水院,小飞虹桥飞架其上,分割了水面,并与小沧浪水间形成了一个虚拟空间,此处轩榭精美小巧,原为主人读书之处(图5.30)。旱船在见山楼之南,三面临水,中悬文征明所书"香洲"二字。香洲以西为清新幽静的玉兰院。香洲以北,隔水相望为荷风四面亭,这里是东西南北交汇点,又是赏荷闻风之佳处。

图 5.29　拙政园远香堂　　　　　　　　　　　图 5.30　拙政园小飞虹

拙政园西区占地 0.8 公顷,中有四面环水小山一座,上建有浮翠阁,为西区最高点。西区主体建筑为三十六鸳鸯馆,分南北部分,南馆宜冬居,北馆宜夏居。该馆与浮翠阁隔水相对,西区东北有倒影楼、与谁同坐轩,波形水廊临水相伴,互相呼应。西区西部建有留听阁,朝向正南,四面玻璃门窗,可环视西区全园景色。在西区东面近墙土山之上,建有"宜两亭",在此东望可观赏中部水景,而面西北,又可收西部景色于眼中,是邻借山水风光的佳例。

拙政园是我国古代江南私家园林中的优秀典范,其空间布局不仅体现了中国传统哲学的思想内涵,还在有限的空间范围内营造无限的思想遐想,有其独特的设计手法,其创作手法为现代园林的设计、建设提供了有力的参考。

实例6　留园

留园在苏州阊门外,原是明朝嘉靖年间徐泰时的东园。光绪初,更加扩大,增添建筑,改名为"留园"。全园可划分为东、中、西、北四区(图 5.31)。中、西两区保存清代中期面貌尚多,东部则基本为晚清面貌,北部较空旷。紧邻宅邸之后的东、中、西三区各具特色:中区以山水见长;东区以建筑见长;西区是以大假山为主的山野风光。留园的艺术特色主要体现在以下方面。

第一,丰富的石景。园内石景除了常见的叠石假山、屏障之外,还有大量的石峰特置和石峰丛置的石林。尤其是东区内的冠云峰,高 6.5 m,姿态奇伟,嵌空瘦挺,是苏州最大、最俊逸的特置峰石(图 5.32)。冠云峰旁立瑞云、岫云两峰石作陪衬。三峰的特置,以及石林小院中的大小峰石之丛置,堪称江南园林中罕见的石景精品。

第二,建筑空间的处理手法。留园的主要入口处于两旁其他建筑的夹缝之中,宽仅 8 m,而从大门至园区长达 40 m。从入园一开始,以一系列暗小曲折的空间为前导,使人入园之后顿觉豁然开朗,水光山色分外迷人,这是江南诸园入口处理中最成功的一例。另外,在主厅五峰仙馆周围,安排一系列建筑庭园作为辅助用房,这些庭园空间既相分隔,又相渗透,相互穿插,景色丰富,面积虽不大,却无局促之感。

留园内既有以山池花木为主的自然山水空间,也有各式各样以建筑为主或者建筑、山水相间的小空间——庭园、庭院、天井等(图 5.33)。园林空间之丰富,为江南诸园之冠,在同一时期全国范围内的私家园林中也是不多见的。它称得上是多样空间的复合体,集园林空间之大成者。留园的建筑布局,看来也是采取类似拙政园的办法,把建筑物尽可能地相对集中,以"密"托"疏",一方面保证自然生态的山水环境在园内所占的一定比重,另一方面则运用高超的技艺把密集的建筑群体创为一系列的空间复合,规划设计水平非常精湛。所以,留园以宜居宜游的山水布局、疏密有致的景色对比以及独具风采的石峰景观,成为江南园林艺术的杰出典范。

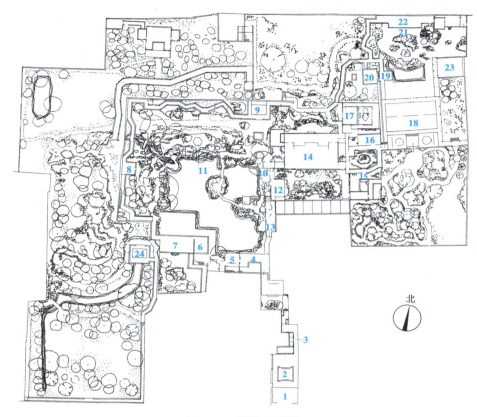

图5.31 留园平面图

1.入口	2.天井	3.曲廊	4.古木交柯	5.绿荫	6.明瑟楼	7.涵碧山房

8.闻木樨香轩　　9.远翠阁　　10.清风池馆　　11.可亭　　12.西楼　　13.曲溪楼　　14.五峰仙馆

15.石林小屋　　16.揖峰轩　　17.还我读书处　　18.林泉耆硕之馆　　19.冠云台　　20.佳晴喜雨快雪之亭　　21.冠云峰

22.冠云楼　　23.伫云阁　　24.活泼泼地

图5.32 留园冠云峰

图5.33 留园中部水面

实例7 狮子林

　　狮子林位于苏州城内东北,今城东北园林路,占地1.1公顷。此园最早是在元末至正二年

(1342年)间,天如禅师为纪念其师中峰和尚而创建的,园内地形起伏,假山层叠奇特,好像群狮蛰伏,故此得名。全园布局紧凑,尤以假山闻名,四周长廊萦绕,花墙漏窗变化繁复,颇为可观(图5.34)。

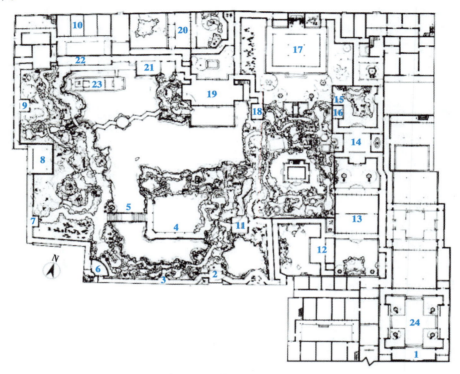

图5.34 狮子林平面图

1. 门厅	2. 御碑亭	3. 正气亭	4. 紫藤架
5. 接驾桥	6. 扇亭	7. 双香仙馆	8. 问梅阁楼
9. 听海亭	10. 展览厅	11. 修竹阁	12. 立雪堂
13. 燕誉堂	14. 小方厅	15. 九狮峰	16. 对照亭
17. 指柏轩	18. 见山楼	19. 荷花厅	20. 古五松园
21. 真趣亭	22. 暗香疏影楼	23. 石舫	24. 云林逸韵

　　狮子林园内东南多山,西北多水,四周高墙深宅,长廊环绕,楼台隐现,曲径通幽。布局上以中部的水池为中心,叠山造屋,移花栽木,架桥设亭,使得全园布局紧凑,富有"咫尺山林"的意境。园内建筑从功用上可分祠堂、住宅与庭园3部分。景区则可分为东南和西北两个景区。

　　狮子林以湖石假山著称,以洞壑盘曲出入的奇巧取胜,有"假山王国"之称(图5.35)。狮子林的假山结构,横向极尽曲折,竖向力求回环起伏,通过模拟与佛教故事有关的人体、狮形、兽像等,寓佛理于其中,以达到渲染佛教气氛之目的。山体分上、中、下3层,有山洞21个,曲径九条。它的山洞做法也不完全是以自然山洞为蓝本,而是采用迷宫式做法,园东部叠山全部用湖石堆砌,并以佛经狮子作为拟态造型,进行抽象与夸张。山顶石峰有含晖、吐丹、玉立、昂霄、狮子诸峰,各具神态,千奇百怪。山上古柏、古松枝干苍劲。假山西侧设狭长水涧,将山体分成两部分。跨涧而造修竹阁,阁处模仿天然石壁溶洞形状,把假山连成一体。园林西部和南部山体则有瀑布、旱涧道、石磴道等,与建筑、墙体和水面自然结合,配以广玉兰、银杏、香樟和竹子等植物。

图 5.35 狮子林湖石假山　　　　　　　　　图 5.36 狮子林中部水池

　　狮子林的水面面积不大,但配以桥、亭、水阁、瀑布、石船,以及池岸的崖壁、散礁、石矶、水涧,水体形态完备,景观丰富(图 5.36)。园中部以水池为中心,东、南、西三面水随山转;整个水面由湖心亭、九曲桥、小岛、接驾桥、小赤壁分割成 4 个部分,面积约 1 518 m²。

　　狮子林是文人墨客审美趣味在园林营建中的集中表达,不论是造园手法还是体现在各方面的文化价值,都值得后人借鉴。

实例 8　寄畅园

　　寄畅园位于无锡惠山东麓,在元朝曾为僧舍,明正德年间扩建成园,原称凤谷行窝,后改为寄畅园(图 5.37)。清咸丰十年(1860 年)园毁,现在园内建筑都是后来重建的。

0 5 10 15 20 m

图 5.37 寄畅园平面图

1.大门　　　2.双孝祠　　　3.秉礼堂　　　4.含贞斋　　　5.九狮台　　　6.锦汇漪　　　7.鹤步滩

8.知鱼槛亭　9.郁盘　　10.清响　　11.七星桥　　12.涵碧亭　　13.嘉树堂

　　寄畅园西靠惠山,东南有锡山,泉水充沛,自然环境幽美。在园景布置上很好地利用了这些特点组织借景,如可在丛树空隙中看见锡山上的龙光塔,将园外景色借入园内;从水池东面向西望又可看到惠山耸立在园内假山的后面，增加了园内的深度。同时，园内池水、假山就是引惠山的泉水和用本地的黄石做成。建筑物在总体布局上所占的比重很少，而以山水为主，再加上树木茂盛，布置得宜，因此园内就显得开朗，自然风光浓郁。

图5.38　寄畅园槛池廊

园内主要部分是水池及其四周所构成的景色。由于假山南北纵隔园内，周围种植高大树木，使水池部分自成环境，显得很幽静。站在池的西、南、北三面，可以看见临水的知鱼槛亭、涵碧亭和走廊，影倒水中，相映成趣；由亭和廊西望，则是树木茂盛的假山，它与隔池的亭廊建筑形成自然和人工的对比（图5.38）。

水池南北狭长呈不规则形，西岸中部突出鹤步滩，上植大树2株，与鹤步滩相对处突出知鱼槛亭，将池一分为二，若断若续。池北又有桥将水面分为大小两处。由于运用了这种灵活的分隔，水池显得曲折而多层次。假山轮廓起伏，有主次，中部较高，以土为主，两侧较低，以石为主。土石间栽植藤萝和矮小的树木，使土石相配，比较自然。此山虽不高，但山上高大的树木增加了它的气势。山绵延至园的西北部又重新高起，似与惠山连成一片。在八音涧，有泉水蜿蜒流转，山涧曲折幽深，与水池区的开朗形成对照。

寄畅园的景色丰富变化也是其重要特性之一。从现在西南角的园门入园后，是两个紧靠的小庭院，此处原是祠堂，后归园中，成为全园的入口处。出厅堂东和秉礼堂院北面的门后，视线豁然开朗，一片山林景色。在到达开阔的水池处前，又都必须经过曲折小路、谷道和涧道。这种不断分隔空间、变换景色所造成的对比效果使人感觉到园内景色的生动和丰富多彩，从而不觉园子的狭小。

寄畅园整体建筑比较疏朗，相对于山水而言数量较少，是一座以山为重点、水为中心、山水林木为主的人工山水园。它与乾隆以后园林建筑密度日益增高、数量越来越多的情况迥然不同，正是宋以来文人园林风格的传承。不过，在园林的总体规划以及叠山、理水、植物配置方面更为精致、成熟，不愧为江南文人园林中的上品之作。

实例9　瞻园

瞻园位于南京市秦淮区夫子庙秦淮风光带核心区，是南京现存历史最久的明代古典园林，其历史可追溯至明太祖朱元璋称帝前的吴王府，后赐予中山王徐达的府邸花园，素以假山著称，以欧阳修诗"瞻望玉堂，如在天上"而命名，明代被称为"南都第一园"。

瞻园坐北朝南，纵深127 m，东西宽123 m，全园面积2.51 ha（图5.39）。瞻园以山石取胜，假山是全园的主景和骨干，全园有南、北、西3座假山。西假山为全园制高点，岁寒（或"三友"）亭、扇面亭隐藏在香樟、女贞等常绿乔木中；南假山则采用土、石并用，做法由绝壁、主峰、洞盒、山谷、水洞、瀑布、步石、石径等组合而成，表现出"一卷代山，一勺代水"的艺术效果，达到雄壮、峭拔、幽深、自然的意境，其中正是"循自然之理，得自然之趣"；

图5.39　瞻园

北假山是以太湖石堆叠而成。临水石壁下有贴近水面的平桥,山中有纵深的山谷。谷上架旱桥还有低而平的较大石矶二层,这是中国园林中的唯一一例,可使石矶与石壁形成强烈的对比更显石壁挺拔高耸,石矶生动自然。另有高出水面9.5 m的石屏置于平台之上,轮廓起伏明显、气势磅礴,从静妙堂远观效果尤佳。

瞻园既传承了中国古典园林艺术的优秀传统,又避免了私家花园过于封闭、曲折之弊病,汲取我国南北造园之精华,使"咫尺"小园展现出千变万化的景致。

实例10　豫园

豫园位于上海市老城厢的东北部,北靠福佑路,东临安仁街。豫园是上海市区内唯一的明式园林,由明代造园名家张南阳设计,并亲自参与施工。

豫园在筑山理水方面颇具特色,其中当以玉玲珑与大假山为经,水则当以莲花池等为典。玉玲珑,为江南三大名石之一,高一丈余,玲珑剔透,周身多孔,具有皱漏透瘦之美,为石中甲品。这块传奇之石悄然传达了园主追求恬静,向往悠然自得的心境。除此之外,豫园处于长江下游冲积平原,原本是无山的,但依造造者心中所想,在建园之初就毫不忌讳地造了一座"大假山",由浙江武康的黄石堆砌而成,明代叠石名家张南阳设计建造(图5.40)。虽名为"大假山",却是作者胸中之真物,故大假亦真也。可谓"虽由人作,宛自天开",是园林中叠石堆山的经典之作。

图5.40　豫园大假山

在理水方面,豫园的整个水系是相互环通的,水势较为平稳。在水岸线的处理上,大部分以不同材质的石块或护岸,或点缀,或垒堆,达到"破"的效果,使曲溪绝涧、清泉明池也显得怪石纵横,自然野趣,充分展现出水的灵动特色,达到了"气韵生动,意境深远"的效果。

在建筑布局上,豫园园内有穗堂、铁狮子、快楼、得月楼、玉玲珑、积玉水廊、听涛阁、涵碧楼、内园静观大厅、古戏台等亭台楼阁以及假山、池塘等四十余处古代建筑。三穗堂位于豫园正门处,清乾隆二十五年(1760年)建。原为乐寿堂,清初曾被征为上海县衙办公之地,改建西园时重筑为三穗堂。

在植物配置上,豫园植物配置得当,层次分明,其特点是古树名木多、大盆景多、摆花多。在亭、台、楼、阁、厅、堂、廊榭的周围栽植银杏、女贞、广玉兰、白玉兰、紫薇、瓜子黄杨、白皮松、罗汉松、香樟、紫藤。有的地方摆设了铁树、五针松、罗汉松等大盆景。在群置、散置的湖石间与桥旁栽植青枫、五针松、茶花、桂花、杜鹃、瓜子黄杨等,在墙脚下植常绿的箬叶、天竹、麦冬、竹、盆花等。

明代中后叶,正值江南文人造园兴盛之时,上海附近的私家园林不下数千,而豫园其景色、布局、规模足以与苏州拙政园相媲美,实在不虚"东南名园之冠"之名。

5.3.3　岭南的私家园林

岭南泛指我国南方五岭以南的地区,古称南越,汉代已出现民间私家园林。清初,岭南的珠江三角洲地区,经济比较发达,文化亦相应繁荣,私家造园活动开始兴盛,逐渐影响到潮汕、福建和台湾地区。到清中叶以后而日趋兴旺,在园林的布局、空间组织、水石运用和花木配置方面逐

渐形成自己的特点。

岭南私家园林的规模较小,建筑比重较大。庭院和庭园形式多样,建筑物平屋顶多做成"天台花园",建筑物比江南更趋开放通透,外观形象当然也就更富有轻快活泼的意趣,建筑局部细部很精致,多有运用西方样式,甚至整座西洋古典建筑配以传统的叠山理水,别有风韵。叠山常用英石包镶,山体可塑性强,姿态丰富,具有水云流畅的形象,小型叠山或石峰与小型水体相结合而成的水石庭,尺度亲切而婀娜多姿,是岭南园林一绝。理水手法丰富多样,不拘一格,少数水池为规整几何形式,则是受到西方园林的影响,岭南地处亚热带,观赏的品种繁多,园内一年四季花团锦簇,绿荫葱翠,除乡土树种花木之外,还大量引进外来植物。就园林总体而言,建筑意味较浓,建筑形象在园林造景上起着重要的甚至决定性的作用。但不少园林由于建筑体量偏大,楼房较多而略显壅塞,深邃有余而开朗不足。岭南四大名园当属顺德的清晖园、东莞的可园、佛山的梁园和番禺的余荫山房。

实例1 清晖园

图5.41 清晖园方池

清晖园位于广东顺德市大良镇华盖里,始建于明末天启辛酉年。原系明末大学士黄士俊的私家花园,以尽显岭南庭院雅致古朴的风格而著称。

清晖园面积约3 300 m²,坐北向南偏西,状成稍长梯形,中部略高。由南而北大致分成3个景区,前区为水景区(图5.41),中部为厅、亭、斋山石花木区,后部为生活区。全园顺着夏季主导风方向布局,庭园空间由疏而密,筑屋顺前就后,由高而低,形成宜于起居游赏的良好环境。

清晖园在营造中大量吸收了岭南民间建筑的地方特色。园中的主景建筑,如归寄庐、惜阴书屋、碧溪草堂、笔生花馆、船厅、水榭等,布置得曲折有致。辅以书画、雕刻、工艺美术等装饰,构成了幽雅含蓄的景观。其中,船厅是舫屋与楼厅建筑的综合体,平面像舫,立面像楼,体形秀丽,装修华美。园中有3个水池,分别置有亭榭凌驾于水面。既打破了平直的岸线,又丰富了水景情趣,显得轻巧活泼。船厅南侧的庭院幽雅宁静,窗格、栏杆花纹雕刻细密,色彩鲜明,表现了岭南园林建筑的特征。园中还种植了许多珍贵花木,一年四季花香果美,清秀多彩。

清晖园因地制宜,总体布局得体,建筑设计独具匠心。庭园以岭南佳木为题材,富有岭南特色,它可与江南私家园林相媲美。

实例2 可园

图5.42 可园"可楼"

可园在东莞城郊博厦村。始建于雍正年间,园主人张敬修曾浏览各地园林,邀请居巢、居廉等岭南画家参与造园筹划。

该园东临可湖,平面呈不规则的三角形状。该园的布局纯为建筑物印合而成的庭园格式,一共有3个互相联系着的大小庭院,院内凿池筑山,种植花木。前庭包括门厅、轿厅、客厅等,庭院内堆叠珊瑚石假山一组名"狮子上楼台",高约3 m。后庭以花廊为过渡,过花廊,渡曲池小桥,即是园林的主体建筑"业字楼"及"可楼"。可楼高约13 m,四层,为全园的构图中心(图5.42)。楼内外均设阶梯,外阶梯从楼旁之露台旋转而上,凭栏俯瞰全园,远眺城郭,景色俱佳。东院以临水的船厅为主,其余的园林建筑亦多因水得景。总观可园的规划,建筑占较大比重,其布局呈不规则的连房广厦的庭院格式,在中国古典园林中尚属少见的例子。

实例3　余荫山房

余荫山房,又名余荫园,位于广州市番禺区南村镇东南角北大街,距广州17 km。余荫山房为清代举人邬彬的私家花园,始建于清代同治三年(1864年),距今已有150多年历史。园林以小巧玲珑、布局精细的艺术特色著称。

余荫山房的布局十分巧妙,分东西南三部分(图5.43)。西半部以一个方形水池为中心,池北的正厅"深柳堂"面阔三间。堂前的月台左右各植炮仗花树一株,古藤缠绕,花开时宛如红雨一片。深柳堂隔水与池南的"临池别馆"相对应,构成西半部这个庭院的南北中轴线。水池的东面为一带游廊,当中跨拱形亭桥一座。此桥与园林东半部的主体建筑"玲珑水榭"相对应,构成东西向的中轴线。东半部面积较大,中央开凿八方形水池,有水渠穿过亭桥,与西半部的方形水池沟通。八方形水池的正中建置八方形的"玲珑水榭",八面开敞,可以环眺八方之景(图5.44)。沿着园的南墙和东墙堆叠小型的英石假山,周围种植竹丛,犹如雅致的竹石画卷。园东北角跨水渠建方形小亭"孔雀亭",贴墙建半亭"南薰亭"。水榭的西北面有平桥连接于游廊,迂曲蜿蜒通达西半部。这两个规整形状的水池并列组成水庭,水池的规整几何形状受到西方园林的影响。

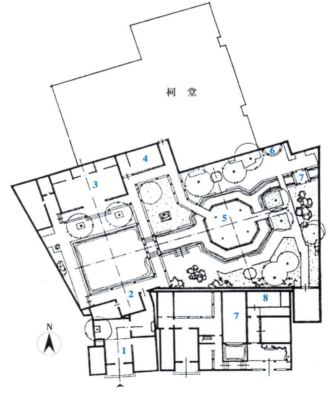

图5.43　余荫山房平面图
1.园门　2.临池别馆　3.深柳堂　4.榄核厅　5.玲珑水榭　6.南薰亭　7.船亭　8.书房

图5.44　余荫山房"玲珑水榭"

园林的南半部为相对独立的一区"愉园"，是园主人日常起居、读书的地方。愉园为一系列小庭院的复合体，以一座船厅为中心，厅左右的小天井内散置花木水池，成小巧精致的水局。登上船厅的二楼可以俯瞰余荫山房的全景以及园外的借景，多少抵消了因建筑密度过大而予人的闭塞之感。

余荫山房的园林小品，如像栏杆、雕饰以及建筑装修，运用西洋的做法也非常明显。广州地处亚热带，植物繁茂，因而园林中经年常绿、花开似锦。园林建筑内外敞透，雕饰丰富，尤以木雕、砖雕、灰塑最为精致。主要厅堂的露明梁架上均饰以通花木雕，如百兽图、百子图、百鸟朝凤等题材多样。

实例4　梁园

梁园在广东佛山先锋古道，包括"十二石斋""寒香馆""群星草堂""汾江草庐"四部分，分别由嘉、道年间岭南著名书画家梁蔼如及其侄梁九华、梁九章、梁九图四人精心营建。咸丰初年是梁园的极盛时期，达到了"一门以内二百余人，祠宇室庐、池亭圃围五十余所"的规模。

梁园是岭南园林的代表作，园中亭台楼阁、石山小径、小桥流水、奇花异草布局巧妙，尽显岭南建筑特色（图5.45）。梁园素以湖水萦回、奇石巧布著称岭南；园内建筑玲珑典雅，绿树成荫，点缀有形态各异的石质装饰；不仅如此，梁园还珍藏着历代书家法贴。秀水、奇石、名帖堪称梁园"三宝"。

图5.45　梁园

梁园总体布局以住宅、祠堂、园林三者浑然一体最具当地大型庄宅园林特色，尤其是以奇峰异石作为重要的造景手段。其中的四组园林群体因各自构思取向不同而风格各异，各种"平庭""山庭""水庭""石庭""水石庭"等岭南特有的组景手段式式具备，变化迭出。与各建筑物和景区主题紧密结合的诗书画文化内涵丰富多彩，诗情画意比比皆是，园内精心构思的"草庐春意""枕湖消夏""群星秋色""寒香傲雪"等春夏秋冬四景俱全，各异其趣；展示文人园林特质的"石斋寄情""砚磨言志""幽居香兰""庄宅遗风"四景，将岭南古园林的多种文化意境，如雅集酬唱、读书著述、家塾掌教、幽居赋闲等多种文人文化生活追求表现得淋漓尽致，令人回味无穷。

5.4　寺观园林

元代以后，佛教和道教已经失去唐宋时蓬勃发展的势头，逐渐趋于衰微。但寺院和宫观建筑仍然不断兴建，遍布全国各地，不仅在城镇之内及其近郊，而且相对集中在山野风景地区，许多名山胜水往往因寺观的建置而成为风景名胜区，其中，名山风景区占大多数。每一处佛教名山、道教名山都聚集了数十所甚至百所的寺观，并且大部分保存至今。城镇寺观除了独立的园林之外,还可以经营庭院的绿化或园林化。郊野的寺观则更注重与其外围的自然风景结合而经营园林化的环境,它们中的大多数都成为公共游览的景点,或者以它们为中心而形成公共游览地。这种情况在汉族聚居地区或者信仰汉地佛教和道教的少数民族地区几乎随处可见。

就北京地区而言,元朝时期佛教和道教受到政府的保护,寺、观的数量急剧增加,有庙、寺、院、庵、宫、观共计 187 所,其中很多都有建置园林。郊外的寺观园林以西北郊的西山、香山、西湖一带为最多,如大承天护寺就是外围园林绿化较为出色的一例。明代,自成祖迁都北京后,随着政治中心北移,北京逐渐成为北方的佛教和道教中心。寺观建筑又逐年有所增加,佛寺尤多。永乐年间各类寺观共计 300 所,到成化年间,仅京城内就达到了 636 所。寺观如此之多,寺观园林之盛则可想而知。一般寺观即使没有单独的园林,也要把主要庭院加以绿化或园林化。有的以庭院花木之丰美而饮誉京师,如外城的法源寺;有的则结合庭院绿化而构筑亭榭、山池的,如西直门外的万寿寺;更有的单独建置附园,其中有的甚至成为京师的名园,如朝阳门外的月河梵苑。北京的西北郊作为传统的风景游览胜地,明代又在西山、香山、瓮山和西湖一带大量兴建佛寺,对西北郊的风景进行历来规模最大的一次开发。这众多寺庙一般都有园林,不少是以园林、庭院绿化或外围绿化环境之出色而闻名于世的。它们不仅是宗教活动的场所,也是游览观光的对象。就它们个体而言,发挥了点缀局部风景的作用;就全体而言,则是西北郊风景得以进一步开发的重要因素。可以说,明代的北京西郊风景名胜区之所以能够在原有的基础上充实、扩大,从而形成比较完整的区域格局,与大量建置寺观、寺观园林或园林化的经营是分不开的。

清代统治者对宗教的态度是比较宽容的,对佛、道两教予以支持、保护和扶持。尤其是清初的几位皇帝都崇信佛教,使得这一时期新建、扩建的寺院的数量十分可观。皇帝为了团结笼络蒙、藏、回等民族的上层贵族,分别在北京、承德、五台山兴建了许多规模宏大的庙宇,促进了寺观园林的发展。这一时期的寺观园林继承了唐宋以来园林世俗化、文人化的传统,除了一些景点具有宗教寓意和象征内容外,与一般的私家园林没有太大区别。在造园手法和用材方面甚至更加朴实简练一些。在园林兴盛的地区,大多数寺院都有附建的园林,如扬州的天宁寺西园、静慧寺的静慧园、大明寺西园等,已经成为当地的名园。在一些寺院中,庭院绿化的内容很受重视。在主要殿堂的庭院,树木的叶茂荫浓极好地烘托出宗教的肃穆气氛,而次要庭院的花卉和观赏树木,则呈现出"禅房花木深"的幽雅怡人情趣。在远郊或山野风景地带的寺院,更注意结合寺院所在区域的地形地貌环境,营造园林化的景观。

在这一时期的寺观园林中,园林建设比较有代表性的当属北京香山寺。香山寺位于香山东坡,正统年间由宦官范弘捐资,在金代永安寺的旧址上建成。香山寺的鼎盛时期,建筑规模宏大,宝塔入云,殿宇巍峨,金碧辉煌,雕梁画栋,碑褐林立,极为壮观。海内高僧,俱临禅山,早晚钟鼓齐鸣,四时法事不歇。香山寺规模宏大,佛殿建筑壮丽,园林也占有很大比重。其建筑群坐西朝东,沿山坡布置,有极好的观景条件。入山门即为泉流,泉上架石桥,桥下是方形的金鱼池。过桥循长长的石级而上,即为五进院落的壮丽殿宇。这组殿宇的左、右两面和后面都是广阔的园林绿化地段,散布着许多景点,其中以流憩亭和来青轩两处最为时人所称道。流憩亭在山半的丛林中,能够俯瞰寺垣,仰望群峰。来青轩建在面临危岩的方台上,凭槛东望,玉泉、西湖,以及平野千顷,尽收眼底。香山寺因此而赢得当时北京最佳名胜之美誉。现今香山寺位于北京香山公园内。元代重修之时,易名"甘露寺"。明朝再建,称"永安禅寺"。清乾隆年间,在原址上扩建,形成了前街、中寺、后苑独特的寺院格局,御赐"大永安禅寺",为静宜园二十八景之一。香山寺依山而建,错落有致,严整壮观,曾为西山诸寺之冠。香山寺于 1860 年、1900 年分别遭英法联军和八国联军焚烧,仅存知乐濠、听法松、娑罗树御制碑、石屏等遗物。

5.5 其他园林

5.5.1 公共园林

元、明、清初时期,在一些经济繁荣、文化发达的地区,大城市居民的公共活动、休闲活动普遍增多,相应地,城内、附郭、近郊都普遍建造了公共园林。此外,在江南、东南、巴蜀等地区,富裕的农村聚落往往辟出一定地段开凿水池、种植树木、建置少许亭榭之类,作为村民公共交往、游憩的场所。这种开放性的绿化空间也具备公共园林的性质,或由乡绅捐资,或由村民集资修建,标志着当地农村居民总体上较高的文化素质和环境意识。其中,一些在创意和规划上颇具特色,不仅达到相当高的造园艺术水准,还与其他公共活动相结合,成为村落人居环境的一个有机组成部分,比较有代表性的例子是福建岩头村(图 5.46)。到了清代后期的公共园林没有新的发展,依然沿袭前朝的方式。同时,从宋代开始繁荣起来的市民文化,与皇家、士流的雅文化相互影响,到清中叶和清末已经臻于成熟,具体表现在小说、戏曲、表演、绘画等方面,城镇的公共园林作为这种文化的载体和依托也随之兴盛起来。在一些经济文化发达地区,如江浙一带的农村,公共园林也十分兴盛。

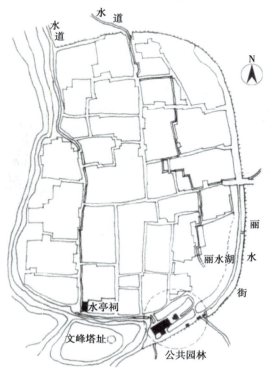

图 5.46　岩头村平面图

清中叶以后的公共园林,大致可以分为以下几种情况。

①依托城市水体水系,或利用水利设施因水成景,成为开放的绿化空间。一般来说,城市及近郊的公共园林大多属于这种情况。例如,北京的什刹海就是内城最大的一处公共园林(图 5.47)。它因景色优美,酒肆众多,周围多有古寺、名园,倚窗对水,颇有江南风致而闻名。陶然亭是清代北京的又一处著名公共园林,亭依一个天然水湖而建,取白居易诗句"更待菊黄家酿熟,共君一醉一陶然"之意。除此之外,济南的大明湖、南京的玄武湖、扬州的瘦西湖、昆明的翠湖都是依水而成的城市公共园林。

②利用著名建筑物的旧址或遗址,或者是与历史人物有关的名迹,经过园林化处理而成为公共园林。

图 5.47　北京什刹海

如四川的杜甫草堂、桂湖,是利用名人的故居;河南苏门山的"百泉"与"啸台"因晋时的孙登、阮籍而知名,结合优美的自然景观,加上历代的整治,成了远近皆知的大型公共园林。

③农村聚落的公共园林,多见于经济文化繁荣发达的江南地区。在清代,皖南的徽商在家乡常常出资修建村内的公共设施和公共园林,如楠溪江的水口园林、歙县的檀干园等。檀干园位于歙县的唐模村,是一处水景园,水体兼有水库的作用。园不设墙,内有亭、榭、会馆等园林建筑,布局疏朗有致,与清溪、石路和村落融为一体,一派天人和谐的景象。

5.5.2　书院园林

书院是中国古代的一种特殊的教育组织和学术研究机构,始见于唐代。早期的书院既不同于政府兴办的"官学",也不同于民间兴办的"私学",多由著名学者创建并主持教务,经费来源有政府拨给的,也有私人筹措捐献的。其教学体制颇多借鉴于佛教禅宗的丛林清规,建置地点亦仿效禅宗佛寺多选择在远离城市的风景秀丽之地,以利生徒潜心研习。到清代,书院名称的使用已经比较广泛,但凡民间兴办的私学具有一定规模的都可以称为书院。

实例1　西云书院

西云书院在云南省大理县城内,原址为中法战争时的抗法名将、云南提督杨玉科的爵府(图5.48)。光绪三年(1877年),杨玉科奉调广东任陆路提督,乃将其府邸全部捐赠地方办学,取名"西云书院",为云南迤西道五府、三厅所共有。大理历来重视教育、文风较盛,素有"文献名邦"之称。这座书院的成立对滇西地区的文化发展具有深远影响,民国年间改作大理中学的校舍。

西云书院的建筑为四进三跨的院落建筑群,坐西朝东。园林"南花厅"位于书院的南面,一个略近方形的水池——月牙塘居中靠北,水池中央建水阁成为全园的构图中心,跨水架石桥3座。园林总体呈较规整的布局。园门设在北墙靠东。园门外紧接一个四合院的前导空间,也就是书院的第三进院落,这里有小水池和石凳石桌等小品点缀。进入园门,正对着的是条形花台犹如屏障,转而西为石碑一通,即著名的"种松碑"。南花厅

图5.48　西云书院平面图

的西邻为杨玉科祠堂"杨公祠"的附园,二者有门相通,因而后者也可以视为书院园林的北半部分。一条小溪出自月牙塘,弯弯曲曲地流入北半部,这里以土石堆叠的大假山为主景,小溪萦回、林木茂盛,朴实无华,有如自然的景象,与南花厅大异其趣,两者毗邻又恰成对比。

实例2　竹山书院

竹山书院位于安徽歙县的雄村,为户部尚书曹文植伯父干屏、生父青兄弟所建,于清乾隆二十年(1755年)前后建成(图5.49)。

竹山书院建成时期正值中国古典园林的成熟后期,也正是徽州造园活动的鼎盛时期。竹山书院的规划和营造都达到了徽州传统建筑园林最高技术和艺术水平,集中体现了徽州园林的主要成就,是明清时期徽州水口园林的杰出范例。园林采用园中园布局,并以借景手法将浙江、竹山景致纳入园中,而园林本身的山池则稍事点缀,与优美的自然环境融成一体。设计还运用多种手法拓深意境,将书院园林主题发挥得淋漓尽致。栽杏象征杏坛讲学,植桂以寓"蟾宫折

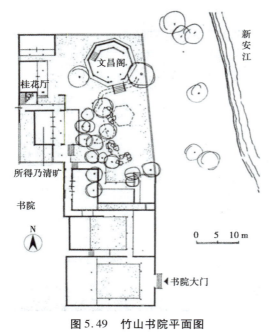

图5.49　竹山书院平面图

桂";壁间刻赋,廊内嵌碑,文思优美、书法精妙,与园林情景交融。由于受明末清初形成的"新安画派"画风影响,竹山书院园林保持了宋、明以来园林的简远、疏朗、天然、雅意特色。园内建筑采用徽州民居传统形式和处理手法,饰以高古的砖、木、石三雕,质朴自然,雅健明快。清旷轩与百花头上楼之间的小天井,面积不过 $4 \sim 5 \ m^2$,所叠壁山却甚显峭伟。

书院的附属园林规模虽小,但以其设计之精到而成为现存皖南名园之一。雄村的曹氏是当地望族,清乾隆年间曾连续四代均有族人点为翰林,官居一品大员,村中建有石坊"四世一品"以纪其事。曹氏邸宅的规模极其宏大,于邸宅之旁建"竹山书院"作为教育本族和乡里子弟的学馆。桂花厅即附建于书院东侧的附园,风景优美的新安江流经它的东面。园的面积大约 0.2 公顷,相当于小型游憩园。

园林的西、南两面由建筑围合,西面的两座厅堂呈曲尺形布列。它们之间以游廊联系并留出小天井朝西开月洞门,小天井内用黄石堆叠的壁山颇为精致。园林的东面完全敞开,仅以胸墙分隔内外,因而广阔的新安江的自然风景得以延纳入于园的主庭院中,园内园外之景浑然一体。园林主庭院的山水布置比较简约,一泓带状水池流经文昌阁前,如今尚留有石板桥的遗迹;池南为小型黄石叠山一组,破山腹而为园路,周即散峰若干石组和单块石的特置构成对主山的呼应朝揖之势;其余大部分为平坦空地,当年花木繁茂而尤以桂花最胜,故以桂花命园之名,如今尚保留若古树六七株。

此园的选址极好,园林的规划亦能顺应基址的天然地势和周围环境,让出朝向新安江的一面而因势利导。园林本身的山池仅稍事点缀,重点则放在收摄园外的山水借景作为主要的观赏对象,即所谓"延山引水"的做法。以一幢楼阁作为园林的主体建筑物,这种布局也是比较少见的。

5.5.3　王府花园

王府花园是中国古典园林史上的一个特殊类型,它既不属于封建统治者拥有的皇家园林,也不属于文人士大夫及官僚所营建的私家园林。首先,王府花园拥有皇家园林的某些特点,比如前宫后院的格局、明显的中轴线等。但是与皇家园林相比,王府花园属于王公贵族所使用,从一般概念上理解,似又可以归于私家园林之中。所以,王府花园是介于皇家园林与私家园林之间的一种特殊类型的园林。

实例1　恭王府花园

恭王府花园是北京规模最大、保存最完整的清代王府花园,位于什刹海西北角。早期为乾隆年间大学士和珅宅第,嘉庆四年(1799 年)和珅获罪,宅第被没收赐予庆郡王,咸丰元年(1851 年)改赐给恭亲王爱新觉罗·奕訢。全园占地面积 2.8 公顷,有古建筑 31 处。全园分为中路、东路、西路三路,成多个院落。

　　花园的正门与前部王府建筑由一过道相隔,是一座具有西洋建筑风格的汉白玉石拱门,处于花园中轴线的最南端(图5.50)。进门后"独乐峰",是一块高5 m的太湖石,虽是园中点缀,但起着屏风的作用。过了独乐峰,就是中路第一进院落。这一院落是一个三合院。前面一个水池——蝠池,因形似蝙蝠而得名,是祈福的寓意之一。蝠池正北为"安善堂",是一座宽敞大厅,当时恭亲王在此设便宴招待客人。越过安善堂,来到"韵花铳"。这是一排堂阁小屋,过此即是全园的主山"滴翠岩"。山上

图5.50　恭王府花园西洋门

有平台名"邀月台"。山下有"秘云洞",著名的康熙"福字碑"即在洞中。中轴线的最后一组建筑是"倚松屏"和"蝠厅"。

　　东路的主要建筑是"大戏楼",建筑面积685 m²,建筑形式是三券勾连搭全封闭式结构。厅内南边是高约1 m的戏台、厅顶挂着宫灯,地面方砖铺就。这里除了演戏之外,还是当年恭王府中举办红白喜事的地方。大戏楼南为"怡神所",是当年赏花行令之所。此外,"曲径通幽""吟香醉月""流怀亭""垂青樾"等景点,均属东路范畴。

图5.51　恭王府花园方塘水榭

　　西路的主要景观是"湖心亭"(图5.51)。这里以方形水面为主,中间有敞轩三间,是观赏、垂钓的去处。水塘西岸有"凌倒影",南岸有"浣云居",北岸轩馆五间叫"花月玲珑"与"海棠轩"。南岸山上有一段城堡式墙垣,长约50 m,命名为"榆关"。榆关东北有一座海棠式方亭,名"妙香亭",二层八角式。西路中还有"雨者岭""养云精舍""山神庙"等景观。

　　恭王府花园以福字贯穿,造园主题明显。全园融江南园林艺术与北方建筑格局为一体,汇西洋建筑及中国古典园林建筑为一园,建成后曾为京师百座王府之冠,是北京现存王府园林艺术的精华所在。

实例2　铁山园

　　铁山园在山东曲阜孔府,是孔府的后花园,面积约3.3公顷,始建于明弘治十六年(1503年)。建园之时,有人送来古鲁城内炼铁的铁渣石,类似陨石,园主十分高兴,认为这是天降神石,象征孔府时来运转,于是把它们布置在园中,命名为"铁山园"。铁山园处在孔府轴线的最北部,也用轴线布局,正是北方园林特点,其布局模仿北京紫禁城御花园格局。

　　园中路是非常明确的中轴线,在轴线南端有植柏台,四周花砖砌矮墙,有三面台阶通上下,台中植柏一株,依古木有盆景铁石置于托台上。托台四面浮雕有双龙、双麒麟、双凤等。石边立一石匾,上题孔府天下第一家。下台前行,可见五柏抱槐一景。此柏名五君子柏,一株在根部就分成五干。最奇的是在五干中间抱有一棵槐树,此槐穿柏身而生实为奇观。据说此槐已有四百多年历史。

　　轴线的最北端是一幢民国年间建成的新花厅,北依孔府后墙。此厅平面呈"T"字形,呈攒

尖亭式,抱厦亭与新花厅后正厅相接,亭开敞无墙,厅青砖厚砌。这种组合既左右对称和四平八稳,又通透开敞活泼可爱。花厅前面绕抱夏亭设观景台,台四周为青砖砌矮墙,与轴线之南的柏台一致,形成南北呼应。

出花厅西走,见一六角重檐亭,亭宝顶较小宝珠立于细柱上,立面构图高挑显得轻盈,有点受南方园林建筑的影响,但是其做法却是北方样式。屋面厚重,起翘很少,枋间板只作菱形图案,没有彩画全涂朱红,柱间设单板坐凳,亭内设石桌,不设石几,显得过于朴素。

中轴线的新花厅之东为旧花厅,面阔三间,上覆龙瓦,梁枋皆彩画花卉,梁上二梅作云状,显得古雅而华丽,此处曾叫坛星。房前有丁字形葡萄架。依路南行,来到荷花池,池很小,只几平方米,但是池中荷花盛开,十分清雅。

过荷花池来到鱼池,池中养鱼,架曲桥。桥面很狭窄,两面用木栏杆,显得过于做作,但栏杆做法却很有特色,横栏竖杆,杆顶为莲花头雕刻,构图简洁。水池中立有多处湖石作为孤赏石。桥北为扇亭,亭东南西三面用青砖砌栏杆,可当座槛,亭梁枋皆有彩画,内容多为梅、兰、菊、竹、麋鹿、山水等,枋间板用中国结式图案。桥南为大湖石假山,山三面用栏杆围护,不让人攀登,唯北面与桥相接,让人有亲近之感。

纵观全园,北方园林特征主要表现于明显的中轴线、建筑的梁架及彩画、水面等山水组合则有江南园林风格。植物特征北方色彩更浓,松、柏槐等较多。全园景点布置较为散乱,但作为"天下第一家"的孔府后花园,还是很有气魄的。

5.6 造园名家及理论著作

明代和清初,文人园林的极大发展,无疑是促成江南园林艺术达到高峰境地的重要因素,它的影响还及于皇家园林和寺观园林,并且普及到全国各地,随着时间的推移而逐渐成为一种造园模式。也就是在这个时候,在文人园林臻于高峰境地的江南,一大批掌握造园技巧、有文化素养的造园工匠便应运而生。有的士大夫直接掌握筑园技艺,如米万钟、高倪等,有的由少时以绘画知名后改而筑园的,如张南阳、张涟、计成等。江南地区有文化尤其是绘画艺术修养的匠师技艺精湛,在广泛实践的基础上总结其丰富的经验,使之系统化、理论化而有专著出现。计成著的《园冶》可以说是我国第一本专论园林艺术的专著。明末文震亨的《长物志》和清朝李渔的《闲情偶寄》亦都论及园林艺术。

5.6.1 造园名家

(1)张南阳 张山人名南阳,上海人,始号小溪子,更号卧石生。张南阳自小擅长绘画,后来用画家的三昧法尝试累石为山,能够做到随地赋形,仿佛与自然山水一样。当时江南一些官僚地主,在花园中要建造一丘一壑,都希望由他来设计与建造,其中以上海潘允端的豫园、泰州陈所蕴的日涉园、太仓王世贞的弇园为代表。他的叠山是见石不露土,运用大量的黄石堆叠,或用少量的山石散置,像豫园便是以大量的黄石堆叠见称,石壁深谷,幽壑蹬道,山麓并缀以小山洞,而最巧妙的手法是能运用无数大小不同的黄石,将它组合成为一个浑成的整体,磅礴郁结,具有真山水气势,虽只是片段,但颇给人以万山重叠的观感。

(2)张南垣 张南垣,名涟,字南垣,松江华亭人,晚年徙居嘉兴,毕生从事叠山造园,所筑园的叠山作品至少有几十处,其中以横云(李工部)、预园(虞观察)、乐郊(王奉常)、拂水(钱宗伯)、竹亭(吴吏部)最为有名。张南垣的筑园叠山技艺有其独到之处。他能以画意叠石筑山,从事筑园。他认为从画山水的笔法中悟得的画之法向背,可运用在筑园的叠石方面,画山水的起伏波折等手法也可以运用在筑园的叠山方面。他不赞成"好事之家，罗取一二异石，标之曰峰"，也不赞同"架危梁、梯鸟道，拾级数折，倭人深洞，扪壁援罅，瞪盼骇栗"。他主张"平冈小坂，陵阜陂陁，然后错之以石，棋置其间若似乎处大山之麓，截溪断谷，私此数石者，为吾所有。方塘石洫，易以曲岸回沙，邃闳雕楹，改为青扉白屋。树取其不凋者，松杉桧栝，杂植成林；石取其易致者，太湖尧峰，随意布置。有林泉之美，无登涉之劳"。这种主张以截取大山一角而让人联想大山整体形象的做法，开创了叠山艺术的一个新流派。

（3）张然　张然，字陶庵，张南垣之次子。早年在苏州洞庭东山一带为人营造私园叠山，已颇有名气。顺治十二年（1655年）被朝廷征召参与重修西苑。康熙十六年（1677年）在北京城内为大学士冯溥营建万柳堂，为兵部尚书王熙改建怡园，此后，诸王公士大夫的私园亦多出自其手。康熙十九年（1680年）供奉内廷，先后参与了重修西苑瀛台、新建玉泉山行宫，以及畅春园的叠山、规划事宜。晚年为汪琬的"尧峰山庄"叠造假山，获得极大的成功。其后人世代传承其业，成为北京著名的叠山世家——"山子张"。

（4）戈裕良　戈裕良，字立三，清代中叶的叠山名家。清代著名学者洪亮吉称誉戈裕良"奇石胸中百万堆，时时出手见心裁"。他首创"钩带法"，打破了前人所用的传统堆山法，将石拱桥的传统砌卷的原理应用到堆山叠石上。石头搭建环环紧扣，使假山顶壁连成一气，能以少量石叠成大型之山，就好像真山幽谷一样，可谓是把叠山艺术推上一个新境界。除此之外，戈裕良之所以能够成为一代叠山造园名家，还因为其具有不落窠臼、勇于创新的精神，从各种艺术等方面着手，并结合自然界中拥有观赏价值的名山大川，总结、综合前人如石涛、周秉忠、张南垣等人之技法，并且有所提高与发展，形成自己的叠山风格。

5.6.2　理论著作

（1）《园冶》　《园冶》的作者——计成，字无否，江苏吴江县人，生于明万历十年（1582年），卒年不详。其后半生专门从事筑园叠山事业，足迹遍于镇江、常州、扬州、仪征、南京等地，可惜没有具体的园林作品遗存迄今，只留下了《园冶》一书，此书成书于明崇祯四年（1631年），刊行于崇祯七年（1634年）。《园冶》一书可以说是计成通过园林的创作把实践中的丰富经验结合传统进行总结，并提高到理论的一本专著，是我国第一本专论园林艺术和创作的专著。书中全面论述江南地区私家园林的规划、设计、施工，以及各种局部、细部处理，有计成自己对我国园林艺术的精辟独到的见解和发挥，对于园林建筑也有独到的论述，并绘有基架、门窗、栏杆、漏明墙、铺地等图式二百多种。

全书共分三卷，用四六骈体文写成。卷首有"兴造论"和"园说"两篇，这两篇专论可以说是全书的绪论篇，然后有十篇立论，统观《园冶》的十篇立论，"相地""山""借景"三篇特别重要，是全书的精华。十篇的顺序是以相地篇为首，第二到第七篇，即立基、屋宇、装折、门窗、墙垣、铺地，都是就园林建筑和园林构筑物方面立论的，第八篇掇山和第九篇选石是园林艺术中关于叠石、掇山、置石方面的，而以第十篇借景为结。

通观《园冶》全书，理论与实践相结合，技术与艺术相结合，言简意赅，颇有许多独到的见解。

（2）《长物志》　《长物志》的作者——文震亨，字启美，长洲人，生于明万历十三年（1585年），卒于清顺治二年（1645年）。文震亨出身书香世家，是明代著名文人画家文徵明的曾孙，他能诗善画，多才多艺，对园林有比较系统的见解，可视为当时文人园林观的代表。《长物志》共十二卷，包括室庐、花木、水石、禽鱼、书画、几榻、器具、衣饰、舟车、位置、蔬果、香茗。各卷又分若干节,全书共 269 节。本书论述内容范围广泛,除有关园林学的室庐建筑、观赏树木、花卉、瓶花、盆玩、理水叠石外,还述及禽鱼,室庐内几榻、器具,室外舟车,甚至香茗。

卷一"室庐",把不同功能性质的建筑,以及门、阶、窗、栏杆、照壁等分为 17 节论述;卷二"花木",列举了园林中常用的观赏树木和花卉 44 种,附以瓶花、盆玩,共 42 节。对于树木花卉,除描述其品种、形态、习性及栽培养护等措施外,特别注意总的布置原则、配置方式以发挥其植物的品格之美;卷三"水石",分别讲述园林中多种水体如广池、小池、瀑布、天泉、地泉、流水、丹泉,以及怎样品石,如灵璧石、英石、太湖石、尧峰石、昆山石等多种石类,共 18 节;卷四"禽鱼",仅列举鸟类六种,鱼类一种,但对每一种的形态、颜色、习性、训练、饲养方法均有详细描述。

其余各卷也有涉及园林的片段,例如:园林中的建筑、家具、陈设三者实为一个完整的有机体,家具、陈设的款式、位置、朝向等都与园林造景有关,所谓"画不对景,其言亦谬",园居生活的某些细节往往也能体现高雅之趣味,亦不可忽视。

(3)《闲情偶寄》 《闲情偶寄》的作者——李渔,字笠翁,钱塘人,生于明万历三十九年(1611 年),卒于清康熙十九年(1680 年)。李渔是一位兼擅绘画、词曲、小说、戏剧、造园的多才多艺的文人,平生漫游四方、遍览各地名园胜景。先后在江南、北京为人规划设计园林多处,晚年定居北京,为自己营造"芥子园"。《闲情偶寄》又名《一家言》,共有九卷,其中有八卷讲述词曲、戏剧、声容、器玩。第四卷"居室部"是建筑和造园的理论,分为房舍、窗栏、墙壁、联匾、山石五节。

"房舍"一节,竭力反对墨守成规,抨击"亭则法某人之制,榭则遵谁氏之规""立户开窗,安廊置阁,事事皆仿名园,丝毫不谬"的做法,提倡勇于创新;"窗栏"一节,指出开窗要"制体宜坚,取景在借"。借景之法乃"四面皆实,独虚其中,而为便面之形",这就是所谓"框景"的做法,李渔称之为"尺幅窗""无心画",并举出自己设计制作的数例;"墙壁"一节,论及界墙、女儿墙、厅壁、书房壁,计四款,对于其功能,有新意发挥,还要求用材得宜,坚固得当,以及切忌之处,工艺筑法都有妙论;"联匾"一节,述及堂联宅匾之由来,并且附图有各种联匾,以及各联匾的用材、做法;"山石"一节,是论及园庭中叠山的极为精粹的一章。李渔认为园林筑山不仅是艺术,还需要解决许多工程技术问题,因此必须依靠工匠才能完成,"故从来叠山名手,俱非能诗善绘之人"。

《园冶》《长物志》《闲情偶寄》的内容以论述私家园林的规划设计艺术,叠山、理水、建筑、植物配置的技艺为主,也涉及一些园林美学的范畴。它们是私家造园专著中的代表作,也是文人园林自两宋发展到明、清时期的理论总结。除此之外,在陈继儒的《岩栖幽事》和《太平清话》,林有麟的《素园石谱》,屠隆的《山斋清闲供笺》等人著作中,或全部或大部分涉及有关造园理论。这些专著均在同时期先后刊行于江南地区,它们的作者都是知名的文人,或文人兼造园家,足见文人与园林关系之密切,也意味着诗、画艺术浸润于园林艺术之深刻程度,从而最终形成中国的"文人造园"的传统。

5.7　元、明、清园林的主要特征

元、明到清的这段时期是中国历史由古代转入到近代的一个急剧变化的时期,也是中国古典园林全部发展历史的一个终结时期,这个时期的园林继承了上代的传统,取得了辉煌的成就,同时也暴露出封建文化的末世衰颓的迹象。这个时期的园林特征可以概括为以下几点。

5.7.1　园林布局

元、明、清园林在布局中讲求有宾有主、开合相间、小中见大。

①从这个时期园林的整体来看，凡是由若干个空间组成的园，不论其规模的大小，为突出主题，必使其中一个空间成为全园独一无二的主景区，它往往是全园的精华之所萃。如拙政园中区景观应居三者之冠，成为全园的主景区，特别是以小飞虹为中心的水院一带。

②在园林的开合关系中，"开"表现为空间的开放、视线的开阔，"合"则指空间的收缩、视线的限定，能使人产生幽深感，能为游兴高潮的到来作感情上的铺垫。一般在进入一个较大景区前，常有曲折、狭窄、幽暗的小尺度空间作为过渡，以收敛人们视线，然后转到较大的空间，通过先合后开而对比出较大空间的宽敞辽阔。如进入拙政园腰门后，先要经过两个半封闭的小空间才能来到主园。说明了明、清园林运用"开合"这一绘画章法来布局园林，并达到了很好的效果。

③不论是明清时期的山水画，还是造园，都在空间处理上善于采用"小中见大"手法，采用各种造景手法，使景观相互独立以求空间的丰富多变。一般先把整个园子划分成几个景区或景观单位，避免一览无余和单调无味，然后是用有限的空间形式创造出无限的空间幻境。这点在私家园林中表现得较为明显，这是因为受中国传统观念的影响，中国明清时期私家园林采用内向式布局，用院墙和房子围合而成，对外不开窗，与外界紧密隔绝，面积一般较小。为了削弱局促感，在有限的空间使景象无限地拓展和延伸，常用假山、建筑、廊、墙来分隔空间，用漏景、障景等造园手法增加空间的纵深感，从而达到小中见大的效果。

5.7.2　造园要素

（1）叠石　明清叠山不仅是强调技术的时代，也是强调模仿绘画的时代。明清皇家园林高度密集的营造活动不仅将造园技术推向了高峰，也将工匠化发展推向了高峰。例如清一代皇家园林的叠山，几乎都有来自江南的专业工匠参与规划营造。其中的佼佼者如张南垣、叶洪等人，甚至被写入清史。这些都说明，工匠已经代替传统文人，成为叠山实践的主体。这一时期叠山所强调的，并非笼统的山水意境，而是实实在在的叠山技术。如果说早期文人山水画主要是在思想意境等方面对叠山造园有统摄作用，那么清代以后，随着工匠叠山的普及，这种作用则渗透到了叠山的细节乃至一招一式的技法层面。而清初开始大量面市的山水画谱为这种模仿提供了最佳范本。

（2）理水　理水的形式因地理位置有所不同。在北方，明清时期的水在皇家园囿中，不仅有小型池塘，还有湖泊。在宫廷造园师选址时，这些人工或天然的高山湖泊，就成为设计师构建的环境优势，这些高山湖泊的地理环境也就成为构建全景的根据，例如北海、颐和园、圆明园等。另一方面，在江南，多以庭院理水的类型出现，其方法是化整为零。这种类型的出现有可能是园中有几个大小不等的水池，所以人工开凿用小溪把水池连接在一起。或者是把一大片水域分为几个池塘，中由清溪相连。化整为零的形式使水变幻多样，无源无尽，显得更为虚幻。同时，水池被建筑围绕再配上花草、山石，整个空间变得更加独立，而这样几个相对独立的空间由蜿蜒的溪流相连，或封闭或开敞，一种江南水乡的气氛油然而生。

（3）建筑　明清时期的建筑多以水体的布局形式来进行综合考虑，多在水体周围环列建筑，水体往往越是因地势变化而多样，而建筑物的形式也随之采用更多的不同类型，亭台、楼阁、画廊或压在水面之上，或与水之间添置草木，更显情趣韵味。更为奇者，直接在水上搭造桥廊。

这些奇思精构,真令人叹为观止。

(4)植物 明清时期是中国古典园林发展史中的一个高峰,而植物景观在其中往往扮演着重要的角色。皇家园林中多采用列植苍松、翠柏等植物来彰显皇家的威严,同时也讲究植物的长势及其与周边环境的协调关系;私家园林则讲究植物的自然与协调之美,追求用人力去构建虚拟的自然山林;寺观园林常常选择"五树六花"作为佛的化身,来为其增添神秘的气氛,还用人工的组合和艺术的修饰,赋予植物人格化。

复习思考题

1.清代"三山五园"特指哪几处园林? 有何重要意义?

2.简述避暑山庄三大景区的园林特点。

3.简述这一时期三大风格私家园林的风格特点以及其形成原因。

4.简述个园四季假山景色的营造手法。

5.清中叶以后的公共园林类型及特点有哪些?

6.明、清时期出现了哪些造园名家? 简述其艺术成就。

7.简述明、清时期理论名家及其著作的主要观点。

外国篇

6 古代东亚其他各国的园林

6.1 历史与园林文化背景

古代东亚其他
各国的园林

6.1.1 日本

1）历史背景

日本历史是指日本或日本列岛的历史,通常可划分为原始、古代、中世、近世、现代等几个主要历史阶段。

（1）原始阶段 一般指旧石器时期到 3 世纪末。经历了绳文、弥生文化的原始部落到诸多小国,以今奈良地区为中心,在 3 世纪末形成了史称大和的国家,4 至 5 世纪统一了日本大部。日本人自称大和民族当出于此,传统宗教神道也联系创世神话和自然崇拜逐渐成形。

（2）古代阶段 一般指自大和走向强盛的 4 到 12 世纪末。因大量石构高冢古坟的出现,大和时期的文化被称为古坟文化。其后更繁荣的古代文化,又可分为 6 世纪末到 8 世纪初的飞鸟时代;中间定都奈良为平城京的奈良时代;以及 8 世纪末后以今京都为平安京的平安时代。王宫、寺院建设以及经济活动的发展,使奈良、京都成为留下丰富历史文化遗产的古都。

①飞鸟时代（592—710 年）：国都定于奈良县的飞鸟地区,是以推古朝为中心的时代,钦明大王之女推古天皇即位后,圣德太子摄政,总揽一切事务,开始大化革新,定冠位十二阶,制《宪法十七条》,律令制、宪法的制定,建立起以天皇为绝对君主的中央集权国家体制。外交上对隋、唐实行平等交流,派遣隋使、唐使和留学生,6 世纪中叶传入佛教。政治上,虽然物部、大伴和苏我三氏矛盾加剧,但氏姓制、国造制、部民制,以及以皇室为中心的统治体制逐渐得到确立和巩固。710 年,国都迁至平城京,飞鸟时代结束。

②奈良时代（710—794 年）：国都先定都于奈良的平城京,后十年迁都长冈京,历元明（女）、元正（女）、圣武、孝谦（女）、淳仁、称德（女）、光仁和桓武八帝。虽然贵族内部不断发生政治斗争,班田收授法收效甚微,但大化改新和班田制的实行标志着日本进入封建社会。在外交上加强对唐关系,不断派出遣唐使,在唐文化影响下,《古事记》《日本书记》《怀风藻》和《万叶集》等最古老的一批史籍出现。奈良时期,佛教由中国经百济（朝鲜）传入日本。佛教在日本迅速发展起来,日僧来中国留学人数日益增加。这时中国建筑、雕刻、绘画、工艺等也在日本兴盛起来。这个期间贵族成为日本社会的特权阶层,一切表现为贵族文化,同时受到佛教影响。

③平安时代（794—1185 年）：是日本伟大的时代,是以平安京（即京都）为都城的时代,历桓武、嵯峨、仁明、文德、清和、阳成、光孝、宇多、醍醐、村上、一条、后三条、白河、鸟羽、崇德、皇白河、高仓、安德十八位天皇,相当于中国唐朝中期、五代、两宋、辽、金等十个朝代。平安时代按政治形态可分 3 个时期,前期（794—967 年）十世纪天皇恢复亲政,两次派遣唐使,输入大唐天台

和真言两宗,辑成《文华秀丽集》(汉诗)以及《续日本书记》等 5 部国史,创假名文字。894 年,唐朝接近灭亡,唐文化衰弱,根据营原道真建议停派遣唐使,但此期依旧在吸取唐朝文化。中期(968—1068 年),摄关政治终致百姓武装反抗,武士阶层兴起。朝廷利用源、平两家迅速崛起的武士集团平定内乱。此期正值北宋时期,私人贸易发展显著,日本依靠自己力量把前几朝吸收的汉文化转化为自己的民族文化,佛教与日本神道教融合,文学巨著《源氏物语》问世。后期(1069—1185 年)为院政(皇权政体)与平氏政权时期,皇权回归的同时,武士集团争权,导致幕府产生和皇权的最终旁落。

(3)日本的中世阶段　一般指 12 世纪末至 16 世纪下半叶,是日本的封建时期,包括镰仓时代与室町时代。

①镰仓时代(1185—1333 年):是以镰仓为全国政治中心的武家政权时代,虽然镰仓为政治中心,但文化中心和皇权中心还是在京都。源赖朝在镇压平氏政权之后,于 1185 年成立镰仓幕府,1192 年任征夷大将军,幕府历三代大将军 148 年。此时期镰仓政权与京都政权并存,实行二元统治,起初势均力敌,承久之乱后,院政有名无实,处处受到幕府的监视和挟制。此阶段武士文化发展起来,武士成为日本社会的特殊阶层,掌权实行封建割据,多为农民出身,重实际生活,轻贵族的富贵华丽。镰仓时代正处中国金元时期,元朝入侵,北条幕府抗元胜利,但因无力恩赏抗元士兵导致反幕活动,后醍醐天皇乘机发动"正中之变"(1324 年)和"元弘之变"(1331 年),1333 年,新田义贞攻陷京都,镰仓幕府宣告灭亡。

②室町时代(1333—1573 年):曾为镰仓幕府战将的足利尊氏,1331 年"元弘之变"时参与幕府军西征,在筱村八幡举旗叛幕,但心怀兴幕之志,1335 年他镇压北条时行之乱,出兵镰仓,反叛建武政权,次年占领京都,幽禁大觉寺统的后醍醐天皇,拥立持明院统的光明天皇,后醍醐天皇携神器仓皇南逃至吉野,另立南朝政权,史称吉野朝,与在京都的光明天皇北朝相对抗。南朝历后村上、长庆、后龟山三代天皇,始终力图复活古代天皇政治。北朝历光明、崇光、后光岩、后圆融和后小松五代天皇。1392 年,以皇统两朝迭立为条件,南朝与北朝议和成功,后龟山天皇返回京都,让位于北朝后小松天皇,终于结束南北两朝对峙状态,从此全国经济与文化一度繁荣起来。室町时代政体与镰仓时代一样,为武家政治,实际上是足利一族与各地守护大名的联合政权。

(4)日本的近世阶段　一般指 16 世纪下半叶到 19 世纪下半叶,始于战国百年战乱结束,恢复军阀权臣和幕府统治的相对稳定,尽于明治天皇时代的开始。近世前期是 1573 年起的安土桃山时代,后期为 1603 年后的江户时代。

①桃山时代(1573—1603 年):又称织丰时代,是织田信长与丰臣秀吉称霸日本的时代。始于织田信长驱逐最后一个室町幕府将军足利义昭,终于德川家康建立江户幕府。以织田信长的安土城和丰臣秀吉的桃山城为名。安土桃山时代日本出现的强大军事领导者击败了相互作战的诸大名,并且统一了日本。

②江户时代(1603—1867 年):1603 年德川家康在江户(今东京)建立新幕府,标志着江户时代的开始。江户时期,德川幕府更加推行封建集权制,对内抑制藩侯军阀,实行封建剥削压迫。对外限制外来影响,实行绢国政策。到 18 世纪国内出现了资本主义生产关系,封建制度逐渐衰落下来。19 世纪时美英法俄通商贸易加大,幕府统治动摇,继而发生"尊王攘夷"运动。第十四代将军德川庆喜在 1867 年不得已把政权归还给天皇,结束了近 682 年的武家政治。

(5)现代阶段　一般指 1868 年至今。1868 年明治天皇实行"明治维新"以后,门户向西方广泛开放,终于使日本迅速发展成为资本主义国家。

2）园林文化背景

日本位于亚欧大陆东部、太平洋西北部，领土由北海道、本州、四国、九州4个大岛和其他7 200多个小岛屿组成，因此也被称为"千岛之国"。日本陆地面积约37.8万 km²。东部和南部为一望无际的太平洋，西临日本海、东海，北接鄂霍次克海，隔海分别和朝鲜、韩国、中国、俄罗斯、菲律宾等国相望。日本以温带和亚热带季风气候为主，夏季炎热多雨，冬季寒冷干燥，四季分明。全国横跨纬度达25°，南北气温差异十分显著。正是这种地理特点和气候条件对日本园林的选址、布局与造园要素产生了较大影响。

日本园林的发展可划分成古代园林、中世园林、近世园林和现代园林4个时期。

（1）古代园林　指大和时代、飞鸟时代、奈良时代和平安时代的园林。

①大和时代：日本园林发展处于萌芽期，形成了以中岛式为主的池泉山水庭园。

②飞鸟时代：日本社会由奴隶制向封建制过渡，为巩固封建制度和专制国家，日本大量吸收中国封建朝廷的典章制度和文化。佛教便从中国经百济传入日本，随着中国佛教的传入，同时也给日本带去了高度繁荣的中国文化，造园艺术即为其一。取法中国的园林形式，日本造园得以迅速发展，中国以池、岛为骨干的庭园形式，在飞鸟时代的日本已基本确立。见于文字记载的日本庭园，是620年飞鸟时代的苏我马子庭园。该园受中国蓬莱仙境的影响，在院子里挖池造岛，请仙人居住，是日本由早期庭园发展到初期庭园的一个有代表性的例子。到7世纪末，天武天皇之子草壁皇子的庭园里增加瀑布和海滨，初步形成了具有自然风味的日本庭园。

③奈良时代：是日本全面吸收盛唐文化并在此基础上形成日本灿烂古典文化的繁盛时期。作为文化的一个组成部分，奈良时代的造园文化在主体上也呈现出唐代造园文化移植和发展的态势，并在此基础上形成了日本传统造园体系。奈良时代的造园分为皇室宫苑与贵族宅园两种类型，其造园形式、风格甚至园林游赏内容都以模仿唐朝为特色，这也是当时上层贵族渴求唐文化心态的表现形式之一。奈良时代后期，庭园池中放入水鸟，并伴以小桥，池中采用岩石，仿造海景容姿，使不易见到海的山间地带可以欣赏到大海风景。其中，橘诸兄的庭园、中臣清麻吕的庭园，就是这种类型。

④平安时代：佛教开始流行。佛教中的阿弥陀信仰称为"净土教"，其为向往阿弥陀极乐净土往生的信仰。这一净土信仰为平安朝贵族所热烈追求，随之净土寺院大量出现。伴随着净土寺院而出现的净土庭园，直接而具体地将理念中的极乐净土再现人间。这一时期的净土寺院及庭园，以法成寺和法胜寺最为典型。而由藤原赖通所营造的平等院，也是当时重要的净土寺院，尤其是其现存的凤凰堂（阿弥陀堂）（图6.1），更使人们能够亲身感受到当时净土庭

图6.1　京都平等院凤凰堂

园的氛围和景色。以寝殿造庭园为代表的园林，成为平安时代最具代表意义的造园形式。

（2）中世园林　指镰仓时代和室町时代的园林。

①镰仓时代：佛教思想深入人心，寺院园林大盛。后期，宋朝的禅宗文化传入日本，使一大部分寺院改换门庭，归入禅林。禅宗讲究空灵颖悟，通脱不拘，所以这些流派的建筑也都简约素朴、不事浮华。在寺院改造和新建的过程中，产生了新的庭园形式——枯山水，其创始人为梦窗

疏石。这一时期,枯山水的思想已经产生,不过真正的园林实例较少。与前期的寝殿造庭园相比,镰仓时代的庭园在规模上要小一些,多是在狭小的内庭中创造一种变化丰富的庭园空间。

②室町时代:禅宗日益流行,禅宗所崇尚的虚无、追求静心顿悟的精神,与生活在危机四伏中的日本人的内心渴求十分契合,许多武家都皈依于禅宗,为此,禅宗寺院大兴。而禅宗的哲理和同期传入的南宋山水画的写意技法,对寺院庭园产生了重大影响,"枯山水"成为一种最具象征性的庭园模式。室町时期是日本庭园的黄金时代,自这一时代开始,日本造园的思路发生了本质的变化。从造园主人上看,武家和僧家造园远远超过皇家。从类型上看,前期产生的枯山水在此朝得到了广泛的应用,独立枯山水出现;室町末期,茶道与庭园结合,初次走入园林,成为茶庭的开始;书院建造在武家园林中崭露头角,为即将来临的书院造庭园揭开序幕。

(3)近世园林 指桃山时代和江户时代的园林。

①安土桃山时代:在日本历史上是极为短暂的一段,各地群雄割据,战乱四起。然而很多宏伟壮观、有特色的庭园却陆续问世。当时武士是日本的统治者,他们为祝贺自己武运长久,夸耀自己的权势,并倡导"今日有酒今朝醉"的奢侈思想,以追求最大限度的享乐为目的,建造了不少大型庭园,但庭园内茶庭极为典雅。永禄十二年织田信长在京都二条城建造的高级庭园就是其中一例。

②江户时代:江户初期,天下太平,当时的统治阶层是大名(藩主的一种称呼),他们遍布各地。为表示他们喜欢艺术,彰显自己的权威势力,各个大名争相建造大型豪华庭园。从园主来看,皇家、武家、僧家三足鼎立,尤以武家造园为盛,佛家造园有所减少。在江户城,为了接待德川将军以及和其他藩主的交流应酬,各藩主在自己的江户藩邸或别邸的基础上修筑了庭园,后来人将它们称为大名庭园。大名庭园是集前代诸类庭园之大成,以池和筑山为中心的池泉回游式庭园。这一时期,皇家园林的代表有修学院离宫、仙洞御所庭园、京都御所庭园、桂离宫、旧浜离宫园、旧芝离宫园等;武家园林的代表有金泽兼六园、冈山后乐园、高松的栗林园、熊本的成趣园、鹿儿岛仙岩园等。其中,保留至今的桂离宫、仙洞御所、修学院离宫、京都御所,号称京都四大名园,代表了日本传统庭园的主要风格和特征。

(4)现代园林 指明治时代以后的园林。

明治以后,在尝试新的造园手法的同时,仍营建了许多传统形式的庭园,其中出现了代表明治、大正年代庭园特征的草庭,代表昭和时代新风格的杂木庭等。总之,回顾日本园林发展的历史,可知其具有鲜明的时代特点,园林的盛衰兴亡与日本当时国力和政治环境有着极大的关系。

6.1.2 朝鲜半岛

1)历史背景

根据考古所得,在数十万年前,朝鲜半岛之上已有原始人类居住。朝鲜半岛的旧石器时代始于公元前50万年,公元前10世纪开始进入青铜器时代。到了公元前4世纪进入铁器时代。4世纪以后,发源于吉林的中国少数民族高句丽在鸭绿江流域兴起,兼并北部的各部落国家及汉四郡。在南部,百济消灭了马韩54国。辰韩也由12国合并为新罗。朝鲜半岛形成高句丽、百济、新罗鼎立时期,被称为"三国时代"。

(1)高句丽 在鸭绿江西岸兴起的高句丽历史上有许多都城,在鸭绿江的上游区域就有两处都城,最后定都平壤城。建国初始,国土位于今天中国的境内,但随着313年侵略乐浪郡并逐渐扩张,延伸至今韩国的部分地区。5世纪,好太王和长寿王统治期间,高句丽进入鼎盛时期,在之后的 1 个世纪里,仍然保持了在朝鲜半岛强势的实力,控制了朝鲜半岛大部分地区及中国东北的辽东半岛。此后,隋唐年间,高句丽不断与中原政府交战,开始不断陷落,668 年被唐朝与新罗联军所灭。

(2)百济 传说高句丽建立者朱蒙的两个儿子因继承问题逃离王国到马韩,大致在今首尔的位置建立了百济王国。百济吞并了马韩部落,并在 4 世纪时达到鼎盛时期,统治了朝鲜半岛西部的大部分地区。后受到高句丽扩张的进攻,都城被迫迁往熊津(今公州),后又再次迁往泗沘(今扶余郡)。佛教在 384 年从高句丽传入百济,受到百济欢迎,此后,百济在传播文化方面起到了举足轻重的作用,将许多文化传播至日本,包括汉字和佛教。660 年百济为新罗和唐朝的联军所灭。

(3)新罗 据朝鲜史书记载,公元前 57 年,新罗统一了朝鲜半岛东南部地区且吞并了辰韩部族,从而立国,国号为徐罗伐。503 年,王国正式更名新罗。6 世纪中叶前,新罗吞并了伽倻。新罗最初是高句丽的盟友,随着高句丽在南部扩张,新罗改与百济联盟。新罗从百济夺取到汉江流域后,疆域抵达黄海并与唐朝结为盟友。660 年新罗和唐的联军攻灭百济。668 年攻克高句丽。灭亡高句丽后,唐朝试图在朝鲜半岛建立统治导致罗唐战争。新罗最终打退唐朝,统一朝鲜半岛大部分,定都庆州,史称"统一新罗"。

新罗景德王之子惠恭王即位后,都城内频繁发生暴动,780 年惠恭王与妃嫔等被杀,武烈王系血统断绝。之后连续发生篡位事件,宫廷纷乱。王位争夺战中失败的王族后裔金宪昌于熊川州独立,拥有海上势力的将领张保皋亦起兵,介入了都城的王位争夺。起事虽为中央军队镇压,新罗金冠地方上仍发生农民暴动,新罗王朝统治能力逐渐弱化。9 世纪中期,此类暴动频繁发生,地方豪族多有举兵,号称将军、城主等,脱离新罗统治。其中甄萱、北原的梁吉及其部下弓裔等为有力的势力。甄萱是尚州出身的农民,在西南海建立军功被升为将领。892 年以完山(今全州)为根据地起兵,攻占武珍州(今光州)独立。后纠集周边豪族以扩大势力,900 年自称"后百济王",于朝鲜半岛西南部建立"后百济"。弓裔是新罗王族后裔,891 年起兵反新罗,随梁吉于江原道等地作战。898 年以松岳(今开城)为都于北部建立了"后高句丽",901 年推翻梁吉自行称王,建立独自的年号与官制。后高句丽 904 年改国号为"摩震",911 年改为"泰封"。如此形成新罗、后百济、后高句丽三国鼎立的局面。松岳豪族出身的王建在弓裔麾下多建军功,918 年推翻弓裔,以开城为都建立"高丽"并称王(太祖)。王建继续合并地方豪族增加势力,935 年吞并新罗,936 年攻灭后百济,重新统一朝鲜半岛。1392 年,李成桂清除了高丽宫廷反对派首领郑梦周。在流放王瑶到原州市后,登基建立朝鲜王朝,结束了高丽王朝近 500 年的历史。李成桂还通过招抚、武力征服朝鲜半岛东北地区的女真部落,进一步加强了对该地区的管辖,使其疆域达到图们江。

1896 年,中日甲午战争后,《中日马关条约》中协定了清朝承认朝鲜自主,当时日本控制下的朝鲜宣布终止与清朝的册封关系,日本扶持建立了临时性、过渡性的大韩帝国傀儡政权。1910 年后,朝鲜沦为日本的殖民地,直到 1945 年才获得解放,此后朝鲜分裂为南北两部分。

2)园林文化背景

朝鲜半岛,是位于东北亚的一个半岛,三面环海。朝鲜半岛南北气候差异显著,在 1 月份,朝鲜半岛南北温差达 20℃。半岛南部地区与日本气候相似,受东韩暖流影响,气候相对温暖湿润。半岛北部地区气候相对寒冷,与中国东北地区的内陆气候相似。独特的自然条件、地理位置和气候特征对朝鲜半岛园林的形成和发展有着重要的影响。

　　朝鲜半岛有史料可考的造园活动始于位于半岛北部的高句丽国,因其与当时的中原地带陆路交通便利,因此受中原文化的影响较早。百济、新罗紧随其后,统一新罗时代更因与唐朝的密切交往而造园之风大盛,经高丽时代的发展,进入朝鲜时代形成了朝鲜半岛特色的园林艺术。中日韩三国的园林艺术根基相通但形式各异,是中国造园文化在朝鲜半岛、日本传播,并与本土文化曲折结合的结果。

　　纵观朝鲜半岛历代造园活动的内容,总体上由两大类组成:一类是对早期中国池苑,特别是"一池三山"模式的模仿和微缩,这类园林广泛运用在历代王室宫苑、佛教寺刹甚至民宅之中;另一类是在统一新罗末期逐渐萌芽、在高丽时代发展起来的自然山水园林。从其整体来看,朝鲜半岛的古代造园,无论是内容、规模还是技法均不够发达,留存至今的古代园林遗迹也较少。关于其园林史的研究,主要依靠相关文献中零散和间接的记载,以及不算丰富的历史遗存,如平壤城的高句丽安鹤宫、统一新罗时代庆州的雁鸭池、高丽时期的一些寺刹园林和朝鲜时期的宫苑及住宅园林,有少数的现存实例。

　　受到中国不同地域、不同时期造园思想和手法的影响,朝鲜半岛政权先后营造了一些为王室服务的园林。这些造园活动虽然受中国的影响而发生,但由于当时三国具体的经济和文化发展条件,这些园林基本上是对中国早期皇家苑囿中"一池三山"池苑的简化。同时,朝鲜半岛在这一时期也对日本的造园进行了启蒙。而统一新罗时代的造园活动与三国时代具有类似的特点,即仍然拘泥于对中国早期池苑的模仿,而且园林的营造主要为王室服务。因王宫、城市规模的限制,其园林的形式和手法都比较单一,内容比较简单,规模也很小;唯在统一新罗后期,随着禅宗的兴盛和寺刹逐渐向山林中转移,出现了自然山水园林的萌芽。到了高丽时期,由于社会思想意识、社会组织构造、对中国关系的改变等原因,高丽时期除在王室园林中继续沿用"一池三山"的池苑模式外,又逐渐发展出更适合朝鲜半岛实际条件的"自然山水式"造园思想,而且造园活动也逐渐从王室扩散到贵族住宅领域。朝鲜时代与高丽时代相比,其造园思想和艺术并无多大发展,王室、贵族住宅园林继续沿用营造池苑的方法,而自然山水式园林因儒学者、士大夫的推动更为普及。

6.2　日本园林

6.2.1　古代园林

　　(1)大和时代的园林　大和时代的园林处于日本园林的萌芽期,"庭"从最初以服务思想、祭祀,体现"神人一致"的神池式样,逐渐演变为兼具思想、观赏、游乐为一体,体现"神人分离"的神池式样。大和时代从时间上来看正值中国的魏晋南北朝时期,园林具有中国殷商时代苑囿的特点和同时期中国自然山水园的风格,属于池泉山水庭园系列。这一时期皇家园林的特点是宫馆环池、环墙或环篱,苑内设有池、泉、矶、岛及养殖各种动植物。穿池起苑,池内放养鲤鱼,苑内奔走禽兽,天皇在园内走狗试马,远足田猎。另一方面,由于园中有游船,因此,日本园林游赏方式从一开始就出现舟游的游赏方式,表明日本园林初始就与舟游结下了不解之缘。从源头上看,日本园林发展迅速,并未经过像中国那样长久的苑囿阶段,且园中活动较为丰富,进一步表明了日本园林源于中国的史实。5世纪末,曲水宴出现,曲水宴的举行和欣赏皆是文人雅士所为,显示出当时上层阶级的文化层次之高足以达到审美的境界。

　　(2)飞鸟时代的园林　飞鸟时代的园林亦属于池泉山水庭园系列,池泉式和曲水流觞与前朝一脉相承。园林内增设岛屿、桥梁建筑,环池的滨楼是借景之所,这也是池泉园的标志之一。

飞鸟时代还首创了池边洲滨缓坡入水的做法,这一手法成为后世造园的宗祖。从文化上看,受到中国神仙思想影响的园林景观已在园林中有所表现,在池中设岛,与《怀风藻》中所述的蓬莱神山是一致的;在水边建造佛寺及须弥山都表明佛教思想开始渗透园林。从造园水平上看,飞鸟时代的造园水平远胜于大和时代。造园技术来源于中国经朝鲜传入境内。从类型上看,园林发展到 626 年,私家园林出现。不仅在城内有园林,在城外的离宫之制亦初见端倪。612 年,百济国的归化人(指到日本谋生的人)路子工,在日本皇宫之南构筑须弥山和吴桥(指中国江苏一带的桥),从而出现了象征佛教宇宙观的庭园。626 年飞鸟川边苏我氏家宅之南庭(池泉庭园)成为日本园林史上的第一座私家园林,园林依旧是池泉庭园。苏我马子当时拥有财政大权,又得圣德太子宠爱,其宅园之盛可想而知。另外,动植物中的橘子和灵龟都因其吉祥和长寿而登堂入室。

虽然飞鸟时代的古园今已不复存在,但园林史料还是清楚地记载了这一时代的园林,如藤原宫内庭、飞鸟岛宫庭园、小垦宫庭园、苏我氏宅园等。

(3)奈良时代的园林 奈良时代日本全面吸取中国文化,造园热衷于"唐风意匠",同时接受了中国的神仙思想,许多园林在池中造蓬莱、方丈、瀛洲仙岛。整个平城京就是仿照当时中国的首都长安而建。据史料记载,园林有平城宫南苑、西池宫、松林苑、鸟池塘和城北苑等。另外还有平城京以外的郊野离宫,如称德天皇在西大寺后院的离宫。城外私家园林还有橘诸兄的井手别业、长屋王的佐保殿和藤原丰成的紫香别业等。从造园数量上看,奈良时代建园超过前朝;从喜好上看,还是热衷于曲水建制;从做法上看,神山之岛和出水洲滨并未改变;从私园上看,朝廷贵族是建园的主力军。但遗憾的是,奈良时代的庭园无一遗存。

(4)平安时代的园林 平安时代是日本逐渐摆脱直接模仿中国而转入融解、复合、变异,发展民族文化的阶段。此阶段形成了具有日本民族特色的文化特征,可分为前后两个时期,前期指弘仁贞观时期,又称为唐风文化期,后期指废除遣唐使以后近三百年的时期,又称为国风文化期。

平安时代是日本化园林的形成时期,是三大类型园林(皇家、私家和寺院园林)个性化分道扬镳的时期,平安时代的园林,在奈良池泉庭园的基础上有所发展,同时又受到中国道家神仙思想的影响和中国汉地佛教净土宗的启迪,形成了平安风格。此时期是日本历史上皇室封建集权的极盛时期,皇家园林规模更大,内容更多。建置在平安京宫城的神泉苑、冷然苑、淳和院、朱雀院以及城外的嵯峨院、云林院等都是当时最著名的御苑。

其中平安京宫城神泉苑是平安时期第一代天皇桓武天皇建造的宫苑,全园中心是水池,名神泉,以神泉为名,表明当时园林以泉为上。园林创立时间大概与平安京(京都)同时,约在 794 年前后,最早的游园纪录是公元 800 年桓武天皇的游幸。现园东西宽 60 米,南北深 70 米,全院围以土墙。园林以水池为中心,水池岸线曲折,东北方向伸出水湾,似为来水,其实在西北方向又有曲水作为来水。南岸、东岸、西岸各有一个半岛,周围沿岸皆用鹅卵石铺成洲浜,临水置景石。池中的中岛南北无桥,但与北岸主体建筑同处一条南北轴线上。中岛用鹅卵石铺成,植孤松一株,岸线曲折亦置景石。池北建筑为唐式,两坡顶,五开间,南北向,高床式,四面出檐廊平台,四周栏杆围合,红柱、黑瓦、白墙,东西两面山花用檩条远远挑出,3 个开间有围合,2 个开间不围合,十分奇特。主体建筑的东面架平桥,桥为木制,红色栏杆,与建筑一字排开,其间隔一观景平台。水池东北角建拱桥,成为水口的镇水桥,在日本称为反桥,也是红色木架拱桥(图6.2)。两桥一横一竖恰成直角,把水面分成 3 处,从水口向南依次扩大面积。反桥的北面为建筑,三开间,两坡硬山顶,当心间正对反桥。中间池面的北岸突出半岛,覆以鹅卵石,尖端点缀景石。园东南角建有角楼,平面正方形,楼高二层,上层平座腰檐,屋顶四角攒尖,宝顶用铜雕,下层向西、东两个方面伸出一间抱厦。水池的西北有另一来水,曲折蜿蜒,为当年举行曲水宴之处。曲流清浅,底铺大鹅卵石。曲流边上的空地则铺以米黄色小粒鹅卵石,道路跨越处架以木板。由此可见,奈良时代庭园的特点是池庭铺鹅卵石,又称玉石,岸线喜欢出半岛,同样铺以玉石,成为洲浜。池中筑岩岛,北岸构建筑,与岩岛形成轴线,水口架桥以划分水面。曲水流觞的做法在奈良时代就已盛行。由此可见,平安时代的皇家园林强调轴线,多以水池为中心,以中岛为主景,池东西建筑对称,岸线较直,少变化,驳岸做法为条石规则式,少用或不用景石。

图 6.2　平安京宫城神泉范拱桥

而此时,私家园林在模仿皇家园林的过程中,于国风时代创造了私家园林的寝殿造园林。如东三条殿、掘河殿、土御门殿及高阳院等。而寺院园林也按寝殿造园林格局演化为净土园林,园林格局依旧是中轴式、中池式和中岛式,建筑对称。轴线上从南至北依次是大门、桥、水池、桥、岛、桥、金堂和三尊石(指仿三尊佛教菩萨的石组)。为与宗教仪式相结合,园林与戒坛结合,用植栽、木牌、垣墙、地形、地物、道路或帷幕把道佛界和俗界分开,石组布局用三尊石作为象征物。现存净土园林的作品较多,如藤原道长的法成寺庭园、藏原赖通的平等院庭园、一乘院惠信的净琉璃寺庭园等。

平安时代的园林总体上受唐文化影响十分深刻,中轴、对称、中池、中岛等概念都是唐代皇家园林的特征,在前期的唐风文化期表现最为明显,到后期的国风文化期表现变弱,主要变化就是轴线的渐弱,不对称地布局建筑,自由地伸展水池平面。所以说,由唐风庭园发展为寝殿造庭园和净土庭园是平安时代的最大特征。寝殿造庭园的造园法典,即世界上第一部造园书籍《作庭记》(又名《前栽秘抄》,作者橘俊纲),就诞生于平安时代。《作庭记》具体、翔实地记录了日本寝殿造园林的形式特征和构造技术,是日本早期造园的经验和技术总结。

6.2.2　中世园林

(1)镰仓时代的园林　镰仓时代的日本园林,在武家政治的影响下,没有引进太多中国园林的文化和内容,而是自我完善式地沿着自己的宗教道路发展。在镰仓时代的前期,园林的设计思想是寝殿造园林的延续。但到了镰仓时代的后期,由于国内战乱频发,政权的不稳定使人们更多地用佛教禅宗的教义来指导现实生活,因此,相应地产生了以组石为中心追求主观象征意义的写意式山水园。这种写意式山水园的方向与中国当时的写意式山水园是不同的,它追求的是自然意义和佛教意义的写意,而中国的写意园林是追求社会意义和儒教意义的写意,最后发展固定为枯山水形式。

在这个时代,武家政治和动荡社会使人们试图远离尘世的不安,遁入佛家世界,寺院园林大盛,布局依然维持前朝的净土园林格局,具体做法上还是中心水池、卵石铺底、立石群、石组、瀑布等,景点布局也从舟游式向回游式发展,舍舟登陆,依路而行,大大增加了游览乐趣。后期流行的禅宗思想,使一大部分寺院改换门庭,归入禅林。当时的禅僧追求一种高尚的教养境界,庭园中出现仿中国当时北宋山水写意画的方丈庭,体现"一木一石写天下之大景"的意境。在寺园改造和新建的过程中,用心字形水池也表示以心定专一,力求顿悟有关,同时产生了禅宗及其影响之下的枯山水。园林中的造园家大多是知识阶层的兼职僧侣,他们被称为立石僧。其中最有成就的就是枯山水创始人——国师梦窗疏石,他通过枯山水来表达禅的真谛。这些园林形式常用象征的手法来构筑"残山剩水",也就是提取景观的局部。枯山水的出现,因符合当时人们的社会心理和审美需求,迅速在全国传播开来。枯山水首先在寺院园林中崭露头角,然后对皇家园林和私家园林进行渗透。枯山水的出现虽然说不是占据镰仓时代的全部历程,而只是经历镰仓时代很短的一段时间。但是,它的出现使园林的"自然原生"升华为"自然观照",再升华为"佛教(禅宗)观照"。由于园林的表现是以原生自然局部和片面为基础的自然观照和枯寂表达,与当时南宋、元初病弱文人园林的社会观照和情意表达相似,有厌世和弃世心态。

纵观镰仓时代,园林作品层出不穷,遗存下来的园林也有很多。其中皇家园林有:大阪府三岛郡的水无漱殿庭园、后嵯峨上皇的龟山殿等。寺院园林有:奈良天理市的永久寺庭园、神奈川县镰仓市的永福寺庭园、横滨市金泽区的称名寺庭园、大阪府富田林市的龙泉寺庭园、梦窗国师设计的山梨县盐山市的惠林寺庭园、岐阜县多治见市永保寺庭园、神奈川县镰仓市的瑞泉寺庭园等。

其中横滨市金泽区的称名寺庭园是关东残存的唯一净土式园林(图6.3),此寺园址原是北条实时(1224—1276年,亦称金泽实时)在文永年间(1264—1274年)的别庄,其子北条显时在此基础上建金泽山弥勒寺,后更称名寺,园中有水池,池中有中岛,水中置立名姥石和美女石,有较长的勾栏桥,后更建为短石桥。特别是正殿前以阿字池为中心修筑的净土式庭园非常有名。寺内的钟楼就是歌川广重描绘的金泽八景之一的"称名晚钟"。

图6.3　称名寺庭园

(2)室町时代的园林　室町时代的园林相较于过去,在很多方面都发生了本质的变化,从造园主人上看,武家和僧家造园远远超过皇家。从类型上看,寺院中仍在大量建造池泉式园林,前朝产生的枯山水在此朝得到广泛的应用,并出现不再依附于池泉园的独立枯山水,石庭就是其中最有代表性的一种;室町末期,随着茶道的发展,其礼仪所需的茶室款款走入园林,成为茶庭的肇始;书院造在武家园林中崭露头角,为即将来临的书院造庭园揭开序幕。从手法上看,园林日本化逐渐成熟,主要表现在几个方面:轴线式消失,以水池为中心的中心式成为时尚;枯山水独立成园;枯山水主石组群的岩岛式、主胁石成为定局。从传承上看,枯山水与池泉并存,或以池泉为主,只设一组枯瀑布石组的园林多种形式都存在,表明枯山水风格形成,而且独立出来,特别是枯山水本身式样由前期的受两宋山水画影响到本国岛屿模仿和富士山模仿都是日本化的表现。从景点的形态创造上看,池泉园的临水楼阁和巨大立石显出武者风范。从游览方式上看,舟游渐渐被回游取代,园路、铺石成为此朝景区划分与景点联系的主要手段。从人物上看,这一朝代涌出的造园家,如相阿弥祖孙三人、狩野元信、子健、雪舟等杨、古岳宗亘等都是禅学修养很深、画技很高的人物,有些人还到中国留过学。从理论上看,增圆僧正写了《山水并野形式图》,该书与《作庭记》一起初称为日本最古老的庭园书,另外,中院康平和藤原为明合著的《嵯峨流庭古法秘传之书》也具有一定影响。

实例1　西芳寺庭园

西芳寺位于京都市西京区的西芳寺河畔,占地约1.68 ha,历史悠久,原是奈良时代天平年间由僧侣行基在京都附近建立的四十九所寺院之一,之后五百多年被作为念佛宗寺院使用。

1339 年,请来禅师梦窗疎石,重振西芳寺。

西芳寺原为净土式庭园的道场,而被梦窗疎石赋予了禅意,改造为"禅的净土"。他在这里创造了两种新形式的庭园。一个是以"黄金池"为中心的庭园,满园生长有 100 多种苔藓植物。因此,西芳寺又称为"苔寺"。在此可以一边漫步于周围的树林,一边观赏石组和苑池的风景,也就是所谓的池泉回游式庭园(图 6.4)。另一个是在池庭上方设计的洪隐山枯山水,这个庭园只由石组构成。

原为净土式庭园的下部庭园,也是以池泉为中心建设的(图 6.5),梦窗疎石在此基础上改造了池泉,赋予其新的生命力和内涵,池名则沿用净土教风格的"黄金池"。池侧开凿流涧,东北部建潭北亭、南部建湘南亭,在朝日岛和夕日岛两中岛上铺设白砂,在山石驳岸的长岛与朝日岛之间架设了长长的反桥,取名"邀月桥"。和黄金池庭园相对,上部的洪隐山枯山水石庭园是严肃、有魄力的石组庭园,也是日本庭园史上最初的由石组构成的庭园,作为修禅的道场,这才是西芳寺的压轴之作。走过向上关,通往山上的小径忽然变得急峻,坐落在山腰间的坐禅堂名为指东庵,以及包围在其周围巍峨的岩石,构成了神秘的景观。指东庵的南面和西面也安置了严峻的石组。

图 6.4　西芳寺长岛

图 6.5　西芳寺池岛景观

此外,梦窗国师还通过园林及其景致的命名表达自己的隐逸之心,也造就了西芳寺的浓浓禅意,如上部洪隐山石组,以及寺内的湘南亭、潭北亭、指东庵等。西芳寺的洪隐山枯山水石庭是最早的禅宗式庭园,是禅寺庭院的开端,在场地规划、石组摆布及建筑设计等方面都成为后来日本庭院的典范(图 6.6)。

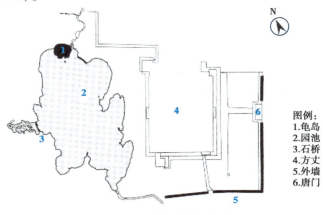

图 6.6　天龙寺庭园平面图

图例:
1.龟岛
2.园池
3.石桥
4.方丈
5.外墙
6.唐门

实例2　天龙寺庭园

　　位于京都市右京区的天龙寺庭园(图6.7)，曾是平安时代嵯峨天皇的离宫。1345年，梦窗国师为了纪念与醍醐天皇一起战死的将士，劝说将军足利尊氏将其改建为禅寺，最初被称为历应寺，后改名为天龙寺。天龙寺的庭园，池泉部分为平安时代作品，石组部分是室町时代作品。庭园背倚龟山，水池名"曹源池"，池中既没有中岛，也没有拱桥，园林水景"借景"于樱花岚山(图6.8)。龟山天皇在池边题有"曹源一滴"四字，梦窗在入山后，于1345年在池边筑石组，以一组瀑布石景(泷石组)、一组平桥石景(桥石组)和一组荒矶风石组作为重点的点缀，庭园整体显示出恬淡、洗练的自然美，石景的设计表现了梦窗国师高超的艺术水平，堪称前期枯山水的杰作。

图6.7　天龙寺庭园

图6.8　天龙寺曹源池

实例3　龙安寺石庭

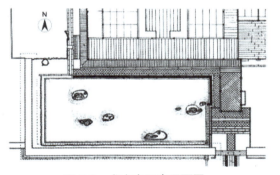

图6.9　龙安寺石庭平面图

　　龙安寺是日本的一座位于京都府京都市右京区的临济宗妙心寺派的寺院，以石庭而闻名。龙安寺创建于1450年，创立者为室町时代应仁之乱东军大将细川胜元。其中方丈堂前院的枯山水式石庭以其简洁而独特的布局形式而闻名(图6.9)。石庭东西长30 m，南北宽10 m，三面是2 m高的围墙。低矮的院墙在整体构图中起到了限定作用，使人全神贯注于长方形的庭园中。院里满铺白砂，象征大海，砂海中有15块石头，分成5—2—3—2—3五组，象征5个岛群(图6.10)。最高的石头不过1 m，最低的与砂面相平。主山所在的一组偏居东面，其余4组客山近似呈弧形从东南弯向西北。主客山一起呈弧形对方丈室所在的观赏面形成包围之势；同时通过小石头布置，在弧形中又隐藏了一次要轴线，把气势引向园的最远角。这5组石头"起承转合"、互相呼应、环环相扣、疏密有致、各自体势得宜。石组边绕有青苔，青苔拥护着石岛，此外没有其他植物、花卉和树木。

　　龙安寺石庭是禅宗思想的一种体现，表达了一种哀伤中愉悦的美，在构图上表现了高超的技巧，不愧为日本枯山水的杰出作品(图6.11)。

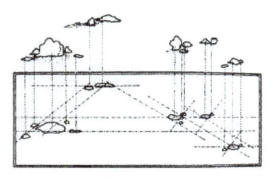

图 6.10　龙安寺石庭组石构成图

图 6.11　龙安寺石庭

实例4　金阁寺庭园

金阁寺位于京都市北区,正式名称是鹿苑寺,原为幕府将军足利义满的别墅,后改为寺院(图 6.12)。占地面积约 1 ha,庭园居半,是一个舟游、回游式相结合的池泉园,分上池、下池、山坡区和书院区。

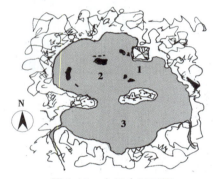

图 6.12　金阁寺平面图
1.金阁　2.带有岛的前湖　3.远处的湖

下池名为镜湖池,是全园的中心,镜湖池水面比较宽阔,可以泛舟观赏;同时又在湖的四周布置游园小路可以环湖回游庭园的景色(图 6.13)。在镜湖池中布置了数个群岛,岛数之多为日本古园之最。中岛名芦原岛,为蓬莱式样,岸边构三尊石,岛上种植松树,象征延年益寿,西部有半岛伸向水中与中岛呼应。另有淡路岛、出龟岛、入龟岛、鹤岛、九山八海石、夜泊石、山石、赤松石,大部分岛屿做成龟岛和鹤岛。金阁位于池中轴线的北岸,西南两面临水,西面建舟屋,用以停泊小舟(图 6.14)。建筑边的水面由于池中群岛的点缀,显得富有生机,而远侧水面则显得平静安谧。因为建筑物外贴金箔,金光闪闪,倒映在镜湖池中构成优美的景色,也是京都的代表性景观。

图 6.13　金阁寺镜湖池

图 6.14　金阁寺舟屋

上池名安民泽,池中构中岛,上筑白蛇冢,名白蛇岛。上池与下池之间为山坡地,有溪流分两支流至下池。溪流中有银河泉、龙门瀑。龙门瀑布为三级瀑布,承瀑石为鲤鱼石,均十分生动,隐喻鲤鱼跃龙门。山坡上建有夕佳亭,为四阿顶茶室。下池东部平地构书院,书院前围院成庭,庭中铺白沙、堆土坡、覆青苔、植松杉、立巨石,点缀有舟松和舟石,成为真山水的有力补充。

实例 5　银阁寺庭园

银阁寺,正名慈照寺,位于京都的东北面,为幕府将军足利义政按金阁造型,在东山修建的山庄,占地约 1 ha(图 6.15)。银阁、银沙滩、向月台、锦镜池共同构成银阁寺庭园。

银阁寺庭园总布局是舟游与回游混合的方式。建筑位于池岸,建筑的造型模仿金阁,为佛寺建筑与民间建筑形式的结合,风格却朴素淡雅,与金阁的金碧辉煌形成了一种强烈的反差。其中银沙滩和向月台是庭园的精华部分,二者与中国西湖风景相仿,为著名赏月之地。白砂铺成的银沙滩表现的是月光照射下的海滩和反射月光的海水,与被塑成富士山形的小沙丘——向月台相呼应,连同作为背景的银阁寺巧妙地融为一体(图 6.16)。园内配置众多名贵的石材和树木,丰富了庭园景色,增加了空间感。

该园虽小,但精巧安排空间变化,给游人提供了一系列丰富的、引人入胜的景色,在日本的古典庭园中享有盛名(图 6.17)。

图 6.15　银阁寺平面图

图 6.16　银阁寺银沙滩与向月台

图 6.17　银阁寺锦镜池

实例6　大德寺大仙院

大德寺大仙院(图6.18)位于京都北部,园分两庭,皆为独立式枯山水,南庭无石组,全为白砂。

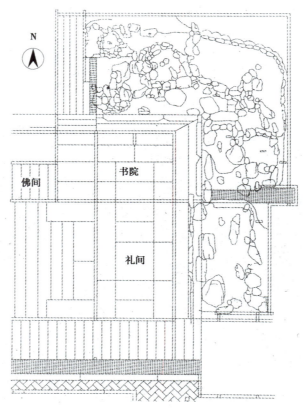

图6.18　大德寺大仙院

东北庭由表现吉祥寓意的鹤岛和龟岛,以及位于二者之间的蓬莱仙山所组成。庭院所要表达的意境是:瀑布从蓬莱山上倾泻而下,穿过石桥,又从一座称为透渡殿的亭桥下面穿过,最后汇成大河。大河上漂浮着小船,有小龟在河里游,大河最终流入方丈南侧的大海。寺院中的透渡殿象征着人生中的障碍。

大德寺大仙院书院庭园的枯山水,是连日本茶道的"鼻祖"——千利休都为之倾倒的枯山水。这是一处表现水源出自深山幽谷、流向大海的枯山水之景。围绕着书院的两块矩形空间的交界处,耸立着全庭最高最大的立石,代表水流所出的源头;立石之下设置了一组三段式的枯瀑布,枯瀑布之下则是一组天然石造成的桥石组,白砂的水流经过石桥下。平坦的白砂上还放置了一块舟石、数块石组,舟石代表海上往来于蓬莱岛运输宝物的宝船,石组则象征着海上点点岛屿(图6.19)。庭园中水流的部分完全使用白砂纹路来替代,使观者不见水而如见水,堪称师法自然的巨作。

该园巧妙地利用中国立式山水画的表现技法,将景观展开,各种具有不同含义的惟妙惟肖的山石和静寂的庭园环境将禅宗思想象征性地表现出来(图6.20)。

图6.19   大德寺大仙院桥石组

图6.20   大德寺大仙院舟石

6.2.3   近世园林

（1）安土桃山时代的园林   这一时期的园林有传统的池泉庭、豪华的平庭、枯寂的石庭和朴素的茶庭。在武家园林中，人工力量的表现有所加强，书院造建筑与园林结合使得园林的文人味渐浓，这一倾向也影响了后来的江户时代皇家和私家的园林。在文化方面，茶道的发展，从精神落实到实践，草庵风茶室和朴素简洁的茶庭，以园林意境的简约朴素、和寂清静及宾主真诚与大将军的壮观辉煌、绚丽多彩和飞扬跋扈相抗衡。园林中反映出对俭朴生活的热爱，朴素简洁的外在形象与明朝以建筑为主的诗画园林相比，显而易见的是自然和枯寂的意味更加浓重。茶庭的发展，造就了茶道六宗匠：村田珠光、武野绍鸥、千利休、古田织部、小堀远州、片桐石州。此时期的理论著作有矶部甫元的《钓雪堂庭图卷》和菱河吉兵卫的《诸国茶庭名迹图会》。代表性的庭园有：京都的醍醐寺三宝院庭园、西本愿寺滴翠园和表千家（不审庵）露地等。

位于京都市伏见区的醍醐寺，是日本佛教真言宗醍醐派的总寺。醍醐寺的三宝院作为寺主持的居住地始建于1115年。但平安时代营建的旧三宝院到了室町时代已不存在，而与西侧的金刚轮院合并营建的庭园就是桃山时代的三宝院（图6.21）。醍醐寺三宝院庭园花费25年的时间修建完善，整个建造过程可以分为前后两个阶段，前段为酷爱庭园的丰臣秀吉与庭园主人义演准后合作建造的时期。1596年，丰臣秀吉开始在醍醐寺一带山地种植樱花，使醍醐寺成为赏花的名胜地，1597年、1598年丰臣秀吉鼎盛时期还在此举办了盛大的"醍醐赏花"会，并资助改建三宝院，丰臣秀吉死后庭园建造进入后段，义演邀请了几名作庭名家如贤ús，继续对庭园进行完善，直至义演过世为止。三宝院也于江户时代的1623年完工。园中丰富的庭石和巧妙的配置是本庭园的特色，置石700余个，室町时代的名石藤户石就散置于园中。园中有一池三岛，有石桥、土桥和板桥，池边有泷口石组、枕流亭等景观，池北为书院，书院前有观景平台，曲折进退，面对池边景石和桥梁（图6.22）。醍醐寺三宝院庭园属于书院造系庭园，是桃山时代最著名的庭园。

（2）江户时代的园林   江户时代封建文化发展在近三百年的历程中达到顶点，儒家取代佛家在思想上居于统治地位，神道教也被以天皇为中心的政体抬到国教地位。人文精神的显现、个性思想的抬头、文学艺术的发展使园林的儒家味道渐渐地显露出来。儒家的中庸思想，和《易经》中的天人合一把池泉园、枯山水、茶庭等园林形式进一步地综合到一起，互相交汇融合。值得一提的是，茶庭在桃山时代未得到充分展示，此朝茶庭逐渐渗透入池泉园和枯山水，使其得以淋漓尽致地表现。从游览方式上看，随着枯山水和茶庭的大量建造，坐观式庭园出现，虽有池

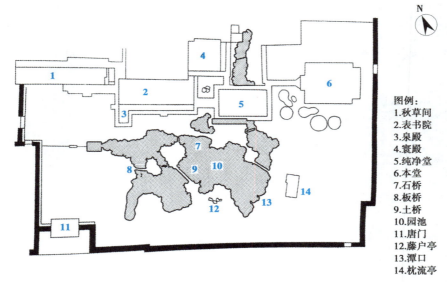

图例:
1.秋草间
2.表书院
3.泉殿
4.寰殿
5.纯净堂
6.本堂
7.石桥
8.板桥
9.土桥
10.园池
11.唐门
12.藤户亭
13.潭口
14.枕流亭

图 6.21　醍醐寺三宝院庭园平面图

图 6.22　醍醐寺三宝院庭园

泉但观者不动,但因茶庭在后期游览性的加强,以及武家池泉园规模的扩大和内容丰富等诸多原因,回游园林得到进一步发展。从技法上看,枯山水的几种样式定型,如纯砂石的砂石庭、石庭;砂石与青苔结合的苔庭;型木(篱)式枯山水。造园要素也更加多样化,土山、石山、型木、型篱、青苔、七五三式、蓬莱岛、龟岛、鹤岛、植栽、飞石、汀步等都在此朝大为流行。从造园家上看,小堀远州、贤庭、东睦和尚、片桐石州等取得了令人瞩目的成就,尤以小堀远州为最。从园林理论上看,有北村援琴的《筑山庭造传》前篇,东睦和尚的《筑山染指录》,离岛轩秋里的《筑山庭造传》后篇、《都林泉名胜图》、《石组园生八重垣传》,石垣氏的《庭作不审书》,以及未具名的《露地听书》《秘本作庭书》《庭石书》《山水平庭图解》《山水图解书》和《筑山山水传》等,数量之多,涉及之广远远超过前代。

　　江户时代综合性的皇家园林有:修学院离宫、仙洞御所庭园、京都御所庭园、桂离宫、旧滨离宫园、旧芝离宫园。综合性的武家园林有:小石川后乐园、六义园、金泽的兼六园、冈山的后乐园、水户的偕乐园、高松的栗林园、广岛的缩景园、彦根的玄宫乐乐园、熊本的成趣园、鹿儿岛的仙岩园、白河的南湖园等。寺社园林有:南禅寺方丈寺庭园、金地院庭园、大德寺方丈庭园、大德寺取光院、真珠庵、孤篷庵、慈光院及妙心寺四庭园、高台寺庭园、桂春院庭园、当麻寺庭园、圆德院庭园、善法院庭园等。代表性的茶庭有:里千家(今日庵)露地、武者小路(官休庵)露地、堀内家(长生庵)露地、薮内家(燕庵)露地、如庵、止观亭、天然图画亭等。

实例1　桂离宫

　　桂离宫(图6.23)位于京都西南部,占地6.94 ha,因桂川从旁流过,故称桂山庄。明治十六年(1883年)成为皇室的行宫,并改称桂离宫,为集诗人、歌人、书画家、造园家于一身的小堀远州的设计作品。桂离宫由住宅建筑、茶室和庭园组成,是池泉式园林与茶庭相结合布局的典型实例,独具特色。

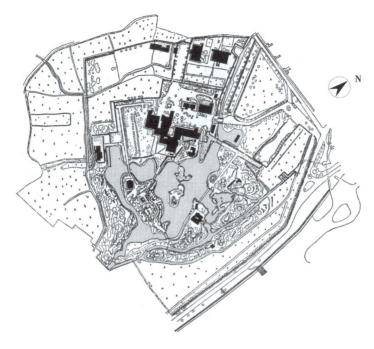

图 6.23 桂离宫平面图

整个庭园的地形高低起伏,景观布局错落有致(图 6.24)。全园采取自然式的总体布局,结合庭园中的建筑物性质、风格和形式特点,通过修筑假山、引水溪流、搭设石桥、不同种类植物的配置不断地营造出变化多样的园林气氛,但总体上又紧密相连,整体协调统一。桂离宫最具特色的部分全部为人工建造。全园以"心字池"的人造湖为中心,散布着 5 个大小不同的岛屿,岛上分别有土桥、木桥和石桥通向岸边。湖畔屹立着御殿、书院、月波楼、松琴亭、赏花亭、园林堂等建筑群,多集中在西侧,呈雁行式布局(图 6.25)。连接各个建筑物的园路,有敷石路、沙砾路、土路等不同的路面,不仅产生视觉上的变化效果,而且与周边的地形相协调。湖中两座相连的中岛成为构图的焦点,吸引着各条园路的视线,成为美妙的对景。园中水面是引桂川之水,清澈纯净,湖边多用草皮土岸,不少岸边用竹筒竖立密排,顶部高出水面少许接近草皮,以挡土岸流失,这样可以使草皮尽可能地接近水面。中岛上散石块与苍松相映,结合着周边的单石桥、石灯笼、乱石滩,形成了一幅幅自然风景画的缩影。

图 6.24 桂离宫鸟瞰图

图 6.25 桂离宫书院与庭园

桂离宫是日本皇家园林的代表作,它内容丰富,主次分明,空间开阔,曲径通幽,色彩淡雅,池岛相依,充分体现了小堀式美寂的造园风格。

实例 2　仙洞御所庭园

仙洞御所庭园(图 6.26)位于京都市上京区京都御苑内,京都御所的东南,由后水尾上皇帝仙洞御所庭园和东福门院的女院御所庭园组成。原为土御门殿京极殿的旧址,初期的建造是在永禄十二年(1569 年)左右,由织田信长进行规划,其后丰臣秀吉又进行了一些扩大修改,增加了一部分庭园。历史上它被多次烧毁、重建、改造,从园中可以看到各个时代的痕迹,现在的庭园主要建造于江户初期至末期近一个时代才完成,最后形成今天这样一个优雅的庭园,丰富的景观与桂离宫和修学院离宫一同被世人称赞。

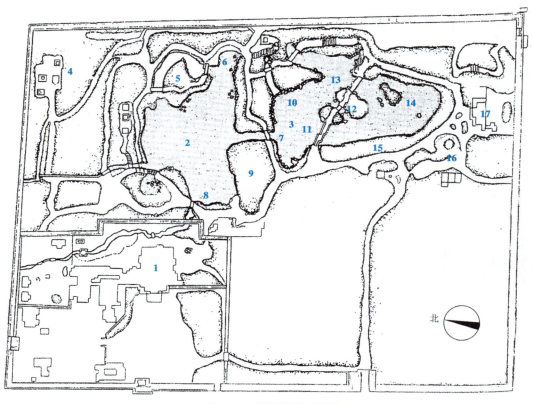

图 6.26　仙洞御所平面图

1. 大宫御所	2. 北池	3. 南池	4. 御田社	5. 鹭岛	6. 雌瀑
7. 红叶桥	8. 码头	9. 苏铁山	10. 雄瀑	11. 八石桥	12. 蓬莱岛
13. 太鼓桥	14. 葭岛	15. 洲浜	16. 荣螺山	17. 醒花亭	

仙洞御所是后水尾上皇退位后依庄子姑射山仙人岛之典而于 1828 年建造的池泉回游园林,又名仙院、绿洞、藐姑射山等,由小堀远州设计。总面积 4.9 ha,其中北池为 2.2 ha,南池为2.7 ha,是一个水面占很大部分的大池庭。庭园以北池和南池为中心,南池被八之桥藤架等分为两部分,包括北池在内,庭园由 3 个部分组成。从造园细腻度上可分为真、行、草 3 部分,即北面为真,做得很细致;南部做得简化,为草;中部介于两者之间,称行。北池部分东西稍稍长一些,东面、南面和北面是筑山,北西侧是被称为"阿古濑"的小池,其北岸上部是"纪氏遗址碑"和芝御茶屋遗址,东北山丘上是镇守社。园景有御田社、御田、镇守社、山神社、人丸社、寿山御茶屋、芝御茶屋、阿古濑洲、六枚桥、八字桥、又新亭、醒花亭、悠然台、红叶山(图 6.27)、苏铁山、螺

山、洲浜(图6.28)、葭岛、仙洞御所、大宫御所、桥殿、钓殿、泷殿等。值得一提的是,悠然台的命名出自陶渊明的"悠然见南山"之句。而东西两山之间的醒花亭,则是题有文征明题的李白"夜来月下卧醒花"的诗句。这些都显出仙洞御所与中国道家文化的关系。

　　纵观全园,山水园格局明显,无论是北池还是南池,园路都设置在山前,沿着园路可以从不同角度观赏庭园,堆山和理水成为造景的主要手段,景域差别较明显。明晦广奥、高低远近,各得其所。古迹较多,古坟、古碑、古泉、古社为园林增添了不少古意,而神社的不断出现又显现出浓厚的宗教气氛。

图6.27　仙洞御所庭园红叶山

图6.28　仙洞御所庭园洲浜

实例3　修学院离宫

　　修学院离宫(图6.29)位于日本京都市左京区比睿山麓,总占地约5.9 ha,由退位天皇后水尾在修学寺村设计建造,追求自然山水之美,以达到超脱自然的意境。

　　离宫根据山体地势高低分成3个小园,分别称为下御茶屋、中御茶屋和上御茶屋,从而形成园中园的总体结构。三园间以松道相接,两侧只见山林和田野。下御茶屋面积约0.4 ha,分为东侧的枯山水前庭和西侧的池泉庭(图6.30)。以寿月观为主景,前铺白砂飞石,从上御茶屋引下的水做成曲水,经两道瀑布,汇于观前水池。水池中有小岛,上皇曾在此举行歌会和宴会。中御茶屋面积约0.69 ha。现由外门、中门、乐只轩、客殿及前庭组成。此区建筑紧密,高低错落,主次分明,前庭空间和曲水瀑布相得益彰。乐只轩前出宽檐广缘,游人可以坐此欣赏前庭的曲水、水池、石梁、瀑布等。上御茶屋位于三园最高处,面积也最大,约4.6 ha,是整个离宫的精华处。上皇从音羽川引水而来,经两个瀑布——雄瀑和雌瀑泻入大池,雄瀑高而雌瀑低。水池称浴龙池,池中用土堆成3个小岛:中岛、三保岛和万松岛,形成一池三山格局(图6.31)。水池西面筑土堤,称西洪。为掩盖土堤大坡而在坡外植三层生长的植篱,植篱用常绿树、落叶树混植,四季变换着色彩。上御茶屋是舟游与回游结合的园林,园中除了有回游道路外,还有码头、舟屋和小船。

　　修学院离宫园林与自然山水融为一体,反映了对自然的向往和崇敬,充分体现了日本池泉式园林美学观,堪称经典之作。

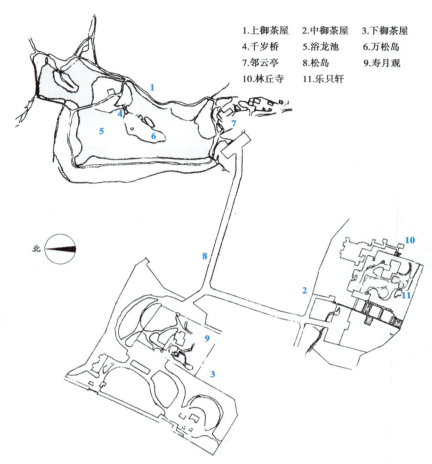

1.上御茶屋　　2.中御茶屋　　3.下御茶屋
4.千岁桥　　　5.浴龙池　　　6.万松岛
7.邻云亭　　　8.松岛　　　　9.寿月观
10.林丘寺　　 11.乐只轩

图6.29　修学院离宫平面图

图6.30　修学院离宫下御茶屋

图6.31　修学院离宫浴龙池

实例4　武者小路(官休庵)露地

位于京都市上京区的武者小路(官休庵)露地是非常有代表性的茶庭,为著名茶师千宗旦的次子——翁宗守在1667年退隐后营建的茶庭。它是以宗守的住地武者小路命名的,又因内有茶室官休庵,也被人称为官休庵露地。宗守是茶道薮内流派的传承者,薮内流派的座右铭是"正直清静""礼和质朴",擅长书院茶和小茶室茶,故庭园中的飞石和植物都巧妙地配置在一起表现追求自然野趣的效果。庭园中的景物如中门、石灯笼等也很好地表现了茶庭的意境,即尊重自然轻视华丽,呈现朴素、自然和宁静的气氛。官休庵露地的格局与表、里千家露地相似,为两重露地,有官休庵和弘道庵两个茶室及半宝庵、环翠园、行舟亭、雪隐、广庭等景点,其中官休庵、编笠门、外腰挂、卵石铺地最有特色。

实例 5　依水园

依水园位于以大佛而闻名的东大寺南大门西侧。依水园由前园和后园两个意趣不同的两部分组成(图6.32)。依水园内分前后两园,前园建于江户时代宽文十二年(1673年);后园建于明治时期。

据考证,依水园的前园曾经是兴福寺摩尼珠院别院所在地的一部分,延宝年间(1673—1681年)奈良的麻布制造业者清须美道清在此修建别邸时,讲究庭园之意趣,搭建以萱、苇苫顶的房屋,在竣工时应邀前来的黄檗宗的木庵禅师(木庵性瑶,来日高僧)为草屋命名"三秀亭"。1899年,由富商关藤次郎出资修建了现在的后园。后园以远处的若草山、春日山、御盖山为远景,以东大寺南大门的瓦檐和寺内参拜路两侧的树木为中景,在园内建造水池、小山、清溪,并配植多种铭木、珍木,此外又将东大寺殿堂曾经使用过的圆柱状基石散放于园内各处,在巧妙的协调和搭配中保留了古都奈良昔日的风貌。后园内有不少别致的建筑物,如柳生堂、冰心亭(图6.33)、挺秀轩、清秀庵等,多为讲究风雅,以萱、苇或桧树皮苫顶的房屋,在园内无论置身何处,四周都有令人难以忘怀的幽雅景致。

图 6.32　依水园

图 6.33　依水园冰心亭

6.2.4　近现代园林

明治时代是革新的时代,在政治上提倡与民同乐,与武家专制思想相反。明治天皇提倡洋为和用,开放国门,把西方资本主义的实用主义引入日本,同时也带进了西洋建筑和园林理论。日本近现代的园林一般指明治时代的园林。园林上最大的革命是公园的诞生。在公园的建造上,美国的中央公园及英国的自然风景园对日本影响极大,新建的公园因西洋造园法的引入,大量使用缓坡草地、花坛喷泉及西洋建筑,如东京日比谷公园就是日本近代洋风公园的先驱。同时,许多古典园林也在改造时加入了缓坡草地,体现自然风时尚,并开放为公园,举行各种游园会。在宗教园林方面,寺院园林受贬而停滞不前,出现只修复、无新建的局面。神社园林由于神道教受到天皇的推崇而得以快速的发展和建设,如平安神宫庭园就是典型的一例。在私家园林方面,伴随古园开放和公园诞生,此时代的私家园林不再是武家时代的表现,而是以庄园的形式存在和发展起来的别庄园林,其中有受西方自然风景园林思想影响而形成的自然风式庭园,如无邻庵庭园;还有严格按照古典法则而建造的回游式庭园,如静冈的浮月楼庭园、青森的小野氏秀芳园、青藤氏庭园等。在理论和研究方面,明治初年以古典园林的研究为主,在明治四十年(1907年)后渐次有关于洋风园林的研究。从造园家的方面看,植冶最为著名,而青森一带武学流造园流派以高桥亭山和小幡亭树为代表。在园林理论方面,1894年,志贺重昂的《日本风景论》出版;1905年,小岛鸟水的《日本山水论》出版。

实例1　清澄庭园

清澄庭园位于隅田川右岸,这座精致小巧的庭园属于回游式池泉庭园,由明治时代的岩崎弥太郎所建。该园于1924年捐赠给政府,现为东京都名胜。

图6.34　清澄庭园

该庭园具有传统日式庭园的水池、小岛、凉亭、灯笼等。此前园内池塘中的池水是由隅田川之水引入,池中景象随着东京湾的潮涨潮落而变换,如今则完全由雨水补充水源。池塘内还分布有3座小岛,池塘边还以错落的渡池石块装饰(图6.34)。

岩崎弥太郎用自家的汽船从各地采集全国的名石,并装饰于园中。其中具有代表性的是:伊豆矶石、伊予青石、生驹石、伊豆式根岛石、佐渡赤玉石、相州真鹤石、备中御影石、加茂真黑石、京都保津川石、赞岐御影石、根府川石等。

庭园中最高的一座假山上遍种杜鹃花,别名"杜鹃山"。

实例2　旧芝离宫恩赐庭园

旧芝离宫恩赐庭园,是大名庭园之一,作为典型的"回游式池泉庭园",以池水为中心的布局更是园中之杰作。旧芝离宫恩赐庭园在延宝六年(1678年)开建,历时8年建造而成,命名为"乐寿园";明治四年(1871年)成为有栖川宫家的财产;明治八年(1875年)被宫内省买下;面积约为0.9 ha的广阔池塘是庭园的中枢,从前曾是将海水引入其中的"潮入之池",现今为淡水池,池中错落布置有中岛和浮岛,在池中一角还别致地设有突出于水面的沙

图6.35　旧芝离宫恩赐庭园

洲。位于池塘中央的中岛是园内的中枢景观,是模仿中国传说中神仙居住的长生不老之所——灵山而修建成的垒石。从庭园内最高假山的山顶眺望四周景致更是美不胜收,与左右假山共同构成的山脊棱线变化错落有致,从池塘对岸观看更是意味隽永。将模仿从峡谷中流落于瀑布中垒石作为河床中的甬道,漫步于其上,享受庭园步移景异的变化(图6.35)。

6.3　朝鲜半岛园林

6.3.1　三国时代的园林

朝鲜自三国时代起便开始大规模地从中国吸纳文化和典章制度,在这种情况下朝鲜半岛建筑文化有了新的革命性发展,造园艺术亦在这种潮流中产生并发展。

（1）高句丽的园林 高句丽的园林遗迹今日已不多见，有较翔实考古资料可供研究者研究的为高句丽安鹤宫内的园林（图6.36）。安鹤宫的具体建造时间虽不可细考，但可以确定大体建造于高句丽长寿王、广开土大王时期，正是高句丽迁都平壤，国力强盛之时。这一时期高句丽在南北朝之间奉行平衡的外交政策，与中国南、北政权均有往来，而中国此时造园之风也颇为兴盛，因此可以推测，安鹤宫内池苑的建设受到当时中国园林的影响。

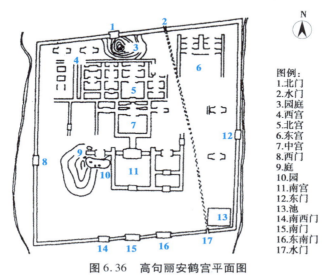

图例：
1.北门
2.水门
3.园庭
4.西宫
5.北宫
6.东宫
7.中宫
8.西门
9.庭
10.园
11.南宫
12.东门
13.池
14.南西门
15.南门
16.东南门
17.水门

图6.36 高句丽安鹤宫平面图

安鹤宫平面为边长约620 m的平行四边形，各边均设有城墙，南面开有三门，其余每面各开一门，东、西两侧的城墙外还设有护城壕，这是朝鲜半岛遗留的所有城池遗址中结构与中国古代城市最为类似的。由于有水道贯穿城东部，因此南、北城墙还各设一道水门。宫内共建有约52栋建筑，其中有21栋宫殿，31条连接各宫殿的回廊。城内有明显的中轴线，北宫、中宫、南宫依次排列在这条主要的南北轴线上。中轴线主要建筑群的东侧设有东宫、西侧设有西宫，其基本的几何布局与明清时期的紫禁城类同。

该庭院以建筑为中心配置，西侧庭院建有自然曲线的莲池以及人工筑造的土山，土山上还存有亭子的痕迹，且还有假山石（景石）出土。从遗址分析，莲池内设有3或4座岛屿，与中国秦汉时代"一池三山"的造园手法一脉相承。宫和北门之间的庭院中有人工建造的山体，其残迹高约8 m，东西长120 m，南北宽70 m，可见其初建时的规模。类似于以上所述的造园手法在新罗庆州的临海殿池苑也曾出现过，这些都是对自然山水抽象的模仿。

（2）百济的园林 关于百济造园最早的文字记录出现在《三国史记》辰斯王七年（391年）"春正月"一条中，该条云："春，起临流阁于宫东，高五立，又，穿池养奇禽"。在《东国通鉴》中又云："春，起临流阁于宫东，高五丈，又，穿池，置囿以养奇禽"。这是关于百济池、囿最早的记录，当然事实上的园林营造活动应当不迟于此。文周王元年（475年），百济因受到高句丽的军事威胁，放弃了当时的首都南韩山城，迁都熊津。第24代国王东城王于二十二年（500年）春，在熊津王宫的东侧建立了高约16.6 m的临流阁，并在此营造池苑，同样配以珍禽异草等。

百济圣王十九年（538年），百济再次迁都泗沘，与新罗和亲且与当时中国南朝的梁展开了积极的文化交流，使得因受高句丽和新罗的威胁而衰落的国力一度中兴。百济29代国王武王三十五年（634年），在这一时期，古代中国的神仙思想以及造园技法和模式已经逐渐导入朝鲜半岛。百济第31代国王义慈王（641—660年）因大兴宫室、修筑园林而造成国力衰弱，最后于

660年被新罗和唐朝的联军所灭。忠清南道大学发掘调查了扶余的定林寺遗址,在其南门遗址附近发现两个方池,东池长11 m、宽5.5 m,西池长11 m、宽12 m,池深约0.6 m。从这些发掘结果来看,百济时代方池比较流行,而且迄今为止没有发现原百济地区曾经有过圆形池的遗迹。

(3)新罗的园林　新罗正值中国的前秦,虽然计划与中国建立外交关系,但因为地理阻隔的原因,再加上其对中交流受到百济和高句丽的阻挠,因此接受中国文化的影响不多,只是通过高句丽和百济在4世纪左右才间接地引入了汉字并在6世纪左右得到了广泛的使用。虽然新罗的造园文化比高句丽和百济的发展要迟,但其园林的种类比较多样,而且留存至今的遗迹相对比较丰富,例如新罗王京庆州一带的临海殿的池苑、鲍石亭的曲水流觞等遗迹,已经成为研究古代朝鲜半岛造园艺术的重要实物资料。

从高丽史学家金富轼的《三国史记》中关于临海殿的记录来看,其功能主要是用来举办宴会和游乐。国王和群臣会聚于临海殿中,其对景是自然形态的湖岸和池中三岛。虽然迄今为止没有发现有关在池中游船的记录,但是在池的东北部发现了石砌的台阶以及两艘船的残骸,可能当时还建有码头并进行过游船活动。

此外,佛教在5世纪中叶左右传入新罗,并在新罗法兴王十四年(527年)得到官方承认,在国内迅速兴建了兴轮寺、黄龙寺、三郎寺等一大批寺刹。

6.3.2　统一新罗时代的园林

统一新罗时代的园林要从统一新罗时代的造园活动来看,园林建设主要集中于为王室服务的宫苑,连贵族也少有造园活动。这些造园活动一方面是出于王室享乐游玩的需要,另一方面是完备国家体制的重要一环。这些园林的规模均较小,其造园特征受中国秦汉时期皇家苑囿模式的影响,造园手法单一,基本为"一池三山"的模式;园林不成体系,是朝鲜半岛上的各政权结合自身的实际,在中国早期掘池、置三岛、豢养珍禽异兽方法的影响下,对中国园林的简单模仿,并且有的苑池甚至只设有一岛。

图6.37　雁鸭池

庆州东南雁鸭池即为当时苑囿的遗址,堪称"一池三山"模式的代表之作(图6.37)。此园建于文武王十四年(674年),位于新罗王京庆州的月城之东北、皇龙寺之西南。后毁于战乱,1975年复原。据考证,园内水池中曾堆有三岛,分别象征蓬莱、方丈、瀛洲三神山,象征巫山的十二峰分别位于池北和池东,沿池共有12座建筑,但现在的雁鸭池园内只重修了水池、3座岛屿和池西的3座建筑。雁鸭池曾是新罗王子的东宫,每逢喜庆节日,王子都要在园内大宴宾客,歌舞升平。

雁鸭池的理水颇为成功,水池大体为方形,占地约0.67 ha。由于巧妙地布置了3个岛和两个伸入水面的半岛,使得水面景观或开阔舒朗或潆回幽深,收放自如,颇具天成之趣。特别是池的东北、东南巧妙地运用了"藏源"的手法,起到了延伸空间、变换景致、小中见大的作用。雁鸭池设有发达的注水系统和排水系统,还设有缓冲水槽等,表现出了较科学的处理技巧。流水自池东边引入,经过花叶形状水槽,滤掉砂土后汇到小池,再经过两侧的瀑布流入雁鸭池中,并在池岸北侧端头2.1 m高的石头上凿出9个排水口,以调节水位。从《三国史记》中关于临海殿的记录来看,其主要功能是宴会和游乐,带有离宫苑囿的性质。国王和群臣会聚于临海殿中,其对景是自然形态的湖岸和池中三岛。虽然迄今为止没有发现有关在池中游船的文字记录,但是在池的东北部已发现了石砌的台阶以及两艘船的残骸，推测可能当时还建有码头并进行过游船活动。但由于池的规模较小，纵有游船，也不过是象征性的玩具。园内的植物，据考证曾植有柳、松等。

新罗在668年和唐朝联合统一朝鲜半岛以后，开始大规模输入唐文化，派出大批僧侣入唐甚至印度，大大促进了佛教的发展。在这样佛教广为传播的背景下，中国的寺刹造园艺术也得以传入新罗。创建于751年的佛国寺是其中杰出的代表，具有浓厚的佛教寺刹园林的特色。其依山就水建造了青云桥、白云桥、紫霞门、莲花桥、七步桥等山水园林，在寺前的椭圆形的九品莲池，形式独特，成为研究新罗时代的佛教园林的重要实物。位于梁山的通度寺则在寺前设有九龙池，也是椭圆形池。道善创建的仙岩寺中，也设有椭圆状的莲池"三印塘"，还在其中设有卵形的中岛。

6.3.3　高丽时期的园林

与统一新罗时代相比较，高丽时期的园林取得了显著的发展。

①受到宋代士大夫阶层造园活动的影响，造园思想和技法均有所提高，园林形式不再是简单的掘池、置岛、养禽兽花卉，而出现了仿照宋代造园手法的叠石假山、理水造瀑、植物造景、筑造亭台等多种装饰手法，并且高丽时期园林中的植物种类，因与中国的不断交流，也大为丰富起来。高丽时代园林的特征之一是常设有以观赏为目的的花园，这些花园以种植各种花卉为中心。在《东国李相国集》中，李奎报记载了40余种造景植物。

②造园活动不再是王室的专利，除王室宫苑外，住宅园林、寺刹园林、文人园林、客馆园林等开始出现，而且得到了一定程度的发展。高丽时期政治的主要特色为国家权力门阀贵族掌控。随着高丽贵族阶层势力的不断膨胀，豪强贵族们在全国各地纷纷建造奢侈华丽的住宅，其规模、奢侈程度均达到了空前，促进了高丽贵族住宅造园风气的兴盛。中国有营造私家园林的传统，而朝鲜半岛高丽时期的贵族阶层也开始习得这一风气，其中著名者如金致阳、李公升、崔忠献等人的住宅园林。当然，关于这些园林的具体情况，迄今并没有发现任何遗存，唯根据当时宫苑、寺刹园林的情况来看，纵然其"穷极奢丽"，估计也是在建筑和怪石、奇花上耗费金钱，而造园的技法，仍不外乎简单直白地掘池，池内叠石为岛，池畔筑楼阁，园内种奇珍花卉而已。除住宅园林外，在高丽时期各种文献中留名的茅亭、园池，数量颇丰，这与高丽时期禅宗的发展、道教思想的流行有很大关系。在"束心返照、清净无为"观念的指导下，高丽的文人们追求隐逸和空寂的心趣，在山野中筑造安闲散逸的茅亭，品茶参禅的禅庵，以避红尘俗世，追求道家所谓的清意合一、逍遥自适的生活，从而出现了茅亭园池这类不同于住宅庭院的园林类型。这样的茅亭、园池建造之风颇盛，在当时留下的众多文集中可以找到相关的记述，如《高丽史》记载，文宗十年（1056年）西江兵岳南建有长源亭、三十一年（1077年）8月在洪州苏大县建设安兴亭以及真州巫山十二峰亭、奉华清岩亭等。这些茅亭分散在乡野之中，追求无为自然的野趣，更不讲求造园的技法，仅设可供坐卧之处以观自然。

③自然式园林的观念逐渐显现并成熟，并对朝鲜半岛古代园林产生了深远的影响。虽然朝鲜半岛的园林在初期均受到中国"一池三山"模式的影响，但这些作为上层意识的思想在物质化的过程中，受当地具体的地形条件、经济力量、施工技术等的限制，往往表现出不同的形态。如朝鲜三国时代的宫苑，基本上是对中国秦汉时期苑池的微缩和简化处理，这与当时的社会经济和文化发展水平相适应。随着长期的造园活动的开展，朝鲜半岛逐步发展出区别于中国和日本的园林思路，尤其是高丽中后期，以自然山水为主导、少加人工干预的朝鲜半岛园林思想逐渐

显现并流行。

高丽时期的建筑文化与统一新罗时代相比，其重要差异在于，重要的建筑内容均从平地转入了山地和丘陵，如都城、王宫、寺刹。山地型建筑文化的发展，进一步促进和强化了朝鲜半岛自然山水式园林的模式，摆脱了明显不适合朝鲜半岛地形特点、经济文化水平、营造技术的中国式园林的束缚，转向重视对天然地形地貌、溪流、植物的利用，而人工的建筑和地形改造、植物配置逐渐作为点缀或点睛之用。因此在朝鲜半岛的园林中，儒、释的影响远不如在中国和日本那样深远，因为均需要大量的人工处理，如建筑、叠山置石、植物修剪等；反而是道家"无为"思想对朝鲜园林的影响最大。

朝鲜半岛自古以来对自然的神秘性和崇高性的尊崇与道家思想相结合，使得朝鲜造园不讲求运用人工技巧，而注重自然景观，区别于中国和日本庭院的人工精雕细琢之美。这种思想最极端地表现在高丽时期文人李奎报所建的"四轮亭"。李奎报特意作《四轮亭记》记述其制造意图和经过。该亭实际上就是一辆四轮车，车所至之处，但凡自然景观有可观者，停车坐观，即成"园林"。

实例1 文殊禅院

图6.38 文殊禅院内景

高丽时期的自然山水式园林留存不多，保留较好较完整的当以文殊禅院为代表（图6.38）。文殊禅院位于江原道清平里的庆云山谷中，由高丽初期名士李资玄主持营造。此人笃信佛教，也受到一定的道教影响，因此对自然山水有特别的爱好，营造了这一高丽时期规模较大的禅宗园林。禅院总面积约4.3 ha，纵深约2.3 km，按方位大致可划分为南苑、中苑和北苑3个区域，3区域之间由纯粹的自然环境隔离。中苑有石庭和架于溪流上的茅亭、石砌的假山、象征性的龟形石组等作为这一区域的主景；南苑以溪庭为主，主要是作为参禅之用；北苑则以山庭为主，是文殊禅苑的核心空间。在功能上中苑作为整个禅院的入口空间，具有较强的开放性和象征性；南苑与北苑作为隐秘的参禅空间，则相对独立和封闭。中苑以一大石龟为入口标志，石龟后为天然形成的九松瀑布，其上为客舍遗址，再上是当地著名的"影池"。这一景观营造的主要思想是以周边景物在水中的倒影为趣，故得名"影池"。影池面积约180 m^2，平面基本呈梯形，南北长约17 m，南侧东西宽约8 m，北侧宽约12 m，池中配有石块以象征三神山。水面波纹平滑，以欣赏周边山、树、石倒影的静态美为趣。影池之北设有石组。文殊禅院各处均配有石组，以影池北侧的这一组规模最大，其分布区域南北宽约50 m，东西长120~145 m，石块的配置错落有致，疏中见密，密中见疏，造景手法源于中国的叠石之法，但更趋近自然，追求野趣，曾对日本禅风园林的形成和发展产生过一定的影响。南苑沿清平寺入口处的溪流展开，面积约0.7 ha，以竹林遮蔽入口。主要造景手法为沿溪流配置若干石组，通过人工垒石形成的人工瀑布有25处。北苑亦位于溪边，域内有天然瀑布5处，其中一处的岸边设有人工叠山，叠山手法非常简单，使用板石累叠9层以象征高山。区域内同样有规模较大的树石群，这些树石群与日本枯山水的石组可能有某种联系。

实例2 普贤寺

普贤寺是一座以掌管佛道德的普贤菩萨名字来命名的寺院，于高丽时期（1042年）建成，为以24殿阁（243间）组成的朝鲜名刹，是朝鲜的文化瑰宝。初期，此寺是华严宗的一座寺院。后改为曹溪宗(禅宗)的一处福地,几经兴衰。现在,寺内有大雄殿、万岁楼、观音殿等10多幢建筑和古塔、石牌等,还保存着《八万大藏经》全套刻本共6 793卷。山中还有上元庵、祝圣殿、佛影台、下毗卢庵等古建筑,与自然风景相映生辉。普贤寺四周有群山环绕,为古建筑增添异彩。

进入普贤寺要进三道门。先进曹溪门,接着是解脱门,再过天王门。天王门中塑有四大天王像,过天王门再过万岁楼,就见到了普贤寺的主殿——大雄殿。大雄殿为普贤寺的本殿,建于1042年。大雄殿宏大华丽,门楣上有"大雄殿"三字。山墙虽不高,但展翅状的歇山式屋顶,以流线型精加工的鼓肚柱子等,大放异彩。建筑的各部位以各种纹样、异花奇草、百鸟等丹青画装饰起来。还有盛开的荷花及花蕾雕刻、口衔红球奕奕腾飞的龙头雕刻、均匀的链条雕刻等,细腻而生动,令人赞叹不已。尤其是门上的镂空纹雕刻,不仅美丽精巧,且十分利于采光。大雄殿内以释迦牟尼佛像为中心,右边安放着普贤菩萨,左边安放着文绣菩萨,形象栩栩如生(图6.39)。

图6.39　普贤寺

6.3.4　朝鲜时期的园林

朝鲜朝是朝鲜半岛的最后一个王朝,延续时间大体与中国的明、清相当,但因其国力限制,而且在中后期饱受战乱兵灾,其园林无论在指导思想、园林种类、建造规模、技巧与方法等方面基本都无可圈点之处,甚至比起高丽时期有所退步。寺刹园林因佛教的没落,乏善可陈。朝鲜时期的园林,较有价值的是集中在汉阳城内的王室园林和散落于各地的士大夫园林。这些园林的共同特点是进一步发展和实践了自高丽中后期以来发展出的自然山水式园林,同时也受到儒学思想的强烈影响,在园林尤其是士大夫园林中注入了新的内涵。朝鲜时期王室的宫苑,尤其是正宫的园林,受礼制思想的影响,仍然着力追求人工营造的趣味,更力求追随中国的法度,只是受种种因素的制约,其结果却表现得简单而粗率。朝鲜时代的正宫——景福宫的园林就是这种园林的代表。

实例1　景福宫

景福宫位于今韩国首都首尔(旧译"汉城"),是一座著名的古代宫殿(图6.40)。1392年李成桂建立朝鲜,即朝鲜历史上著名的李朝,景福宫是当时的皇宫,是于1394年开始修建的。中国古代《诗经》中曾有"君子万年,介尔景福"的诗句,此殿凭借此而得名。宫苑正殿为勤政殿,是景福宫的中心建筑,李朝的各代国王都曾在此处理国事。此外,还有思政殿、乾清殿、康宁殿、交泰殿等。四周建有宫墙,东西南北各开宫门,宫内呈前朝后寝、后设花园的布局。宫苑还建有一座10层高的敬天夺石塔,其造型典雅,是韩国的国宝之一。此外在王宫的南面建有光化门,东面建有建春门,西面建有迎秋门,背面建有神武门。

据《朝鲜通史》记载,1866年大院君专政,曾重修景福宫,历时两年,耗资2 500万两白银。由此可推测景福宫全盛时期的规模和奢华程度。景福宫主体建筑勤政殿,重檐歇山顶,是李朝皇帝坐朝议事和举行大典的"金銮殿"。勤政殿四周建有宽敞的围廊,后面又有3个小殿,再往后是寝宫。勤政殿西北方向有一方池,池中砌有三台,最大的台上建有两层的庆会楼(图6.41),另外两个台上栽植树木。景福宫最后是御花园,园内有方形水池,建一亭名为"香远",

入夏池内荷花盛开,取汉文化中"香远益清"之意。

图 6.40 景福宫大门

图 6.41 景福宫庆会楼

实例 2 昌德宫

昌德宫又名乐宫,是朝鲜的"故宫",位于首尔市院西洞,是李朝王宫里保存得最完整的一座宫殿。昌德宫作为正宫景福宫的离宫,建成于 1405 年(图 6.42)。1592 年因壬辰倭乱,景福宫所有的殿阁均被烧毁,之后直到 1868 年景福宫重建为止,这里均作为朝鲜王朝的正宫使用。

整座宫殿内为中国式的建筑,入正门后是处理朝政的仁政殿,于 1804 年改建。宫殿高大庄严,殿内装饰华丽,设有帝王御座。殿前为花岗石铺地,三面环廊。殿后的东南部分以寝宫乐善斋等建筑为主,乐善斋是一座典型的朝鲜式木质建筑,是王妃居住的地方。此外,还有大造殿、宣政殿和仁政殿等。融入自然的昌德宫建筑风格独具特色,与中国、日本同类宫廷建筑风貌有很大的差异。昌德宫建构方式不同于一般的对称式或直线式,而是根据自然地形条件自由地加以安排,利用后方不高的岗地和周边地形特点巧妙地安排了正门、正殿、内殿等各种建筑。昌德宫是现存保存最完整的表现朝鲜时代宫殿建筑风格的代表作,珍藏了朝鲜传统造景艺术的特点,特别是后苑的亭阁、莲池、树木,展现了建筑与自然的和谐美,是朝鲜具有代表性的宫苑。

昌德宫的御花园又称"秘苑",位于仁政殿后。秘苑建于 17 世纪,面积约 6 ha,是一座依山而建的御花园。苑内有亭台楼阁和天然的峡谷溪流,还有科举时代作为考场的映花堂及建在荷池旁供君王垂钓的鱼水亭、钓鱼台和池中的芙蓉亭等。苑内古树苍郁,小桥、流水、池塘、亭阁相互映衬,建筑布置得小巧、精致而又典雅,置身其中不禁心旷神怡。这里的 28 个亭阁和大自然景色融合在一起,也最能体现昌德宫融入自然的建筑风格(图 6.43)。

图 6.42 昌德宫大门

图 6.43 昌德宫秘苑

实例3　广寒楼

图6.44　广寒楼

广寒楼位于全罗北道南原郡邑川渠里,是朝鲜的著名古迹。传说为李朝初期宰相黄喜所建,原名广通楼。1434年(李朝世宗16年)重建后才改称广寒楼,朝鲜壬辰卫国战争时曾被焚毁。1635年(李朝仁宗13年)又按原貌重建。雕梁画栋、形制绚丽的广寒楼是朝鲜庭院的代表,其中包括3座小岛以及石像、鹊桥等,现在楼上悬有"广寒楼""桂观"的大字匾额(图6.44)。相传,著名传奇故事《春香传》就发生在这里。楼北侧的春香阁是1931年建立的春香祠堂,堂内供有春香的肖像,每年阴历四月四日人们都在这里举行春香祭。

6.4　东亚其他各国园林的主要特征

日本与朝鲜半岛的园林都深受中国文化的影响,无论是园林内的建筑形式还是园林景观的布局,都可以看到中国古代文化的踪影。中国古代的儒、道、佛家的文化在这两个国家的园林中,以与中国古典园林相似的形态出现,又融入了这些地区本民族的文化特色和地理特征。其中,朝鲜半岛的古典园林与中国的园林更为相似,而日本的古典园林在接受中国文化之后,发展出来更多具有本民族特色的景观。

6.4.1　日本园林特征

日本古典园林是以自然山水为造园主题,目的在于典型地再现大自然的美,但其主要特点是"写意"。随着中国禅宗和南宗山水画的传入,禅宗的哲理和南宗山水画的写意技法,给予园林又一次重大影响,使得日本园林对再现自然风致方面显示出一种高度的概括和精练。"枯山水"庭园,即是此种园林风格的典型,它以恬淡出世的气氛,把宗教的哲理与造园艺术完美结合,把"写意"的造景方法发展到极致,也抽象到极致,也使其呈现出浓厚的宗教色彩,而这也正是日本园林的主要成就之一。

从园林类型角度分析,日本传统园林在长期的发展过程中,有了较细致的分类。以园林性质,可分为皇家园林、武家园林、寺院园林;以游览方式,可分为坐观式、舟游式、回游式;以主要景观形式,可分为池泉园、筑山庭、平庭;以园林功能,则主要有寝殿造庭园、净土庭园、枯山水、茶庭等类型。

此外,日本园林的布局结构,从地理环境上讲,日本为岛国,四面临海,以水为伴,故庭园多以海景再现为主。而在平安时代产生了轴线式的寝殿式庭园、净土庭园,主体建筑、中岛、水体都位于中轴线之上;至近代,轴线消失,走向中心构图,即以水池为中心的园林布局,主体建筑仍是面向水池,但不以南北为准。在园林处理上,日本园林很少用到园中园的形式,一则园林规模普遍偏小,二则园林游赏以静观为主,园林要求开敞,较少遮蔽。但是,茶庭例外,为取得清幽宁静的环境氛围,帮助人们参禅悟道,茶庭一般单独建造在庭园中。

日本园林的主要造园要素包括建筑、植物、山石及水景等。其中日本古代建筑大致可以说隶属于中国建筑体系。但随着历史的发展,日本建筑逐渐具有了鲜明的民族特色,富有创造性。日本古典园林中建筑物的比重很低,建筑几乎不介入庭园造景,除了点景的茶庭,以及一些如石灯、石水钵等建筑小品外,很少有其他建筑物。而茶庭草庵往往刻意追求质朴无华的气质,素土泥墙,不事修饰,简朴而洁净。茶道精神其实是禅宗文化的世俗性表现,具有浓厚的宗教色彩,因此,日

本古典园林中的建筑物基本上表达的是一种物哀之美,而不是为世俗化的享乐活动服务的。

植物是日本园林造园的又一重要元素,其花木配置方式具有独特的日本民族风格,虽然也讲究植物的"比德"特征,但只求野花小草,不求名花异卉。在种植设计上,日本园林有一个突出特点,即同一园内的植物品种不多,常以一两种植物作为主景植物,再选用另一两种植物作为点景植物,层次清楚、形式简洁而美观。日本园林中的主景植物一般是常绿树木,不仅可以常年保持园林风貌,也为观花或观叶植物提供了一道天然背景。枯山水庭园中较少有树木,大量种植苔藓,尽显"空寂"氛围。如果点缀树木,则偏爱使用矮株,尽量保持自然形态,以适应坐观时盘腿屈膝坐在榻榻米上的人们与自然之间平等的交流。

筑山也是日本造园的一个重要内容。早期的筑山主要表现为池中堆土成山,即为岛的形式。《作庭记》中描述当时的岛有十种,山岛为四,平岛为六,而且都为土筑。发展至晚期,开始以叠石代替土筑形成山体。日本园林用石以象岛为主,矶石、岛石、岸石,皆为表现岛屿景观而设,石以卧为主、以圆浑为上、以敦实为佳。从理石的形式与风格来看,一般早期重置,晚期重叠。也即早期主要表现为横向的列、布,晚期则倾向于竖向的叠、掇。相应地,置石艺术与叠山艺术分别代表了早晚两期理石艺术的主要形式与典型风格。就石材的审美而言,日本造园不重石材个体的玲珑多姿,而讲究石头之间的搭配和群体效果。

另外,水在日本庭园中占据主要地位。早在接受中国造园体系之后,日本的造园从一开始就以池岛表现海景为主要特征。自从接受了"一池三山"这一造园手法之后,日本在其近两千年来的造园发展中就基本没离开过这一主题和原型。一方面,水体形式丰富,景致多变;另一方面,水体所占面积甚大,多为园林布局中心。日本庭园中水体的面积一般较大,庭园的景观构成、建筑布局多以水体为中心展开。至镰仓、室町时代,随着禅宗的流行,出现了枯山水。真水理法演变为枯水理法,于是又有了枯泷和枯池的表现,枯泷以石组代溪代瀑,枯池以沙代海,抽象之极。

6.4.2　朝鲜半岛园林特征

朝鲜半岛由于地理上与中国紧邻,更加便于全面吸收包括园林在内的中国文化。在朝鲜古典园林中,具有强烈的中国唐代园林布局和建筑风格的痕迹。中国古代文化中的蓬莱神话对朝鲜庭园的影响也非常大,"一池三山"模式广为流传,并且成为朝鲜园林的重要造景手法。在朝鲜的古典园林中,儒、道、佛家的文化表现无处不在,显示了朝鲜的园林文化与中国园林文化之间的渊源关系。

但是,中国和日本倾向于追求高度的造园技巧。尤其是中国,发展出丰富的造园理论,使用众多的造园要素和手法。而朝鲜半岛园林,其造园技巧自称是"无技巧的技巧"。中国和日本的园林在自然环境中颇显强势,中国园林强调以人工再现自然之美,人工摹写山岳、湖海、溪谷、瀑布等自然中大风景的缩图,追求视觉效果的丰富性、与人文相关意境的深邃性和多变的空间体验。日本的庭院构成则受禅宗的影响较深,遵守严格的法则,更强调自然元素的整理,最终发展出一种高度精炼的形式枯山水。如果说中国讲求的是宇宙的微缩,日本则讲究自然的变形,而朝鲜半岛园林的时代变化和园林内容、造园手法均不如中国和日本那样发达,要么是对中国早期一池三山池苑模式的简单仿写,要么是粗放、"无为"的园林,它倾向于对自然干扰更小的一种价值取向,很少人工干预地形、修剪花木。因而在中国司空见惯的造园要素及造园手法在朝鲜半岛园林中均很少见。而建筑在园林中所占比重很小,多在必要时建造一些小型建筑作为点缀。为观赏美丽的自然景色,常在景色之外建四面无墙壁分隔的开放的楼亭,供坐观风景。

　　总体而言,虽然中国、朝鲜半岛和日本的造园均在按照人的主观需要改造自然,而朝鲜半岛则更讲求人在自然中的谦逊地位。

复习思考题

　　1.简述日本园林的发展阶段,各时期产生了哪些园林类型。

　　2.简述日本平安时代园林的总体特征,以及受到中国文化影响的表现。

　　3.简述枯山水的产生原因及重要意义,并举例说明其基本特征。

　　4.室町时代日本园林出现了哪些主要变化? 有哪些代表性人物及园林作品。

　　5.简述朝鲜园林的发展阶段,有哪些代表性园林。

　　6.简述朝鲜园林文化与中国园林文化之间的渊源关系。

7 古代西亚园林

7.1 历史与园林文化背景

古代西亚园林

7.1.1 古巴比伦

(1)历史背景 巴比伦按其地理区位曾分为"苏美尔"地区和"阿卡德"地区。苏美尔位于两河流域的南部,濒临波斯湾。公元前 5000 年之后,这里形成了众多的文化和几十个城邦,创造了伟大的苏美尔文明。然而,为了开拓疆土、争夺奴隶和财富,城邦之间展开了残酷的战争,整个苏美尔地区都笼罩在战争的硝烟之中。这种小国争霸的局面直到阿卡德人(Akkad)的到来才彻底改变。

公元前 3000 年,阿卡德人来到了两河流域,定居在苏美尔以北的平原上。在领袖萨尔贡(Sargon)的带领下,经过一系列的征战,建立起幅员辽阔的使用楔形文字的帝国,开创了辉煌却很短暂的阿卡德王朝(Akkad Kingdom,约公元前 2371—前 2191 年)。萨尔贡死后,阿卡德王朝便开始衰败,全国各地暴乱四起,处于无政府状态。大约在公元前 2193 年,来自东北山区库提人(Gutium)的入侵促使帝国崩溃,并成为苏美尔和阿卡德的临时统治者。但库提人没有建立起统一的国家,政治比较薄弱。苏美尔人乘机于公元前 2100 年享受了一段短暂的霸权复兴期,即乌尔那姆(UrNammu)建立的乌尔第三王朝(公元前 2113—前 2006 年),重新统一了苏美尔和阿卡德地区,建立了空前强大的帝国,前后累计统治了 108 年。公元前 2006 年,居住在东方高地的埃兰人(Elamite)和叙利亚沙漠的游牧民族阿摩利人(Amorite)攻陷了乌尔城,导致乌尔第三王朝灭亡。自此,苏美尔人彻底退出了历史舞台。阿摩利人开始了对巴比伦的统治,并且建立了一个辉煌的古巴比伦帝国。其间国王汉穆拉比(Hammurabi)完成了重新统一巴比伦王国的伟业。他是巴比伦第一王朝的第 6 代国王,一登上王位便开始了对周边地区进行征讨,统一了分散的城邦,疏浚沟渠,开凿运河,使国力日益强盛,并颁布了著名的《汉穆拉比法典》。同时,他也大兴土木,建造了华丽的宫殿、庙宇及高大的城墙。几十年的征战和建设,汉穆拉比建立了盛况空前的大帝国,他也成为西亚历史上最有作为的君主。然而,辉煌的外表下面却包含了尖锐的矛盾,汉穆拉比死后,古巴比伦王国土崩瓦解。公元前 1595 年,赫梯王穆尔西里什一世(Mursilis Ⅰ)顺河而下,突袭巴比伦,攻陷首都,古巴比伦王国灭亡。

赫梯人(Hittite)像先前灭亡乌尔第三王朝的埃兰人一样,并未长期留在巴比伦。赫梯人撤退后,原居住在伊朗西部扎格罗斯山的加喜特人(Kassites)占领两河流域,建立起加喜特巴比伦。然而,此时的加喜特巴比伦的强敌有北部的亚述(Assyria)和东南的埃兰(Elam),因而屡被侵袭。直至国王被埃兰人捕获,病死于敌国,加喜特王朝灭亡。此后,巴比伦地区便处于小国纷立的格局。

公元前 11 世纪至前 8 世纪,阿拉米人(Aramaeans)大批迁入两河流域。当新亚述帝国(公元前935—前612年)崛起后,公元前729年,提格拉特帕拉沙尔三世(Tiglath-Pileser Ⅲ)在击败阿拉米人后自称巴比伦之王。此后直到新巴比伦兴起,巴比伦实际上成了亚述帝国的一部分。亚述人占领两河流域时,巴比伦南部迁入了迦勒底人(Chaldaea),他们随着亚述王朝的衰落而崛起。公元前626年,迦勒底人首领纳波帕拉沙尔(Nabopolassar)成为巴比伦之王,开始了与亚述人的长期战争。最终,迦勒底人联合伊朗西北部高原的米底人(Media)在公元前612年与亚述进行决战,最终推翻了亚述帝国。

迦勒底巴比伦最著名的国王是尼布甲尼撒二世(Nebuchadrezzar Ⅱ),他好大喜功,登基后南征北战。尼布甲尼撒二世成功地建立了巴比伦在叙利亚的统治,并使巴比伦成为西亚的贸易及文化中心,城市人口曾高达10万人(图7.1)。尼布甲尼撒二世同样大兴土木,修建宫殿、神庙。在他死后国力渐衰,国内矛盾尖锐复杂,以至于公元前539年当居鲁氏(Kurush)大军兵临巴比伦城下时,城内祭司竟打开城门放波斯军队入城,巴比伦不战而降,国王被俘。第二年,波斯王太子被任命为巴比伦王,波斯帝国继承了巴比伦的文明遗产,利用楔形符号创造波斯语楔文。波斯人彻底占领了两河流域,建立了波斯帝国(Persia,公元前550—前330年)。辉煌的两河流域文明开始衰落。公元前331年,代表希腊文明的亚历山大征服了整个西亚,最终使巴比伦王国解体。

图7.1　巴伦比城复原图

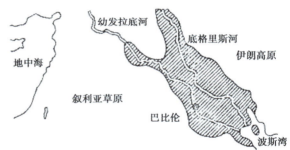

图7.2　古巴比伦位置图

(2)园林文化背景　古巴比伦王国位于底格里斯河和幼发拉底河两河流域之间的美索不达米亚平原上(图7.2)。"Mesopotamia"一词来自古希腊语,意为"河间地区",是古代希腊人和罗马人对两河流域的称呼。广义的美索不达米亚地区是指现在伊朗托罗斯山脉以西至非洲之间的狭长地带,包括伊拉克、叙利亚、土耳其、约旦、巴勒斯坦一带和伊朗西部。狭义的美索不达米亚指两河流域的中下游地区,全部在伊拉克境内,这里也是人类最古老的文明发源地之一。由于西南季风的扩张和季风雨的滋润,美索不达米亚地区湿润气候,亚美尼亚高原丰沛的降水流入两河,滋养着这一满目葱茏的农业地带。然而,两河的流量受上游地区雨量的影响很大,每年的3—7月是泛滥的集中时期。正是这种地理特点和气候条件对古代西亚的园林产生了较大的影响。5 000年前的"巴比伦文明"是人类古代文明发展的最高潮,古巴比伦帝国以强盛的国力和灿烂的城市文明使其受到周围国度的膜拜,成为当时世界的中心。古巴比伦文明与古埃及文明几乎同时放射出灿烂的光辉,其造园文化虽较埃及晚,但其所处的有益环境却促成了园林文化竞相媲美的形式。由于两河流域基本处于平原地带,因此巴比伦人十分热衷于堆叠土山,在高处修建神庙、祭坛。庙

图7.3　伊甸园设想图

前绿树成行,引水为池,豢养动物。由此,园林产生的另一个源头——猎苑,在古巴比伦蓬勃地发展起来,并且他们的生活与猎苑息息相关。

此外,联合国环境规划署总部(UNEP)现已认定如今伊拉克南部的古沼泽地就是《圣经》中所描绘的伊甸园的所在地(图7.3)。

7.1.2　亚述

(1)历史背景　在两河文明的几千年历史上,亚述可以说是历史延续最完整的国家。虽然2 000多年之间,亚述有时强大,有时衰落或沦为他国的属地,但作为独立国家和相对独立地区的亚述,是一直存在的。直到公元前900年前后,亚述国家突然空前强大,成为不可一世的亚述帝国,然后于公元前605年最终灭亡,而亚述国家随之消失。

亚述最早的居民是胡里特人,后来闪米特人迁徙而至。两个民族逐渐融合,成为亚述人。古亚述指底格里斯河和幼发拉底河流域北部地区,东北靠扎格罗斯山,东南以小扎布河为界,西临叙利亚草原。整个亚述是以亚述城为中心的,他们的后代是今日叙利亚人的始祖。

古亚述时期作为亚述地区在两河流域政治舞台上的出现,可以追溯到公元前2000年以前,那时亚述地区已经形成了一些城邦国家。相对于南部的苏美尔人或阿卡德人,亚述是比较落后的地区,阿卡德王国曾经征服亚述,给亚述带来了先进的文明。公元前2006年亚述获得独立,其语言为阿卡德语之亚述方言,文字为楔形文字。乌尔第三王朝灭亡后,两河流域诸国争霸,亚述亦是其中之一,亚述国王沙姆希·阿达德一世(Shamshi·Adad Ⅰ)曾经非常强大,征服不少地区,袭用阿卡德国王的称号,自称"天下之王"。然而,随着巴比伦第一王朝王国的出现,亚述人第一次称霸的野心被摧毁。此后,亚述地区是巴比伦第一王朝治下一个半独立的地区。

公元前10世纪,亚述进入铁器时代。铁器的使用,生产力的提高,为其长期对外战争提供了充足的兵源和给养。征战初期以掠夺为目的,以极度凶残为特色。自亚述纳西拔二世(Ashurnasirpal Ⅱ)后,亚述遭到被征服地区人民的强烈反抗。与乌拉尔图王国的战争也屡遭失败,许多被征服地区重获独立。自沙尔马内塞尔三世以后,由于经济衰落、对外战争失败和统治阶级内讧,亚述进入危机时期。约公元前900年以后,亚述国家第三次崛起。而且这次崛起,远比以前影响要大得多,并且建立了历史上著名的亚述帝国。亚述帝国兴起时,古埃及已经开始衰败,而两河流域以及小亚细亚诸强国或者灭亡或者分裂。与此同时,亚述人从赫梯人那里引进了炼铁技术,从而大大增强了战斗力,建立了一支当时世界上兵种最齐全、装备最精良的军队。

公元前722年,萨尔贡二世(Sargon Ⅱ)登基。他原为下级军官,后因战功累累得到提升。在他统治时期,亚述打败了以色列、埃及,并镇压了埃及支持的叙利亚人和腓尼基人的起义。这时亚述帝国进入了鼎盛时期。辛那赫里布是萨尔贡二世的长子。他在位期间,兴建了著名的"盖世无双皇宫"。其边长近200 m,包括两座大殿、一幢椭圆形建筑物以及一个植物园和一座凉亭。王宫内的浮雕长达3 km,现藏于大英博物馆。辛那赫里布之后,伊萨尔哈东成为国王。他在位期间,亚述帝国达到其顶峰。公元前671年,伊萨尔哈东远征埃及,攻克孟斐斯城。

公元前612年,新崛起的邻国新巴比伦王国联合伊朗高原的米底人攻陷了亚述首都尼尼微(Niniveh)。公元前605年,巴比伦国王尼布甲尼撒二世清扫了亚述的残部。自此曾在历史上称霸一时的亚述帝国彻底灭亡。

(2)园林文化背景　亚述人在美索不达米亚历史上活动时间有一千余年,大致可分为3个时期,即早期亚述、中期亚述和亚述帝国时期(图7.4)。尤其是帝国时期开始进入了铁器时代,生产力迅速提高。据史料记载,在当时的重要城市尼姆鲁德(Nimrud)、尼尼微、科尔沙巴德(Khosabad)等地均发现亚述时期的宏伟宫殿、神庙和其他建筑。其建筑物饰有大量浮雕,艺术水平较高。

图 7.4　亚述帝国位置图

帝国时期的亚述是古西亚文明的一个重要历史阶段,留下了高台上巨大的拱券结构宫殿——萨艮王宫等遗迹。同时,这个国家有发达的园林建造,特别是林苑。关于亚述园林的形象主要来自文字记载,以及宫殿墙裙遗迹上少量的园林景象浮雕,但浮雕主要反映了一些"立面"式的场景,除了行列化的树木外,几乎看不出平面关系。

当亚述还没有成为整个两河流域统治者的时候,公元前 12 世纪的国王蒂格拉斯皮利泽一世在两河上游的国都亚述城附近,就营造了人工林苑,并将被征服国土的雪松和黄杨带回来,种在亚述的林苑中。林苑里还放养了各种动物,包括非洲的大象,以及外国国王馈赠的海洋动物。同异国情调相关的人工栽植和豢养,使亚述的林苑成了人为环境艺术的产品,休闲和观赏活动补充了原来相对单一的狩猎行为。

公元前 8 世纪后半叶,各亚述先王不仅用文字记载了猎苑的情形,而且还在宫墙上刻满浮雕,将树木风光刻画在狩猎图、宫殿图、战争图及宴会图等各式各样的图中。一般来说,建筑物都有露天的成排小柱廊,近处有河水流淌,山上松柏成行,山顶还建有小祭坛。宫殿、神庙亦被建在高地上,既突出主景又开阔视野,同时避免洪水泛滥的威胁。考古发掘出的浮雕显示,在亚述人的房屋前通常有宽敞的走廊,厚重的屋顶既可起到遮阴作用,避免居室受到强烈阳光的直射,又可在屋顶上覆以泥土种花植树。当时的亚述有许多这样的屋顶花园,只不过帝王的花园规模更大。

公元前 8 世纪到公元前 7 世纪,更加强大的亚述在两河下游新都尼尼微进行了大规模园林化的工程建设(图 7.5)。在塞纳克里布统治的公元前 7 世纪初,尼尼微周围不高的丘陵被改造成大面积平川,修建了许多水渠,浇灌大片拥有各种树木的林地。林地间还辟出宽阔的湖面,边缘种有芦苇等水生植物,形成了为公众服务的城市公园或娱乐场地。公元前 7 世纪尼尼微宫殿的残留墙裙壁画上,有一幅反映亚述园林场景的浮雕,是反映古西亚园林的珍贵资料。画面很明显是一处林苑:国王和王后在葡萄架下宴饮,旁边站着侍从和武士,周围树木成行,并有不同树种的间植,可能是棕榈和松树,树下还有花卉。除了狩猎、休闲外,亚述的林苑还具

图 7.5　尼尼微都城复原图

有多种功能,如战争胜利和节日庆典、宴会、接见臣属和使节等,同宫殿建筑一起体现出帝国的强大(图7.6)。

图7.6　尼尼微墙裙浮雕中的园林场景

7.1.3　古波斯

(1)历史背景　波斯人原居中亚一带,约公元前2000年末叶迁到伊朗高原西南部。伊朗高原北接里海和中亚盆地,东北起自兴都库什山脉,西北倚高加索山脉,西有札格罗斯山脉,南临波斯湾和阿拉伯海。其四境或阻以高山,或面临大海,是比较闭塞的内陆高原(图7.7)。

公元前6世纪波斯人于米堤亚统治下形成强大的部落联盟。公元前550年部落首领居鲁士(Cyrus)灭米堤亚建国,定都苏撒。公元前6世纪

图7.7　古波斯位置图

中叶,征讨小亚细亚和两河流域南部,兵不血刃地进入巴比伦城,又南取埃及,东进中亚直至印度,形成帝国。在冈比西斯(Cambyses)和大流士一世(Darius Ⅰ)统治时期,疆土东抵印度河;西迄巴尔干;北及中欧;南至埃及,形成古代最大的横跨欧、亚、非三洲的奴隶制军事大帝国。公元前5世纪和希腊争夺东地中海霸权,爆发持续43年的希波战争(公元前492—前449年),建立了君主专制中央集权制统治。公元前4世纪左右,国势转衰。公元前330年,被马其顿亚历山大灭亡。

在波斯统治下,西亚、中亚和埃及的文化、艺术交流有所加强;影响势力较为广泛,西可达希腊,东可达印度。波斯帝国在时间上承前(巴比伦与两河流域)启后(安息与萨珊),在空间上联络东(印度乃至中国)西(地中海世界),在历史舞台上有其独特意义。

(2)园林文化背景　波斯的园林是后来中亚、西亚伊斯兰园林艺术发展的重要源头。古希腊时代的园林、古罗马的园林,以及中世纪以后欧洲几何式园林的发展,也留有古波斯园林及其艺术延续的痕迹。居鲁士大帝建立帝国后建造了帕萨加德宫殿,考古显示这里有数条石头小水渠,并结合水池成直角相交,推测是园林的遗迹(图7.8)。

图7.8　帕萨加德宫殿遗迹

波斯地处荒漠高原,干旱少雨,夏季炎热,因而水成为庭园中最重要的因素,贮水池、沟渠、喷泉等各种设施成了庭园的构成。此外,宗教也影响着庭园的设计,这也是古波斯人对园林文

化的贡献。基督教《旧约》中的"伊甸园"一词在《新约》中几乎不再出现，而大量使用了源于波斯语的"天堂园"一词。天堂园是波斯人对自己园林的称谓，它后来在基督教中既可代称伊甸园，更可同天堂一词一样，形容一个美好的终极来世。天堂园中有金碧辉煌的苑路、果树及盛开的鲜花，用钻石和珍珠造成的凉亭。波斯人认为天堂园本身就是一个巨大无比的大庭园。

而在现实中对古波斯园林最详细描述的，主要来自伟大哲学家苏格拉底的学生、军人和历史学家色诺芬（Xenophon）。公元前5世纪的最后10年，色诺芬曾游历古波斯，并协助当时的波斯王子小居鲁士争夺权位。他第一个用"乐园"这一名称向古希腊人介绍古波斯园林。在他的印象中，波斯王对他居住和造访的每个地方都很关注，到处都可以见到园林，园林的名字是乐园，充满了大地可以提供的美好东西。色诺芬描述了小居鲁士接待并引导一位古希腊斯巴达将军李森德游览其园林的情景："居鲁士亲自向他展示了在萨第斯的宫殿和园林。园中美丽的树木，平坦的种植地，有序的行列，规整的转折，甚至伴着他们行走脚步的芬芳气息，都使李森德惊叹不已。"此外，色诺芬用到了"树木""行列""转折"等词语，显然表明他游览的是一处巨大的几何形林苑。人们还可从文字中看到古波斯统治者和社会上层对园林环境和艺术的痴迷，皇帝亲自栽植，这在古希腊人那里是难以想象的。

除了从文字记载中所得到的印象外，人们对古波斯园林的具体形象几乎一无所知。不过，古波斯的园林可能延续了亚述传统，并在最大程度上反映着古西亚园林植物的丰富，有雪松、梧桐、杨树、榆树、橡树、椰枣、苹果树、梨树等许多种树木，以及玫瑰、水仙、鸢尾、郁金香、风信子、紫罗兰、蔷薇、百合等大量花卉，园林环境的形态也不止于以树木为主的林苑。

在古波斯帝国被亚历山大大帝所灭和伊斯兰教出现之间，另一个波斯民族的王国——萨珊王朝，位于伊朗高原和两河流域南部，该王朝从公元前226年一直延续到642年。它占据着亚欧交往要冲，曾同古罗马不断发生战争。637年阿拉伯人入侵，642年王朝倾覆。萨珊王朝继承了古波斯的宗教和文化传统，又部分吸收了古希腊、古罗马的文化。此外，萨珊波斯曾留下许多刻画园林景色的地毯、挂毯，在这以后的许多园林景象也都在地毯图案中都呈现。

7.2　古巴比伦园林

7.2.1　圣苑

古埃及由于缺少森林而将树木神化，而古巴比伦虽有郁郁葱葱的森林，但对树木的崇敬之情也毫不逊色。在远古时代，森林便是人类躲避自然灾害的理想场所，这或许是人们神化树木的原因之一。

出于对树木的尊崇，古巴比伦人常常在寺庙周围大量植物造林，形成圣苑。这里的树木呈行列式栽植，与古埃及圣苑的情形十分相似。据记载，亚述国王萨尔贡二世（Sargon Ⅱ）的儿子圣那克里布（Sennacherib）曾在裸露的岩石上建造神殿，祭祀亚述的历代守护神。从发掘的遗址看，圣苑占地面积约1.6 ha，神庙前的空地上有引水沟渠和许多成行排列的种植穴，这些在岩石上凿出的圆形树穴深度达到1.5 m。林木幽邃、绿荫森森的圣苑不仅营造了良好的祭祀环境，也加强了神般的肃穆气氛。

7.2.2　宫苑

古巴比伦宫苑包括主入口、客厅、正殿、空中花园、入口庭院、行政庭园、正殿庭园及王宫内庭园等（图7.9），其中以空中花园最为世人熟知。空中花园又称"悬空园"（Hanging Garden），被誉为古代世界七大奇迹之一。对空中花园的文字记载,主要源于罗马统治时期的希腊地理和历史学家斯特拉波(Strabo)和狄奥多罗斯(Diodorus)等人。该园遗址位于现伊拉克巴格达城的郊区,建于新巴比伦(公元前626—前539年),大约处于古代美索不达米亚南部。在尼布甲尼撒二世统治时期,新巴比伦王国处于极盛阶段,政治相对稳定,而经济亦有较大发展。公元前539年新巴比伦王国被波斯帝国所灭,国王尼布甲尼撒二世为了安慰思乡的王妃而建此空中花园。

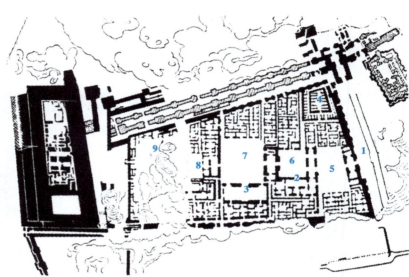

1.主入口
2.客厅
3.正殿
4.空中花园
5.入口庭院
6.行政庭院
7.正殿庭院
8.王宫内庭院
9.哈雷姆庭院

图7.9 古巴比伦宫苑平面图

图7.10 空中花园复原图

此园是在两排七间拱顶的房间上面建起的悬空平台。最下层的方形底座边长约140 m,最高台层距地面约22.5 m。每一台层的外部边缘都有石砌的、带有拱券的外廊,其内有房间、洞府、浴室等;台层上覆土,种植树木花草,台层之间有阶梯联系。空中花园将地面或坡地种植发展为向高空发展,是人类造园的一大进步。而采用的办法则是,在砖砌拱上铺砖,再铺铅板,在铅板上铺土,形成可防水渗漏的土面的屋顶以种植花木。台层的角落处安置了提水装置,将水从位于两排拱顶房间之间的井中提到顶层台地,逐层往下浇灌植物,同时可形成活泼动人的跌水。蔓生和悬垂植物及各种树木花草遮住了部分柱廊和墙体,远远望去仿佛立在空中一般,空中花园便因此而得名(图7.10)。

7.2.3 猎苑

两河流域雨量充沛,气候温和,有着茂密的天然森林。进入农业社会以后,人们仍然眷恋过去的游牧生活,因而出现了供狩猎娱乐的猎苑。然而,猎苑不同于可供狩猎的天然森林,而是利用天然林地并经过人为加工改造形成的游乐场所。

约公元前2000年,古巴比伦帝国时期的叙事诗《吉尔迦麦什史诗》中已有对猎苑的描述。国王们热衷于猎苑的建造,往往从被征服的地区引进新的树种,种在猎苑中。公元前800年之后,不仅有关于国王猎苑的文字记载,而且宫殿中的壁画和浮雕上也描绘了狩猎、战争、宴会等活动场景,以及以树木作背景的宫殿建筑图样(图7.11)。这些史料显示,猎苑中除了原有森林之外,还有大量人工种植的树木,品种主要有香柏、意大利柏木、石榴、葡萄等,同时放养着各种供帝王、贵族狩猎用的动物。此外,猎苑中还堆叠土山以供登高瞭望,土山上植树,建神殿、祭坛等,并引水在猎苑中形成贮水池,可供动物饮用。这与中国古代的囿十分相似,都是人类进入农业社会初期对游牧生活眷恋的反映。而囿被看作是中国园林的雏形,可见东西方园林的起源也有一些相同之处。

图7.11 巴比伦宫殿建筑浮雕上绘制的猎苑

7.3 亚述园林

7.3.1 圣苑

美索不达米亚地区的宗教绵延了数千年,其神祇众多,各民族创造了无数的神,人们的每项活动,基本上都与神有关。从远古时代以来,森林一直是躲避自然灾害的保护地,尤其当洪水来临之际,平原地带的森林更成为理想的避难场所。因此,亚述人也往往在神殿周围整齐成行地种植树木,形成圣苑,使神殿耸立在郁郁葱葱的林地之中,更增加了幽邃神秘的气氛。其中,乌尔城作为苏美尔人建造的最古老的名城之一,也建造了大型的宗教建筑,包括周围的园林。据考证,亚述南纳通灵塔(公元前2112—前2095年)就是其中的代表(图7.12)。据考证,亚述南纳通灵塔是迄今为止保存最好的屋顶花园建筑。该建筑高21 m,底部长约62.5 m,宽约43 m,共分3层。叠进并有花台、台阶和小型神庙建筑,扶壁有规律地排列,中心为泥土,外墙贴砖。进入庙塔需通过3个斜坡,从中央楼梯进入二层,平台上种植遮阴树,塔庙四周为广场。

图7.12 亚述南纳通灵塔

图7.13 辛那赫里布神庙壁画复原图

另外,亚述王辛那赫里布(Sennacherib)在亚述都城的花园内建造了新年节日神庙——辛那赫里布神庙(图7.13)。在考古中发现,在简单的长方形神庙建筑围合的中央庭院中,有乔木或灌木非常整齐地排列,神庙庭院也做花园用。宴会厅周围是大花园,建筑外围有运河围绕,植物之间有小型水道,覆盖面积高达 1.6 ha,其中有许多鱼、蟹、小船,池塘边缘种植成排的植物,还有起伏的小山。

7.3.2　宫苑

图7.14　亚述浮雕

亚述是古亚述王国的第一个都城,在其遗址的挖掘中,发现其花床设在中庭的中央,或者围绕于四周,王室的花园大体也采取这样的形式。亚述那西尔帕二世时期的城市,果园遍及全国,并建设大型的水利工程,把溪水直接引入城市,以灌溉果园和花园。当时城内种植多种植物,包括松树、桧柏树、杏树、海枣、乌木(黑檀)、红木(紫檀)、橄榄、橡木、柽柳、胡桃、冷杉、石榴、梨、无花果和葡萄等。这些植物都采用规则的种植形式。至帝国时期,首都尼尼微成为世界性大都市,建筑以堡垒和宫殿为主,内部多为居室和庭院,分别有序地建造在平台之上(图7.14)。

考古学家推测,亚述那西尔帕二世(公元前883—前859年)将宫苑迁到尼姆鲁德(图7.15),城市规模达365 ha,果园遍及全国,并建设大型的水利工程,把溪水引入城市,灌溉果园和花园。其中宫殿长650 m,宽390 m,其建造模仿了亚述的古庙塔,由长矩形房间围合成几个大型庭院。墙体装饰题材多为战役和建筑施工场景,建筑内部装饰精美。每层宫殿都种有棕榈及一些果树,但植物的配置主要集中在建筑的入口处(图7.16)。

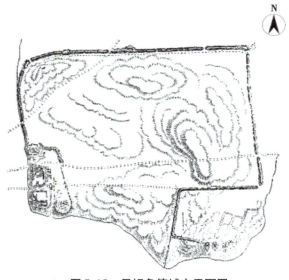

图7.15　尼姆鲁德城市平面图

图7.16　亚述那西尔帕二世宫苑复原图

到了萨尔贡二世时期,在科尔沙巴德新建都城,当时果树苗圃经营兴旺,他从当地业主手中购买土地,建庄园和果园,用于王室的娱乐,他和他的家人在园中练习狩猎狮子和鹰。当时,道路、河流两旁的种植较简单且十分规整,但都城内的王室花园中的种植方式则丰富多样;斜坡、人工湖及建筑周围都展示着更加富有趣味的景观。山顶绿树覆盖,山脚水岸设置凉亭,旁边果树硕果累累,起伏的地形、流水及绿树掩映的建筑构成一幅优美的风景画。

在亚述时期最为重要的建筑是萨尔贡二世王宫,位于都城西北角的高18 m的土台上,占地面积约17 ha(图7.17)。王宫前半部在卫城内,后半部则凸出在城外,既要防御外来的敌人,也要防御城内的百姓,整个宫殿重重设防。王宫中共有30个院落和210个房间,王宫的南入口处是一个约1 ha的院落。王宫的北面是正殿和后宫,其后是行政机关;西面则建有几座神庙和台,反映着皇权和神权的结合。亚述时期的建筑表层常用一层华丽的彩色砖墙来修饰,因而从外观上看金碧辉煌。

在辛那赫里布统治时期,将尼尼微发展成帝国首都,建成了宫苑和人工灌溉系统。他为自己建造大花园的同时,还为市民建造了小花园,修复神庙、修建道路。1847年,在尼尼微发现了宫殿遗址:宫殿呈规则式布局,连续拱廊开敞,宫殿周围种植棕榈和柽柳,远处的美景尽收眼底。辛那赫里布宫苑宫殿灰墙上涂有色彩丰富的图样,并装饰着贵重的稀有材料金银铜、外地运来的经雕琢的红宝石和健壮的芳香植物(图7.18)。

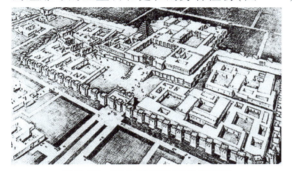

图7.17　萨尔贡二世王宫复原图

图7.18　辛那赫里布宫殿复原图

7.3.3　猎苑

由于两河流域多为平原地带,在洪水泛滥之时高地也是更为安全的地方。因此亚述人通常在狩猎园中堆叠数座土丘,用于登高瞭望,观察动物的行踪。此外,亚述人还引水入园形成贮水池,既供动物饮用,又可作为造景元素。

有的亚述王宫猎苑大到足以容纳鹿和羚羊这样有吸引力的动物,这不仅在于娱乐,对于丰富园区景观也起到了积极的作用。狩猎园中的动物来源大致可归纳为两个途径,一是本土野生驯化的动物,二是对外战争中得到的战利品,其中就有国王感兴趣的奇异动物,并把它们安置在宫殿之外或城外。例如,狮子因气力强大及勇猛,亚述君王尤其喜欢捕猎,这在古代美索不达米亚的碑铭和亚述君王的浮雕上都可找到证据。此外神庙和王宫也会采用狮子的形象和雕塑作装饰(图7.19)。

图7.19　亚述狩猎狮子浮雕

中亚述王国时期的帝王提格拉特帕拉沙尔(Tiglath Pileser)是最热衷于动物收藏的代表人物之一,在他的王室铭文中记载:"我获得的战利品中有牛、马等,此外,我还控制了高山上的狩猎范围。从刚占领的疆土内运回的雪松、橡树,是我国以前没有的树木,我把它们种在我的果园中。"

7.4　古波斯园林

古波斯地处伊朗高原的西南部,森林覆盖山地,其间出现不少王室、贵族、官僚的大庄园。古波斯是名花异卉发育最早的地方,西部河谷区适于种植,庄园内的庭园花木种类之多可以想象。

据近代考古发掘,古波斯宫殿中最著名的是帕赛玻里斯王宫(图7.20)。由大流士国王始建于公元前6世纪末,其后数代国王陆续加建。这个王宫建在高台之上,有宽阔的坡道和阶梯,由平台相接,斜道能容纳并排10匹战马,房屋和院落相互错落,但不像亚述人那样围以高墙。王宫大殿规模巨大,内部柱子宛如森林,外围有宽阔的柱廊,视野开敞(图7.21)。宫殿附近很可能就是皇家园林。除了在其中游览外,还可以在宫殿平台上、柱廊里观赏笔直的水渠,以及水渠上间隔准确有序的小水池。反过来,宫殿的建筑及柱林,包括柱廊、坡道以及台基壁上的琉璃浮雕,都可以凭借其造型和色彩来丰富园林景观。浮雕在内容和艺术风格上,都反映出古波斯园林是受亚述和巴比伦影响的。

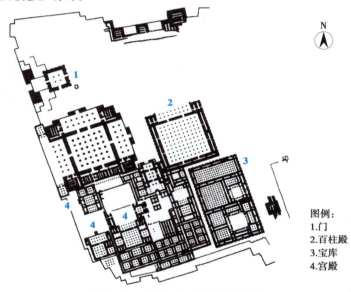

图例:
1.门
2.百柱殿
3.宝库
4.宫殿

图7.20　帕赛玻里斯王宫平面图

此外古波斯宫殿建筑群由许多大小殿宇和房间组成,其中最为宏大的是薛西斯一世(Xerxes Ⅰ)动工兴造的"百柱殿"和大流士一世(Darius Ⅰ)所兴建的正殿。这两处建筑都采用"阿帕丹纳"的厅堂形式,它们源于古代接见宾客的帐幕,随后发展为木柱木顶的大厅,最后演变为石柱木顶,但规模发展到空前宏大。"百柱殿"室内平面为边长为68.5 m的矩形;其内部有100根高2.84 m的柱子,建筑高约16 m。而正殿的室内平面边长为60.5 m,有36根柱子,高19.26 m,建筑高约23 m。帕赛玻里斯王宫采用圆形石柱,既是源于阿帕丹纳的古制,也是受了埃及、希腊的影响。例如柱身的凹槽和圆条纹、柱头的涡卷纹来自希腊的爱奥尼亚柱式,柱头上部的双牛或双狮夹峙横梁的雕饰以及纸草花纹、棕榈纹之类则来自埃及,门窗楣构和石雕则多取埃及式样,室内装修和摆设也甚多外来之物。帕赛玻里斯王宫虽然不是波斯帝国的政治中心,但建造这些宫殿时,波斯国王调集了来自非洲、西亚和南欧的建材和工匠,反映了当时世界顶级的建筑水准(图7.22)。

公元前 6 世纪,古波斯国王克斯勒埃斯二世在国土西北部还建造了西里恩王宫(图 7.23),保留了帕赛玻里斯王宫的基本特征,又运用了当时先进的拱券结构,建在长约 300 m,宽约 100 m 的高台上,还有高墙围地环绕着它,很明显是一处乐园或猎苑。在高高的宫殿圈地和乐园围墙之间,有一处巨大的矩形水池。这个王朝在两河流域泰西封的王宫是辉煌一时的建筑。

图 7.21 帕赛玻里斯王宫遗迹

图 7.22 帕赛玻里斯王宫复原图

除了宫苑外,在波斯古都帕萨迦德还发掘出公元前 6 世纪的私园,私园的主建筑前有开廊,再前有石砌的直渠,用水池作等距离间隔。在色诺芬的著作中,叙述原吕底亚首都萨狄斯有居鲁士亲自规划的花园,树木间隔行列整齐,花草繁茂,也体现了其园林规整的特点。自波斯被阿拉伯征服后庭园布局则呈"田"字形,其内部设有十字林荫道、水渠和中心喷泉水池。花木的种类丰富多样,有蔷薇、悬铃木、石榴、核桃、葡萄、杏、扁桃、无花果、橄榄、枣椰、郁金香、银莲花、鸢尾、百合、睡莲、风信子、番红花、香桃木、合欢和松柏等。

虽然波斯帝国的园林没有明确的遗存,但是波斯帝国地毯上的图案却记录了当时园林的样子。根据记载,其中最著名的一块毯子约 9 m² ,称为"考斯罗斯春之毯",这些图案以波斯伊甸园为蓝本,用丝绸、金钱及珠宝描绘了一个有水道、花卉和树木的庭院。后期一些以花园为主题的地毯皆是以"考斯罗斯春之毯"为基础发展而来。宽波浪形代表水道也象征着生命的四条河,第一是比逊河,第二是基训河,第三是希底结河(即底格里斯河),第四是伯拉河(即幼发拉底河),水道将庭院切成四小块,两条水道交接处用涡形装饰物表示亭子或蓄水池,种在主水道两侧的柏树象征死亡和永恒,果树则象征生命及繁衍(图 7.24)。

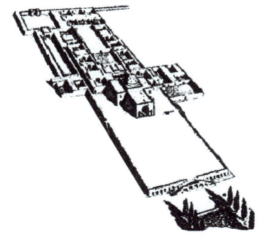

图 7.23 西里恩王宫复原图

图 7.24 绘于地毯上的波斯庭院

结合历史传承来看,古波斯的乐园可能首先是由大规模的林苑发展而来,树木成行列种植。

在征服两河流域后,其又加入了绿洲园的意象,并逐步定型。在林苑树木或庭院建筑围合中,形成以水池为核心,由水渠划分出四块花床的几何对称模式。在萨珊王朝以后的园林艺术传承中,同特定布局相关的波斯乐园概念,就主要是指这样的模式。波斯园林对后世的贡献是善于创造性地把各民族的艺术融成自己的独特风格。西欧中世纪修道院中的回廊园,以及西班牙和印度伊斯兰园林均源自古波斯的园林。

7.5 古代西亚园林的主要特征

从园林的形式和特征上,可以看出自然条件、社会发展状况、宗教思想和生活习俗等因素对古代西亚园林的综合影响作用。

首先,两河流域平原有着丰富的天然森林资源,十分适合营造以游乐为主要目的的猎苑。森林是猎苑的景观主体,人们对树木同样怀有崇敬之情,因而自然气息浓厚。猎苑的布局多利用自然条件稍加改造而成,在猎苑中引水汇成贮水池,既可解决动物饮水问题,又能营造景观、改善小气候。神庙则多建在不易被洪水淹没的高地上,周围列植各种树木形成圣苑。圣苑的布局就像古埃及园林那样,以规则的形式体现人工的特性。古巴比伦的神庙周围也常建有圣林,在神殿周围营造出幽邃、肃穆的环境气氛。就宫苑和宅院而言,最显著的特点就是采取类似现在屋顶花园的形式。在炎热的气候条件下,房屋前通常建有宽敞的走廊,起到通风和遮阴的作用。同时在屋顶平台上铺以泥土,种植花草树木并引水灌溉。而屋顶花园的形成,是气候条件和工程技术发展的产物。作为古巴比伦宫苑代表的空中花园,反映出当时的建筑承重结构、防水技术、引水灌溉设施和园艺水平等,都发展到了相当高的程度。另外,由于两河流域多为平原地貌,气候温和,雨量充沛,在洪水泛滥之时易于受到威胁。因此,宫殿、寺庙常常建在土台上,人们也十分热衷在猎苑中堆叠土山,为此,土山上有时还有神殿、祭坛等建筑物,既能突出景物,又能开阔视野。

此外,巴比伦、亚述园林都在一定程度上受到了古埃及园林艺术的影响。古埃及人是以行列栽植树木取得园林景观效果的先驱,而公元前7世纪的亚述帝国一度统治了尼罗河流域,相互间的知晓和来往则可推到更远的年代。行列栽植的树木在林苑中形成大面积绿荫,其中有大道通往各处,树木间有灌木花草,还有葡萄藤、凉亭下的休息场所,湖面和湖畔空地形成开阔之处,点缀凉亭,这些都与古埃及园林有相像之处,但亚述林苑的规模当远大于古埃及园林,其间的地形还有较明显的自然起伏。结合对后来欧洲大陆园林的了解所作出的判断认为,几何化的林苑还表明:强大的统治者改造山野风景,把使其成为有序形式的决心具体化,反映了他们像征服其他民族的文明一样,具有征服自然气候和条件的能力。而以残留的壁画为佐证,一般认为亚述的人工林苑同天然森林的最大区别,是走向了几何化布局。大规模的林地树木成行列栽植,以水渠引水灌溉,创造了最早的几何式林苑。林地是亚述人最欣赏的环境,水渠和几何化是干旱气候条件下的农业措施和经验积累的结果。

而波斯造园则与伊甸园传说模式还有一定的联系,《旧约》描述,从伊甸园分出四条河。"考斯罗斯春之毯"上的波斯庭园,体现了这一描述,其特征如下:古波斯园林采用十字形水系布局。如《旧约》所述伊甸园被分出的四条河划分为四块,水从中央分四路向四面流出,它又象征宇宙空间,亦如耕作农地。此水系除有灌溉、利于植物生长外,还可提供隐蔽环境,供人们乘凉。此外园林内有规则地种树,在周围种植遮阴树林。波斯人自幼便学习种树、养树,他们十分羡慕亚述、巴比伦的猎苑及种树形成的园林,因此大量借鉴、运用其造园手法,园内种有果树,甚至引进外来树种。这与波斯人从事农业、经营水果园、反映农业风景是密切相关的。波斯人也酷爱营造花园,爱好种植花卉,他们视花园为天上人间。因此园内也栽培了大量芳香花卉,如紫罗兰、月季、水仙、樱桃、蔷薇等。此外,波斯人欣赏古埃及花园的围墙,因此也筑起高墙,围绕庭院的四角建有瞭望守卫塔。庭院内以几何形式建造花坛,将住宅、宫殿造成与周围隔绝的"小天地"。用带有园林图案的地毯代替花园是古波斯人的一大创造,这使他们在严冬季节里,可观看有水有花木的地毯图案。

复习思考题

1. 简述古代巴比伦园林的类型及各自的基本特征。
2. 简述古代巴比伦空中花园的建造特点与艺术成就。
3. 亚述园林有哪几种类型?各自有什么特点?
4. 简述波斯造园产生的历史与园林文化背景。
5. 从波斯地毯上描绘的庭院中分析古波斯园林的造园特点。

8 伊斯兰园林

8.1 历史与园林文化背景

8.1.1 波斯伊斯兰

由于历史上的古波斯和现代伊朗的民族渊源,波斯常被用作一个历史上的文化地理概念。它以今天的伊朗为核心,广义上西达亚美尼亚、阿塞拜疆、伊拉克、土耳其,北到乌兹别克和塔吉克斯坦,东到阿富汗和巴基斯坦境内的部分地区,涵盖了中亚南部的大部分。波斯北部、西部是高山,东都是干燥的盆地,形成了许多沙漠。北部里海和南部波斯湾、阿曼湾沿岸一带为冲积平原。东部和内地属大陆性亚热带草原和沙漠气候,干燥少雨,寒暑变化大,西部山区多属地中海气候,里海沿岸温和湿润。

这一地区公元前 4 世纪前后的古代波斯园林早就被古希腊人所赞叹,经历了萨菲王朝的延续,又被阿拉伯人所接受,并纳入伊斯兰教文化的园林环境创造中。在 3—7 世纪,波斯帝国广泛吸收两河流域的灿烂文化,在农业、手工业、建筑、宗教、艺术和文字等方面成就卓越。651年,阿拉伯帝国占领波斯,随后伊斯兰教传入,同时精致美丽的天堂园也顿时成为信奉伊斯兰教的阿拉伯人心中的"天园"的蓝本。7—15 世纪是波斯科学文化发展史上又一个鼎盛时期,在萨菲王朝一世统治时期,绘画、建筑、音乐以及各种手工艺均达到高超的水平。首都伊斯法罕建立了 160 余座清真寺、48 所经学院,建造了雄伟的桥梁和宽阔的林荫大道,使这座城市成为世界名城。

在阿拔斯王朝统治之后,波斯地区历史记载或遗址中留下的园林艺术痕迹,主要有 10—12世纪突厥人的伽色尼王朝、蒙古人的铁木尔帝国和伊朗人的萨菲王朝。波斯地区的自然环境是壮阔的高原,在大部分贫瘠的土地上,有一些河流水网地带水草丰美,不管是怀着何种记忆和现实需要,皈依伊斯兰教的上层统治者都追求园林化的生活环境。其园林比之文字描述中的阿拔斯帝国园林有更清晰的轮廓,比西班牙的伊斯兰园林更宏大,显现了明显的古波斯传统。

伊斯兰教以"天园"为他们的天堂,认为那是唯一的神安拉给他的虔诚的信徒们造的。《古兰经》中是这样描绘"天园"的:"许给敬慎之人天园的情形:内有长久不浊的水河,滋味不变的乳河,在饮者感觉味美的酒河,和清澈的蜜河。他们在那里享受各种果实,并蒙其养主的饶恕。"(卷二十六,四十七章)在这里,波斯天堂园中的四条水渠已转化成"天园"中水、乳、酒、蜜四条河流,而就是这四条河流对伊斯兰国家的造园产生了巨大的影响。它们将园林场地分成更小的庭园,由此形成了园林空间的十字形水系布局,以代表源于神力的、由四部分组成的宇宙。

波斯庭园主要采用两种自然元素,即水和树。水是生命的源泉,是波斯伊斯兰园林的灵魂,而树则因其顶部而更加接近天堂。其特殊的引水灌溉系统一般利用山上的雪水,通过地下隧道引入园林,以减少蒸发,保证植物在干旱气候中能够正常生长。在需要的地方,从地面打井到隧道处,将水提上来,采用沟渠灌溉方式,少用大型水池或跌水,多用涌泉,水池之间以狭窄的明渠连接,坡度很小。此外,在园林中宗教建筑有很多,尤以清真寺、陵园、教堂和宫殿最具特色。清真寺成了他们心中最神圣之地,穹顶和高耸的宣礼塔必不可少,象征天堂和尘世的统一,在最高处都塑有一弯新月,这既是国家信仰的标志,又象征着吉祥和幸福。清真寺建材多为土坯和砖块,建筑以院墙与荒漠隔绝,形成院落。

8.1.2　印度次大陆伊斯兰

印度次大陆是地理上对喜马拉雅山以南的亚欧大陆的南延部分的叫法,也称作南亚次大陆,包括了印度、巴基斯坦、尼泊尔、不丹、锡金、孟加拉国、斯里兰卡等国家。印度作为世界四大文明古国之一,在公元前 2000 年前后创造了印度河文明。约在公元前 14 世纪,原居住在中亚的雅利安人中的一支进入南亚次大陆,并征服了当地土著。约公元前 1000 年,开始实施以人种和社会分工不同为基础的种姓制度。公元前 4 世纪崛起的孔雀王朝开始统一印度大陆,公元前 3 世纪阿育王统治时期疆域广阔,政权强大,佛教兴盛并开始向外传播。中世纪小国林立,印度教兴起。8 世纪初,曾一度入侵印度西北部的阿拉伯人,在 1000 年左右再次入侵这个国度,他们来势凶猛,接着在印度国内出现了伊斯兰教徒的各个王朝,在整个印度疆域内移植了伊斯兰文化,结果,以往的印度文化受到伊斯兰文化的冲击,逐渐改变了它原来的形态。这个冲击表现得十分明显,在伊斯兰王朝之后的莫卧儿帝国时代(Mughal,1526—1858 年),这两种文化就完全融为了一体。1526 年建立莫卧儿帝国,成为当时世界强国之一。1600 年英国侵入,建立东印度公司。1757 年,印度因战败而逐步沦为英国的殖民地。1849 年英国侵占印度全境。1857 年爆发反英大起义,次年英国政府直接统治印度。

而印度伊斯兰园林对世界园林史的发展及影响作出了重要贡献。随着伊斯兰教徒东征,17 世纪,印度成为莫卧儿帝国所在地。阿克巴(Akhar)完成了莫卧儿帝国的建设伟业,并通过印度教徒与回教徒在宗教上的融合,巩固了政治上的统一。在伊斯兰文化侵入后,印度原有的正统园林艺术与伊斯兰文化发生了很大的碰撞,并逐渐改变其旧有形式而与伊斯兰文化融为一体,形成了印度伊斯兰式园林,兼具波斯伊斯兰园林和印度次大陆的艺术风情,即著名的莫卧儿园林。由于莫卧儿皇帝在入侵印度后特别钟爱造园,其造园选址主要集中在两个地区:一个是在北纬 28°的阿格拉,另一个是在北纬 35°的克什米尔溪谷。阿格拉,位于朱木纳河畔德里南部约 177 km 处,是莫卧儿王朝的都城之一,巴布尔等多位莫卧儿皇帝在此造园。此地属热带气候,3—6 月酷热,6—9 月有季风。其自然景观比较平淡,缺乏特色,除朱木纳河之外,到处是布满树木的丛林。莫卧儿时代最古老的庭院拉姆巴格就建于此。克什米尔溪谷,位于喜马拉雅山脉之中,整体占地范围约 129 km × 48 km,距德里城 805 km。与德里的多变气温相比,克什米尔溪谷气温恒定,土壤肥沃,四周的雪山不仅为之提供了充足的水源,还抵御了季风的影响。迷人的风景、宜人的气候使克什米尔成为帝王们极好的避暑胜地。阿克巴是第一位远征克什米尔的莫卧儿皇帝。之后,其子贾汉吉尔及后继者们在克什米尔溪谷建立了永久性的夏宫。

8.1.3　西班牙伊斯兰

西班牙位于欧洲西南部的伊比利亚半岛上,境内地理环境复杂,气候多样,各地呈现出的景观面貌有很大的不同,大致可以分为 3 个不同的气候区。北部和西北部沿海一带为绿色丘陵景观,海洋性温带气候,全年风调雨顺,植被很好。东、南部地区为地中海型亚热带气候,日照时间长,夏季炎热,冬季温和。其他大部分地区为大陆性气候,干燥少雨,夏热冬冷,阳光充足。马德

里周围,一望无际的油橄榄和被暴晒成褐红色地表的丘陵构成了当地主要的自然景观。而早在8世纪时,阿卡杜勒·拉赫曼一世就以其祖父在大马士革的园林为蓝本,在首都科尔多瓦造园,他还派人从印度、土耳其和叙利亚引种植物。

在西方建筑史和园林史上,西班牙的伊斯兰园林艺术都占有重要地位。640年,伊斯兰教兴起之后,新兴的阿拉伯帝国四面扩张。此后,他们便期盼着在西班牙扩展自己的宗教势力范围。公元711年,原在基督徒统治下的安大路西亚被摩尔人征服,这即是西班牙伊斯兰的开始。通过在科多巴和格兰纳达兴建大型宫殿和清真寺,摩尔人逐渐控制了南部西班牙。摩尔人对户外有深厚感情,相伴而来的便是对波斯艺术设计、希腊科学数理、先进灌溉知识的认知。因此,西班牙的伊斯兰园林也称摩尔式园林,在中世纪曾盛极一时,其水平大大超过了当时欧洲其他国家的园林,其成就具体表现在:由厚实坚固的城堡式建筑围合成内庭院,利用水体和大量植被来调节庭院和建筑的温度,兴建大型宫殿和清真寺,通过研究和实验,摩尔人的农业和园艺知识得到长足进步,创造了用灰泥墙体分隔的台地花园。在格拉纳达建造的巨大摩尔式建筑阿尔罕布拉宫苑是西班牙伊斯兰建筑与园林的经典之作。

8.2 波斯伊斯兰园林

8.2.1 伽色尼王朝到铁木尔帝国时期的园林

伽色尼王朝首都伽色尼城在现今的阿富汗境内。在接纳并融合了波斯传统和伊斯兰文化的同时,这个王朝曾多次进犯印度,掠夺来大量财富,在一个荒漠地带建立起宏伟的城市以及周边农田的灌溉系统。伽色尼王朝园林的基本布局特征是,在建筑和高墙的围合下的宫庭园林中设置国王宝座,形成视觉焦点。这个王朝的国王还把陵墓建筑建造在园林中,在波斯和印度的伊斯兰教地区得到传承。据史证,在伽色尼王朝之后,中亚地区曾形成过多个伊斯兰小王国。著名旅行家马可·波罗曾描述伊斯兰教伊斯玛仪派在现伊朗德黑兰不远处建立的阿拉姆特堡,从侧面佐证了伊斯兰园林欲模仿天堂园的意向。

伊斯兰化的蒙古铁木尔帝国中心位于今天乌兹别克境内的撒马尔罕和附近的布哈拉。在征服战争中,蒙古首领和军队以善战和残暴著称,但在取得统治地位并安定下来以后,又成了知识和艺术的保护者。铁木尔及其后裔在以成吉思汗的子孙为自豪的同时,几乎完全接受了这一地区已形成的伊斯兰文化传统。撒马尔罕位于则拉瓦珊河畔,水草丰满,农牧发达,盛产葡萄、苹果和石榴等水果。定都后重建了这个城市的铁木尔曾夸耀自己有一个巨大的园林,在撒马尔罕和布哈拉之间伸延。虽然这处园林的实景已经无法见到,但帝国灭亡后不久,一部1515年的农业著作记载了这个园林,从中可勾勒出其基本特征:园林为南北向的矩形地块,长约450 m,宽约320 m,周围围有杨树和高墙。园门开在西侧南1/3处,由此进入园林,在中央纵轴线上可见一座大型凉亭,坐南朝北,倒映在它前面的水池中。从水池伸出水渠贯穿整个纵轴,边设有地面铺满红花草的宽阔长条形台地。园林沿纵轴分成均等的3部分:南部种满果树,有苹果、桑树、樱桃

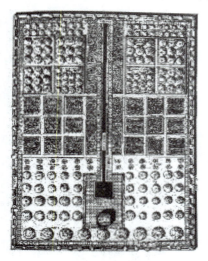

图8.1　铁木尔园林平面图

N

和无花果等,傍着台地还有紫荆和黄瓜,至端头则是蔷薇和金盏花;中部的水渠两边各有九块花床,有在不同时节绽放的各类玫瑰、紫罗兰、茉莉等数十种花卉,带来丰富的色彩;北部水渠两侧又是石榴树、桃树和其他果树形成的果园,尽端为间植杏、李的高坝体,坝下布满玫瑰花。由此,在形式和植被特征方面,铁木尔的园林(图8.1)成为中古以来中亚或波斯地区所知最详细的第一个例证,特别是有详尽的植被描述。事实上,即使在这一地区基本格局被保留下来的园林中,其植被也多发生了巨大的变化。

铁木尔帝国时期的撒马尔罕建有十几处宫廷园林。在当时一位外国使节的记录中:一个玫瑰园由高墙环绕,5条主路和一些小径的高处种有各种树木的花床,并像大街一样有地面铺装;6个大水池一个连一个,由围着园子的水渠供水;园内的中心水池建在高台上,周围有精美的栏杆和多个建筑。另一处叫新园的园林围墙四角有高耸的塔,园中心壮丽的十字形宫殿高高升起,又倒映在巨大水池的水面上。此外,在铁木尔出征或离开首都时,这些园林还常向臣民开放,普通民众也可在里面游赏甚至摘取果实。精心的设计使这些园林多彩且十分庄重。但按照蒙古人的草原游牧民族传统,在值得庆贺的日子里,他们会在园林中搭设露营帐篷,并划分为3个区域,最前部给侍卫,中部给帝王和朝臣,后部给内宫妻妾。君臣通宵共饮,纵情嬉戏(图8.2)。在帝国覆亡后,铁木尔的后代巴布尔以阿富汗喀布尔为基地侵入印度次大陆北部,成为莫卧儿王朝的奠基者。这个王朝留下了辉煌的印度伊斯兰园林,而巴布尔陵园则留在了阿富汗的喀布尔。

图8.2　16世纪绘画中的
铁木尔园林宴乐

虽然交叉水渠的园林划分模式在铁木尔时代的园林中没有明确记载,但这个蒙古人的帝国,上衔阿拉伯帝国和伽色尼等地方王朝,下接自己后人在印度次大陆的莫卧儿王朝,以及在中亚取代它的萨菲王朝,后两个王朝的多数园林大都采用了经典的交叉水渠与四周园地布局。从历史脉络上判断,许多园林著作认为,铁木尔的园林是中亚和印度伊斯兰园林的直接蓝本。

8.2.2　萨菲王朝的园林

波斯人于1502年建立了萨菲王朝,国王称为沙阿。尽管这是一个伊斯兰教国家,但这个王朝在17世纪的全盛时期仍被认为是波斯文脉在近代以前的最后一次辉煌,更何况古波斯及其后的萨珊王朝园林本身就是伊斯兰园林的主要形式来源。1598年,阿拔斯一世最终定都国土中部的伊斯法罕。曾是塞尔柱帝国首都的伊斯法罕在几个世纪前就成了一个繁华的城市,而阿拔斯一世又对城市进行了大规模的改建,其中的王室广场、王宫区,及其西部的四园大道地段共同形成了一个宏大的园林场所。这个场所的园林现在已经发生了巨大的改变,当时的情景多来自法国历史上著名旅行者夏尔丹(Chardin)的记述。

伊斯法罕新城区的主要公共区域是东部巨大的王室广场(图8.3)。规整的南北向广场规模386 m×40 m,四周环绕着宏伟的建筑。广场入口在北端,南端主体是王室清真寺,东面有一系列祈祷室,西面中央耸立着上层有开敞柱廊的阿里卡普楼亭,它们之间的连续拱券建筑可作商贸市场。这个基本格局保存至今,现在中间为宽大的草皮、广场路径和巨大的水池(图8.4)。王室广场由水渠环绕四周,水流都汇入广场北部的巨大八边形水池,可让3～4人并肩行走的堤岸高一英尺,以黑色石材铺装。在水渠和广场周边的建筑间有宽约20步的空间,种着高大的树木,树冠在建筑的屋顶以上伸展。阿里卡普楼亭是广场上的王宫入口,带拱形门窗的下两层犹如基座,支撑着上面高大的柱廊平台和后面的房间,可让王室成员观赏广场中心的马球比赛和节日宴会。

图8.3 伊斯法罕王室广场

图8.4 伊斯法罕王室大水池

保存较好并留下当时园林痕迹的只有位于王宫中心宽阔地带的四十柱宫(图8.5)。其名称源于建筑正面三面开敞的宽大柱廊,它实际有20棵雪松木柱,其中3排18棵支撑着柱廊,因为木柱倒映在宫殿门前清澈的池水中,仍佛又出现了20根柱子,故得名"四十柱宫"。这个宫殿高大而纤细的柱子和前廊也比较明显地反映了古波斯建筑的特征,以充分开放的空间将建筑内部与园林连在了一起。四十柱宫园林留下的主要特征是以水进一步加强空间联系。一条宽大得可视为水池的水渠纵贯宫前的园地,而宫殿则迎面立于高大石基之上,倒映在水池中,由此可俯瞰整个园景。此外,宫殿的中央大厅内有一个喷泉水盆,从中流出小瀑布般的水流,柱廊内还建有一处在地下连通的水池,以及一处围着建筑并衔接主水渠的细小水渠。在宫前水池边除了花卉外还种植着高大的梧桐,以保持水池清爽阴凉。整个宫殿和大水池面对西南方,夏日的风可穿过柱廊,将水池冷却下来的空气吹送到宫殿中(图8.6)。

图8.5 四十柱宫

图8.6 四十柱宫前水池

在王宫西面,阿拔斯一世还规划了一条南北向的林荫大道和两侧的园林,称为四园大道。大道自较高的宫殿区缓缓下降通向西端的河岸,长达3 km,构成了一幅绚丽奢华的画面。3条林荫道组成一处非常好的骑马散步场所,中央较宽的一条铺着宽大的石板,两侧布置了较窄的水渠和玫瑰花床。水渠沿下行道路串起一个个平台水池和瀑布跌水。大道上有桥梁跨越,旁边还有凉亭。四园大道两侧有四处园林,抑或表明两侧园林皆以水渠和园路分成4份,展示了一种堂皇绚丽的园林城市景观。四园大道区域如今留下的是一处17世纪园林,称为八乐园。乐园的周围环境使它位于一个矩形园区,其纵轴后部约2/3处,十字轴线的一端建有宽阔的水池及铺地,另一端是长长的水渠,周边为4个图案丰富的几何式花床。园中除了遍种各种花卉外,还种有松柏、梧桐及各种果树。八乐园的宫殿呈方形抹角的不等边八边形,穹顶、采光亭和拱形门窗反映了当时伊斯兰建筑的高度成就,主立面门前立有波斯式的柱子。它的房间均位于宫殿的四角,中央大厅内建有美丽的水池和喷泉,并以华丽的线脚和色彩进行装饰。四面门洞宽大,把周围园景皆引入其中,在四周呼应着中央喷泉。

8.3　印度次大陆伊斯兰园林

8.3.1　巴布尔时代的园林

铁木儿的后裔巴布尔是印度的第一位莫卧儿皇帝,他知识渊博、洞悉观瞻,对宗族世系、自然历史、建筑园林设计以及武装斗争等方面都有兴趣。巴布尔征服了北印度后,在恒河支流亚穆纳河畔的阿格拉(Agra)建立了首都。此地自古以来就没有太多有价值的风景,并且由于战事连绵而成为不毛之地。国王定居这里,首先要筑造庭园。巴布尔将地址定在河流附近,使用牛力提升水井的水位,以此化解在印度平原打造四分园的困局。在当地,水需要从附近的河流中搬运上来,然后通过设在高台步道中的水渠分流到园林中去。抬升的水源会分流至狭窄的石质沟渠中去,这对于水面高度和水的流势需要精确掌控。因为当地泥土的渗水性太强,而通过牛力所能获取的水量也有限,因此水渠以石材铺设而成。浇灌园林时会让水淹掉步道之间的长方形植被区域。雨篷设在步道上方,地毯铺设在石质平台上,营造出惬意的观景休息区。园林步道的高度各有不同,决定其高度的因素可能包括设置瀑布高度和栽种植被的需要。

位于亚穆纳河左岸、围以高墙的"拉姆园"大庭园区是巴布尔王建造的莫卧儿时代最古老的庭园,遗憾的是,近年修筑道路以及植树致使这个庭园已面目全非(图8.7)。不过如今的园子里依然有一口牛力水井,水源的供给方式不曾改变。拉姆巴格附近的"扎哈拉园"是阿格拉最大的宫苑,为巴布尔王之女扎哈拉所有。除这些宫苑之外,在巴布尔王埋葬地伊斯塔里弗的卡布勒周围还铸造了"基兰园"和"瓦法园"。瓦法园的细密画中描绘了巴布尔王初次参观瓦法园,并指导设计"四分区栽培地"的情况。画中两个园艺师在测量路线,带着设计图的建筑师充当了国王的陪同,画的右下角画着尺寸被缩小的贮水池;方形场地边缘种着石榴树和橘树,墙上耸立着洁白的雪山,为突出其高度,又在低矮的斜坡上画了松鸡和山羊(图8.8)。

图8.7　拉姆园

图8.8　巴布尔参观瓦法园并
指导设计四分区栽培地

8.3.2　胡马雍时代的园林

巴布尔死后,其子胡马雍继位。他曾处于阿富汗贵族谢尔·夏的统治之下,并遭到驱逐。在谢尔·夏之子沙利姆·夏死后,胡马雍借波斯人之力重新收复了失地,此后不久,他也与世长辞。胡马雍是第一位埋葬在墓园中的莫卧儿皇帝。墓园由其妻子承建,建在德里以南约 6.4 km 的地方,这也是莫卧儿时代最早的一座大型陵墓纪念性建筑物。这座建筑物高耸在环抱德里的平原之上,其巨大的圆形屋顶格外引人注目。而现在,拥抱着陵墓、占地约 5.3 ha 的陵园已成为一片煞风景的不毛之地,果树、绿荫树也已销声匿迹,但其石造水渠和喷水池经修复大致保持了原状。在胡马雍陵中,水渠方面的设计非常有趣,部分水渠与地面高度相平,部分设在凸起的步道上。这表明在规划莫卧儿水渠系统时,水流的掌控是一项重要考量。这也体现了胡马雍墓园设计的精到,不论对之后的设计师还是园林史学家,都带来了广泛的影响。

胡马雍死后,其子阿克巴继承王位。阿克巴在距离阿格拉 40 km 的法泰赫普尔西克里建起一座新的首都,其中有两座小园林,被称为"现存最古老的莫卧儿宫殿园林"。两座园林都是长方形结构,都设有交叉步道。均是为活人准备的公园,而非为逝者,它们也不像是对"天堂园"的象征。阿克巴在 56 岁壮年时去世,其后他的妻子仿照胡马雍陵风格为他建造了一座陵墓。

8.3.3　阿克巴时代的园林

阿克巴大帝继承了祖先的事业,除使阿富汗人臣服于他之外,还完全征服了中印度以北的疆域。阿克巴大帝对印度的知识和艺术深感兴趣,通过印度教徒与回教徒在宗教上的融合,巩固了政治上的统一,并在此完成了莫卧儿帝国的建设伟业。自巴布尔时代以来,阿格拉一直是莫卧儿帝国的首都,因此在园林建设方面,阿克巴大帝的造园工程首先开辟了国内的道路,修建了连接阿格拉市与法特普尔·吉克利的街道。阿克巴曾在法特普尔·吉克利另辟新都,在那里筑造了宫殿和许多庭园,但几年后又将宫廷迁回了阿格拉。虽然法特普尔·吉克利没有得到充分重视,但它从未成为侵略者的军事根据地,部分建筑保存得相当完好。

据戈塞因记载,由于阿克巴大帝是绘画爱好者,因此在他的宫殿及附属建筑中都装饰着壁画,这类作品就是受波斯细密画的影响绘出的。尽管这种遗物为数甚少,但与这类壁画技法相同的绘画却作为书籍的插图而流行起来。这些细密画对庭园做了详细的描绘,如实反映了那个时代庭园的全景和细部景观,以及人们当时的庭园生活情景。这些细密画有的是纯绘画性的,有的则是说明性的,它们的构图既有透视形式又有鸟瞰形式,这些细密画为了解已完全荒废的庭园原貌而提供了绝好的材料。

除法特普尔·吉克利之外,阿克巴时代的庭园,还有建造在北方山区克什米尔的庭园。阿克巴是第一个进入克什米尔地区的国王,他在斯利那加建设了名为"绿丘"的城堡,还在距塔尔湖很近的地方设计了尼西姆大庭院。这个庭院高于湖面地带,因树下终日凉风习习而得名。现在,庭园的围墙、水渠、喷泉等均已不存在,只留下一片杂草丛生、荒弃的石露台。在离阿格拉约 8.85 km 处建有阿克巴的陵园,名为西康德拉,是阿克巴大帝自己创建的。这座陵园围在锯齿形的高墙之中,巨大的方形陵园区被划分成十字形,陵墓耸立在其中央凸起的大露台上,大露台各边还建有贮水池,池中心设喷泉,由流经石铺园路中心的小水渠供水。

8.3.4　查罕杰时代的园林

查罕杰皇帝(1567—1627 年)是莫卧儿帝国的统治者。查罕杰的庭园多与他的爱妃努尔·

贾汉有关。查罕杰王与爱妃有每年移居克什米尔的习惯,因为克什米尔风景迷人,是极好的避暑胜地。

这一时期,在马图拉、温达文等地修建了数座雄伟的寺院和供印度教徒沐浴的河边石阶。莫卧儿时期的建筑特色表现在:大量采用大理石、光滑的彩色地面、精美的石雕窗饰及镶嵌装饰,充分体现了印度和穆斯林建筑风格之间的融合。其中的尼夏特园是一座美丽别墅庭园,由努尔马哈尔的兄弟、担任高级官职的阿萨孚肯建造,他同家族中其他人一样,官居国王之下,万民之上。尼夏特园由十二个露台组成,这十二个露台象征着十二座宫殿,它们沿着达尔湖的东岸向山腹顺次增高。流经水渠的水变成台阶形瀑布落下,每个水池、每条水渠中都有喷泉在喷射着水柱,使整个庭园生机勃勃。在这些露台上的花坛中,蔷薇、百合、天雪葵、紫菀、百日草和大波斯菊等花卉争奇斗艳,显得光彩夺目。这个庭园一年四季的景色都非常迷人,而最美的季节是秋季。秋高气爽之时,箭杆杨和悬铃木的金黄色树叶在黛色山峦的衬托之下景色各异。该园与克什米尔的其他庭园一样,由于近代修筑道路而将湖岸边的露台与其余露台隔开,使其景观遭到了明显的破坏。现存全园长为595 m,宽为360 m,因为是私家园林而非宫苑,所以只分两大部分。主要庭园比其他部分稍高,形成系列露台状。顶层露台上有一道高约5.5 m的墙横穿整个庭园。从小凉亭的第二层引出的水渠用砖铺砌为波形图案来建造,在宽约4 m、深约2.4 m的水渠两旁留有砖铺地的遗痕。八角形塔屹立在高大的挡土墙两侧,由塔内阶梯可达上层庭园。这个庭园的特征是设有大理石的御座,御座横跨在大半个瀑布的上方。目前对该庭园进行了部分修复,并在原处设置了装饰莫卧儿庭园的露台墙及露台的花瓶。对庭园所做的这些尝试都是些装饰性的工作,只能或多或少地增加一点往日的特征,不过它们相对于庭园的规模而言似有偏小之嫌。

而伊蒂默德—乌德—道拉墓(Itmad-ud-daulah),这座精美的大理石陵墓就是由查罕杰皇帝的宠后努尔·贾汉于1622—1628年为其父亲米尔扎·吉亚斯·贝格所建的(图8.9)。伊蒂默德—乌德—道拉墓的建造工艺后来也应用于泰姬陵的修建过程中。宝石嵌饰工艺第一次在该建筑中使用,这种工艺后来成为泰姬陵的特色。

图8.9　伊蒂默德-乌德-道拉墓

8.3.5　沙·贾汗时代的园林

在历代莫卧儿国王中,沙·贾汗(Shah Jahan)才华横溢,艺术修养极高,同时治国能力也是无可厚非的。但是,他在和平治理国家,使领土未遭破坏长达30年之后,却被王子中最活跃的奥朗则布篡夺了王位,沙·贾汗在遭禁闭八年后逝世。与沙·贾汗有关的园林很多,如拉合尔的夏利玛园、阿格拉的泰姬陵、德里的夏利玛园、克什米尔的达拉舒可园等。

实例1　夏利玛园

夏利玛园在梵文意为"爱的神殿",它以国王之父查罕杰在克什米尔的同名别墅为蓝本,在1634年由建筑师阿里·马丹·坎主持建造(图8.10)。阿里·马丹·坎还是一位技艺娴熟的工程师,将悬铃木移植进该园据说也是他所为。庭园包括3个露台,长520 m、宽230 m。过去该园外侧也有庭园,其面积更大,地势从南到北逐渐倾斜。最高层露台及最底层露台都采用由四条水渠进行分区的大庭园形式,连接着位于中央的、比它们狭小的第二层露台。在第二层露台的中央建有一个巨大的水池,池的三边各建一凉亭,水池中央还有一个小平台,由两条石铺小路与岸上相连,另有两条园路和花坛环绕在这个大型水池的四周。底层和顶层露台上的水渠宽约6 m,都附有一排小喷泉。水池两侧的大园路铺砌着小砖,图案为人字形和其他花纹。这种砖砌园路是该园的一大特色。临池而建的诸多砖砌抹灰凉亭在近代被重建,其中只有称为苏万·巴东的一座凉亭是阿里·马丹·坎原作。在顶层露台墙上的贮水池之上建有一个大凉亭,水穿过这个凉亭一泻而下,再沿大理石斜面流下来,斜面底部安放的白色大理石御座,宛如漂浮在水面一般。大水池中设有144座喷泉,庭园东墙上的国王浴室与中央的水池相对(图8.11)。顶层露台的四条水渠都连接到大凉亭。底层露台上最引人注目的是用美丽的烧花瓷砖装饰的两个门。西墙门直通城堡故道,原是正门,这是因为几乎像大部分莫卧儿庭园那样,这个庭园也是从底层露台进园,顶层露台的角上用带塔的高大的挡土墙隔出一块场地供妇女私用。

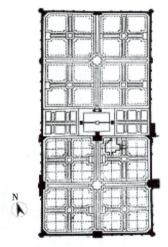

图8.10 夏利玛园平面图

图8.11 夏利玛园大水池

实例2 泰姬陵

泰姬陵位于印度北方邦阿格拉市郊,濒临朱木纳河,是沙·贾汗为其爱妻泰姬·玛哈尔修建的陵墓(图8.12)。

陵园用地呈矩形,长约576 m,宽约305 m,分为两个庭院:前院古木参天、奇花异草,开阔而幽雅;后面为面积较大的正方形庭院,整个庭院被四向延伸的十字形水渠控制,并将其均分为四块,每块又由十字形园路进一步划分为四块小型绿地。水渠交汇处为一处高出地面的方形大理石泉池,十分醒目。水渠两侧种植有果树和柏树,分别象征生命和死亡。

白色大理石陵墓建位于正方形花园后5.5 m高的平台上,平台边长96 m,四角各有一座高约41 m的圆塔,称为邦克楼。陵墓建筑的四面完全一样,每边长56.7 m。陵墓的正面朝南,经过通道进入墓室,墓室上覆盖着直径为17.7 m的穹隆顶,从它的尖端到平台约为61 m。整座建筑体形雄浑高雅,轮廓简洁明丽。这种建筑退后的布置手法,使整个花园完整地呈现在陵墓之前,并强调了纵向轴线关系,更加突出了陵墓建筑。建筑和园林紧密结合,加上陵前水池中的倒影,组成一组肃穆、端庄、典雅的画面。泰姬陵集中了印度伊斯兰造园的特点,是世界文化遗产中令世人赞叹的经典杰作之一(图8.13)。

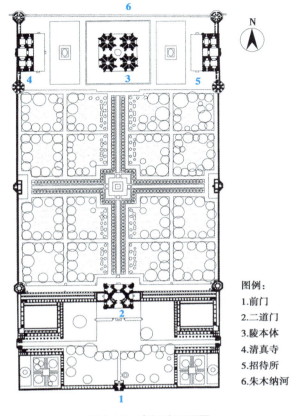

图例：
1.前门
2.二道门
3.陵本体
4.清真寺
5.招待所
6.朱木纳河

图 8.12　泰姬陵平面图

图 8.13　泰姬陵陵园内景

实例 3　德里红堡

德里红堡位于印度德里，亚穆纳河西岸，17 世纪，莫卧儿帝国时建为皇宫（图 8.14）。从沙·贾汗时代开始，莫卧儿首都自阿格拉迁址于此，1638 年继续扩建。红堡属于典型的莫卧儿风格的伊斯兰建筑，因大量使用红砂岩材料，整个建筑主体呈红褐色而得名红堡。建筑整体呈八角形，亭台楼阁都是用红砂石和大理石造就，金碧辉煌。红堡围墙长约 2.5 km，堡内两条轴线相互垂直，相交于开阔的场地，并分别伸向两个主要入口。该建筑共有两座大门、三座小门，南门为德里门。最宏伟的是西面的拉合尔门，拉合尔门有拱门、护楼，城楼上有凉亭、塔柱。拉合尔门面对的是"月亮广场"，是王公贵族们赏月娱乐的场所。

红堡分内宫和外宫两部分。外宫主要是勤政殿，是当年皇帝召见文武百官和外国使节的地方；内宫包括色宫、枢密殿、寝宫、珍珠清真寺、祈祷室、浴室、花园等，最为珍贵的是枢密宫中的孔雀御座。德里红堡的公众厅，四角顶部装饰有漂亮的小亭子，厅内用拉毛粉饰，建筑正立面为九波状拱，一系列金柱围合出国王的就座空间，并有栏杆隔离，厅后宽敞的庭院被几处建筑围合。红堡贵宾厅由白色大理石修建，雕刻精美，厅内为矩形内庭，柱墩支撑波形拱，柱上镀金，并有花纹设计。德里红堡中央的水系几乎贯穿整个王宫的主要建筑和庭院，具有完整的庭院和水系设计，水渠、水池、喷泉等造园元素有机组合（图 8.15）。

图8.14　德里红堡

图8.15　德里红堡庭院

实例4　胡马雍陵等帝王陵园

　　胡马雍陵,1566年始建于现代印度的德里城外,是莫卧儿王朝得以完整保留下来的第一座陵墓园林,并有着非常典型的伊斯兰园林格局(图8.16)。四向对称的陵墓主体建在巨大的方形场地中央,有优美的穹顶和重重拱券,以及红白相间的石贴面图案。以建筑平台为核心,中央稍宽的水渠和园路先将园林一分为四,进而又被次一级的水渠和园路划分成一个个种植花床,每条水渠路径的交点上都扩出方形的水池,但有大小和具体处理的差别。园林地面稍向南倾斜,水渠的水有时会越下数层斜面小石板。这个园林的平面极其简单,但为后来较为复杂的园林处理留下了基本模式(图8.17)。

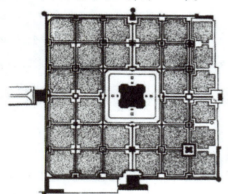

图8.16　胡马雍陵园平面图

图8.17　胡马雍陵园

图8.18　阿克巴陵园

　　1604年始建于阿格拉附近的阿克巴陵又称西康德拉。陵墓建筑周边的水渠使它犹如建在中央水池上,且特别突出了最基本的四园划分。由中央伸出的四向石路和水渠更宽阔,在各自中段又扩出平台水池,由这个系统所分开的四个植被区域地坪则明显低一些。这个陵园最引人注目的建筑是它的大门,比例优美的形体并配有四座光塔,拱门浅色墙面上有大量植物纹样花饰,同园林植物争奇斗艳(图8.18)。

　　贾汗杰陵是莫卧儿王朝最后一个大规模帝陵。位于今天巴基斯坦的拉合尔,建于1627—1630年。主体建筑罕见地以单层水平展开,配以四角光塔。其园林格局同胡马雍陵相仿,被带水渠的园路分成了 16 块花床。围着主体建筑,水渠交叉处的八个水池明显高出路面铺地,由各自的泉眼供水,池边水口通向周围水渠,进而沿路径中央四散。这些水渠都是窄窄浅浅的,整个水系统形成的几何体量和平面都是很优美的图形。

8.4 西班牙伊斯兰园林

在摩尔人统治下,西班牙伊斯兰超越了欧洲其他国家而成为文明中心。通过研究和实验,摩尔人的农业和园艺知识得到长足进步,他们吸收其他文化,总结出花园及其相关房屋设计的审美导则,其中提出的用灰泥墙体所分隔的台地花园成为一种新文化的潮流。在西班牙伊斯兰宫殿庭园中,还可以发现其与沙漠绿洲的联系。这些庭园被白墙环绕,被水道和喷泉划分,并种植了大量的常绿树篱和柑橘树。摩尔人将自己的旧习惯带到了西班牙,并对这些旧习性加以改善和调谐,尽管摩尔人最终被基督教徒逐出西班牙,他们对于整个欧洲园林的影响至今依然显而易见。

西班牙伊斯兰园林的起源是对农业的直接模仿,后来发展为对灌溉、气温调节和植物种植的研究。柱廊园是原有园林中很重要的形式,只不过建筑以及柱廊换成了阿拉伯风格的建筑形式,以更符合阿拉伯统治者的使用及审美需求。

西班牙庭院形式规整有序,建筑位于四周,围成一个矩形庭院,建筑形式多为阿拉伯式拱廊,装修和装饰十分精细。方形水池、条形水渠或水池喷泉一般位于庭院的中间,向四方引出四条小渠,代表水河、乳河、酒河、蜜河。在水池、水渠与周围建筑之间种以乔木和灌木,其搭配数量各不相同。有些地方还将几个庭院组织在一起,形成"院套院"。西班牙庭院设计注重细部,水景为了适应宗教或使用需求,庭院平面上以垂直相交或平行的水渠、运河划分空间,并设置喷泉。这些水景产生了以少胜多、空灵幽静的效果,这种独特的水体处理方式对后来的欧洲园林有一定影响。

植物方面,园中常采用芳香植物、攀缘植物及装饰性的经济植物,并以修剪过的黄杨、月桂、桃金娘等来分割空间。在水池、水渠与周围建筑之间种以搭配及数量各不相同的灌木和乔木,将水体置于树荫之下。这也是为了重现《古兰经》中对于天堂园的描写,塑造贴近自然、宁静恬适的气氛。

装饰方面,笔直的道路尽端常设置亭或其他建筑。园中地面除留下几块矩形的种植床以外,和垂直的构建如墙面、栏杆、座凳、池壁凳一样都用有色石块或马赛克铺装,形成漂亮的图案,十分华丽、精美。

实例 1 科尔多瓦大清真寺橘院

科尔多瓦大清真寺建于 785—793 年,在它建成多年之后的 10 世纪,阿巴德拉赫曼三世营建了橘院。它同大清真寺共同形成了一个 170 m×130 m 的矩形园林建筑群,并在正面与建筑并列,占据了其北部 1/3 的面积,与建筑一道形成动人的环境(图 8.19)。

在这个由建筑和高墙环绕的园林中有百余棵橘树,分布于联系在一起的三个矩形区域中。中央橘树丛的底端有喷泉水池,象征性地表达了沐浴这一宗教仪式。橘树成行等距种植在铺砖地面上的圆形树池中,开花时节,整个院落充溢芳香。细小的水渠网通向各个树池,形成一个浇灌系统。清真寺大殿有 17 道南北向的拱廊,成排的柱子指向橘院,开有拱窗。院子其他三面皆有拱廊,橘院内大小形状均一、成排布局的树木与周围的拱券相呼应,似乎是对礼拜大厅内柱列的重复,以此赋予了这一园林独特的个性特征(图 8.20)。

图8.19　科尔多瓦大清真寺　　　　　　　　图8.20　科尔多瓦大清真寺庭院

这种结合了清真寺的园林,把有关天堂园、树木和水的伊斯兰园林意象同现实中的宗教传播结合在了一起,树木犹如整齐排列的信徒。在清真寺建筑环境的传播演变中,这种与其紧密相关的园林似乎只是一定时代和地区的特例。

实例2　阿尔扎佛里亚要塞园林

11世纪,中心在阿拉贡的塔依法王国统治者贾法利亚在萨拉戈萨附近建造了阿尔扎佛里亚要塞。其内部有一个总体布局简单,但明显反映阿拉伯小型园林特征的庭院。

这个庭院四周都有柱列拱廊,中间庭院长约17 m,宽约15 m。沿纵轴方向上的主入口进入庭院,引人注目的首先是庭院对面拱券上植物枝叶般的装饰,在真实的拱上以装饰线脚形成跨越两拱的巨大圆弧,加上镂空的小拱和雕饰,整个拱廊就像一排大树,形成建筑形象和园林植物的直接呼应。此外,园林的其他部分处理得非常小巧精致。在大树般的拱廊前,庭院地面铺装非常精美,纤细的水渠纵贯中央,并在树池周围留下回转的几何图案。床底部明显低于铺地,使花草可沿铺地表面形成地毯般的绿带,间隔铺地与水渠相呼应,反映了伊斯兰园林的常见特色。庭园两侧的铺地上各自排列着三个树池,种有修剪成球形的橘树,庭院角上还各有一棵柏树。所有植物都严格遵循几何式的布局,同建筑和水渠线条划分的图案成为一体。在干热的环境中,阿尔扎佛里亚要塞恰似一处封闭在沉重厚实的碉楼高墙内的天堂园。

实例3　阿尔罕布拉宫苑

纳斯里德王朝的阿尔罕布拉宫坐落在格拉纳达的中心,是西班牙伊斯兰宫廷建筑和园林最完整、最突出的代表(图8.21)。

这座红色的要塞宫殿由王朝建立者伊本·阿哈马始建于1238年,在接下来的一个世纪里陆续形成了今天的布局,在建筑群之间有数个被西班牙语称为帕提奥的庭院相互交错,形成了优雅的居住环境,颇具地域特色。

这个宫苑中最精彩的帕提奥庭院园林有四个。它们都有伊斯兰园林典型的矩形平面和建筑围合格局,以及作为园林核心的水景和周围植物。首先,紧接着宫殿主入口的是桃金娘院,矩形庭院的南北纵向中轴联系北端宫中最大的仪典大厅,其上坚实厚重的科玛雷斯塔可俯瞰全院。这个庭院东西宽约23 m,南北长约36 m。主入口和大厅正面纤细的柱子支撑拱廊,有精美的阿拉伯装饰石膏纹样,东西两侧则墙面光洁,点缀数个带局部装饰的小门窗。庭院中央是一宽7 m,长近整个庭院的白色大理石水池,面积接近庭院的1/3,水面紧贴地面,相对开阔而又亲切平静的池水,十分清晰地留下四周建筑及柱廊的倒影。在长长的水池两侧各是2 m多宽的桃金娘种植带,桃金娘院名字由此而来。植物绿化为建筑气氛很浓的院子增添了更亲切的自然气息,规整的建筑造型与庭院空间非常协调,使桃金娘院的小小庭院虽被连续的建筑所环绕,却不感到封闭。水、植物、洁净的墙面,以及精巧的屋顶和天空的和谐衔接,显得简洁、幽雅、端庄而静谧(图8.22)。

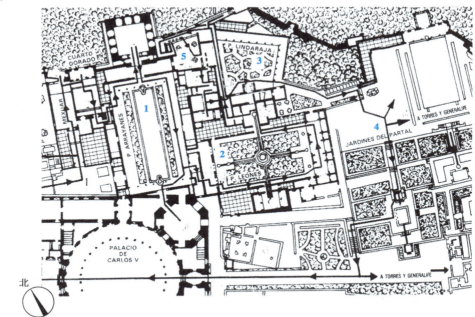

1.桃金娘庭院
2.狮子院
3.林达拉杰花园
4.帕托花园
5.柏树庭院

图8.21　阿尔罕布拉宫苑平面

在桃金娘院转折穿过甬道和门廊可到达狮子院,它是阿尔罕布拉宫中的第二大庭院,也是建筑和园林组织最精致的一个。狮子院为东西向的矩形,与桃金娘院呈直角,园林空间长约28 m,宽约16 m,采用了十字交叉水渠的典型布局。庭院四周有124棵大理石柱支撑着拱券,形成环绕全院的拱廊。东西端拱廊在中央向院内凸出,构成纵轴上的两个方亭,南北端拱廊中央则各有加大的圆拱门。从拱廊伸出的石板路在院子中央交会,将庭院四等分,形成四个花床。路径交点上立有一座12边形平面的喷泉水池,令人产生天堂园中"清快泉"的遐想。喷泉水盘由12座精雕细琢石狮承托,成为庭院的视线焦点,庭院也因此得名。院中的四处花床现在还维持着其轮廓,但它们原本要更低,使各种花卉顶部同路面铺地大体持平,一些旁证表明当年可能种植了茉莉和橘树。狮子院的水景以中央喷泉为核心,水盘和狮口喷出道道水流,落在下面的水池中。从这里沿石板路中央伸延出细细的水渠形成十字四臂,东西达廊下,南北伸延到廊后的厅堂内,并扩展出小巧的喷泉圆池,为屋顶下深深向内伸延的灰色空间带来清凉(图8.23)。

图8.22　阿尔罕布拉宫桃金娘院

图8.23　阿尔罕布拉宫狮子院

沿狮子院横轴向北，在厅廊的尽端是一个亭子对着后面的达拉克萨院。这处庭院园林依地形呈不规则的四边形。它只有约 250 m² ，还比建筑地坪下沉了一层。其中心圆形水盘喷泉周围环绕着种在花床中的罗汉松，而花床依中心圆和不规则的庭院外缘也呈异形。在这个庭院后宫形成了一个浓荫之下的隐秘之所，并可在高处的亭廊处观赏。

第四处庭院位于桃金娘院北端的仪式大厅和达拉克萨院之间。这个面积更小的迷你庭园称为雷扎院，据说其得名于围墙上的铁格架。它的中心也是一个小小的水盘喷泉，周围地面用碎石铺成图案。因为四角各种有一棵罗汉松，也以罗汉松院而为人所知。

实例 4　格纳拉里弗宫苑

位于阿尔罕布拉宫以东的格纳拉里弗宫，是格拉纳达另一个小型宫苑。其形成时间实际比阿尔罕布拉宫还早，至迟在 1319 年已经存在了，当时的统治者阿布尔·瓦利德把它扩建为自己的夏宫。这处宫殿建在比阿尔罕布拉宫高 50 m 的山坡上，构筑了依山势而下的数个长向并列平台。在高处建筑窗口和游廊上可纵览周围的城市、宫殿和自然风光。阿拉伯人退出后，这个宫殿也曾长期为天主教西班牙贵族所有，并在环境沿革中加入了大量欧洲园林特征。

图 8.24　格纳拉里弗宫苑

现保存下来的园林把各台地划分成若干个主题不同的空间，形成了私密性很强的小庭园。在最终的格局下，大小不同的层层台地，轻盈的建筑和随处可见的游廊、拱窗、阶梯，以及渠、池、喷泉等水景，所带来的登攀、转折、穿越、驻足，甚至观、嗅、听、闻时难以预料的种种变化，使其成为世界上最精美巧致的几何式园林之一。

宫苑中较完整地保留了当年伊斯兰特色的只有它的主建筑庭院，现在称为长池院（图 8.24）。长池院布局有些像阿尔罕布拉宫的桃金娘院，庭院南北两端建筑前都有列柱拱廊，东面以条形房屋和围墙围合，西墙下则是宽大的拱廊，可观赏远景。庭院中心为水渠，其两端和中央各有一处莲花状喷泉水盘，宽约 1.4 m。中央横路小桥穿过水渠造就了十字划分，但沿纵轴望去，水渠仍有纵贯全园的感觉。水池两边的石岸上排列交互对射的喷泉，在水面上方形成拱状水廊。今天的水渠和庭院仍被周边园路间的花坛绿篱环绕，种满各种花卉，院子四角还种有树木，反映了原有的庭院格局。

8.5　伊斯兰园林的主要特征

8.5.1　园林布局

伊斯兰园林是一种模拟伊斯兰教天国的高度人工化、几何化的园林艺术形式。它把两河流域的绿洲意识、宗教中的天堂观念和几何布局的艺术形式结合到一起，实现其理想天堂的景观意象，与文艺复兴以后同为几何式的欧洲经典园林相比，呈现了更明确的集中型布局形式。

用十字水渠把矩形园林地段分成四块的几何形，象征着天堂园，被视为伊斯兰园林的经典布局，四园划分可作为描述这种布局的特定术语。以四园划分的水渠来控制全园，或控制各自局部完整的四个园区，使其图式关系在几何式园林中成为最严谨的对称。常见的四部分园地又可进一步分割，以方形为主的花床形成多种种植图案，反映着人类更进一步的创造欲望和能力，丰富园林景象。这是在理想境界基础上的发挥，但更多体现了超出宗教规范的人类天性，本能地追求创造和艺术。

这种划分呈现在世界各地的伊斯兰园林中,把伊斯兰精神世界的天堂园同源自波斯的实际园林结构高度统一在了一起。源于宗教,归于世俗,生命最终要到达天堂园,而暂时栖居在一个仿照的天堂园。园林场所似乎是天人相合仪式的凝固场景。伊斯兰教地区及其他的东方文明,多在园林环境创造中强烈地体现了这一点。但随着世界观和生存环境的差异,伊斯兰教地区突出了天堂园的宇宙模型意义,园林试图展示人力同创造自然神力间的准确呼应,要把一个从现实中高度提炼出来的,呈现在宗理想中的环境复制到人间,人们可在这个和谐的环境中欢乐地生活。这种以高度提炼导致规则几何形的情况,同欧洲园林相似,但后者认为思辨的作用和人的精神与实际力量在自然世界中扩张的意识表现强烈,而伊斯兰园林则要创造一个同外部环境全然不同的内部。

8.5.2　造园要素

(1)水　在伊斯兰园林中,水体现了实际生活和宗教的密切结合,具有场所精神的极高地位或仪式感。阿拉伯民族早就有在贵族宫殿中建沐浴水池的习俗,并在伊斯兰教形成后一直保留着。宗教规则把水的价值进一步强化,并扩展到更多的民族中,同他们的传统相结合。呈现为几何形的水面,常作为基本平面布局关系的支配者及全园景观的主导者,并因此而得到精心的处理。从典型的四园划分模式来看,十字水渠交叉处既是园林整体的核心,也是水处理的核心。在由铁木尔王朝、萨菲王朝到莫卧儿王朝的园林传承中,也常有宽大的水渠,交叉处是大型中央水池。这种大型水池高出水渠两边的铺面路径,形成宽阔的台体,而园地后的周围建筑或围墙则离得很远。人们站在这个中央台体上几乎可俯视整个园林,包括轴线对着的门亭和两边渐远的花木。因而,园林景观形成了以此为核心的发散,又被最终的边界所闭锁,这是大型伊斯兰园林经典景观结构的形象。

伊斯兰园林中央台体水池得到最精心的处理,平面基本为方形,变体常为曼荼罗(Mandala)形。水面上常常有多个喷泉,形成一定的图案关系。四向笔直的水渠衔接台体,水流可自台体的豁口斜坡流下,而更多是在台体主壁下设水口,从视觉上分开了池与渠中的水。在台体下,还可以出现围着它的窄渠,在对应主轴水渠两侧路径的位置上有略微抬高的小巧"桥梁"。中央水池也常是园内水流的源头,向远处流去的水,更加强了景观的中心发散感。在分成三个园区的台地园,会有各自的中央水池。当然,当园地本身为单向斜坡时,也有高处的水经另外的源泉流向中央的情形,但无论如何,中央平台的水多数会自地下直接联系来自园外的水源,有水流在此涌出,进入四向渠道。大型园林中央十字周围可有更多的水渠网及其交叉处的水池,构成经典伊斯兰园林结构的下一层级。它们通常比主轴上的水渠窄一些,小一些,在四个主要园区内实现再次划分,给人由主到从的印象。

另外,喷泉在伊斯兰园林的水景中也是重要的造园要素。在最小最简单的园林中,同欧洲园林一样,也常是周围花床、树木围着中央铺地上的小喷泉和水池。在大一些的园林中,伊斯兰园林有许多喷泉。最多的喷泉就设在水池和水渠中,略微高出水面的出水口和不高的喷流活跃了景观,也使水体呈现流淌的溪流般声响。其他的水盘喷泉有在水渠端部的铺地上,有在大厅或亭廊中,台基前。喷泉结合下面小水池或细小水渠的造型具有优美的装饰性,但尺度通常不大。

伊斯兰园林在水体交接的处理上也独树一帜,特别是池、渠的交接,宽窄不同方向水渠的交接,经常有水在地表下连续的处理,地面上形成一些平铺或凸起"桥梁"般间断,增加了水体的图案情趣感。此外,在台地、坡地情况下,水渠中还常有斜石,有的是一道,有的构成数道间的层

次关系,水流从这里滑下,或溅起小水花。在一些渠道上方,特别是有高差处,还会有石凳让水流从下面流过。重要的赏景座席平台也会建在水池边的这种水坡前,如在拉合尔的夏利马庭园中央园区。

(2)园路　园林路径通常是水边、花床间、林地内的通道。在典型的四园划分式园林中,园路是同表达园林基本结构的水渠直接结合在一起的。除了主轴线上的通道联系建筑,或沿纵轴分成几个院落的台地外,园路的作用与其说是引导,不如说是空间划分。因为其他路径虽然有让人到达园中各处的实际作用,但它们在交叉主轴周围所联系的区域都非常相似。在许多伊斯兰园林中,路径实际就是水渠两侧铺着石板的堤岸。在水渠比较宽大的时候,较窄的两条路径中央是连续的水,两侧种植区或花床多数明显低于路面,这就更加强了堤岸的空间效果。在另一些情况下,轴线上的铺地很宽阔,中央是一道细小水渠,但宽阔的路面上又会点缀有连续的树池、花池、水池,配合两侧形状和种植都很规整的绿地,让人感到一种绿化广场般的铺面以及绿地网格划分。

另外,在被认为具体启发了伊斯兰园林形式的波斯地毯上,水渠边缘的花边图案就有华美的花砌铺地。在以后的园林中,铺地以大理石或其他石材为主,例如印度地区园林中的红砂岩。它们可以用较大石板平铺,形式简单又不失典雅,在外侧花木簇拥下同水面相互映衬。装饰性更强的有小块的砖石交错,通常在水面和花床周边以简单重复的立砖形成边缘,里面有矩形交错排列,大小八边形与方形交错排列等多种形式,而似乎更被欣赏的是立砖或给人这种感觉的燕尾席纹。

(3)植物　在水渠和园路铺地的划分下,伊斯兰园林中的种植区域多呈大小不同的方形或矩形,其中有多彩的花卉、草皮、绿荫和各季果树上的花果。但在整体构图中,由于周围建筑的完整和水景的中心主导性,植物大多给人一种充当陪衬角色的感觉,这种感觉或许也是由花床在水渠园路边经常呈现整体下沉导致的。

在严谨几何关系中的种植园地下沉,是伊斯兰园林的独特现象。大量下沉由十几厘米到一米左右的花床是为了使草皮或花卉灌木的表面同铺地持平或略高,呈现地毯般的效果。无论是阿拉伯人、波斯人、蒙古人,还是其他信奉伊斯兰教的民族,在房屋、帐篷中铺设地毯、席地而坐都有久远的传统,地毯编制艺术中的花卉图案也极其精致,它们正是以某种方式反映在园林中。此外,由于《古兰经》中有"天堂园的果实,他们容易采摘"的描述,以及考虑植物根系吸取地下水等原因,可能造就了一些园圃花床下沉达 2 m 左右的做法。在这样深的下沉种植地上,植物主体通常是果树。

伊斯兰教园林的果木花卉品种极其丰富,这在有关铁木尔帝国园林的历史文献中可见一斑。除了橘树经常出现在园林中外,果木还有苹果、李子、樱桃、椰枣、桑树、葡萄等,依地区气候不同而各异。花卉品种则难以计数,如玫瑰、蔷薇、金盏花、紫罗兰、茉莉花、薰衣草等。夹竹桃、桃金娘常作绿篱,黄杨绿篱在现存的园林中也有。不过,在伊斯兰园林历史上,绿篱似乎不似欧洲那样整齐地修剪。除了果树外,伊斯兰园林也经常有其他树木,依地区不同,有棕榈、梧桐、杨树、柳树、月桂、各种松柏等许多种类。它们多数不像果树那样自成果林,而是点缀在铺开的花丛中,铺地的树池内,或形成主园区侧围的高大绿带。松柏类植物和梧桐也同果树一样,有较高的宗教意义。在伊斯兰园林中,常绿的松柏意味着永生,而梧桐则以巨大的树冠像在天堂园一样为人们遮阴。

复习思考题

1. 简述波斯伊斯兰园林的特征。

2. 简述印度次大陆伊斯兰园林各时期的造园特色,以及代表园林的布局和风格特征。

3. 简述西班牙伊斯兰园林的类型与特征。

4. 西班牙伊斯兰园林的代表作品有哪些? 请举例说明。

5. 简述伊斯兰园林的总体特征。

9 古埃及园林

9.1 历史与园林文化背景

古埃及及园林

9.1.1 历史背景

古代埃及是世界上历史悠久的文明古国之一。在公元前 4000 年,埃及出现了最早的国家,各国之间为争夺土地、控制水源和抢劫财富及奴隶而频繁爆发战争。埃及的地势平坦,一般称开罗以南为上埃及,以北为下埃及。约公元前 3100 年,上埃及国王美尼斯(Menes),统一了上、下埃及,建立了第一王朝,开创了法老专制政体,成为前王国时代(约公元前 3100—前 2686 年)的开端。在尼罗河三角洲顶端建立了首都孟菲斯城,古埃及许多代王朝都以此为统治中心,并且在这一时期出现并开始使用了象形文字。

从第三王朝开始(约公元前 2686—前 2575 年),埃及进入古王国时代(约公元前 2686—前 2181 年,第三至第六王朝)。此时埃及的经济、政治和文化都得到了进一步发展,被称为埃及历史上第一个"青春时代"。第三王朝的首位国王左塞尔(Zoser)具有至高无上的权威,被视为神在地上的化身。为使这种神威在死后得以延续,左塞尔下令为自己修建了阶梯金字塔造型的陵墓,这是埃及最早建造的金字塔。其后的多任国王也纷纷效仿,竞相修建金字塔,规模也越来越宏大。

图 9.1　古埃及金字塔

这是体现古埃及中央集权制强化的金字塔建筑风行的时代,故也称为"金字塔时代"(图 9.1)。

古埃及从第七王朝起,古王国时代结束,进入了埃及历史上的"第一中间期"(约公元前 2181—前 2040 年,第七至十王朝),是埃及史上第一次大规模的变革时代。约公元前 2040 年,底比斯(Thebes)的统治者重新统一了上、下埃及,开创了中王国时代(约公元前 2040—前 1786 年,第十一至十二王朝),经过重新规划国土、整治灌溉系统,使埃及再现繁荣昌盛的局面。到第二中间期(公元前 1786—前 1567 年,第十三至十七王朝),由喜克索斯人控制了下埃及,并在三角洲东部建立了统治中心——阿瓦利斯(Avaris)。喜克索斯人本是分布在叙利亚草原一带的游牧民族,此后在埃及统治了约一个世纪之久。在上埃及第十七王朝(约公元前 1650—前 1567 年)的统治者卡莫斯(Kamosis)和其弟雅赫摩斯(Ahmose)的先后领导下,埃及人终于赶走了入侵的喜克索斯人,重新恢复了民族独立和统一,埃及的历史从此开始步入了新的时期。

在历经了漫长的内乱以及外族入侵的艰难岁月之后,埃及进入了复兴、强盛的历史时期,即新王国时代(约公元前 1570—前 1085 年)。由雅赫摩斯创建的第十八王朝(约公元前 1570—前 1320 年)国力日趋强盛,军队也日益强大,饱经外族入侵之苦的埃及也开始走上了向外侵略扩张的道路。在图特摩斯(Thutmose Ⅰ)统治时期(约公元前1504—前1450年),埃及军队东征西伐,建立起了一个地跨西亚和北非的大帝国,其北至小亚细亚边境,东北至幼发拉底河畔,西抵利比亚,南达尼罗河第四瀑布。国家和军队的强大,为国王带来了巨大的财富和至高无上的荣誉,国王开始自称"法老"。到拉美西斯十一世(Ramesses Ⅺ)统治时,卡纳克神庙的最高祭司霍里赫尔僭越王权,成为实际统治者。埃及雄视天下的时代从此一去不复返了,历时4个世纪之久的新王国时代就此崩溃。

　　新王国的崩溃,给埃及百姓带来了无尽的灾难。第二十一至三十一王朝(约公元前1085—前332年)期间,是埃及历史上南北纷争、外族入侵、王朝几经更迭的动荡时期,公元前671年,亚述人入侵埃及。公元前525—前343年,埃及又两次被波斯人占领,建立了波斯王朝(即第二十七王朝)。公元前332年,马其顿的亚历山大大帝击败波斯人,结束了波斯人在埃及的统治,延续了3 000年的"法老时代"宣告结束,埃及人从此便沦于马其顿帝国的专制统治之下。公元前305年,亚历山大的部将、留驻埃及的总督索特尔·托勒密(Soter Ptolcmy Ⅰ)在埃及建立了托勒密王朝(公元前323—前30年)。此时,埃及文化因与希腊文化的相互影响和渗透而得到很大发展。公元前30年,随着托勒密王朝的覆灭,埃及人仍然没有摆脱被奴役的命运,国土又被划入罗马帝国的版图,成为隶属罗马帝国的3个省。罗马统治者把搜刮来的财富大批地运回罗马或拜占庭,当时的埃及被称为"罗马谷仓"。639年,埃及又被阿拉伯人占领,遂成为阿拉伯帝国的一部分,后埃及被置为行省,并逐渐成为阿拉伯世界东部的政治、经济和文化中心。阿拉伯人的入侵给埃及带来了伊斯兰文化和宗教,并使埃及成为一个伊斯兰教国家。

9.1.2　园林文化背景

　　古埃及地跨亚、非两个大洲,领土位于非洲北部和苏伊士运河以东的西奈半岛,北邻地中海,东邻红海,是欧、亚、非三大洲的交通要冲(图9.2)。埃及国土面积96%以上为沙漠,耕地面积只占国土面积的2.48%,几乎没有永久牧场、森林和林地。埃及南部属于热带沙漠气候,干燥少雨,全年日照强度很大,年均气温较高,夏季酷热,昼夜温差较大,冬季温和。在古埃及首都孟菲斯(Memphis)以南,有一条南北长约700 km,宽10~90 km的狭长河谷,两岸是陡峭的岩壁,孟菲斯以北至入海口是三角洲,古代这里是一片植被繁盛茂密且无法通行的沼泽地。古埃及国土就位于尼罗河中下游的狭长地带及扇形展开的三角洲。在古埃及东面是海拔800 m的阿拉伯沙漠高原,西面是难以穿越的撒哈拉大沙漠,南部为山地,北部为浅滩密布、暗礁罗列的地中海海岸。独特的地理环境,使这里成为可以避开外族入侵的理想的农业文明发源地,被称为埃及文明的摇篮。

图9.2　古埃及位置图

　　每年7—11月尼罗河定期泛滥之时,河水挟带着大量泥土奔腾而下,淹没两岸的土地。大水退后,留下一层沃土,覆盖在河流两岸及三角洲上,使其成为宜于耕作的土地。然而,这一适于谷物生长的带形区域却不适合树木的生长。有史以来,这个地区雨水稀少,始终未能形成大森林,仅有的森林也只生长在洪水泛滥之际不易被水淹没的高台地带。对于地处热带的埃及来说,正是这些稀少的树林遮挡了灼热的阳光,带来凉爽宜人的绿荫,因而人们对树木倍加珍视,并十分热衷于植树造林。以培育树木为动机,埃及早期的园艺事业得到发展。同时,农业生产的需要,促进引水及灌溉技术的提高,土地规划促进了数学和测量学的发展。科技的进步在一定程度上也影响到古埃及园林的布局形式。最早关于古埃及园林的史料可以上溯到约公元前2700年的斯内夫卢(Snefrou,古王国时期第四王朝的第一位国王)统治时期,在地方官梅腾的墓穴中,已描绘有园林的形象。由此推断,从古王国时代开始,埃及就有了种植果木和葡萄的实用性园林。这些面积狭小、空间封闭的实用性园林,出于引水的便利,广泛分布在尼罗河谷之中,成为古埃及园林的雏形,园内的灌溉系统布置十分精心。

古埃及愉悦性园林出现得稍晚一些,是为新王国时代的法老们营造的奢侈品,供法老们在池畔树下娱乐享受。起初,园内只种有一些乡土树种,如埃及榕、棕榈等,后来又引进了黄槐、石榴、无花果等树木。虽然古埃及园林的实物已荡然无存,但从留传下来的文字、壁画、雕刻中,人们仍可以大致了解其风貌。此外,古埃及还出现了果园、葡萄园、菜园和花卉园等园林类型。它们可以是独立的,也可以是与一片园地的各个区域内的人工水池或水渠结合,形成具有景观价值的综合性园林。国王和富有贵族、官僚、祭司结合宫殿和住宅营造的园林,既方便为其提供日常生活所需的蔬果、禽肉,又营造了住房边凉爽优美的休闲环境。

图9.3 古埃及壁画中人们在尼罗河湿地劳作的场景

在生活中,古埃及人显然具有对宜人自然环境的高度敏感,并把它们移植到了自己创造的生活与宗教环境里。许多在墓穴内保存下来的壁画和浮雕,都反映了古埃及人在自然和田园中生活的场景。他们在尼罗河湿地上打鱼、捕鸟,在果树和葡萄架下采摘,在农田里耕作,以至在树荫下宴饮、嬉戏(图9.3)。还有一些壁画表达了古埃及宗教神话在生活中的意义。在泛神论的古埃及神话中,有代表各种自然事物和力量的神灵。在反映人神关系的许多壁画场景中,往往也有树木、花草、水体,体现古埃及人同诸神的交往经常是在自然环境里实现的。

9.2 古埃及园林类型与实例

9.2.1 圣苑

古埃及人的宗教是泛神论的宗教。这种宗教同更古老的图腾崇拜相关,把许多自然生物神化了。除此之外,在古埃及已经发展出了创世故事,以及代表天空、大地、日月等更强大自然事物和力量的神灵。传说人们生存的世界来自混沌的水,水中冒出了一个山丘,山丘上出现的巨卵孵化出最初的天地诸神。这些神的继续繁衍和创造,演化出更多的神和大地万物。作为大自然最伟大的力量,天、地、日、月诸神有规律地运作,但也会以人们想象出的各种形象在人前出没。泛神论宗教往往有祭祀与偶像崇拜活动。自中王国期间开始,古埃及人用石头为他们的诸神建起了大量神庙,高墙巨柱形成巨大的体量,并在新王国时期达到极盛。特定节日要抬出神像,在神庙及其具有象征意义的周围环境中巡游,为神献上的祭品中有许多是果木、花草和水禽。

在神庙建筑发达的中王国和新王国时期,最受崇拜的是太阳神赖,以及后来与之并列或取代他的阿蒙。在神庙附近,埃及人营造了丰富的园林化环境,有便于巡游仪式的林荫道、提供物产的实用园,进行宗教活动的圣园等。在这种背景下,埃及出现了大量神庙及与宗教相关的建筑,并在其周围设置了圣苑,即一种依附于神庙的树林,旨在使神庙具有神圣和神秘之感。埃及的法老们十分尊崇各种神祇。据记载,在拉穆塞斯三世(Ramses Ⅲ)统治时期,共设置了514处圣苑。当时的寺庙领地约占全埃及耕地面积的1/6,可见其盛况。这些寺庙大多在领地内植树造林,称为圣林。虽然寺庙的领地并非都用以造林,但古埃及圣苑、圣林的规模也是极其可观的。

许多壁画和文字记载表明,圣苑园林是古埃及园林中涉及神的世界在人们心目中的景观,以用来满足宗教仪式和供奉的需要。古埃及的神庙是人们为神而建的居所,诸神代表着生命世界的形成与延续。在建造神庙时,古埃及人通常选择尼罗河东岸的绿洲,这里既是生命发生的方位,又可以充分营造出需要的环境。水和植物是大自然生机的体现,在神庙环境及其宗教活动中也非常重要。依据神话,植物从水面中央覆盖着泥土的一个高丘上生长出来,世界逐渐生机盎然;在跨越天穹前,太阳神要在水中沐浴;旭日之神荷鲁斯出生在水边纸莎草丛中,水中荷花、睡莲等象征新的生命;尼罗河水的枯丰相间,也是神圣世界运转的体现。在祭仪中,人类向诸神贡献水禽、牛只,还有椰枣、葡萄等果实和纸莎草、睡莲等花束。在一些壁画中,矩形或“T”形的水池伴着林荫道的画面也经常出现。其中,一幅新王国时期的壁画,直接反映了卡纳克神庙前的园林与“T”形水池的景象(图9.4)。祭祀用的果木花卉经常培植在神庙旁,在祭祀仪式上还常要焚香。就像哈特舍普苏特等一些国王曾自豪地炫耀自己从遥远的地方带回过生产香料的树木,可见古埃及圣苑包括仪典性的场所和栽种供奉、焚香植物的园地。

在中王国和新王国的大部分时期,古埃及境内尼罗河中段的底比斯成为国家的首都。在它附近的卡纳克,大约从公元前16世纪开始,几百年中陆续建成了大量阿蒙神庙建筑群,集中反映了古埃及神庙建筑与园林组合的基本特点(图9.5)。

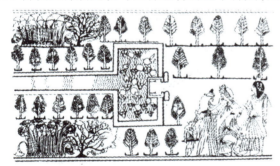

图9.4　古埃及壁画中“T”形水池

图9.5　卡纳克阿蒙神庙建筑群

实例1　卢克索神庙

在古埃及语中,卢克索神庙被称作“阿蒙神的南方别宫”(图9.6),位于今天的尼罗河东岸,坐落在卢克索城中央。卢克索神庙是由第十八王朝(约公元前1567—前1320年)阿蒙霍特普三世在原有几座小庙的旧址上建造的,供奉底比斯的三位一体神:太阳神阿蒙、他的妻子穆特和儿子月神孔苏。后来图坦卡蒙(Tutankhamun)和霍列姆赫布(Horemheb)先后加建,至第十九王朝(约公元前1320—前1200年)的拉美西斯二世在位时基本建成。托勒密王朝(公元前305—前30年)时代亦加建了一小部分。尽管如此,卢克索神庙的艺术风格仍然是统一的,完美体现出新王国时代的神庙建构法则(图9.7)。

卢克索神庙全长260 m,宽60 m,总体呈长方形。塔门前的斯芬克斯大道将卢克索神庙和3 km外的卡纳克神庙连接(图9.8)。塔门为拉美西斯二世所建,高25 m,长65 m,在塔门外,现

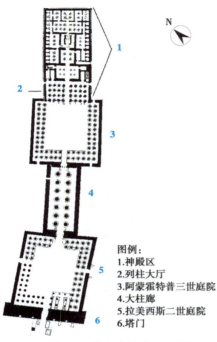

图9.6 卢克索神庙平面图

图例：
1.神殿区
2.列柱大厅
3.阿蒙霍特普三世庭院
4.大柱廊
5.拉美西斯二世庭院
6.塔门

残存两列第三十王朝（约公元前380—前343年）法老涅克塔尼波一世（Nectanebo Ⅰ）的人面狮身像。塔门前面原先矗立着刻有拉美西斯二世名字的6尊大雕像，其中有2尊坐像、4尊立像（图9.9），还有两块高25 m重达210吨的花岗岩方尖碑。经过塔门后，便进入拉美西斯二世庭院。这是一个开阔的绕柱式庭院，长57 m，宽51 m。庭院的三面被74根高16 m的圆石柱排成两列环抱，石柱上面的浮雕描绘法老为众神献祭的场面，柱头呈美丽的伞形花序状，十分优美。拉美西斯二世庭院后面就是卢克索神庙最为雄伟的大柱廊，由阿蒙霍特普三世所造，后经图坦卡蒙和霍列姆赫布扩建而成。大柱廊由14根高达18 m，周长约33 m的两列圆柱组成，呈现出一种庄严厚重的效果。大柱廊两端围有石墙、墙面上装饰以精美生动的浮雕，反映了阿蒙神庙最盛大的节庆——奥佩特节。从大柱廊末端进入阿蒙霍特普三世庭院（第二露天庭院）。这座庭院东、西、北三面环绕着比例十分均称的纸草形状柱丛，柱头的设计仿效含苞欲放的纸草微状花蕾，无论从任何方面观察，每排都是12根柱子，排列优美协调。列柱的一束束纸草式柱头，被顶端石料块连接在框缘上，形成一组美丽的纸草捆扎状花蕾图案。在整个卢克索神庙中，阿蒙霍特普三世纸草柱露天庭院特别以优美著称，被视为第18王朝完美建筑的典范之一。阿蒙霍特普三世庭院的南侧是列柱大厅（图9.10），为阿蒙霍特普三世所建。大厅内立有32根巨大石柱，排成4行，每行有8根柱子，柱头均雕成含苞欲放的花蕾形状。列柱大厅后墙有门通往神殿区，也同样是由阿蒙霍特普三世所建。

图9.7 卢克索神庙遗址

图9.8 卢克索神庙塔门

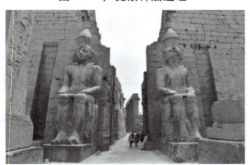

图9.9 卢克索神庙拉美西斯二世坐像

图9.10 卢克索神庙列柱大厅

　　神殿区由多个厅组成。第一前厅室原有 8 根石柱,前厅东西两侧各有一个礼拜堂,分别供奉穆特神和孔苏神。第二前厅里有 4 根石柱,其东侧为"诞生间"。第三前厅是被亚历山大大帝改建的圣舟祠堂,放置奥佩特节圣舟。圣舟祠堂的南面是一间有 12 根柱子的大厅。神殿区的最后一个厅是中央圣所,这里是供奉阿蒙神的地方,也是卢克索神庙最古老的部分,称得上是"圣中之圣"。

　　卢克索神庙布局严谨,结构对称,以其华美的大柱廊和柱式露天庭院而著称。卢克索神庙被认为是古埃及建筑艺术的骄傲,代表着新王国初期以来风靡埃及的神庙设计风格,集中体现了新王国建筑师们的精心构思。

实例 2　卡纳克阿蒙神庙

　　卡纳克阿蒙神庙(图 9.11)大体朝西面对尼罗河,位于卢克索镇北 5 km 处,是卡纳克神庙的主体部分,始建于公元前 1530 年,经历了此后 1 300 多年的不断增修扩建,其面积约为 4 ha,是古代埃及规模最大的神庙建筑。从尼罗河到神庙西端的正面塔门大致 700 m,并且一条人工水渠延伸在尼罗河到庙门之间的大部分地段,同接近神庙的矩形水池一起构成梯形水面。直接衔接着水池的是塔门前排列着羊形雕像的司芬克斯大道(图 9.12)。在梯形水面和大道两旁都曾种有树木,形成通往神庙的林荫道,树下还可能有纸莎草和葡萄架。在整个神庙围院的周围,还曾有大片的树林,包括出产为祭祀仪式焚香提供香料的植物。

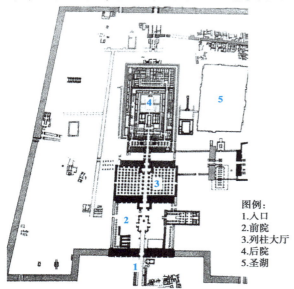

图例:
1. 入口
2. 前院
3. 列柱大厅
4. 后院
5. 圣湖

图 9.11　卡纳克阿蒙神庙平面

图 9.12　卡纳克阿蒙神庙斯芬克斯大道

　　卡纳克阿蒙神庙平面略呈梯形,规模大,主轴线明确,呈对称布局,有空间层次。它由位于中轴线上的大门、外庭、大厅、内庭和主神殿以及两侧的门庭、仪式用建筑和纪念性建筑组成。古埃及神庙的大门是它的一大艺术重点,阿蒙神庙在中轴线上,设置了 6 道高大的大门,第一道大门最高大,高 43.5 m,宽 113 m,四周以 6.1～9 m 的围墙护卫。在入口大门前的两列羊面兽身石雕后植树,同外围树木连接呼应;从入口进入外庭,在周围的柱廊前与高大雕像后,种植葵、椰树,起到烘托陪衬的作用。主神殿是神庙的主体建筑,宽 103 m,进深 52 m,面积达 5 000 m^2,内有 16 列共 134 根高大的石柱。中间两排十二根柱高 21 m,直径 3.6 m,支撑着当中的平屋顶,两旁柱子较矮,高 13 m,直径 2.7 m。殿内石柱如林,仅以中部与两旁屋面高差形成的高侧窗采光,光线阴暗,形成了神秘压抑的气氛。神庙主体处在一个大约500 m见方的巨大围院中。围院内部另有向南的四道塔门连接着外面的林荫道,指向不远处的玛特神庙。

此外,在卡纳克阿蒙神庙建筑所在围院内和围院外的水渠两边,都曾有葡萄园、水池、花园、菜园等生产性园林,提供祭祀仪式和日常所需的原料。葡萄园中树木围着成片的葡萄架,养殖鱼、睡莲、纸莎草的水池也在椰枣等果木绿荫下,花卉园、菜园中种着百合、莴苣等。它们的布局同一些很简单的住宅园林大体相似,水池边也会设置凉亭。这些园地虽然常以高墙隔开,但具有很强的实用性,园地与庙前的林荫道以及周围的树林一起,为神庙所在区域营造了大面积的绿色环境。

图9.13　卡纳克阿蒙神庙西北角的圣湖

在神庙围院内的圣林中,以水为核心,可举行特定宗教仪式的场所也非常重要。卡纳克阿蒙神庙建筑南侧有一个相当大的矩形水面,长、宽在120 m×70 m左右,史书常称其为圣湖(图9.13)。附近玛特神庙的后部则被一个马蹄形湖面所环绕。在这个湖上会举行各种宗教仪式,而法老也会在特定的节日乘船巡游。另外,据推测祭司们可能会在举行仪式前到湖水中沐浴,同时也作为神庙饲养献祭鸟类的场所。

9.2.2　宫苑

宫苑园林是指为埃及法老休憩娱乐而建造的园林化的王宫,四周围有高墙,宫内再以墙体分隔空间,形成若干小院落,呈中轴对称格局;各院落中有格栅、棚架、凉亭和水池等,以花木、草地装饰,水池内还可畜养水禽。在古埃及历史上,卡纳克宏伟的阿蒙神庙也意味着一个祭司阶层的强大,法老的权威甚至受到这个阶层的威胁。公元前14世纪,阿蒙赫特普四世实施了反对阿蒙祭司集团的宗教改革,另立阿吞为新的太阳神,自己也改名埃赫那吞,即"阿吞的侍奉者",并把都城从离卡纳克很近的底比斯向北迁到了300 km外的阿玛尔那。现在所知的古埃及皇家宫殿园林,主要可从阿玛尔那的考古中看到。在这个一度繁盛的城市中,形成了许多宫殿和宗教场所相结合的园林区域,还有大量高官的住宅园林。当年的景象可以用树木茂密,花草繁盛来形容。其中,城南一个称为玛鲁阿吞的地方就是一处大型的皇家宫苑。

实例1　玛鲁阿吞宫苑

玛鲁阿吞宫苑由两个围墙环绕的巨大围院组成,北面一个是这处神圣场所的主体(图9.14)。北围院的核心是大约占其1/3的一个湖面,大体呈东西向的矩形,四角抹成圆弧,沿岸布满植物,保持着在住宅、神庙园林修水池、湖面的传统。

庭院西端为一处房间院落组合,推测是园艺师或祭司用房。从这里伸出一条长堤,沿着侧面阶梯可下到湖周围的植物种植带。长堤端头深入湖中,形成装饰着石门的码头,可停靠承载神像或法老的圣船。在湖东岸有一座小庙,本身东西向,却从南面的院门进入。向北穿过小庙殿宇前的院子,又可回到大庭院中,直接面对一处浅池环绕的人工岛。岛上或是某个神灵的祭坛,或是法老巡游中举行某种仪式的凉亭及其附属建筑,建筑材料高贵、装饰华丽。在庭院东北角有一片植物种植园,可能是种植祭祀用植物的园地。园后的房屋内有11个交错的T形水池,池边装饰了丰富的树木花卉图案。由小庙到T形水池的建筑和园地联系非常紧密,很可能是一个重要的祭祀或皇家礼仪活动场所。湖面的东南角,一处U形建筑向北面对湖面,又围着自己前面的小水池,其中发现了睡莲的迹象。几乎同这座建筑相对应,在湖面北面西段也有一处建筑,房屋围着自己的柱廊庭院。这两处建筑的特定用途较模糊,可用于祭祀和礼仪,也有可以作为法老的宫殿或休息处。南庭院很可能是进入主要园林和礼仪区的前奏,也有充满柱子的建筑、水池和许多树木。

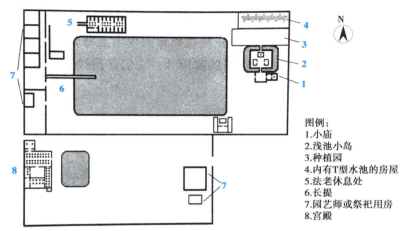

图例:
1.小庙
2.浅池小岛
3.种植园
4.内有T型水池的房屋
5.法老休息处
6.长提
7.园艺师或祭祀用房
8.宫殿

图9.14　玛鲁阿吞宫苑平面图

在这处宫苑中,实际上可以看到古埃及住宅和神庙园林综合的影子。同住宅园林的主要差别在于,几何形的园林尺度加大,里面可以有尺度相对较小的神庙、祭坛和宫殿建筑。每处建筑都维持着古埃及建筑空间的基本轴线关系,而彼此之间的对应却相对灵活。

实例2　底比斯法老宫苑

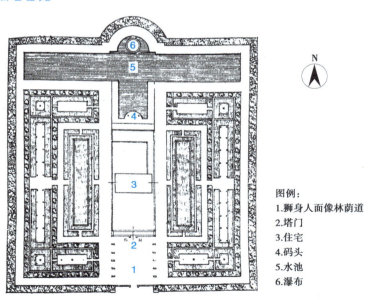

图例:
1.狮身人面像林荫道
2.塔门
3.住宅
4.码头
5.水池
6.瀑布

图9.15　底比斯法老宫苑平面图

底比斯的法老宅园是当时宫苑样式的代表(图9.15)。底比斯法老宫苑平面呈正方形,中轴线顶端呈弧状突出。宫苑建筑用地紧凑,以栏杆和树木分隔空间。走进封闭厚重的宫苑大门,首先映入眼帘的是两旁排列着狮身人面像的林荫道。林荫道尽端接宫院,宫门处理成门楼式的建筑,称为塔门,十分突出。塔门与住宅建筑之间是笔直的甬道,构成明显的中轴对称线。甬道两侧及围墙边行列式种植着椰枣、棕榈、无花果及洋槐等。宫殿住宅为全园中心,两边对称布置着长方形泳池。池水略低于地面,呈沉床式,宫殿后为石砌驳岸的大水池,池上可荡舟,并有水鸟、鱼类放养其中。大小池的中轴线上设置码头和瀑布。园内因有大面积的水面、庭荫树和行道树而凉爽宜人,又有凉亭点缀,花台装饰,葡萄悬垂,甚是诱人。

9.2.3　宅园

　　古埃及宅园的建造,在第十八王朝时期出现高潮。王公贵族的宅邸旁,都建有游乐性的水池,四周有各种树木花草,掩映着休憩凉亭。水和树木给封闭的庭院带来了湿润和荫凉,营造出相对宜人的小气候。从特鲁埃尔·阿尔马那(Tellt Armana)遗址中发掘的石刻显示,当时的宅园都采用几何形构图,以水渠划分空间。虽然,几何式园林存在于许多民族和时代,但在几何式这个艺术形式范畴内,却有着一定的差别。古埃及住宅园林的几何形构图具有非常典型的"埃及式"特征。宅园一般将矩形水池置于园中央,甚至有的水面宽阔如湖泊,可在池中荡舟、垂钓或狩猎水鸟,水池边列植棕榈、柏树或果木,并以葡萄架在园中围成几个方块。整形的植坛中混植虞美人、牵牛花、黄雏菊、月季和茉莉等花卉,边缘以夹竹桃、桃金娘等灌木为篱。

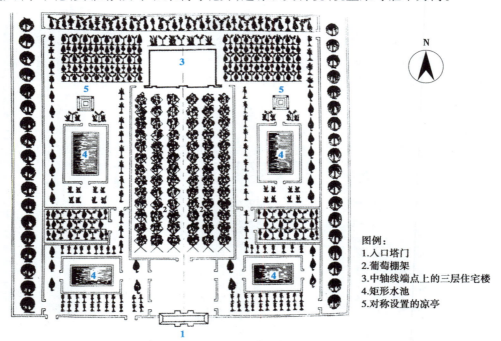

图9.16　古埃及宅园平面图

　　从埃及古墓中发掘的一幅宅园石刻显示(图9.16),该园坐落在河流边,周围环以厚重的高墙,起到防护及隔热作用。住宅建筑位于园子中后部,从两侧藤架式园门进入。宅园塔门临河布置,造型壮丽,两侧各有一扇小门通向庭院,住宅前方左右各有一凉亭,笼罩在树影之中。从河中引水注满园内4个矩形水池,埃及榕、棕榈行列式间植在园边。利用矮墙将全园分隔成几个小园。小园内种有刺槐、无花果、埃及榕和棕榈等。这种将宅园分隔成几个封闭性小园的布局方式与伊斯兰园林很相似,既便于给家中男女老幼的使用,也易于形成亲切和隐蔽的空间气氛。宅园基本的植物栽植和水体布置，奠定了古埃及其他园林形式的基础，园林以对建筑的陪衬而实现其环境意义，在其他园林环境的创造中，明显的差别是与中央轴线路径配合的主体建筑体量。

　　大量古埃及壁画也描绘了这类园林，其中最细致的平面与景观展示来自新王国时期的墓穴壁画，其中奈巴蒙壁画是古埃及最著名的绘画作品之一（图9.17）。奈巴蒙花园整体采用对称式布局，反映了当时古埃及贵族居住环境中的园林要素及特征，呈现出当时宅园的典型样式。在炎热干燥的气候条件下，古埃及人对遮阴降暑的需求更显迫切，因此水与植物成为花园中必不可少的重要元素，水体为构景中心，植物与之配合成为该花园的基本布置形式。中央的矩形水池中种着水生植物，还有水禽在游弋，水边有芦苇和灌木，椰枣、石榴、无花果等果木呈行列式间植其中。壁画的表现手法十分独特，色彩也具有透视感。从庭院一隅的女佣和小桌上的果篮、酒壶中可以看出，此时的埃及宅园完全是游乐生活的场所。在当时其他大臣的陵墓中也发现有这类宅园壁画或石刻。

图9.17　奈巴蒙花园局部

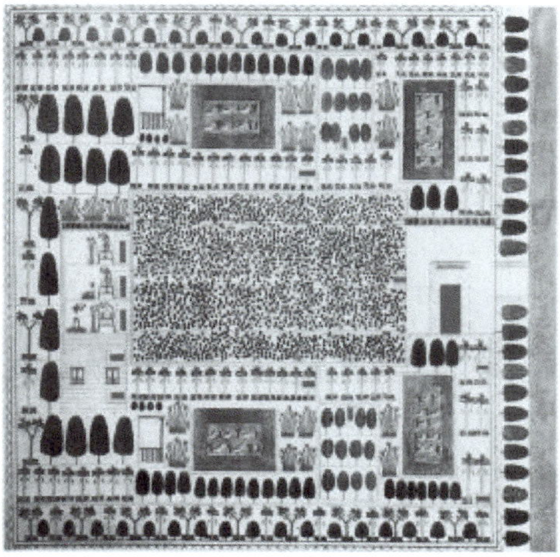

图9.18　阿美诺菲斯三世
大臣宅园平面图

　　此外，从另一个来自新王国时期阿美诺菲斯三世时期一位大臣的墓穴壁画中，可以推断出这座宅园的整体布局（图9.18）。它坐落于河流边，被围墙围在封闭的庭院中，总体呈对称式，房屋在院内与体量感同样明显的大门相对应，处在接近中轴线尽端的位置，周围布满各种植物，并配以水池。形体规则的大门和高墙对这个阿美诺菲斯三世大臣宅园的界定非常明确。庭院内的建筑、绿化的几何关系直接反映着这种界定的几何关系。与此同时，房屋建筑相对独立、形体完整，并被布满整个院子的绿化环绕。园中水面低平、宁静的水池，被成行排列的树木环绕，营造出强烈的局部空间与形态对比。绿荫涟漪、浮花游鱼，再配上水畔凉亭，是具有普遍性的优美环境。当有数个水池的时候，促成了古埃及园林中比较明显的景区划分，但由于整体上的对称布局，以及各水面形式和

图9.19　阿美诺菲斯三世
大臣宅园复原鸟瞰图

周围植物布局方式的相似性,以水池为中心的各区域之间并没有明显的景观差异。即使是不同方向的矩形水池,也更多在整体几何构图方面起作用,带来转折交错的图形。可以说,每个水池环境都有其特色,而数个水池的存在,主要为古埃及园林空间带来了比较多的疏密转换,造就了方向不同但环境相似的停留场所(图9.19)。

这座宅园除了建筑、水体组合外,还有众多的树木。该宅园的植物存在着几何关系中的种类变化,特别是在行列式树木栽植中所呈现的植物种类变化。这种变化在大的园林关系中可以是成片的葡萄园区、水面植物区,以及多行列的高大树木区。这类变化为基本的几何关系带来丰富的空间与质料差异,如不高的葡萄藤呈现密集的肌理感,浮花对低平水体平滑表面的点缀感,高处树木枝干与叶冠的行列组织感。进而,高大树木区排列着不同的树种,在树形、色彩方面有序变化。树干之间还会有灌木或花卉,形成又一个绿化层次。

9.2.4　墓园

古埃及人相信,人死以后灵魂会进入另一个世界,认为墓地与灵魂将进入的那个世界息息相关,因此把陵墓看得非常重要。许多墓室壁画和铭文表明,古埃及人期待一个另一世界的园林,这个园林在想象中可能比人间的园林更美。

在充满着神灵的古埃及人世界中,生命是周而复始地循环的。东方是生命的起始,西方是它的终结,但终结又意味着新的开始。神话中天穹女神努特站在尼罗河东边,俯下身去跨越苍穹把运行到西天的太阳吞入口中,运转到东方再生。人类的死亡意味着进入了西方的世界,灵魂延续着生命在冥间的另一个漫长经历。他们把遗体制成长期保存的木乃伊,相信3 000年后复活的灵魂会回到原来的肉体。为此,历代的法老和贵族都为自己建造了巨大而显赫的陵墓。他们认为现世成就之物在来世也能为灵魂带来慰藉,陵墓周围还要有可供死者享受的、宛如其生前所需的活动空间,以作为灵魂的安息之所。在来世观的影响下,产生了墓园这一园林类型,也称为灵园。通常规模较小,设有水池、行列树等,形成凉爽、湿润而又静谧的空间气氛,如死者生前的宅园。

公元前2800—前2300年,古埃及已形成了以法老为政体的中央集权制,法老死后都要兴建金字塔作为王陵,在尼罗河下游西岸的吉萨高原上建有80余座金字塔,成为墓园。金字塔墓园中轴有笔直的圣道,控制两侧的均衡,塔前设有广场,与正厅对应,周围成行对称地种植椰枣、棕榈、无花果等树木,林间设有小型水池。除了金字塔外,"帝王谷"则是古埃及新王朝时期第十八至二十王朝(约公元前1539—前1075年)时期法老和贵族的主要陵墓区,位于开罗以南700 km,尼罗河西岸7 km。底比斯位于与卢克索隔河相望的一大片沙漠地带,帝王谷就坐落于离底比斯遗址不远处的一片荒无人烟的石灰岩峡谷中。公元前16世纪中叶,法老图特摩斯一世选中了这里作为他的重生之地。他下令在尼罗河西岸的峭壁上开凿洞室,建造了一条陡峭的隧道作为墓穴,用来安葬遗体。此后的500年里,历代法老和王室显贵都沿用这种方法在这里构筑岩穴陵墓,用来安放他们显贵的遗体,同时这里还建有许多巨大的柱廊和神庙。这处雄伟的墓葬群,一共有60多座帝王陵墓,埋葬着埃及第十七王朝到第二十王朝期间的64位法老。

古埃及建造墓园的传统对以后欧洲墓地的布局产生了一定的影响,墓园也是西方园林中的重要类型之一。陵墓里保存下来的雕刻和壁画也为后人了解古埃及园林文化提供了宝贵的资料。

实例1　曼都赫特普三世墓

曼都赫特普三世墓大约建于公元前2000年,建在尼罗河中段的戴尔—埃尔—巴哈利(图

9.20）。与来自东面尼罗河附近的大道形成一条轴线,导向西端高耸的山崖和它下面的建筑。以一个小型金字塔为核心的祭殿建在紧贴山崖的平台上,祭殿和台体都有柱廊,面对一个宽阔的矩形围院。傍着登上平台的中央坡道,围院中曾有一片刻意栽植的绿树。

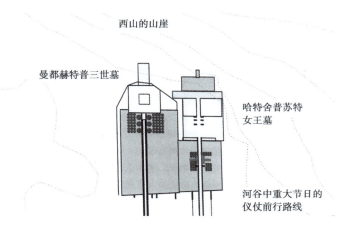

图9.20　曼都赫特普三世墓与哈特舍普苏特女王墓的平面图

这座陵墓建造在远离尼罗河的区域,多石地表不适于植物生长,但在坡道两侧及向前伸延的一段距离内,考古发现了规则布局的成排巨大凹坑,填着泥土,留有植物的残根。据此推测中央以两行埃及榕形成林荫道,外侧是柽柳形成的树林,在林荫道上还有国王的雕像。在这个平台、祭殿和园林的组合中,台体、埃及榕和柽柳树迎合了神的接引以及奥西里斯墓的传说。

实例2　哈特舍普苏特女王墓

著名的埃及女王哈特舍普苏特(Hat shepsut,约公元前1479—前1458年在位)是古埃及一位有为的女王,或许为了借助宗教突出自己统治的正当性,哈特舍普苏特于公元前1450年,把自己的陵墓建在了曼都赫特普三世墓旁。

从卡纳克阿蒙神庙向西5 000 m,女王哈特舍普苏特用一条中轴线把自己的陵墓同它连在一起,使它们组合成古埃及历史上综合了自然山水、建筑与园林的最伟大风景建筑环境,也使其陵墓环境渗透了更多的宗教意义(图9.21)。她基本上延续了前辈的建筑模式,但建造得更加壮观。哈特舍普苏特墓完全取消了金字塔的造型,使山崖的意义更加突出。这座陵墓有两层柱廊平台,台下的围院和来自尼罗河的大道,强化了台体纵向的上升与横向的舒展(图9.22)。由于建在高耸山崖和宏伟建筑前的坚硬土地上,哈特舍普苏特的陵墓园林不可能是一片林海。曼都赫特普三世墓的园林深广也就五六十米,而哈特舍普苏特墓围绕一对T形水池的种植范围则更小。但是,通往陵区围院的大道采用了树木茂密的林荫道设计,隐形地联系着远处的尼罗河,使面积有限的陵墓圣园让绿色环境得以延续。

祭殿前的下层台体表面大致有80 m见方,在台下坡道起点处,发现了一对里面还留有纸莎草痕迹的T形水池,以及周围的树坑遗迹,表明了同曼都赫特普三世墓异曲同工的处理。T形水池多见于古埃及同宗教、丧葬相关的场所。池中常有荷花、旁边有纸莎草,周围栽植各种树木。这种形式及相关园林环境,在拜祭神和死者的活动中具有重要意义(图9.23)。

图9.21　哈特舍普苏特女王墓与卡纳克神庙
　　　　穿越尼罗河的轴线关系

图9.22　哈特舍普苏特女王墓

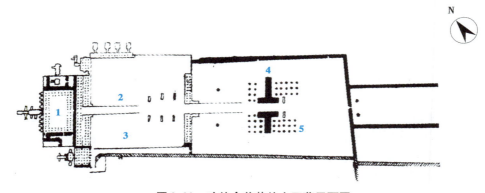

图9.23　哈特舍普苏特女王墓平面图
1.陵殿　2.坡道　3.柱廊平台　4.T形水池　5.树坑遗迹

9.3　古埃及园林的主要特征

9.3.1　园林选址

在早期的造园活动中,古埃及人除了强调种植果树、蔬菜以产生经济效益的实用目的外,已开始关注园林改善小气候环境的功能。在比较恶劣的自然环境中,人们首先追求的是如何创造相对舒适的小环境。在埃及干燥炎热的气候下,阴凉湿润的环境才能给人以天堂般的感受,因此,庇荫作用在园林选址中至关重要。水体既可增加空气温度,又能为灌溉提供水源;水池既是造景要素,又是娱乐享受的奢侈品,因而成为古埃及园林选址中不可或缺的部分。水池中放养鱼和水禽,也为园林增添了自然的情趣和生气。由于古埃及人生活在尼罗河河谷和三角洲地带,水源几乎全部来自尼罗河,而造园必须选择在临近河流或水渠的地方。因此,古埃及的园林大多分布在低洼的河谷或三角洲附近。这些地方地形也比较平缓、少有高差上的变化,这样的选址也影响到埃及园林的形式。

9.3.2　园林布局

古埃及园林作为人类园林艺术的源头之一,最基本的特征是其几何式的布局以及整体对称的形式。除了对自然环境的直接利用外,历史上的人类园林艺术环境许多时候很难同建筑艺术环境分离。此时,园林的几何式与自然式联系于建筑布局同园林绿化的关系。当从房屋建构出发考虑植被、水体组织的时候,很容易形成几何式的园林,古埃及的园林就是这样。

古埃及园林在总体上有统一的构图,采用严整对称的布局形式。园地多呈方形或矩形,显得十分紧凑。不仅四周围有厚重的高墙,起到隔热作用,且园内也以墙体、树木分隔空间,形成若干个独立并各具特点的小园,并互有渗透和联系。大门与住宅建筑之间是笔直的甬道,构成明显的中轴线,甬道两侧及围墙边列植着椰枣、棕榈、无花果及刺槐等,两边对称布置凉亭和矩形水池。水池呈下沉式,水面低于地面,以台阶联系上下。各个小园中内设有格栅、棚架和水池等,装点着花台和草地,并放置凉亭、廊架等休憩设施。

其中,古埃及宅园突出了植被绿化和水在一个围合环境中的核心价值。而圣苑和墓园局部园林绿化同建筑没有根本区别,在更大范围内,圣苑和墓园的园林化整体环境则更能体现建筑布局同地貌风景的结合,以及大型建筑体量对环境的控制。

9.3.3　造园要素

古埃及造园的目的是为了营造凉爽湿润的环境,各种要素因此而出现。其中作为园林空间分隔的元素有墙体、栅栏、树木、水渠等,而主要的造景元素是各种植物、水池,以及凉亭、棚架等建筑小品。

在各民族的传统观念中,水都具有生命之源的意义,而水体在园林历史演变中具有重要地位,从遥远的古埃及起就是这样。古埃及园林内的养殖、景观或仪典性水面通常是矩形或"T"形的,在树木围合中具有一种场所中心感,积聚周围的景观。这种水体的中心和积聚感同样出现在后世的许多园林中。线形的引水或行船水渠一般在被围合起来的园地之外,往往联系于尼罗河,在更大范围的环境景观方面起作用。

植物作为园林环境的最重要要素,在古埃及园林中得到应用。从古埃及的自然条件和景观形态两方面看,综合运用水生与湿地植物、花草灌木、藤蔓植物和高大树木,既反映了古埃及的自然植被特点,又在园林中生成了比较丰富的绿色空间层次。古埃及园林植物种类及栽种方式丰富多样,如庭荫树、行道树,以及桶栽藤本和水生植物等,以实用及庇荫效果为主。据记载,其植物品种主要有椰枣、棕榈、刺槐等庭荫树及行道树,石榴、无花果、葡萄等果木,迎春和月季也开始在园中栽植。此外,还有蔷薇、矢车菊、罂粟、银莲花、睡莲等花卉。桶栽植物装点在园路两旁,甬道上覆盖着葡萄棚架,形成绿廊,既能遮阴、减少地面蒸发,又为户外活动提供了舒适的场所。或许由于气候炎热的原因,早期的埃及园林中,花卉种植较少,园林色彩比较淡雅。当埃及与希腊接触之后,花卉装饰才成为一种时尚,在园中大量出现。以后,埃及开始从地中海沿岸引进一些植物品种,如栎树、悬铃木、油橄榄、樱桃、杏、桃等树木,园林中的植物品种也逐渐丰富起来。

复习思考题

1. 简述古埃及园林的历史与园林文化背景。

2. 简述古埃及的园林类型及各自的基本特征。

3. 简述古埃及神庙建筑与园林与宗教活动的联系。

4. 简述古埃及建造墓园的传统及对后世的影响。

5. 简述古埃及造园的园林布局的特点。

6. 古埃及园林有哪些主要造园要素?其中园林种植有什么特色?

10 古希腊园林

10.1 历史与园林文化背景

10.1.1 历史背景

图 10.1 古希腊地理位置图

古希腊位于欧洲东南部，大致上包括马其顿以南的希腊半岛、爱琴海和爱奥尼亚海中的各岛屿。希腊半岛依地势分为北、中、南三部分，北部由伊庇鲁斯山和狄萨利亚平原组成；中部群山众多，平原狭小，从中部到南部经过科林斯地峡。古希腊半岛陆地交通不便，但海岸弯曲，港湾多，海上交通发达(图 10.1)。

爱琴文明是希腊最早的文明，它是爱琴海及周边地区青铜文明的统称，其中心先后在克里特岛和迈锡尼。公元前 2000 年左右，克里特岛出现了最早的国家。希腊爱琴海地区很早就有人类活动，在北希腊的卡尔息狄斯地区曾发现早期人类头骨，旧石器时代文化遗存散见于希腊半岛；南希腊阿哥利斯地区的弗朗克提洞穴，有约公元前 7000 年的中石器时代遗址，居民用黑曜石制作的石器捕捉海鱼。新石器时代的居住地分布于希腊本土和爱琴海各岛，最早可推至公元前 6000 年前。新石器时代各处居民的生活方式大致相同，种大麦、小麦和豆类等农作物，驯养绵羊、山羊等家畜，崇拜象征丰产的泥塑女神像。农业技术大概从西亚通过小亚半岛由海陆两方面传来，可能伴以农业移民。公元前 3000 年，爱琴海地区进入青铜时代，出现了奴隶制国家。青铜器的使用使当时的克里特文明出现了宏伟的建筑物，19 世纪出土的克诺索斯王宫遗址是当时的典型建筑。约公元前 1200 年，另一支希腊人(多利亚人)的入侵毁灭了迈锡尼文明，此后 300 年，希腊完全陷入沉寂状态，封闭又贫穷，希腊历史进入所谓"黑暗时代"，因为对这一时期的了解主要来自《荷马史诗》，所以又称"荷马时代"。在荷马时代末期，铁器得到推广，取代了青铜器；海上贸易也重新发达，新的城邦国家纷纷建立。希腊人使用腓尼基字母创造了自己的文字，并于公元前 776 年召开了第一次奥林匹克运动会。奥林匹克运动会的召开也标志着古希腊文明进入了兴盛时期。公元前 750 年左右，随着人口增长，希腊人开始向外殖民。在此后的 250 年间，新的希腊城邦遍及包括小亚细亚和北非在内的地中海沿岸。在诸城邦中，势力最大的是斯巴达和雅典。此后，希腊被马其顿的亚历山大大帝征服，成为马其顿帝国的一部分。亚历山大大帝死后，马其顿帝国陷入一片混乱，希腊借机恢复了独立。公元前 168 年，罗马帝国以武力完全征服了希腊，但罗马人的生活却被希腊文明所征服。作为罗马帝国的行省，希腊文明继续主宰着地中海东部，直到 4 世纪罗马帝国被分裂成两部分。以君士坦丁堡为中心的拜占庭帝国本质上就是希腊化的。拜占庭抵御了几个世纪来自东西方的攻击，直到 1453 年君士坦丁堡最终沦陷，奥斯曼帝国此后也逐渐征服了整个希腊。

此外，古典希腊的哲学发展是古希腊人对世界文明史的另一重要贡献，是他们对生活、智慧的总结与思考。主要集中在辩论与质询的任务，是哲学的重要内容。古典希腊哲学对西方的哲学、科学和宗教的发展都有深刻的影响。出现了苏格拉底、柏拉图、亚里士多德、泰勒斯、阿那克西曼德等一些著名的哲学家，他们共同为西方哲学奠定了基础，对后世影响深远。

10.1.2　园林文化背景

希腊是一个多山的国度，在山峦之间镶嵌着块状平原和谷地。希腊地貌可分为山地、丘陵、盆地和平原等类型，其中山地和丘陵占国土面积的 80%。希腊几乎没有大河，而且大多是季节性河流，常年有水的河流屈指可数，是典型的地中海气候，夏季炎热少雨，冬季温暖湿润。希腊东海岸有众多的天然港湾，为海上交通提供了便利条件，使其较早接触到来自古代东方的文明。

公元前 12 世纪以后，随着东方文明对希腊的影响日增，希腊人开始向往东方人豪华奢侈的生活方式。公元前 10 世纪前后希腊贵族已开始营造花园，在当时的文学作品中也有关于园林的描写。然而，当时的希腊园林还以实用园为主，园内大量种植果木、蔬菜和药草，并引溪水入园灌溉植物。被普遍认为形成于公元前 8 世纪前的《荷马史诗》，是了解古希腊园林文化传承的重要资料，在它以战争和历险为主题的故事中，不乏对自然与生活场景的描述。特别是对更古老的园林景观的刻画，一定程度上反映了当时的实际环境和生活情景，虽然这类可能带有一些艺术夸张和想象，但也具有较高的可信度。在荷马史诗《奥德赛》中有多处涉及自然和园林景象，其中有两处描述非常生动，经常为园林史所引用。一处是水泽仙女卡鲁普索的住地，一处是人间国王阿尔基努斯的果园。这两处环境，包括自然的和人为的，都容纳了园林艺术的基本要素：山石、水、树木、藤蔓、花草，以及神或人在园林间的居住活动，其中用于描述的词汇显示了对这类景观的欣赏。除了城邦不大，贵族住宅也不大外，古希腊园林艺术远不如建筑艺术发达的原因之一，或许在于这样的环境已经太多、太接近人的生活了。到公元前 6 世纪，希腊也有了像波斯那样迷人的花园。但是，希腊城市还不像波斯那般繁华，也缺少大型的王宫别苑，因此，园林的数量与影响也远远不及波斯。公元前 6 至前 5 世纪，希腊因在希波战争中大获全胜而国势日强，从此步入鼎盛时代，并产生了光辉灿烂的希腊文化。不仅庭园的数量增多，并且由昔日的实用性庭园向装饰性和游乐性的花园过渡。体育健身活动的广泛开展，大量群众性集会活动等，也促进了公共建筑，如竞技场、剧场的发展。这些对古希腊园林的产生和发展都具有很大的影响。在公元前 5 世纪，古希腊建立了奴隶制的民主政体，形成了一系列城邦国家。在古希腊繁盛时期，著名的建筑师希波丹姆提出了城市建设的希波丹姆模式，这种模式以方格网的道路系统为骨架，以城市广场为中心，来充分体现民主和平等的城邦精神。这一模式在其规划的米列都城中得到了具体完整的体现：结合地形的城市呈不规则形状，棋盘式的道路网，城市中心由一个广场及一些公共建筑物组成，主要供市民们集会和商业所用，广场周围有柱廊，供休息和交易使用。公元前 5 世纪以后，从波斯回来的旅行者不仅带回了植物标本，也有对天堂园的描述：如采用整形栽植、具有田园风光和异国情调的、设置竞技器具的树林。随后，受益于植物栽培技术的进步，希腊人首先在私家宅院中种植葡萄和柳、榆、柏等植物。以后渐渐用花木作装饰，并布置成花园形式，以成片的月季和夹竹桃最为常见。关于希腊的园林文献资料可以上溯到公元前 4 世纪，从文献中可知希腊园林布局采用规则的几何形式。花园里设有神龛用于供奉祭拜神灵，常见的有象征丰产和植物死而复生之神阿多尼斯，并且祭祀阿多尼斯的仪式活动逐渐演变

出建造在屋顶上的庭园形式。当时,一些著名的学者开辟供户外讲学的园地,内设祭坛、雕像、纪念碑,也有凉亭、花架、林荫道、座椅等,并逐渐向公众开放。在倡导奴隶制民主政治和自由论争的风气影响下,古希腊创西方园林之先河,开始兴建公共园林。

10.2　古希腊园林类型与实例

10.2.1　宫苑

希腊人受东方文明的影响,到公元前6世纪希腊出现了一些宫苑,虽然在数量上和影响上不及私人住宅庭园的发展,但是也逐渐形成了独特的建筑形式与装饰风格。

无论是在和平安定的克里特时期,还是在战火连绵的迈锡尼时期,宫苑的建造始终有所发展。但是,克里特文化和迈锡尼文化因地理条件和社会状况的不同而导致建筑风格的差异。根据遗址发现,克里特的宫殿是开敞的独栋府邸形式,显示出和平时代的特点;相反,迈锡尼的宫殿则是封闭的城寨式,各室围绕庭院布置,并向中庭敞开,整体是封闭性的。在考古发现中,克里特时期克诺索斯(Knossos)的米诺斯王将宫殿建造在冬季能避寒风袭击、夏季能迎凉风送爽的斜坡上(图10.2)。可以想象,宫殿中从国王的寝宫到嫔妃的后宫,以及文武百官的休息室等都建造

图 10.2　克诺索斯王宫遗址

得尽善尽美,附属的庭园也与建筑物相得益彰。

在迈锡尼时期,宫苑依然建造得十分壮观,从荷马史诗《奥德赛》中描述的阿尔喀诺俄斯王的宫苑中可见一斑。这座宫苑是一个用绿篱围起来的大庭园,园中种满了梨、石榴、苹果、无花果、橄榄、葡萄等果木,四季花果不断。规则齐整的花园位于庭园的尽端,园中有两个喷泉,一个喷泉涌出的泉水流入四周的园子;另一个喷泉涌出的泉水则穿过庭园流出宫殿,供城里的人们饮用。可见,由于水资源的宝贵,当时水的利用是有统一规划的。从另一侧面看,古希腊早期园林在追求实用性的同时,也具有一定程度的装饰性、观赏性和娱乐性。史诗中还列举了月桂树、桃金娘、杜荆等观赏树木,但是并无花卉方面的任何记载。实际上,当时的房屋装饰以及服饰上几乎都不用花卉图案。由此推断,当时尚未顾及花卉的园艺栽培,花园只不过是种植蔬菜的菜圃而已。因此,尽管这个宫苑中也有喷泉之类的装饰物,但庭园本身依然属于以种植果木和蔬菜为主要目的的实用园。绿篱的应用也是以植物材料来代替建筑材料,起到隔离作用。

10.2.2　公共园林

古希腊由于倡导奴隶制民主政治和自由论争的风气,因此公共聚会及各种社交活动十分频繁,供市民开展社交活动的公共性园林建设也十分普遍。另外,为了战争和生产,人们必须要有强健的体魄,因而体育健身活动在古希腊广泛开展,大量群众性的活动也促进了公共建筑如运动场、剧场的发展。从圣林到体育场,公共园林的发展是一个循序渐进的历史过程,也是当时社会、经济、人文等方面发展的必然趋势,并且后一种形式都是在前面形式的基础上发展形成的。

(1)圣地及圣林　希腊半岛的陆地、海岛上生长了各种林木、树丛、花草,形成山岗、盆地、河谷、平川等各种自然景观。古希腊人对树木怀有神圣的崇敬心理,相信有主管林木的森林之神,把树木视为礼拜的对象,因而在神庙外围广植林木,称之为"圣林"。圣林既是祭祀的场所,

又是祭奠活动时人们休息、散步、聚会的地方。同时,大片的林地创造了良好的环境,衬托着神庙,增加了神圣的气氛。起初圣林内不种果树,只用庭荫树,如棕榈、悬铃木等。早在荷马时代已有圣林,当时只在神庙四周起到围墙的作用,后来才逐渐注重其观赏效果。在奥林匹亚祭祀场的阿波罗神殿周围有60~100 m宽的空地,即当年圣林的遗迹。后来,在圣林中也可以种果树了。在奥林匹亚宙斯神庙的圣林中还设置了小型祭坛、雕像及瓶饰、瓮等,因此,人们称之为"青铜、大理石雕塑的圣林"。如果不考虑实用生产性的园林,在古希腊人有意识地选择、加工的园林环境中,圣地园林是最古老的。在结合自然地形、景观方面,圣地园林也是最具风景意义的。这种园林环境把自然景观同人类的艺术创造结合在了一起。

而古希腊所谓的"圣地"是指在特定自然环境中建造神庙和相关建筑,并辅以园路、雕像、坐凳等园林设施,营造建筑与绿地一体的综合环境,形成神圣的宗教场所。圣地建设往往需要对场地进行园林绿化的处理,同近旁的自然林地和更远的景色一起,形成风景园林化的圣地景观。人们为神所选择的圣地往往都有圣林。在圣林环绕或圣林边的场地上,古希腊人很早就为神设立了祭坛。荷马史诗提到过多处圣地和神庙,而在比荷马史诗描写的特洛伊战争英雄更早的传说中,著名的俄狄浦斯王悲剧故事,就同后来一直存在的阿波罗圣地德尔斐有关。不过,至今没有确切证据表明荷马以前的神庙是什么样子的。到古风时代,人们在圣地上建起了石头的庙宇,以及一系列同敬神活动相关的建筑,形成了以神庙为主体的圣地建筑群。此外,荷马史诗中的仙女卡鲁普索住地虽然难以具体考据,但肯定是这类风景之一。神话让诸神代表大自然中各个优美、独特的地方,并成为他们来到人间时的驻地,其中一些成了某些城邦或全民族各城邦崇尚的宗教圣地。

园林化的圣地景观,可以分为地形、圣林、建筑和建筑间等人为创造的绿化层次。古希腊本土最著名的圣地有奥林匹亚宙斯圣地、德尔斐阿波罗圣地,以及伴随着雅典城邦地位的提升而升高威望的雅典卫城等。在雅典卫城突兀的小岗上,神话中告诉人们曾有一片橄榄林,是雅典娜为同海神波塞东竞争守护神地位而送给雅典人的礼物。在园林建设方面,前两处圣地更加优秀。

实例1 奥林匹亚宙斯圣地

奥林匹亚宙斯圣地(图10.3)位于一处和缓山岗的南坡下,有小河绕过平川,东面远方是牧歌般的阿尔卡迪;阿波罗圣地德尔斐在向北升高的陡峭山坡上,坡上曾有数道溪流,流向下面的平野和目力可及的海湾,侧后方则是回音缭绕和光影强烈的层层山岗。今天的奥林匹亚圣地遗迹周围山坡上遍布树林,遗迹内也有大量树丛,这可能同古代圣林环境没有根本的差别。

奥林匹亚宙斯圣地各处的地形、圣林决定了圣地的自然轮廓。人为加入的建筑同地形、圣林一起构成环境和景观的主体。实际活动场所或视野中的起伏与绿荫,使古希腊人不必大力进行造园种植,就可以得到身处园林般的愉悦。奥林匹亚宙斯圣地由不高的围墙环绕成围地,形体规整、面向东方的神庙在其中具有统率作用,但神庙只是以其建筑性质和体量的标示性来凝聚周围的景观,同附属建筑呈现自由、散点的关系,整体上并不强行为自然加入人为的秩序。

此外,建筑物是奥林匹亚宙斯圣地环境不可忽视的组成部分,以柱式为特征的神庙建筑在圣地上同自然风景呈现了多样化的融合(图10.4)。同许多与其他民族的园林环境一样,从景观的视角,如果抛开建筑来看古希腊圣地,就无法真正了解其园林环境。在神庙附近有敞廊、宝库、露天剧场等其他建筑。剧场演出同神话故事相关的戏剧,敞廊供朝圣者休息、交际和暂时居住,宝库存储人们进献的物品。它们在各个圣地的不同地形中同神庙"自由"呼应,相对松散、不规则地组合在一起。圣地的围地接近方形,平坦的场地上错位并列着南侧的宙斯庙,北侧可能更古老的赫拉庙。沿围地北侧缓坡有一连串错落的宝库,主要敞廊在围地东端迎着两座神庙的正立面。围地外的东、西、南三向还松散地围绕着竞技学校、雕塑作坊等其他建筑设施。有的考据认为,在围地外西北角外的山坡上还有一座露天剧场(图10.5)。

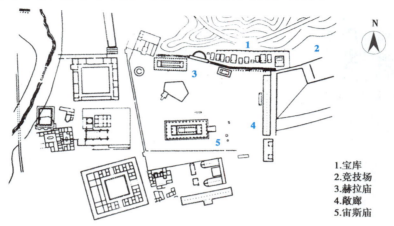

1.宝库
2.竞技场
3.赫拉庙
4.敞廊
5.宙斯庙

图10.3　奥林匹亚宙斯圣地平面图

图10.4　奥林匹亚宙斯圣地遗迹

图10.5　奥林匹亚宙斯圣地复原图

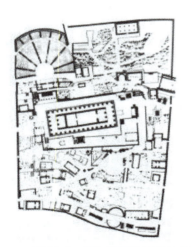

图10.6　德尔斐阿波罗圣地平面图

实例2　德尔斐阿波罗圣地

德尔斐阿波罗圣地的园地大体呈南北向较长的梯形,阿波罗神庙横在中央,剧场在西北侧上方,敞廊在东南下方,附近还有散置的数座宝库(图10.6)。

在古希腊的现实生活中,祭司以外的普通人是不能进入神庙的,所以,在实际使用中,圣地里神庙外面的环境最为重要。在圣地内,人们被告知这里属于哪个神的神庙,同时体验周围自然景观具有神性的意义。圣地建筑群貌似无序的布局和各圣地间的差异,使它们很自然地融入了包括圣林在内的各处自然风景之中,并在建筑间留下灵活的不规则外部空间。神庙柱廊和敞廊建筑的通透感,以及露天剧场的开敞性,还可以进一步使建筑和周围环境相互渗透,并使人把视野向远方扩展(图10.7)。

德尔斐阿波罗圣地内的路径大都是曲折的小径。这些路径应该是人为规划的,后人的研究认为在它们旁边还会有许多树丛。有些树丛可能是自然的,是圣林的一部分,左右了路径的转折或穿越;另外有些可能是栽植的,用来进一步丰富建筑和路径间的环境,令人悦目并带来绿荫。在路径旁、林荫下,或树丛中的空地,还有祭坛、雕像点缀。神庙旁也会装饰性地种植成排的月桂、石榴等。虽然至今尚不清楚此类绿化、点缀的具体形象,但经过人类的加工使局部景色更加生动活泼(图10.8)。这样,起伏的地形与圣林间的神庙、小品、路径、绿树、花卉,自由布局的建筑、实现建筑与绿化空间渗透的柱廊,以及灵活多变的外部空间,共同构成了德尔斐阿波罗圣地步移景异的园林化美景。

图10.7 德尔斐阿波罗圣地

图10.8 德尔斐阿波罗圣地复原图

实例3 雅典卫城

卫城(公元前580—前540年)位于雅典西南部的一座台地上,山顶石灰石裸露,大致平坦,高于四周平地70~80 m(图10.9)。东西长约280 m,南北最宽处130 m。雅典卫城最初是防御性质的堡垒,随着历史的前进,其防御功能逐渐减弱,后完全用于宗教祭祀活动。

雅典卫城总平面布置是按照祭祀行为的活动区域,采取自由活泼的布局方式,没有轴线,不寻求对称。主要建筑物贴近西、北、南3个边沿,同时照顾了山上山下的观赏效果。考虑到朝圣者在其中的活动流线及观赏顺序,建筑物顺应地势安排,道路转折起伏。卫城整体结构分明,空间层次有序,体现了对立统一的原则,并且表达了设计者的人性化思考(图10.10)。

图10.9 雅典卫城全貌

雅典卫城的建筑风格,虽各有特色却有机统一,展示出建筑群体组合的艺术。由卫城西边的斜坡拾级而上,是朴素的多利亚山门,山门整体平面呈"H"形,由中部的主体建筑和两边的侧翼建筑组成。在设计风格上显示出了雄伟与华美的统一,也是多利亚和爱奥尼亚柱式两种不同风格融会贯通的典型。山门之后是卫城的核心地段,高11 m的雅典娜雕像执矛而立,形成整个卫城的构图中心。绕过雅典娜像,东侧是位于卫城最高处的帕提农神庙(图10.11),它是卫城上体量最大的建筑物,体现了古希腊建筑艺术的最高成就。帕提农神庙的北面是纤巧秀丽的伊瑞克提翁神庙,它是卫城建筑群中最后一个建筑物。庙址是一块高低不平的坡面,断坎落差很大,使它具有不对称的构图美感。神庙南端身姿优美的女神柱是整座建筑的精华(图10.12)。卫城南坡还建有竞技场及露天剧场等服务于民的设施,是平民活动的中心。

雅典卫城体现着一种和谐、端庄、典雅和充满理性秩序的美,给人以极强的艺术感染力,因此也成就了它作为西方古典建筑与园林最高艺术典范的地位。

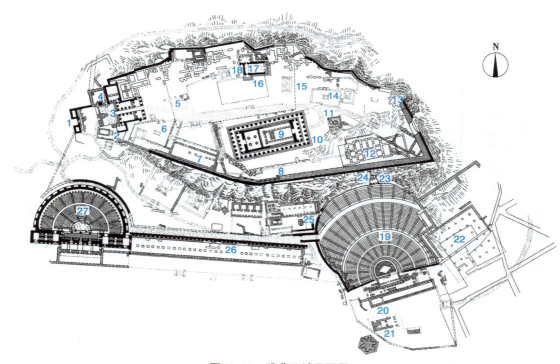

图 10.10　雅典卫城平面图

1. 布雷门　　　　　　2. 雅典娜-尼凯神庙(胜利神庙)　3. 山门　　　　　　4.（山门北翼）"画廊"
5. 雅典娜雕像　　　　6. 阿耳忒弥斯圣区　　　　7. 军械库　　　　　　8. 老城墙
9. 帕提农神庙　　　　10. 老帕提农神庙　　　　11. 罗马和奥古斯都神庙　12. 近代博物馆
13. 近代望楼　　　　14. 宙斯祠堂　　　　　15. 雅典娜祭坛　　　　16. 雅典娜神庙
17. 伊瑞克提翁神庙　18. 潘德罗斯圣区　　　19. 戴奥尼索斯剧场　　20. 老戴奥尼索斯神庙
21. 新戴奥尼索斯神庙　22. 伯利克里音乐堂　23. 色拉西诺斯纪念亭　24. 音乐比赛纪念亭
25. 医神圣地　　　　26. 欧迈尼斯廊厅　　　27. 希罗德-阿提库斯剧场

图 10.11　雅典卫城帕提农神庙

图 10.12　雅典卫城伊瑞克提翁神庙

　　（2）竞技场　　由于古希腊战乱频繁以及宗教信仰的要求,因此要求士兵和国民都要拥有强壮的体魄,并将劳动生产与强健体魄相结合。为提高青年们健身运动的热情,国家经常组织体育竞赛。公元前 776 年,在希腊的奥林匹亚举行了首次运动竞技会,此后每隔 4 年举行一次,杰出的运动员被誉为民族英雄。健身和体育竞赛推动了希腊体育运动的发展并促进了运动场地的修建,体育运动的训练场地和竞技场地纷纷出现。最初的竞技场是仅供训练的裸露场地,周围并无一树。后来,西蒙建议在竞技场周围种植悬铃木以形成绿荫,既可供竞技者休息,又为观众提供良好的观赏环境。此后又有了进一步的发展和完善,除林荫道之外,还布置有祭坛、凉亭、柱廊及座椅等设施。于是,体育场就成为人们散步和集会的场所,并最终发展为向公众开放的园林。

这种类似后世体育公园的竞技场,一般都与神庙结合在一起,主要是由于竞技场和圣林一样,往往与祭祀活动相联系,竞技比赛也是祭典活动的主要内容之一。竞技场常常建造在山坡上,巧妙地利用地形布置观众的看台(图10.13)。当时,在雅典、斯巴达、科林斯等城市内外,盛行开辟竞技场,多数设在水源丰沛的风景胜地。城郊的规模更大,甚至成为吸引游人的游览胜地。

雅典近郊阿卡德米(Academy)竞技场是由哲学家柏拉图兴建的,也是从举行竞技比赛以祭祀英雄阿卡德莫斯(Academos)的圣地变化而来的。场内有命名为"哲学家之路"的小径,设在梧桐林荫树下或夹在灌木之间,殿堂、祭坛、柱廊、凉亭、座凳遍布各处,还有用大理石镶边的长椭圆形跑道。另一处著名的德尔斐城(Delphi)阿波罗神殿旁的竞技场,建造在陡峭的山坡上,规模不大,分为上、下两个台层。上层有宽阔的练习场地,下层为漂亮的圆形游泳池。还有佩尔加蒙城(Pegamon)的季纳西姆(Gymnasium)竞技场,该竞技场是古希腊最大的体育场,建造在山坡上,全场由高大的墙体和上层的大柱廊围着,墙体下壁龛内布满供奉的塑像(图10.14)。内有3层大台地,高差达12~14 m,有高大的挡土墙,墙上也有供奉神像的壁龛。上层台地有柱廊中庭,周围是住房,中庭园林设施华丽;中层台地为美丽的庭园台层;下层是游泳池。体育场周围有大片森林,林中放置了众多神像及其他雕塑、瓶饰等。

图 10.13　竞技场观众看台的地形

图 10.14　季纳西姆竞技场剖面图

奥林匹亚竞技场的遗址位于伯罗奔尼撒半岛(Peloponissos)西部的山谷里,阿尔菲奥斯河(Alpheus River)北岸,距首都雅典以西约190 km,这里树木繁茂、绿草如茵,有古代世界最高的神庙建筑杰作,还保留着专供奥运会使用的各种体育设施(图10.15)。竞技场东北侧为平缓的山坡,西侧设运动员和裁判员入场口,有石砌的长廊,依克尼斯山麓而建的观众看台可容纳4万观众。竞技场建筑群包括演武场、司祭人宿舍、宾馆、会议大厅、圣火坛和其他用房等。竞技场场内东西两端各有一条石灰岩砌成的起路线,跑道长192 m。

图 10.15　奥林匹亚竞技场遗址

10.2.3　文人园

　　一些著名的哲学家,如柏拉图和亚里士多德等人,常常在露天场所公开讲学,这样的场所称为"阿卡狄美亚(Academia)",译为"学园"。公元前390年,柏拉图在雅典城内的阿卡德莫斯(Academos)园地开设学堂,聚众讲学。阿波罗神庙周围的园地,也被演说家李库尔格(Lycargue)作了同样的用途。公元前330年前后,亚里士多德也常在此聚众讲学。随着体育场逐步发展成公园性质,成为人声鼎沸、喧闹非常的场所,哲学家开始感到不满,希望拥有自己的庭园以供讲学。柏拉图便将学园移至自己的庭园中,伊壁鸠鲁等人也步其后尘,还把他的规整型花园遗赠给雅典城,向公众开放。学园中设有神殿、祭坛、纪念碑、雕像以及供散步的林荫道和座椅。园内种有悬铃木、油橄榄、榆树等树木,还有藤蔓覆被的凉亭。

　　柏拉图的阿卡德米园本是雅典城西北的一处纪念地,据说曾属于传说中特洛伊战争时的阿提卡英雄阿卡德摩斯(Akademos),并因他而得名,园内建有他的神龛。传说中的阿卡德摩斯是一位具有哲学气质的英雄,阿卡德米又有优美的环境,对雅典的学者具有强烈的吸引力。大约在公元前6世纪后期,阿卡德米在此修建了一个健身场。西蒙为阿卡德米引来水流,修建喷泉,丰富园内的树木,并开辟林间小路,使这里变成了一处风景优美、带有神龛和健身场的园林。著名的学者们常带学生到这里散步,在树荫下教导他们,其中就有伟大的哲学家柏拉图。据说柏拉图在阿卡德米附近有一小片房产,大约从公元前387年起,阿卡德米归他用于讲学近41年,直至终老,成了他的学园。

**图10.16　公元1世纪壁画中的
阿卡德米学园**

　　柏拉图在阿卡德米建造了掌管艺术与知识的缪斯九女神神庙,柏拉图学园时期的阿卡德米还有树荫下和灌木间的名为"哲学家之路"的小径,殿堂、祭坛、柱廊、凉亭、座椅等布满场内各处(图10.16)。柏拉图死后,他的继承者继续在此讲学,并维持着园林,直至529年被信奉基督教的东罗马皇帝查士丁尼关闭。由于这一段历史,阿卡德米又成了学术机构的代名词。现代人把它作为联系于柏拉图的学园,许多时候忽略了它曾作为纪念地、健身场和公共园林的功能。受其影响,后世的欧洲高等学府大多建有优美宁静的校园。

　　柏拉图以后,许多古希腊学者都拥有自己的这类讲学环境,并形成了一种风气。亚里士多德的学园位于一个名为莱希厄姆的地方,这里也有阿卡德米般的各种树木林荫。亚里士多德的学术涉猎非常广,还从事有关植物和草药的研究,他的园林可能有部分实用园的畦垄排列特征。东征的亚历山大大帝曾为他带回许多异地植物,栽在他的园中。此外,亚里士多德的学生,古希腊植物学的集大成者提奥弗拉斯特也有自己的学园。

10.2.4　宅园

　　古希腊的住宅庭园有列柱廊式中庭,又称柱廊园,以及称为阿多尼斯花园(Adonis Garden)的屋顶庭园两种形式。

　　在克里特时期,由于地理环境和社会条件相对优越,与开敞的建筑形式相适应的是相当进步的庭园文化。在餐具、瓶饰、壁画的图案上都表现出人们对植物的钟爱。相反,在战火连绵的迈锡尼时期,庭院还处于极不成熟的阶段,仅在起居室的大厅中央放置火炉,中庭面向远离街道的居室,在其一侧并排着柱廊。

到前 5 世纪,希腊人兴建园林之风盛行。起居室被横置一侧,形成宽敞的大厅,中庭则成了所谓的列柱廊式中庭,作为住宅的中心(图 10.17)。这种柱廊中庭的地面最初仅简单铺砌,因为没有栽花种草,所以代之以赤陶雕像、盆栽及大理石喷泉等。随着生活水平的提高和植物栽培技术的进步,人们在中庭内种上了各种各样的植物,不仅有葡萄,还有柳树、榆树和柏树,花卉也渐渐流行,而且布置成花圃形式。月季到处可见,还有成片种植的夹竹桃。并且人们喜欢在园内收集植物品种,成为华丽的柱廊中庭。不过,当时花卉的种类较少,仅有蔷薇、紫花地丁、荷兰芹、罂粟、百合、番红花、风信子等,人们尤其喜欢种植芳香类植物。柱廊式庭园不仅盛行于古希腊城市,而且在其后的罗马帝国得到了继承和发展(图 10.18),并对欧洲中世纪寺庙园林的形式有着显著的影响。

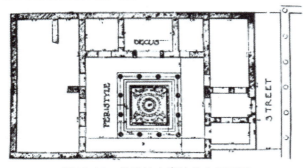

图 10.17　带列柱中庭的住宅平面图

图 10.18　受希腊影响的古罗马
柱廊式庭园遗址

此外,屋顶庭园的形式还源于祭祀阿多尼斯的风俗。相传阿多尼斯是希腊神话中的美少年,因狩猎不幸死于野猪之口。钟爱他的爱和美之神阿佛洛狄忒感动了冥王哈得斯,阿多尼斯被允许每年中有半年时间回到光明的大地与爱人相聚。这一脍炙人口的神话故事世代相传,每到春季,雅典妇女都要聚会,庆祝阿多尼斯的到来。届时,要在屋顶上竖起阿多尼斯塑像,周围环以土钵,种有已发芽的莴苣、茴香、大麦、小麦等。葱绿的小苗好似花环一般围绕着阿多尼斯塑像,表达了人们的敬爱之情。这种类型的屋顶庭园就称为阿多尼斯花园,此传统一直延续到古罗马时代。以后,这种园林形式被保留下来,不仅用在节日里,平时也大量出现。塑像也不仅放在房顶上,而且还出现在花园中,四周环绕着鲜花,后世西方园林中在雕像周围配置花坛的习惯或许由此而来。

10.3　古希腊园林的主要特征

10.3.1　园林选址

受地中海地区炎热气候的影响,古希腊人对影响小环境舒适性的气候因子十分关注。在他们看来,适宜的小气候环境创造比外在的园林形式更加重要。而根据《荷马史诗》等关于古希腊实用园的文字描述,也可以推测在城邦聚居点周围进行园林建设的景象。当大量园地在建筑低矮的城市外围形成绿带的时候,在分属不同主人的土地上,依据需要形成果树、葡萄、蔬菜等各种种植区域。虽然种植方式很可能是行列式的,但随时会出现因为实用而相对无序的地块形

状,以及物种形态、色彩变化。

此外,古希腊人在不同场地为诸神建造各自的庙宇,重要的地方被选为神的圣地,表现出景观的庄严。古希腊人赋予建筑以庄严的灵感,并在每个建筑的周围种植果树园来维持自然主义的景观。古希腊诸神没有后来宗教中的那种至善和终极正义的意义,神的不同属性更重要。因此,不管从建筑还是园林的选址上看,自然环境的景观价值在古希腊圣地都是第一位的,并且注重人的体验。因此,圣地和圣地周围的山水、圣林,是神庙及其附属建筑最好的"园林",各种营造活动只是一种补充,并且不损害原有的自然特征,也不把圣地内部与外部截然分开。圣地内的人工种植多是小规模的、陪衬大的景观关系,但意义和作用不同。在古典时代有可能发生的较大规模种植活动,其目的也是为了使圣地及其周围景观的特色更加突出。

10.3.2　园林布局

古希腊宅园一类的园林布局往往与当时人们的生活习惯紧密结合,是作为室外活动空间及建筑物的延续部分来建造的,属于建筑整体的一部分。由于建筑是几何形的空间,因此,园林的布局形式也采用规则式样以求与建筑相协调。不仅如此,当时的数学和几何学的发展,以及哲学家的美学观点,对其园林形式的形成产生影响。他们认为美是有秩序的、有规律的、合乎比例的、整体协调的,因此,只有强调均衡稳定的规则式园林,才能确保美感的产生,中轴线视点是把握环境的最佳位置。

然而,古希腊圣地、圣林的园林布局则是例外。虽然,神庙和其他建筑自身多是对称的,但组合却不对称。神庙基本朝东,其附属建筑则结合地形,具有角度不定的方向扭转和错位,在建筑间形成不规则的空场或间隙。到达神庙正面的路径,在圣地围院内也要转折弯曲。建筑正面轴线上的视点未必能感受最佳的环境景观,许多时候稍侧的视线会更好。因此说明,古希腊圣地的建筑布局有意要把人的活动和视线引向各个方向,以不易发现的转角关系联系圣地内或圣地周边的柱廊、剧场、竞技场,甚至联系更远一些的风景。因此,这种散点式的自由布局形态保证了自然地貌以及其间各类建筑的优美之处,同朝东的神庙尽可能地呈现出各种角度的和谐关系。在这样的空间环境中,人们可以感受神庙与附近树木、花卉以及其他建筑的密切联系。它们呈现随机的园林美,更可以在许多地方把视线导向远方,在近景的柱廊一角伴随下,体验更扩大的风景,感受神庙所在地点的完整场所精神。

这类把建筑与自然环境结合,点缀人工种植的园林化圣地景观,具有古希腊民族、地域的独特性。在今天的建筑学和园林艺术研究中,它被赋予了很高的评价,特别是其自由、随机的特征,联系着古老泛神论宗教对土地的爱,以及对各种自然环境形态的敏感。

10.3.3　造园要素

植物是希腊园林的主要造园要素。从史料中,可以大致了解到当时希腊园林中植物应用的情况。亚里士多德在其著作中记载了如何使用芽接法繁殖蔷薇。人们用蔷薇来欢迎胜战归来的英雄,或作为赠送给未婚妻的礼品,并用以装饰庙宇殿堂、雕像及供奉神灵的祭品。蔷薇可以算是当时最受欢迎的花卉了,虽然品种不是很多,但也培育出一些重瓣品种。在提奥弗拉斯特所著的《植物研究》一书中,记载了500种植物,其中也记述了蔷薇的栽培方法。当时园林中常见的植物有桃金娘、山茶、百合、紫罗兰、三色堇、石竹、勿忘我、罂粟、风信子、飞燕草、芍药、鸢尾、金鱼草、水仙、向日葵等。

古希腊的城市广场绿化形式比较简单,以不大的树丛或行列种植形成绿荫。主要原因在于除了在地中海阳光下的实用意义外,这种简洁的绿化方式为城市环境增添了生动的一笔,是欧洲城市绿化的前驱。在一些形式不规则的广场周围,有较高的神庙或其他建筑柱廊或门廊,点状的祭坛和雕塑,以及呈水平方向展开的敞廊。这些"自由"组合的空间和体量的形象,因配以树木枝干、冠叶及其色彩而更加丰富。在希腊化时代的西亚城市,这种绿化具有了较大的建设规模并加入了更多休闲性建筑和小品,使城市广场、街道更富于园林化特征,并有越来越明显的几何式空间关系。这一几何式绿化以线性伸延为主,其中有扩大的局部空间,以及可能出现的转折。

复习思考题

1. 简述古希腊园林的历史与园林文化背景。
2. 简述古希腊园林的类型及各自的基本特征。
3. 圣地及圣林作为古希腊公共园林的主要类型有哪些基本特征? 代表作品有哪些?
4. 简述古希腊住宅庭园的形式,其各自有什么特点?
5. 简述古希腊园林的主要特征及对后世的影响。

11 古罗马园林

11.1 历史与园林文化背景

11.1.1 历史背景

古罗马位于现今意大利中部的台伯河下游地区,环绕整个地中海,包括北起亚平宁山脉、南至意大利半岛南端的广大地区(图11.1)。

图11.1 古罗马位置图

早在公元前1500年已有人类在台伯河下游地区居住。公元前1000年前后,印欧语系的埃特鲁斯坎人(Etrus-can)渐渐迁入意大利半岛。约公元前800年,他们移至后来的罗马城所在地,建村落,务农牧,用铁器,居茅舍,行火葬,在阿诺河及台伯河之间兴起了埃待鲁斯坎文化。公元前6世纪,已具有相当高的文明程度的埃特鲁斯坎人被武力强大的罗马人征服,其所创造的文明也一并被罗马人接收。

古罗马历经了王政时代、共和国和帝国时期。传说罗马立国于公元前753年。公元前509年,废王政,实行共和制,建立了贵族专政的奴隶制共和国,开始建造罗马城。公元前5世纪至前3世纪初,平民与贵族的斗争告一段落,意大利半岛基本统一,进入共和时期。公元前3世纪中叶起,罗马共和国开始向海外扩张。通过布匿战争、马其顿战争和叙利亚战争,罗马人确立了在地中海地区的霸权。从公元前229年起,罗马不断向地中海东部地区扩张,利用希腊化诸国的各种内外矛盾,制造不和并使之相互削弱,必要时诉诸战争,先后分别灭亡马其顿、塞琉西和托勒密王国,逐步使各希腊化地区并入罗马,被西方史学界称为"希腊化时期"。这一时期,社会生产力有所提高,农业、手工业和商业都有一定程度的发展,但也激化了社会矛盾。由于大庄园制的形成,奴隶劳动的广泛使用,意大利的农业、工商业和高利贷业兴盛,奴隶制经济得到巨大发展,破产农民大批沦为游民,使罗马社会矛盾激化。随后,继恺撒之后崛起的军事强人屋大维战胜了政敌,结束了罗马数十年的内战,夺取了国家最高权力。公元前27年,元老院授予屋大维"奥古斯都"的尊号,建立元首制,罗马以此为标志进入了帝国时代。

1世纪,罗马帝国继续扩张,大量摄取被统治地的资源,使古罗马一度非常强大,建筑和其他工程建设的规模超过以前各时代,输水道跨越沟壑(图11.2),只有东方遥远的中华大汉朝能与其媲美,罗马自此进入了繁荣昌盛的黄金时代。3世纪以后,过大的帝国使民族矛盾加剧,上层贵族内部的权力冲突也再一次突出。此外,罗马帝国外部开始受到北方日耳曼(Germani)民族的不断入侵,内部争权夺利,导致内战频繁,国力衰退。395年罗马帝国分为东西罗马两个帝国,西罗马以罗马为中心,信奉天主教;东罗马以君士坦丁堡,即现伊斯坦布尔为中心,信奉东正教,史称拜占庭帝国。476年,西罗马帝国在日耳曼人入侵的浪潮中灭亡,欧洲从此进入封建世俗统治和基督教精神统治的中世纪时代。

图 11.2　古罗马输水道

　　古罗马文明是西方文明史的开端,在许多方面同古希腊文化有着传承关系。约公元前2世纪初起,罗马人中就流行对希腊的崇尚,在哲学、文学、艺术等许多方面借鉴希腊人;在广泛吸收东方文明和希腊文明的精华后,成为人类文明中的一颗璀璨的明珠(图11.3)。

图 11.3　古罗马城遗址

11.1.2　园林文化背景

　　意大利的陆地多为丘陵地区,山间有少量的平缓谷地,河流纵横、土地肥沃,是典型的地中海气候区,气候温暖,四季鲜明。冬季温和多雨,夏季高温炎热,但受海洋影响,白昼温差变化较大,白天的山坡上较凉爽。这种地理特点和气候条件也造就了古罗马人重农的传统,注重实际需要,并且对古罗马的园林类型、选址与布局产生了较大的影响。因此,古罗马最初的园林是以生产为主要目的的,主要包括果园、菜园,以及种植香料和调料植物的园地。果园以种植苹果、梨、油橄榄、石榴和葡萄为主,也有一些浆果类植物。之后逐渐增强了园林的观赏性、装饰性和娱乐性,出现了真正的游乐式园林。

　　重农这一传统使古罗马人们对乡村充满兴趣,并致力于将乡村生活理想化。许多上层社会人们对田园种植非常熟悉,不论是拥有大田庄的奴隶主,还是兼为文人的学者都会参与农作物的生产和研究。共和晚期曾当过执政官的老加图的《农学》,以及瓦罗、科鲁迈拉等人的农业著作,都详尽描述了植物的生长、栽培以及相关的天时地利,也阐述了在各种季节和各种行为中如何祭祀各司其职的自然神。著名的政治家及演说家西塞罗(Marcus Tullius Cicero)曾将自然分为原始的第一自然和经过人类耕作的第二自然。突出的农业文化,使古罗马人曾非常眷恋土地,质朴地热爱着自然和人为劳作带来的乡村美景。

　　古罗马文明是西方文明史的开端,在许多方面同古希腊文化有着传承关系。来自东方(古代埃及文化和两河流域文明)和希腊的文化艺术,包括园林艺术,都是罗马人取之不竭的源泉。在学习希腊的建筑、雕塑、园林之后,才逐渐拥有了其真正的造园事业。在征服希腊之后,罗马人全盘接受了希腊文化,并表现出明显的希腊化倾向。尤其是在富裕阶级中间,竞相效法希腊及东方国度豪华奢侈的生活方式,把奢华视为地位的象征。罗马皇帝掠夺了大量的希腊艺术珍品,通过希腊、叙利亚的人才外流获得大笔文化财富。许多学者、艺术家、哲学家和能工巧匠纷纷来到罗马,为罗马贵族们复制了大量艺术作品,这对罗马文明的发展起到了重要作用,增加了后人对希腊艺术的认识和了解。

在园林建造中借鉴希腊的空间形式,或以希腊的术语来命名,如廊院、健身场所、学园等。由于具有雄厚的财力、物力,使郊外建造别墅的风气十分盛行,大兴土木建造别墅促使了园林艺术的发展突飞猛进。古罗马园林的豪华,有着从传统农庄生活到追求奢侈享受的转移,还在相当程度上带有东方色彩的希腊化文化变异。古罗马人吸收了古希腊的柱式,并在大型建筑中运用了超越古希腊梁柱结构的拱券,使建筑内部空间和外部造型更加丰富,其建筑水平在1—3世纪达到西方古代建筑的高峰,古罗马园林被视作与建筑共生的户外延伸部分,也得到了迅速发展。他们将地形处理成整齐的台层;园内以水池、水渠、喷泉等整形的水体装饰;拥有雄伟壮观的洞府和大门;园路呈直线和放射状,两边排列整齐的行道树,绿荫树下装饰着雕像。几何形的花坛、花池,修剪的绿篱以及葡萄架、菜圃、果园等,都体现出井然有序的人工美,只是在远离园林中心的地方仍保留其原始的自然面貌。

共和晚期,哲学中朴素唯物主义地位越来越高,宗教信仰已经淡漠。除罗马的实用哲学外,著名的斯多葛哲学、新东方哲学和希腊哲学逐步形成。其中最重要、最有影响的是新柏拉图派哲学。许多新柏拉图派的思想被当时卓著的基督教理论家融入基督教理论中,奥古斯丁(Aurelius Augustinus)也将其一生大部分心血都用于研究新柏拉图派哲学。伊壁鸠鲁认为,如果有神的话,他们也只是另一种强大的生物,他传承着卢克莱修写于帝国初期的《物性论》,明确认为世界是物质的。同一时期,老普林尼百科全书般的《自然志》,记述了帝国内外当时所知的大量植物及其特性,再往后,3世纪的朗吉弩斯《论崇高》呼吁人类在大自然的竞赛场上成为伟大的竞争者。

罗马人没有古希腊人那种依据自然环境来自由式布局圣地、圣林的传统,共和晚期以后,古罗马的世俗建筑环境远远超过了宗教建筑的实际重要性。据记载,当罗马帝国崩溃之时,仅罗马城及其郊区就有大小园林180多处,园林的数量之多、规模之大都十分惊人。罗马园林在形式和要素上的日臻完善,对后世的西方园林发展产生了直接的影响。

11.2 古罗马园林类型与实例

11.2.1 宫苑

罗马人在接受希腊文化的同时,在各方面都表现出强烈的希腊化倾向。尤其是在富裕阶级中间,竞相效法希腊及东方国度豪华奢侈的生活方式,把奢华当作地位的象征,使昔日的质朴之风消失殆尽。大兴土木建造别墅也导致了园林艺术的发展突飞猛进。由于罗马人具有更为雄厚的财力、物力,且生活更趋豪华奢侈,促使了郊外建造别墅庄园风气的盛行。

据罗马史学家李维乌斯的记述,国王塔奎尼乌斯(Tarquinius Superbus)宫中的花园是罗马建造最早的园子。花园与宫殿相连,园中虽有百合、蔷薇、罂粟等花卉组成的花台,但是仍以实用为主。在共和制后期,执政长官马略、恺撒大帝、大将庞培之子——格努斯·庞培及尼禄王等人都建有自己的庄园。他们把宫殿环境园林化,将恢宏的建筑同大面积的山体、水体以及树木融于一体。这些结合自然环境与人文艺术的优美园林,也反映着罗马人对传统乡村美景的记忆。

对于帝国核心宫殿区的园林环境创造,历史记载中留下比较明显迹象的是尼禄皇帝时代的金宫园林。而建于罗马郊区蒂瓦利的哈德良山庄则残留着较多遗迹,使后人有可靠的依据,推测复原这处古罗马皇家的建筑与园林环境。

实例1　金宫(Domus Aurea)

今天罗马城中心的大角斗场以东曾是湖泊,湖面北侧一段的金宫建筑遗迹已经得到确认。尼禄把皇家宫殿从帕拉丁丘扩张出来,建立了巨大的宫殿园林区,并在山丘间的低地中掘出一个蔚为壮观的湖面。

68年,宫殿建成时,它的建筑总面积达到了80 ha(图11.4)。亲眼见过这个园林的古罗马人色托尼俄斯在其《十二恺撒》中记述说:"约36.6 m高的尼禄雕像立在入口大厅中,带壁柱的连拱廊长达1.6 km。一处湖水更像海而不是水池,周围的建筑犹如一座城市。环绕着水面还有一座自然风景园,有耕地和葡萄园,牧场和树林,其中游走着各种家畜和野生的动物"。金宫的平面更像乡村或海边的豪华别墅,与常见的宫殿庭院围合有所不同。面向湖岸的连拱廊在中央一端内收成凹院,穹顶八角厅为现存宫室建筑东半部分。八角厅为一个袖珍型的神庙,罕见的八边形柱体上覆有直径14.7 m的混凝土穹顶,穹顶中央开有一孔,作为采光口,光柱自圆孔倾泻而下,随时间变化在室内移动。神庙内部灰暗,但建筑的空间结构非常精美。其内部空间向周围渗透,南面朝向外部的景观,其他几面联系小室,具有明显的内外空间交融感。

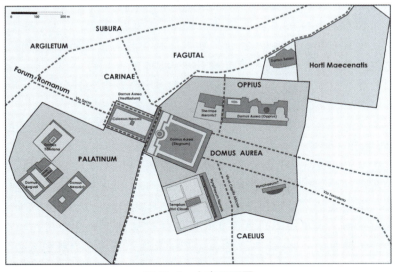

图11.4　金宫平面图

在喧嚣拥挤的城市中心,这座宫殿的园林很像田园牧歌般的乡村,让古罗马帝王在极度奢侈中标榜古老的生活方式。不过,尼禄是罗马帝国著名的暴君之一,在城市中心,少数最上层权贵占用大量土地也难以被罗马市民所接受,而已经习惯城市生活的人们更喜欢刺激的娱乐。金宫园林存在的时间不长,为巩固权力基础,十余年后,被韦斯帕夏诺皇帝将湖泊改建成了著名的罗马大角斗场,此后还建造了图拉真浴场等。

实例2　哈德良山庄(Publius Aelius Hadrianus)

哈德良山庄建于公元前2世纪,占地约1 800 ha,是为罗马皇帝哈德良(Hadrian,117—138,在位)建造的离宫别苑(图11.5)。

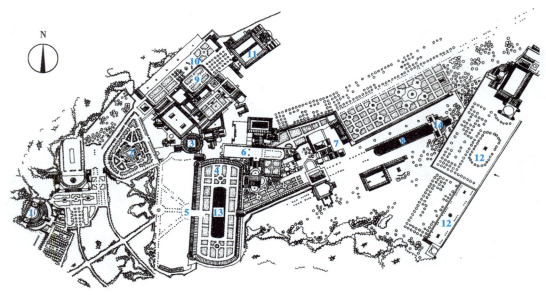

图 11.5　哈德良山庄平面图

1. 小剧场　　　2. 图书馆花园　　3. "海上剧场"　　4. 画廊　　　　5. 画廊花园
6. 竞技场　　　7. 浴室　　　　　8. 运河　　　　　9. 内庭院　　　10. 皇宫
11. 黄金广场　　12. 哲学园　　　13. 水池　　　　　14. 神庙

　　哈德良山庄坐落在两条狭长山谷之间的山坡上,总体布局随山就势,并没有明确的轴线。基地地形和风景是建筑布局的重要依据,诸多建筑间处于相对独立的关系,因地制宜,造型变化丰富。在邻近建筑之处,利用地形高差设置观景平台,巧借园外的田园美景。山庄中几乎拥有罗马帝国能见到的各种建筑形式,如宫殿、浴场、竞技场、图书馆、剧场、画廊、餐厅,以及祭祀性庙宇等(图 11.6)。

　　水是哈德良山庄统一庄园环境的重要元素。园林以各种柱廊园的形式为主,装饰着水池和大量的雕像,柱式也有环绕建筑四周的花园布局。其中,著名的水景有三处。

　　第一处是埃夫里普水池,位于山庄中心的柱廊园内(图 11.7)。柱廊园长约 200 m,宽约 100 m,为双面回廊所环绕,柱廊高 9 m,墙面绘有壁画,正中开有巨大的拱门,据推测,水池周围的环路是少见的战车竞技场。柱廊园是哈德良皇帝饭后散步的场所,采用双面回廊的形式以便于适应季节变化而使用。这座回廊的总长度与医生建议的健康散步距离相吻合。柱廊墙面上的壁画模仿了斯多葛画派的作品,此画派是由古希腊最伟大的画家们所创立的。柱廊园东侧有宫殿中最古老的浴室,并带有一座太阳房。罗马的建筑师十分善于利用太阳能进行采暖,太阳房是利用阳光加热的浴室,大型的圆厅上方覆以穹顶,中央开辟大天窗以接受阳光,地板下还铺设热气供热系统。

图 11.6　哈德良山庄遗址

图 11.7　哈德良山庄的埃夫里普水池遗址

第二处水景是马里蒂姆剧场。剧场建筑为环形,一道环形水池围绕着一座圆形小岛,采用轻巧的爱奥尼柱的环形柱廊,据推测,环形柱廊上可能还配有筒形拱顶,有木栈道联系小岛内外。由于在檐壁上发现一些刻有与海洋有关的图案,因此学者们称它为"海上剧场"。岛上残留的几个小室,据推测是卧室、小型综合洗浴房和公厕,园厅周边各个小室向一环清水开放,精致小巧,宁静悠然,据说是哈德良的隐居之处。据推测这组建筑具有宇宙的象征意义,中心的圆形小岛代表地球,环绕它的水池象征海洋,这组呈同心圆的建筑群反映了罗马人对宇宙的认知。

第三处水景位于卡诺普斯,是哈德良举办宴会的地方,坐落在山庄南边的一条狭长山谷中,仿照埃及坎努帕斯运河而建。卡诺普斯南端为塞拉匹斯神庙,该建筑物带有圆形大殿,部分嵌入山体,建筑内侧墙上有8个壁龛形状的人工石室。神庙北侧的园内置有高台桌及坐榻,穹顶设有水泵及其他复杂的水循环系统,可在水池中营造小瀑布;地面有浅水槽通往厅内,可将菜肴美酒置于清凉的池水中降温;水帘在就餐者面前落下,凉爽宜人的环境配上美酒佳肴,令人陶醉。沿运河布置的一排女神像柱,是模仿雅典卫城厄瑞克特翁神庙中的女神像柱塑造的,这是希腊柱式的创新。"坎努帕斯运河"北端以装饰雕像的半圆形柱廊为结束,与塞拉匹斯神庙遥相呼应。

哈德良山庄中还有许多宫殿、建筑和花园,无不技艺精湛,美轮美奂,是当时罗马帝国的繁荣与生活品位在园林上的集中表现。

11.2.2　庄园

早期罗马城几乎没有园林建设,罗马贵族们又喜爱乡居生活,并以此为时尚,因此城外或近郊的别墅庄园成了罗马贵族向往的去处。

卢库鲁斯将军是贵族别墅庭园的创始人,他在那不勒斯湾风景优美的山坡上耗费巨资,开山凿石,大兴土木建造花园,其华丽程度可与东方王侯的宫苑相媲美,也被很多人模仿。在希腊盛行的大造体育场之风在罗马并不流行,因为在希腊末期的哲学家中间,将公共体育场变为私人庭园的已大有人在,步其后尘的西塞罗和其他罗马哲学家也都以此作为设计的蓝本。

而西塞罗作为推动古罗马庄园建设的重要人物之一,他为田园风光进入别墅园林奠定了理论基础。他极力宣扬人应该有两个居所,一个是供日常生活的家园,另一个就是修身养性的庄园。他本人也身体力行,在家乡阿尔皮诺和罗马城都建有自己的庄园。西塞罗的理论与实践,促进了别墅庄园建设热潮的高涨,并对古罗马及后世西方园林的发展产生积极的影响。

古罗马无论庄园或宅园都习惯采用规则式布局,尤其在建筑物附近,常常是严整对称的。但是,罗马人也很善于利用自然地形,园林选址常在山坡上或海岸边,以便借景。而在远离建筑物的地方则保持自然面貌,植物也不再修剪成型了。在庄园内既有供生活起居用的别墅建筑,也有宽敞的园地,通常包含有花园、果园和菜园等部分。花园又可划分为散步、骑马及狩猎等类型。建筑旁的台地主要供散步之用,有整齐的林荫道,植有黄杨、月桂形成的装饰性绿篱,还有月季、夹竹桃、素馨、石榴、黄杨等花坛和树坛,以及番红花、晚香玉、三色堇、翠菊、紫罗兰、郁金香、风信子等组成的花池。建筑物前一般不种高大的乔木,以免遮挡视线。供骑马的园子主要是以绿篱围绕的宽阔林荫道。至于狩猎园则是高墙环绕的大片林地,林中有纵横交错的园路,放养各种供狩猎娱乐之需的动物,类似巴比伦的猎苑。有些豪华的庄园中甚至建有温水游泳池,或供球类游戏的草地。这时的庄园在观赏性和娱乐性方面都明显增强。

罗马帝国元老和作家——小普林尼(Gaius Plinius Secundus)建造的洛朗丹别墅,以及托斯卡那别墅等是这一时期贵族庄园的代表。

实例1　洛朗丹别墅（Villa Laurentum）

洛朗丹别墅位于距离罗马只有20 km左右的奥斯提亚镇，与罗马城之间是农田、牧场，在这里沿着海岸线有许多罗马贵族别墅，交通十分便利。庄园背山面海，环境优美。小普林尼特别欣赏这里的海景和冬季的气候。

洛朗丹别墅是一座传统农庄住宅结合豪华别墅的园林建筑组合。建筑入口背向大海，正中是一系列庭园构成的中轴线，从方形的前庭，到半圆形的柱廊园，然后进入大型的列柱廊式庭园。布局充分利用了原址的自然美景，并将景色引入建筑之中。

这座庄园的设计中大量运用了借景手法。在庭园轴线尽端是向海边凸出的大餐厅，从而面向窗户可以从不同角度欣赏到海景，犹如水畔亭台延伸向海岸线，成为递进建筑与庭院空间的最高潮。从餐厅的另一侧透过二进院落和前庭回望，可以瞥见远处的群山。小普林尼还曾提到"在别墅主体建筑的一翼"有两座塔楼，这里可以居高远眺，享受最独特的景观视野。

花园的布局则相对简单，以实用性为主。在别墅西侧有一处游廊平台，铺有草皮和花床，花床外侧围有篱笆。平台后面是一处以无花果和桑树为主的大型果园，果树周围有数条园路，路边种有迷迭香和黄杨篱，果园边缘还设有可供驻足休憩的葡萄棚架。游廊平台和别墅主体间是农庄住宅，从房间的窗口可以观赏到果园的美景。

实例2　托斯卡那别墅庄园（Villa Pliny at Toscane）

托斯卡那庄园同样是一座以选址取胜的庄园，并以黄杨与绿篱雕刻形成园景特色（图11.8）。庄园入口以规则式花坛点缀，园路环绕，路边以黄杨为篱，外侧为缓坡草坪，点缀有动物造型的黄杨，其间还夹杂着各类花卉，花坛边缘也以造型各异的黄杨为篱。与园路相接的是环形林荫散步道，外形如同运动场，场地中央是上百种造型的黄杨及其他灌木，其外环以矮墙和黄杨篱。

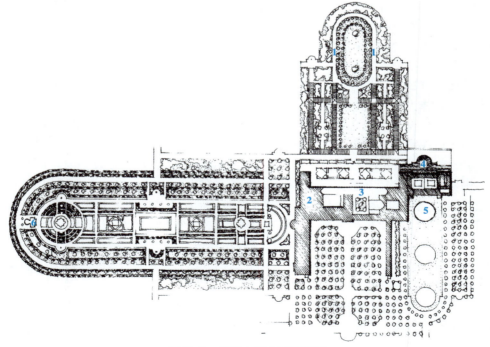

图11.8　托斯卡那庄园平面图

1.环形林荫散步道　2.别墅建筑　3.四悬铃木庭园　4.大理石水池　5.球场　6.凉亭

别墅为庄园的主体建筑,兼顾功能与景观。别墅的入口为柱廊,柱廊一端是宴会厅,厅门面对花坛,透过窗户可以看到牧场和田野风光。柱廊后的住宅围合出前庭,称为托斯卡那式庭院。其后是悬铃木庭园,面积较大,庭园四角种有冠大荫浓的悬铃木,中央置一大理石泉池,夏季园内阴凉温润,十分宜人。悬铃木庭园一侧是宁静的居室和客厅,在悬铃木树冠的笼罩之下,无风自凉。室内以大理石作墙裙,墙上绘有葱绿的树林和飞鸟壁画。另一侧是一处小院落,中间点缀着盘式涌泉,不时地传出欢快的落水声。在柱廊的另一端,与宴会厅相对的是一座大厅,从这里可将近处的花坛、水池、喷泉及远处的牧场尽收眼底。可见罗马园中,水景十分重要,彰显其成熟的水工技艺。

托斯卡那庄园的另一部分花园则展现出田园风光的优美。结合果园,借园外的村庄、田野、牧场之景,构成和谐而富有田园气息的庄园风貌。在花园的尽头还设有一座凉亭,4根大理石石柱支起棚架,下面置有白色大理石桌凳,以供收获时休憩。

实例3　吐斯奇别墅(Villa Tusci)

吐斯奇别墅位于距今佛罗伦萨不远的塔斯卡尼山麓的特韦雷河畔。其地势北高南低,别墅主体的南面是其庭院园林(图11.9)。主体建筑北面连接的是一处带有附属房屋的三折大阶梯,延伸到更高处的葡萄园中。一条中段通透的柱廊连接着东、西两翼的餐厅和主客厅,其背后分别是住房围绕的庭院和浴场房屋。透过柱廊向北可以看到主庭院,其四周种着梧桐,中央是大理石喷泉。围绕主庭院的三面房屋中有一个园景房,地面铺着大理石,墙上绘有精美的庭园壁画。

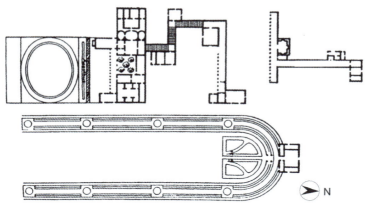

图11.9　吐斯奇别墅平面图

柱廊前是一个游廊平台,上面铺着草皮和花床,花床边缘栽植着被修剪成波浪的外形黄杨篱。花床间的草皮上可能有喷泉,平台下连接着数层下跌的台地,边缘可能设有矮墙和流行的爬藤篱笆。连接下一层平台的缓坡上有更多的花草,黄杨篱边界被修剪成各种相向而立的动物,接下来的窄长平台上则长满了茛力花。在园林南端最低处,环形的园路围绕着一个更宽阔的圆形平台,台中种着低矮的灌木,边缘是修剪成各种形状的黄杨。庭园外侧,围墙被剪成阶梯状的黄杨所遮挡,让人在外面感觉不到整个风景地段中有一处被围起来的园林。

沿着三折大阶梯有三处房屋,一处可俯瞰种着梧桐的主庭院,一处面向西面伸展的草场,最后一处面向北面高地上大面积的葡萄园,衔接着一个向东伸延的柱廊,可以在用餐的同时观赏葡萄园、赛车场园林以及更远的群山。葡萄园面积很大,一组呈L形独立建筑位于其中,同样带有长长的柱廊,连接着数座房屋和亭子。这组建筑在组群在空间关系上实现了别墅主体与葡萄园及赛车场园林的呼应。

赛车场园林是这个别墅中最非凡的地方。主体建筑和葡萄园东侧地势略低,是一处"U"形的赛车场园林,位于别墅南面窗户可以欣赏到其浓密的树冠。在古罗马,健身和竞技仍然是人们喜欢的活动之一,但其在此时已经失去了原有的功能,而是成为一种借助"U"形跑道及其内外关系的园林平面形式。在这个赛车场园林中,跑道变成了装饰性的园路,呈"U"形环绕着内侧的绿地,靠圆弧内侧绿地内还有特别设计的小游园。大部分跑道园路的外侧是爬满常春藤的梧桐,并间植黄杨,梧桐后面是月桂,它们的影子同梧桐影子相互纠结。跑道园路边缘栽植了玫瑰,并被黄杨树篱分成数条小径,有线性的连续感。而跑道园路北端圆弧转弯处,其外侧的树木变成了松柏类,阴影更加浓密,簇拥中央轴线上的一座大理石屋,从中可以眺望各个方向的不同景色。此处顺着园路设有大理石坐凳,其上有四颗大理石柱子支起葡萄架为它遮阴。高大树木环绕的跑道园路被清凉的树荫笼罩,其内侧的绿地色彩明快,给人空阔感,周围环境一览无余。

11.2.3 宅园

79年,维苏威火山大爆发将整个庞贝城(Pompeii)埋没在火山灰下,留下大量完整而清晰的住宅遗迹,因此可从中推断出关于古罗马宅园的典型特征。

古罗马城市住宅通常密集排列在街道两旁,富家住宅的面积较大,其中部分庭院空间形成了园林。紧密围合的空间是古罗马传统住宅的基本特征。入口两侧临街房屋可作为商铺,其他主要房间向内朝向中庭。中庭位于庭园轴线上,布置了水池、下沉空间,并辅以喷泉、雕像,四周是深深的屋檐。穿过中庭则是开敞的厅堂,通向后面的小园地。到了希腊化尤其是罗马时期,受到崇尚奢靡风气的影响,一些大型住宅的庭院被扩大,并加上了柱廊,成为廊院。随着廊院的出现,古罗马城市住宅中形成了三进院落组合形式,并拥有通透的轴线空间。最典型的大型三进院落住宅中兼有传统中庭、廊院和后花园。在古罗马三进院落构成的宅园的遗址中,潘萨住宅的布局是一个典型。

写实色彩的风景壁画也是古罗马住宅的特色之一。古罗马御用工程师、建筑师——维特鲁威(Marcus Vitruvius Pollio)在欧洲最早的建筑专著《建筑十书》提到,一些住宅内部庭院和柱廊的墙壁上都绘有乡间风景,这些风景画所表现的通常为山坡、树丛、乡间小庙、农田上耕作的人群或从海上远眺的岸边别墅等场景。在一些住宅壁画中还可看到设有围栏园林近景,喷泉、绿叶、花卉、果实、飞鸟等生动景象。

在住宅后花园中有各式的花床,种着玫瑰、风信子、紫罗兰等花卉,边缘围以黄杨绿篱。园中植有梨树、无花果、栗子和石榴等,并设有爬满藤蔓植物凉亭。地面步道上铺着砖、卵石甚至马赛克。配有装饰性的石水盘、水池或壁龛,点缀形式各样的喷泉、铜像、石桌、石凳等。有些后花园周围也会建有柱廊,形成中央是比较开阔园地的廊院,仅有一面衔接庭园。

另外,在庞贝的住宅中还发现了屋顶花园。由于混凝土拱券结构的大量运用,古罗马建筑中有许多带有女儿墙的平屋顶,使古罗马的屋顶花园比古希腊的阿多尼斯园有了更多的实质园林性质。

位于庞贝城中心广场的北侧的潘萨住宅建于公元前2世纪,其规模宏大,几乎占了一个街坊(图11.10)。其平面基本上是规整的矩形,所有房间沿由天井和回廊内院形成的轴线呈对称布置,室内装饰富丽堂皇,不仅主要房间的地坪由彩色大理石铺砌,而且墙壁上也有许多色彩鲜艳的壁画。

　　传统的中庭在最前端,具有接待功能;中间的廊院是相对私密的家庭活动空间,两端是开敞的厅堂,尽端为宽敞的后花园。后花园占地往往沿着整个建筑的外墙,具有整个住宅的宽度,与狭窄、空间、密集庭园形成强烈对比。罗马住宅的房间通常很狭小,院子、开敞的厅堂、后花园成为最重要的起居场所,接待客人、餐饮、聚会都在中庭或廊院,檐下或柱廊内布置各种家具。

　　维蒂住宅是庞贝城中是另一座代表性宅园(图11.11)。维蒂住宅在前庭之后布置了一个面积较大、由列柱廊环绕的中庭。院落三面开敞,一面辟门,光线充足。中庭共有18根白色柱子,采用复合柱式。庭园内布置着花坛,有常春藤棚架,地上开着各色山菊花。中央为大理石水盆,内有雕像及12眼喷泉。柱间和角隅处,设有小型雕像喷泉,泉水落入大理石盆中。整个庭园由精美的柱廊、喷泉和雕像组成,装饰效果简洁、雅致,再加以花草点缀,呈现出清凉宜人的宅院环境(图11.12)。在维蒂住宅中,前庭与列柱廊式中庭是相通的。

　　与希腊的廊柱园有所不同,在罗马宅园的中庭里往往有水池、水渠,渠上架小桥;木本植物种在很大的陶盆或石盆中,草本植物则种在方形的花池或花坛中;在柱廊的墙面上往往绘有风景画,使人产生错觉,似乎廊外是景色优美的花园,这种处理手法不仅增强了宅间的透视效果,而且给人以扩大空间的错觉。

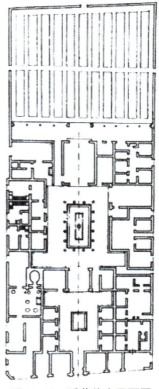

图11.10　潘萨住宅平面图

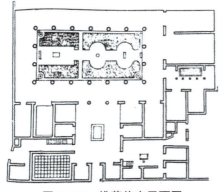

图11.11　维蒂住宅平面图

图11.12　维蒂住宅庭园

11.2.4　公共园林

　　罗马城最初只是帕拉丁山丘上的一座小城,在后来的发展中形成了以帕拉蒂诺、卡皮托利诺、埃斯奎利诺、维米纳莱、奎里那莱、凯里、阿文蒂诺七个山丘之间不规则的共和广场群为核心的大城市,并沿七丘间的谷地向各方伸延。城市中心街区,特别是平民居住的街区多数街道狭窄,方向凌乱,并缺乏街道绿化。从庞贝城出土的街道看,行道树绿化在古罗马各城市可能都是很少见的。然而,随着别墅热的兴起,罗马城各丘日益被美化。除了皇家、私家的宫殿、豪华别墅园林,出现了许多面向公民开放的绿地,各种大规模宗教、纪念,以及社交、娱乐和文化设施的

建造,也使城市中心地段的公共绿化逐渐增多。

罗马人在城市规划方面创造了前所未有的业绩。第一代皇帝奥古斯都登基后,开始着手调整罗马的城市布局,将城市分区规划,由内向外建筑密度逐渐降低。罗马的公共建筑前都布置有集会广场,也是城市设计的产物,可以看作是后世城市广场的前身。这种广场是公众集会的场所,也是艺术展览的地方,人们在广场进行社交活动、娱乐和休息。从共和时代开始,各地的城市广场建设便十分盛行,如共和广场旁形成的帝王广场群。

此外,一些依附于重要公共建筑外的园林建设也逐渐发展,如许多神庙围院内的剧场、健身

图 11.13　罗马大角斗场的外环境

场、赛车场周围,常有行列植树,或以行列成片以此形成公共绿化环境。公元前 1 世纪建造的罗马大角斗场就在原来尼禄金宫园林地段上,其建筑形式起源于古希腊时期的剧场,到了古罗马时期,建筑设计师利用拱形结构首先将观众席架起,再将两个半圆形的剧场对接起来,形成了圆形角斗场建筑,建筑周围有许多树木和绿地(图 11.13)。

在古罗马时期,沐浴是一项重要的文化和社交活动,因此公共浴场成为罗马人生活中的重要场所,兼具健身、社交功能,浴场设计受到高度重视。共和晚期以后,浴场规模越来越大,在罗马城,帝国时期能容纳千人以上的浴场超过十个,中小型者有数百。不少浴场在主体建筑周围形成巨大的围院,其尺度和活动性质完全是一种大型城市公共空间。

位于奎利那雷山上的戴克里先浴场(Thermae Diocletiani)曾经是古罗马最大的公共浴场(图 11.14)。其占地约 12 ha,能同时接待 3 000 名顾客,号称亚平宁上的天上人间。该浴场冷水、热水浴池、运动室、更衣室以及室外绿化庭园一应俱全,是维米那勒山、奎利那雷山和埃斯奎利诺山区域中的居民洗浴休息场所(图 11.15)。建造于 3 世纪的卡拉卡拉浴场(Baths of Cara-calla)为罗马第二大浴场(图 11.16)。浴场的绿化面积近 6 ha,垂直交叉的园路将平坦的绿地分割成若干矩形地块,节点以喷泉水景点缀,沿路径种植了许多整齐排列的树木,绿荫缭绕,形成公共开放绿地。浴场主体建筑被绿地及小型水景包围(图 11.17),造型美观,高大雄伟,其内部的洗浴设施周围布满珍奇的植物、精致的雕刻及巧夺天工的镶嵌图案。

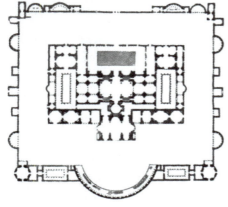

图 11.14　戴克里先浴场平面图

图 11.15　戴克里先浴场复原模型

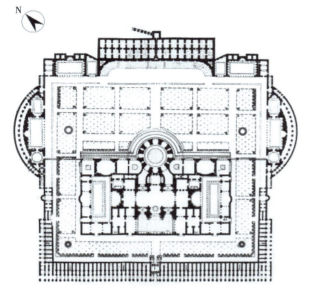

图 11.16　卡拉卡拉浴场平面图　　　　　　　　图 11.17　卡拉卡拉浴场的外环境

　　剧场是另一重要类型的罗马城市公共空间,其建筑无论在功能、形式、科学技术还是在艺术方面都具有极高的成就。剧场外有供休息的绿地,一些大剧场建在山坡上,巧妙地利用天然地形来布置观众席。可以说,城市集会广场和公共建筑的附属园林等类型的公共空间承担了城市公园的功能,一些社交、娱乐和文化设施的建造,使城市中心地段的公共绿化得到了增加。

11.3　古罗马园林的主要特征

11.3.1　园林选址

　　古罗马园林在历史上的成就非常显著,是西方园林发展的重要时期。其最重要贡献,是使以愉悦为目标、以艺术美为特征的园林在欧洲成为住宅、别墅、宫殿等建筑环境中的重要组成部分,城市绿化环境建设也大量涌现。

　　罗马的地势地貌以丘陵为主,罗马城本身就建在几个山丘上。因此在造园选址上,结合优美的自然风光是建造花园别墅的必要条件,庄园别墅多利用地理环境依山或依海而建,以便于借景。同时,由于气候因素,夏季的山坡上较谷地更为宜人,因此,罗马人多在山坡上建园,有的则背山面海,建筑一面朝向海面,从建筑一侧可欣赏美丽的海景,另一侧可望见远处的群山;有的则坐落于狭长的山谷中,且地势起伏较大,地形极不规则,但群山环绕,林木葱茏,布局因地制宜。无论何种方式,建筑主体保证外向性,尽量将四周的自然风景引入建筑空间。建筑四周的景色又力求多样化,借助房间的朝向、门窗的安排、树木的掩映等,营造出一幅幅景观画面。建筑与花园及自然密切联系,并通过绿廊、荫棚、套门等形成过渡、空间相互渗透。同时,泉池、整形的树木、壁画等也是建筑与自然在园林中交汇的产物。还有柱廊的频繁使用,也使建筑物和自然物之间建立密切的联系。

　　此外,罗马人为方便活动,常常将坡地开辟出数层台地,布置景物,抬头可眺望远景,视野开阔,低头则园内美景尽收眼底,园中台地自身的情趣不逊于大范围地形的壮阔意义。除了现有的文字记载外,后人对古罗马台地园林特征的复原想象,实际上有许多以意大利文艺复兴园林

为依据,为以后意大利台地园林的发展奠定了基础。

11.3.2 园林布局

由于罗马地势地貌以丘陵为主,因此灵活的几何式布局是古罗马园林的基本特征,这一点首先反映在城市格局方面。古罗马人据说按照传统宗教天地观,并借鉴伊特拉斯坎人的传统,最初限于帕拉丁丘的罗马城布局,曾依据十字轴线形成了城市中心广场和主要街道外的四个区域,这种十字轴线的发展影响了后来的城市布局,但由于罗马城本身的扩张却慢慢失去了这一特征。在共和后期,特别是帝国时期的罗马城,包括局部组群在内的建筑多是对称有序的,空间和形体组织依据中轴线或十字交叉轴,而大的城市格局则在七丘地形中具有随机性。

而古罗马的一些别墅、庄园的园林艺术也同城市格局的演变特点相吻合。花园别墅追求的是宁静的隐居生活,注重亲切而细腻的情趣,因而以精致幽美见长,适宜修身养性,享受田园生活的乐趣。在形成整体园林时,除庭院内部的花园本身则是封闭而内向的,将人们的视觉焦点停留在园内,与周围的自然景色形成对比,局部几何图案化的园林可以同建筑形体交织,相映成趣。而在建筑之外朝各向伸展,而不是规则地被围在建筑内、围合着建筑或位于建筑的一面。然而,古罗马园林中出现的上述随机感,还没有接纳自由曲线和放射线。园林区域划分中最常见的仍是直角转折,建筑和园林中都经常见到圆形和半圆弧则是局部对称有序关系的一部分。

11.3.3 造园要素

由于继承了古希腊艺术,古罗马园林中的喷泉、水盘、雕像、花瓶等小品明显增多,并应用在庭院园林或大型园林的多处花床、植物修剪环境中。

罗马园林中很重视植物造型的运用,并有专门的园丁,他们被看作是真正的艺术家。从小普林尼的记载看,在一些大型住宅廊院、后花园、游廊平台,以及以健身场、赛车场命名的园林中,出现很明显的图案化的花床花卉和低矮灌木。古罗马园林花床中的图案可以不同形式栽植或修剪,构成矩形、条形、圆形、"U"形等几何外形。花床边缘围以黄杨绿篱,或用低矮的篱笆围合,有时还会搭配爬藤植物。花卉在园林中的运用,除了一般的花台、花池等形式之外,开始有了月季专类园的布置方式。由于罗马帝国疆域辽阔,不少帝王和将领在远征中常常将外地的植物带回罗马种植,这就极大地丰富了罗马的植物品种。专类园也不再限于月季园,常见的有杜鹃园、鸢尾园、牡丹园等,显示出园艺水平的提高和植物品种的丰富程度。此外,还兴起了"迷园"(Labyrinth)的建造热潮。相传希腊米诺斯的王宫中曾建有迷宫,内部通道十分复杂。罗马园林中的迷园里圆形、方形、六角或八角形等几何形,内部复杂的小径,往往以绿篱围合,迂回曲折,扑朔迷离。罗马的迷园也是受希腊迷宫的启发而建造的,成为园中的娱乐设施之一,月季园和迷园在此后欧洲的园林中都曾十分流行。

除水池、水渠外,大量的人工喷泉出现在园林中。罗马人的城市中常有高架输水道供水,在庞贝古城的街道上也有饮用水池,在豪华的浴场中,会有各种装饰性的喷泉向浴池中吐水。最典型是石柱托着圆形石水盘的喷泉,石柱呈花瓶状,水向上喷出或涌出,经由水盘泻入水池中。除此之外,还有配以圆形或多边形线脚的台状跌水喷泉。有的喷泉与雕像结合,如庞贝园林中的一个孩童铜像,水从他托举的酒囊中流出。在园林建筑中,如住宅后花园墙上的壁龛,以及哈德良宫的许多半圆殿处,还可以有墙上装饰华丽的水口把水喷向下面的水池。在罗马的别墅花园中,植物和水体都在很大程度上建筑化了,这几个基本特点都被意大利文艺复兴和巴洛克时期的园林所继承。此外,雕塑也是古罗马园林中的重要装饰之一。罗马人从希腊掠来的大量雕塑作品,部分集中布置在花园中,形成花园博物馆,可谓当今雕塑公园之先河。雕塑技术的应用也十分普遍,从栏杆、桌椅、柱廊的雕刻,到墙面上的浮雕、圆雕等,为园林增添了细腻耐看的装饰物和艺术文化氛围。

此外,罗马时代将美妙的自然与无所不能的神祇联系在一起,将自然的神秘归之于神的操控。风景绘画和园林艺术都表达了一种对自然的情感,花园既是罗马人寄托感情和喜好的产物,也是神祇的生活场所,是人与神交流的媒介。这就是神殿、洞府、神像以及教堂出现在绘画、浮雕、以及树林繁茂、流水潺潺的花园中的原因。经过长期的发展,罗马的园林艺术逐渐建立起自身的美学体系。将自然及人工景物,如植物、水系、建筑、雕塑等元素用于人的修身养性,同时也被赋予了浓厚的宗教、哲学和文学含义。

复习思考题

1. 简述古罗马园林的历史与园林文化背景。

2. 简述古罗马园林类型及各自的基本特征。

3. 为什么说哈德良山庄是罗马帝国的繁荣与生活品位在园林上的集中表现？简述其园林建造特点。

4. 简述小普林尼庄园的建造特点,并举例说明。

5. 简述古罗马主要的公共园林类型,其代表作品有哪些？

6. 简述古罗马园林的主要特征及对后世的影响。

12 中世纪西欧园林

12.1 历史与园林文化背景

中世纪西欧园林

12.1.1 历史背景

欧洲在地理上分为南欧、西欧、中欧、北欧和东欧5个地区。西欧是指欧洲西部濒临大西洋的地区和附近岛屿。中世纪时分布于欧洲的国家主要有英格兰、法兰西、德意志、意大利、西班牙等国。其中,英、法两国长期交战,而德国统一的时间不长,便很快分裂成许多由领主控制下的小王国。

"中世纪"一词是15世纪后期意大利人文主义者比昂多(Flavio Biondo)开始使用的,它不仅包括一个极为广阔的地理区域,而且包括一个时间上的巨大跨度,即从5世纪西罗马帝国的瓦解,到14世纪文艺复兴时代开始之前的这段时期,历时约1 000年。这一时期,频繁的战乱将欧洲罗马文明的光辉泯灭殆尽,经济和文化也处于停滞状态,史上称其为"黑暗时期"。在这个动荡不安的岁月中,人们纷纷从宗教中寻求慰藉。欧洲各民族在罗马帝国统治时期就逐渐接受了基督教,而宣扬来世因果报应的基督教思想易于深入人心,很快渗透到人们生活的各个方面,成为各个国家的国教。可以说,中世纪的文明基础主要是基督教文明,并含有希腊、罗马文明的残余。

自3世纪起,罗马帝国外部受到北方日耳曼民族的不断入侵,加之内部争权夺利,导致内战频繁,国力衰退,终于在395年分裂为东、西两部分。东罗马建都于拜占庭,西罗马都城留在罗马。此后,北欧各民族南侵声势日益浩大,直至476年,西罗马灭亡,西欧进入封建社会。随着罗马的分裂,基督教也随之分裂为东、西两部分,即东教会(东正教)和西教会(天主教),内部有严格的等级制度。在此后的几百年间,西欧的天主教形成政教合一的局面,教会成为社会的主宰,在极盛之时,教会拥有全欧1/4~1/3的土地;《圣经》成为评判一切思想文化的最高准则。中世纪最重要的社会集团是贵族,大贵族既是领主,又依附于国王、高级教士或教皇。他们在自己的领地内享有司法、行政和财政权,土地层层分封,形成公、侯、伯、子、男等不同等级。大贵族阶层内也包括神职人员。作为大贵族扈从的骑士们构成小贵族阶层,他们在兵领地内享有一定的权利和义务。教会同样等级森严,主教区控制着大量土地,下设若干个小教区,由牧师管理。因此,君主制、领主制和教会构成中世纪复杂的社会结构。

然而数个世纪以来,对于欧洲的基督徒来说前往圣地朝拜是一项最为普遍的活动。虽然重要的宗教中心都在欧洲,但许多重要圣地却在巴勒斯坦。1095年,在罗马天主教教皇的准许下,由西欧的封建领主和骑士所组成的十字军企图从回教徒手中重新夺回巴勒斯坦。东征期间,教会授予每一个战士十字架,参战者服装均饰以红十字为标志,组成的军队称为十字军。在11到13世纪的十字军运动历时将近200年,共进行了9次东征,动员总人数达200多万人。十字军东征使西欧直接接触到了当时更为先进的拜占庭文明和伊斯兰文明。这种接触,为欧洲的文艺复兴开辟了道路。

12.1.2　园林文化背景

自古以来,西欧绝大部分地区气候温和湿润。其中,阿尔卑斯山和比利牛斯山将西欧分成两个不同的气候带:地中海气候带和大西洋气候带。前者较为宜人,欧洲古代文明大多起源于此。阿尔卑斯山北部则比较寒冷,时有来自大西洋及海湾温和而潮湿的海风。这里没有严寒与酷热,水网与陆地相互交织,有着适合于园林发展的自然条件。

中世纪欧洲园林的发展,受到当时政治制度、经济水平、文化艺术和美学思想的严重制约。中世纪频繁战乱,使经济贫穷,生产落后,政治腐化,严重阻碍科技发展,美学思想处于停滞状态。基督教势力渗透到人们生活的各个方面,对园林也产生深刻影响。中世纪教会竭力以坚守信仰来维护利益,对宗教的宣扬在催生宗教艺术的同时,又限制人生、禁锢科学,把一切艺术和学术都限定在为信仰服务的范围内。对于贫困、苦难和自认负罪的人,宗教雕塑和绘画更直白地让人感受天堂的美好,地狱的可怕,耶稣以受难救赎众生的伟大。这些艺术的产生根本上是为了使人们最强烈地体验宗教,并在现世默默地忍受、赎罪,等待来世的天堂。基督教所提倡的神性压制了人性,所有人都是为神服务的,科学、文化、艺术成为宗教的婢女,凡是可能影响基督教神学世界观的学术研究都被禁止,一切都在基督教修道院制度的控制之下,人们思想停滞,社会及文明也随之倒退。

中世纪的欧洲虽战乱频繁,附属于教会的寺院却较少受到波及,教会人士的生活也相对比较稳定,园林只能在寺院中有所发展。因此,以实用生产为主的寺院庭院得以出现,为教士们提供了宁静、幽雅的生活环境,至迟在9世纪便有了稳定、完整的大型寺院建筑群落及园林。中世纪寺院庭院本身的园林一般有两种:一种是具有明显宗教意义的场所,在环境性质和关系上都紧密结合于教堂建筑;另一种与社团生活和行善的目标相关,以实用为主。寺院最初建立在乡村,围绕寺院发展成为城镇。寺院周围拥有土地,或是自行开垦,或是世俗统治者的馈赠。这些土地被用以农田、果园、菜园等。在修道院内部也有一些小型果园、菜园,用于丰富建筑之间的园林环境。但由于基督教反对豪华奢侈的生活方式,园林艺术并未在寺院庭园中得到很大发展。

在中世纪初期的战乱中,一些强有力的民族领袖曾试图再现罗马帝国的辉煌统一,最著名的是9世纪的法兰克王查理曼(Charles the Grea)。他在击败许多敌对力量时借助了教会势力,教会也利用他的保护并加冕他为神圣罗马帝国皇帝。他对自己的亲族、将领和一些臣服地区首领实行世袭土地分封,他死后帝国又迅速分裂,在欧洲大部分地区逐渐形成这样一种封建结构:皇帝册封割据一方的国王,国王再把土地封给自己的亲属和将领,并进一步向下层分封。国王及其以下的各层次封建领主是世俗贵族,封地领主几乎拥有一切公共权利,在被分封的土地上独立行使权力,仅对上一层贵族尽赋税和战时出兵义务,一层贵族的下一层并不隶属于更上一层的统治者。这种割据分封的统治局面,导致国王的权力相对削弱,因此,中世纪的欧洲缺少壮丽的王宫别苑,更多的是王公贵族们简朴的城堡庭园。

欧洲封建统治的中心大多在乡村,在自己的封地上,封建领主很长时间居住在集行政、防御于一体的城堡中。欧洲封建贵族也信奉基督教,但为了信仰而过度节制、俭朴的生活并不是他们多数所要的。通过压榨农民和对外掠夺,他们竭力追求享乐,这也一定程度上促成了生活环境中的园林艺术发展。在封建割据相对稳定下来,城堡建设日益完善时,封建领主也开始热衷于为自己营建城堡高墙内的园地。约从12世纪开始,在乡间的贵族城堡和后来的宫殿中出现了日益丰富的园林化的环境,城堡的园林最初联系生产,但纯粹为了享受生活的愉悦性园林也

逐渐发展。

因此,中世纪欧洲园林的发展就园林类型而言,可以分为两个时期:前期是以意大利为中心发展起来的寺院庭园,后期是以法国和英国为中心发展完善的城堡庭园。

12.2 中世纪西欧园林类型与实例

12.2.1 寺院园林

基督教产生于罗马帝国时期,早期受到罗马皇帝的打击与压制,传教活动处于地下状态。因此,修道院多建在人迹罕至的山区,僧侣们依靠外界的施舍,过着清心寡欲的生活。在这种情况下,园林的生长缺乏必要的土壤。随着基督教活动的公开化,修道院进入城市,这一局面才逐渐发生变化。

6世纪前后,意大利修道士本尼狄克(Bene-dictus)制定了严格的修道法则,率先打破僧侣传统的生存方式。法则要求僧侣们的生活必需品全部由寺院生产,为此,修士们在传教之余还要从事农业生产,修道院中随之出现了菜园和果园。随着卫生保健和医学的发展,庭园中有一部分用来种植草药,出现了药草园。此外,僧侣们还有着用鲜花装点教堂和祭坛的习惯,为了种植花卉他们又修建了具有装饰性质的花园。于是,在西欧的寺院庭园中便产生了实用性与装饰性两种不同目的、不同内容的园林性质。

从庭园形式上看,基督教徒们最初是利用罗马时代的法院、市场、大会堂等公共建筑作为他们宗教活动的场所,之后又效法"巴兹利卡"(Basilica)式长方形大会堂的形式来建造寺院,故称为巴兹利卡寺院。其中,建筑物的前面有连拱廊围成的长方形露天庭院,院中央有喷泉或水井,供人们进入教堂时取水净身之用,人们将这种露天庭院称为"前庭"。前庭作为建筑物的一部分,虽然最初只是一片硬质铺地,但却是以后寺院庭园的一个雏形。

从庭园布局上看,寺院庭园的主要部分是由教堂及僧侣住房等围合的中庭,被称为"回廊式中庭",其四周有一圈柱廊,类似希腊、罗马的中庭式柱廊园(图12.1)。回廊的墙上绘有各种壁画,内容多是圣经中的故事或圣者的生活写照,以激发僧侣们的宗教热情。稍有不同的是希腊、罗马的中庭柱廊多为楣式,柱子之间均可与中庭相通。而中世纪寺院内的中庭柱廊多采用拱券式,且柱子设在矮墙上,矮墙将柱廊与中庭分隔开,只在柱廊正中或四角处留出通道,只有从指定的入口才能进入中庭,以保护墙面的壁画(图12.2)。中庭内部处理相对简单,由十字形或对角线设置的小径将庭园分成4块,正中放置喷泉、水池或水井等,是僧侣们洗涤有罪灵魂的象征。四块园地中以草坪为主,点缀着果树和灌木、花卉等。此外,寺院中还有专设的果园、草药园、菜园、疗养院及绿化墓地等,有的寺院甚至在院长及高级僧侣的住房旁设置私密性庭园。

图12.1 中庭式柱廊园

图12.2 索尔兹伯里大教堂回廊园

然而,这一时期的寺院保存至今的已很少,有些即使保留了当时的建筑,而庭园部分也往往因屡经改动,早已面目全非。如今,只能从极少数保存至今的修道院平面图中了解当时寺院庭院的概况。瑞士的圣·高尔和英国的坎特伯雷修道院以及法国的圣·米歇尔山修道院是最为典型的实例。

实例1 圣·高尔修道院(Abbey of Saint Gall)

圣·高尔教堂于9世纪初建造在瑞士的康斯坦斯湖畔,占地约 1.7 ha(图 12.3)。修道院内有僧侣们日常生活所需的一切设施。

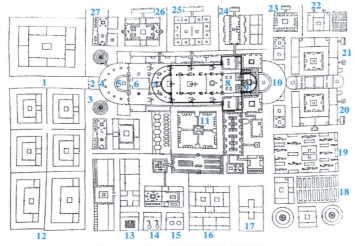

图 12.3 圣·高尔修道院平面图

1.公共入口 2.门廊 3.塔 4.天堂 5.圣坛 6.唱诗班 7.洗礼盆 8.唱诗班 9.神坛
10.天堂 11.修道源庭园 12.农场建筑 13.窑房 14.泥灰房 15.磨房 16.作坊 17.谷仓 18.花园
19.公墓 20.见习修道士集会地 21.医院 22.医生房 23.制药房 24.居住区 25.学校
26.贵宾休息场所 27.储备及生活用房

修道院分为3个部分,第一部分由中心的教堂、僧侣用房、院长室等构成,中央有柱廊式中庭园,十字交叉的园路将草地分为四块,当中为水池;第二部分包括寺院的南面和西面,由畜舍、仓库、食堂、厨房及工场、作坊等附属设施构成;第三部分包括北面的医院、僧房、药草园、菜园、果园及墓地等。医院、僧房及客房建筑中也带有小型的中庭园。此外,在医院及医生宿舍旁的草药园内有12个长条形种植畦,种有16种药用草本植物。墓地四周围绕着绿篱,内部与果园相结合,整齐地种植着苹果、梨、李、花楸、桃、山楂、榛子、胡桃、月桂等果树,成了所谓的果园墓地;墓穴边缘种有许多花卉,特别是象征爱和圣洁的玫瑰,也用于装饰圣坛,在修道院也可能会有专种植玫瑰的园圃。墓地以南的菜园中排列着18个种植畦,种有胡萝卜、土茴香、糖萝卜、荷兰防风草、香草、卷心菜等蔬菜和香料植物。

由于教会掌握着文化、教育、医疗大权,在寺院里设施齐全,庭院则井然有序地附属各个功能区与建筑。圣·高尔教堂的规划功能分区明确,布局紧凑,反映出自给自足的寺院环境建造特征(图 12.4)。

图 12.4 圣·高尔修道院

实例 2 坎特伯雷修道院(Canterbury Cathedral)

坎特伯雷教堂位于英国中心,最初由早期基督教教父圣奥古斯丁(Saint Aurelius Augustinus)在 597 年建造的,现在的教堂主要是 14 世纪后重建的哥特式,其保存下来的平面图反映出英国中世纪修道院的风貌(图 12.5)。

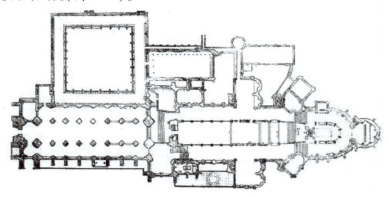

图 12.5 坎特伯雷修道院平面图

同圣·高尔一样,坎特伯雷的修道院也由体量巨大的教堂所统辖。教堂南侧和东部圣坛尽端之外,分别是世俗教徒的墓地和修士的墓地。在世俗教徒墓地中有一处汲水井,水源来自人工引水。在教士基地围墙附近,有一处正对教堂圣坛的水池,衔接着引水管道,椭圆形的主体带有 12 处凸出的半圆,象征耶稣和 12 使徒。主要用于宗教活动的回廊庭园位于教堂前部北侧,中庭内有大型喷泉水池,并覆盖木架构的亭子,供观赏及灌溉之用。其北面是餐厅,在连着它的厨房和储藏室庭院处可以见到葡萄藤及菜畦。主回廊庭园东面隔着修士宿舍也有一处围着回廊的庭园,该回廊庭园应是一处疗养园,但更实用、亲切和情趣化(图 12.6)。整个疗养园庭院被一道篱笆分开,其西部是一处围着篱笆的花草园。透过疗养院的柱廊可看见其南面的

图 12.6 坎特伯雷修道院回廊园

水池及凉亭,修士们可以在这里享受阳光、泉水、悦目的植物及其芬芳的气息。疗养院西面的柱廊与一处与其平行的木架构长亭相连,并通往南临修士墓园的修道院长住所,该建筑可能配有小于自己尺度的花草园。在整个相互联结的修道院主体建筑北侧,还有一处巨大的绿色庭院,像一处小农庄,可能自然生长着绿草,并植有树木。其内部还设有谷仓、面包房、酿酒坊、马厩,以及接待旅行者、救济穷人的其他各种设施。

此外,中世纪欧洲在修道院基地种植果树是一种普遍现象。据历史文献和考古显示,12 世纪的坎特伯雷修道院墙外也有大面积的果园、葡萄园、菜园等。

实例 3 圣·米歇尔山修道院(Mount Saint-Michel)

圣·米歇尔山是法国诺曼底海岸外的岩石小岛和著名的圣地,距离巴黎 323.4 km。小岛呈圆锥形,周长 900 m,由耸立的花岗石构成。其海拔 88 m,常被大片沙岸包围,仅涨潮时才成为岛。古时这里是凯尔特人祭神的地方。8 世纪,奥贝在岛上最高处修建一座小教堂城堡,奉献给天使长米歇尔,成为朝圣中心,故称米歇尔山(图 12.7)。

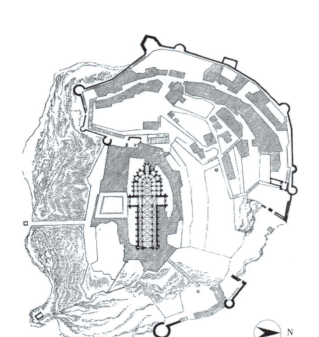

图 12.7 圣·米歇尔山修道院平面图

969 年在岛顶上建造的本笃会修道院,是非凡技艺之杰作,与周围独特的自然环境融为一体。1211—1228 年间在岛北部又修建了以梅韦勒修道院为中心的 6 座建筑物,具有中古加洛林王朝古堡和古罗马式教堂的风格(图12.8)。1256 年该岛修筑了防御工事,抵挡了英法百年战争及法国宗教战争。18 世纪修道院衰落,拿破仑在位期间,其成为国家监狱。岛上现还存有庄严的 11 世纪罗马式中殿和哥

图 12.8 圣·米歇尔山修道院回廊

德式唱诗班席,哥德式修道院的围墙兼有军事要塞的雄伟和宗教建筑的朴素,从南侧和东侧的中世纪城墙,可一览海湾全景。

海潮决定了圣·米歇尔山地区最主要的自然特征。圣·米歇尔山所处的圣马洛湾,拥有全欧洲最大的海潮,潮水涨落的幅度高达 13.7 m,潮水奔流至狭窄的海湾时形成怒潮。由于海湾深水区不多且底部平坦,退潮时大海距离岸边有 15~20 km。一千多年来,大西洋海水潮起潮落,大量的沙被冲向海湾,使海岸线因此向西移动了约 5 km,更靠近圣·米歇尔山。1856 年填海工程开始。1879 年,随着一条堤道的建成,人车可以直接通过堤坝上山。当天文大潮将堤坝淹没时,圣·米歇尔山才是真正意义上的岛,这种情景现在每年只有两三次。

12.2.2 城堡园林

基督教提倡禁欲主义,反对追求愉悦和游乐。因此,僧侣们是出于实用的目的修建修道院庭园并发展园艺事业的。早期的寺院庭园虽已具有装饰性或游乐性花园的胚芽,但这样的胚芽不可能在修道院环境中找到适合其滋生的土壤,而只能是在王公贵族的庭园中发展壮大。

城堡的建筑形式出现于中世纪初期。战乱频繁，城堡为便于防守而多建在山顶，围以木栅栏及土墙，王公贵族在城堡中豢养武士，并构筑防御工事。塔楼和雉堞墙（Battlement）构成这个时代的建筑特征。但因用地局促，时局动荡，早期的城堡中不可能有庭园的一席之地。城堡中与主楼相连的高墙围合成堡内庭园，高墙内为从属房屋，墙外有注水的壕沟或结合天然河流形成的护城河，入口处架设有吊桥，主楼和城墙顶上有雉堞，每间隔一段或拐角处设塔楼。

11 世纪，城堡庭园萌芽产生。诺曼底人征服英国之后，战乱减少，城堡建设逐渐从山顶转向山坡及平原。石砌城墙代替了木栅栏及土墙，城堡外围有护城河，中心的住宅建筑仍带有防御特征，此时，喜爱园艺的诺曼底人开始在城堡内修建实用性庭园。此时的十字军东征对城堡庭园的发展变化具有一定的影响作用。去圣地朝拜的欧洲骑士从拜占庭、耶路撒冷这些繁华的城市中感受到了精致的东方文化和奢侈的生活方式，他们将东方文化以及园林情趣，甚至一些园林植物作为战利品被带回欧洲。到 12 世纪后期，城堡庭园的装饰性和游乐性逐渐增强。随着战乱逐渐平息和东方的影响日盛，享乐思想便不断发展。

法国人德洛里斯（Guillaume de Loris）的寓言长诗《玫瑰传奇》写于 1230—1240 年，书中的描述和大量插图反映了城堡庭园的布局和欢乐情景："果园围绕着高大的石墙及壕沟，只有一扇小门出入。园内以木格栅栏分隔空间，充满月季、薄荷清香的小径将人们引到小牧场，草地中央有装饰着铜狮的盘式叠泉。人们在生长着雏菊、天鹅绒般的草地上载歌载舞。修剪整形的果木、花坛，欢快的喷泉和涓涓流水以及放养的宠物，营造出田园牧歌般的庭园景象。简单的几何形草皮、花坛、篱笆和少量的树木，以及近处的建筑和围墙是这里的基本特征"（图 12.9）。

花草园是典型城堡内重要的园林环境。花草园常位于女主人的住房下或城墙和主楼之间，是情人相聚之处。随着城堡园林环境日益丰富，花草园被扩大，围绕主楼形成各有特点的园区，点缀着各式喷泉、格架凉亭（图 12.10）和树枝凉棚。园林中的花坛成为人们精心修饰的重点，呈几何形，并逐渐图案化，为文艺复兴园林的模纹花坛形式打下重要基础。

图 12.9　《玫瑰传奇》反映中世纪
城堡庭园的插图

图 12.10　中世纪凉亭

城堡园林环境也兼备实用与愉悦功能，使城堡处在较大的园林环境之中。例如，起防御性作用的护城河引附近河水灌注，兼具了养殖鱼类的功能，城堡被宽阔的水面所环绕（图 12.11）。具备这两种特性的园林环境除常见的菜园、葡萄园等园圃外，还有果园和小林苑。果园本是长期存在的实用园，基本的生产目标使其维持着几何化的栽植方式。在中世纪的修道院内，果园与墓地结合，成为宁静肃穆环境的一部分，而在城堡庭园中，果园则在实用的同时具有愉悦的环境价值。与果园不同,小林苑往往占地数公顷,园中种有用于隐现动物的自然化树丛及灌木丛,以及饲养鱼类和水禽的河流、池塘。小林苑除供人们猎取肉食之外,狩猎也成为中世纪上层社会的一大娱乐活动。

图12.11　周围有宽阔水面的城堡

到中世纪晚期,城堡建筑向比较开敞造型转换,有了宫殿的形象。建筑立面保持了城堡建筑的特征,又借鉴了城市教堂和大型公共建筑的形式,如采用较大的窗户、以特定风格的线脚装饰等。与此同时,以愉悦性为目标和园林平面几何化的关系也在艺术发展中日益加强,并扩展到城堡外围的环境建设中。在许多城堡的园林环境中,将大面积的园地组织起来,且平面图案呈现出几何感,如法国的昂布瓦斯城堡(图12.12)。

1560年,建于法国的蒙塔吉斯城堡已在局部上表现出宫殿的形象特征。其整体布局呈半圆形,以中部城堡为中心,空间网格呈放射状(图12.13)。除院内的一处小园林外,顺着护城河外围弧线连续布置了各种花坛,间有格架凉亭或树枝凉棚,再外围是更大面积的菜园和果园,最后围着绿篱,各部分具有几何图案和相互关联的感觉(图12.14)。

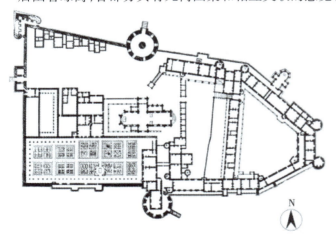

图12.12　昂布瓦斯城堡平面图

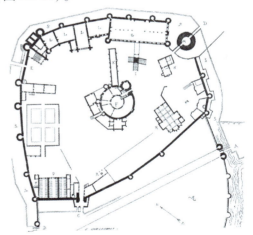

图12.13　蒙塔吉斯城堡平面图

从布局上看,中世纪城堡庭园结构简单,造园要素有限,面积不大却相当精致。庭园由栅栏或矮墙围护,与外界缺乏联系。园内种有遮阴效果的植被,并修剪成各种几何形体,与古罗马的植物造型相似。园中还设有方格形的花台,设置铺有草皮且三面开敞的龛座,偶尔可以看到小格栅,或凉亭。泉池是不可或缺

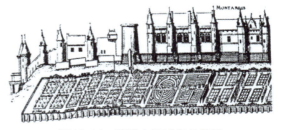

图12.14　蒙塔吉斯城堡的菜园

的要素,使园中充满欢快的气氛。在较大的庭园中,一般设有水池,以放养鱼和天鹅。一些豪华奢侈的庭园中还设有鸟笼、孔雀等,供园主在园中走动观赏。

12.3　中世纪西欧园林的主要特征

中世纪的园林环境在一定程度上反映宗教意识,在反对世俗享乐的同时又力图迎合某些实际需要,从客观上促进了园林艺术的发展。除实用园林外,还分出了以花草园、果园和小林苑等为代表的愉悦性园林。中世纪后期所形成一些园林要素及其形式被视为文艺复兴园林要素的雏形。修道院庭园和城堡庭园作为中世纪欧洲园林的两种主要形式,均以实用性为开端。一方面是寺院生活自给自足要求的产物,另一方面也促进了中世纪欧洲园艺事业的发展,实用性庭园逐渐具有了装饰和游乐的性质。中世纪除寺院庭园和城堡庭园两大园林形式外,后期还出现了供贵族狩猎、骑射、饲养活动的林苑。林苑的园林处理与自然景观相融合,将林地、田野、河流自然形态与人为营造的花草园、果园、鱼塘等园林景观相结合,浮现出人为艺术化经营的自然式园林。

此外,中世纪的造园要素呈现出多样化的趋势,为园林设计与建造提供了物质保障。首先,植物是中世纪乃至后世欧洲园林最重要的元素,植物景观也始终是欧洲园林的主体。其不重视花卉的美观作用,除了常见的种植形式之外,由于庭园规模制约,植物造型小巧而精致,并出现了药园、菜园及果园等。11世纪以后随着装饰性或游乐性花园发展以及植物修剪技术发达,植物形式、色彩不断得到重视,树木雕刻开始兴盛,城堡庭园中结园和迷园得到了广泛的应用。结园是低矮的绿篱组成的图案花坛类型;迷园是修建整齐的高篱像迷宫一样,增加了庭园的趣味性。此外,菜田也被花圃取代,花卉的种植密度不断增加,地面铺设草坪,为庭园提供活动空间。

另外,喷泉、石水盘等具有宗教意义的装饰性水景在中世纪欧洲得以延续,成为庭园的视觉中心。随着技艺与审美情趣的发展,喷泉式样如同建筑变迁一般,出现了罗马式、哥特式以及后来的文艺复兴式等多种样式。在中世纪庭园中喷泉和水池形式的变化直接受到了东方文化的影响。

其次,围墙是中世纪庭园中园林空间分隔最常见的元素,主要分为庭园分隔和防御性两种。防御性的外墙主要起保护庭园作用,以石料、砖块、灰泥等坚固材料砌筑,而分隔庭园内部的隔墙则多采用编织栅栏、木桩栅栏、栏杆、花格墙、树篱等形式,与布满藤本植物的凉亭和棚架结合,起遮阴和装饰作用。中世纪初期,围墙主要为带有木栅栏的土墙,11世纪后石砌墙取代了木栅栏及土墙,并在外围挖掘护城河。

再次,凉亭和棚架是庭园中最主要的小品,往往和藤本植物结合起到遮阴和装饰的作用。凉亭和棚架常用板条结构,以常春藤、玫瑰为骨架。其形式多样,有开窗的也有不开窗的,有高大的也有低矮的,有单独一个的也有数排连在一起的,有直线形式的也有曲线形式的。在15—16世纪初的城堡庭园中,以凉亭棚架组成的绿廊将庭园分成四部分,成为当时庭园的显著特征之一。

而花台也是中世纪造园要素的重要组成,它是为采摘花卉的需要而建造的,多用砖或者木建造边缘,并在中间的土地上铺上草坪,并种植鲜花,沿庭园墙壁的四周或中间布置。花台的边缘既有用海石竹和黄杨等植物材料,也有采用铅、瓷砖、石等硬质材料。在中世纪直到17世纪末,花台都高于地面,其高度为0.6~1.2 m时以砖砌筑,不足0.3 m时则用石或木材为边。

复习思考题

1. 宗教神学对中世纪西欧园林的发展有哪些影响?
2. 简述中世纪寺院园林的建造特点,并举例说明。
3. 简述中世纪城堡园林的建造特点,并举例说明。
4. 简述中世纪西欧园林的主要特征。
5. 中世纪西欧园林的主要造园要素有哪些? 在园林建造中各自发挥什么作用?

13 文艺复兴时期的欧洲园林

13.1 历史与园林文化背景

文艺复兴时期的欧洲园林

13.1.1 历史背景

文艺复兴是 14—16 世纪欧洲的新兴资产阶级思想文化运动,兴始于意大利,后扩大到德、法、英、荷等欧洲国家。14、15 世纪是文艺复兴早期,16 世纪为极盛期,16 世纪末走向衰落。

从 11 世纪开始,持续近 2 个世纪的十字军东征包含着各种政治经济利益,使跨区域贸易日益发达,为欧洲人在亚欧贸易中的地位奠定了重要基础。13 世纪后,欧洲人逐步取代阿拉伯人成为地中海航海贸易的主导,并在大陆建立了多条直通北欧以及联系印度和中国等国的贸易大通道。广泛的对外交流,改变了过去闭关自守的状况,提高了探索外部世界的进取心,进而要求脱离中世纪的愚昧落后,人们越来越意识到人类自身的力量,期待冲破教会的精神禁锢。

文艺复兴首先发生于意大利,一方面是历史的渊源,一方面是经济发展的需要。14 世纪,作为面向东方的贸易和战争前沿,意大利首先获得了繁荣的契机,在东西方贸易的主要通道上占据重要地位。到 14 世纪中叶后的近百年间,意大利走向了城市经济文化的繁荣,佛罗伦萨、威尼斯、热那亚等城市国家在欧洲一度"富甲天下",并成为汇聚知识分子的中心。随着资本主义在意大利的兴起,要求科技进步的呼声日益高涨,促使科学发展摆脱教会的桎梏,强调人的价值,并重新认识自然科学对于人类生活的重要性。而资产阶级地位的提高和势力的增强,又要求其上层建筑和意识形态与之相适应,进而促进了封建制度的瓦解。此外,意大利作为古希腊、罗马文化的直接继承者,拥有将古典文化作为反封建、反教会思想基础的有利条件。经过逐渐积累的过程后,人文主义的文艺复兴运动在 15 世纪的意大利全面形成,并成了欧洲文化变革的引领者。

文艺复兴运动所倡导的人文主义精神,促使欧洲国家摆脱了封建制度和教会神权的束缚。16 世纪初期,欧洲的封建制度逐渐解体,资本主义正在兴起,民族国家渐渐形成。人们开始讴歌资产阶级个人主义的世界观,要求摆脱教会对人们思想的束缚,打破作为神学和经院哲学基础的一切权威和传统教条,统治西欧近千年的天主教会面临着全面颠覆的挑战。同时,由于一些天文、数学、力学、机械等科学领域内取得的显著成就,以及一系列重大的地理发现,使各国之间的交往趋于频繁,旧有的地理界限被彻底打破。随着意大利在欧洲的影响力不断增强,灿烂的文艺复兴文化也在欧洲各国赢得了高度的赞赏和广泛的共鸣。

然而,正当文艺复兴运动遍及西欧之时,意大利的政治局面和经济形势却日渐衰败。市场的萧条和欧洲北方诸国之间竞争的加剧,意大利城市共和国的君主政治已无力抵御外国军队的入侵。15 世纪末,法兰西国王查理八世(Charles Ⅷ)入侵佛罗伦萨。16 世纪,意大利大部分地区已被西班牙人所控制。然而,正是让外来侵略者接触到了意大利文艺复兴运动所产生的灿烂文化,并为之惊叹不已,才使得文艺复兴运动的成果进一步传播到欧洲各地。

13.1.2　园林文化背景

(1)从地域角度上看　意大利位于欧洲南部,是个三面环海的半岛国家,其境内丰富的山地、丘陵约占国土面积的80%,且河流众多,四周的冲积平原十分肥沃。由于意大利北面阿尔卑斯山脉阻挡了寒流的侵袭,大部分地区气候温和宜人。冬季温暖多雨,夏季凉爽少云,四季温度适中,气温变化较小,属亚热带地中海气候,但由于其地形狭长、境内多山、且位于地中海之中的缘故,南北气候的差异很大。其独特的自然条件、地形地貌和气候特征,对意大利园林风格的形成与发展有着重要的影响。

(2)在艺术方面　这种对自然美的欣赏首先体现在文学中,接着是绘画中的配景,进而影响了园林环境创造。中世纪的诗歌、园林和相关绘画反映了人们对绿草、花卉、树木环境无可避免的爱恋,但宗教在世界观和人生观方面的压抑,却使人很难去欣赏真正意义上的自然风景,园林的实际艺术质量也远远低于献给上帝的教堂建筑。而在人文主义精神影响下,文艺复兴"前三杰",但丁、彼得拉克和薄伽丘都曾在14世纪就对欣赏自然美作出了重要贡献。但丁和彼得拉克在其作品中宣扬大自然本身的美,以呼唤人们站在人性角度"重新发现自然美"。薄伽丘在《十日谈》等著作中更加生动地将青春男女的热情、活力,同乡村别墅环境的自然美与园林美结合在一起,唤起人们的田园情趣。

(3)在哲学方面　以柏拉图、亚里士多德等为代表的古希腊哲学和以圣奥古斯丁、圣托马斯等为代表的基督教哲学实际上很相似,而后者将古代哲学肯定的宇宙完整性、几何形式美等,与人格化的神联系在一起。在相对自由的思想环境中,基督教以外的古代神话也进入了艺术题材的领域,使许多园林景观具有了更丰富的内容。在总体平面严谨的几何式园林中,不少雕塑和相应景观建构增加了艺术情趣,又使人联想古代诸神,包括他们的面貌,他们所代表的自然力,以及这些自然力在传说和现实中同人类的关系。

文艺复兴又是高度关注人类艺术特质的时代,在利用自然要素创造环境的时候,体现出人为园林艺术有别于自然形态的艺术特质。文艺复兴的园林艺术集中于愉悦性的别墅园林,富有的园主和设计者不顾及所谓的实用与经济,园林艺术成为图形、空间、景观、有趣动人的造型,以及丰富它们形象与关系的设施。在文艺复兴以后的园林艺术发展中,菜园、果园和简单的庭院绿化逐渐从园林概念中淡化了。所以,文艺复兴时期的园林很像是向古罗马豪宅别墅园的归附,从历史的延续上看,文艺复兴园林又与中世纪园林有着比建筑更多的传承关系。中世纪后期到文艺复兴,意大利诸多以城市为中心的小国家实际上都被富有的家族所统制,而被誉为早期文艺复兴中心的佛罗伦萨则被美第奇家族(Medici Family)统治。这些佛罗伦萨的富豪们追求高雅的享受,以罗马人的后裔自居,醉心于罗马的一切,掀起了城郊别墅建造的热潮,使园林别墅成为文艺复兴贵族文化的重要组成部分。

文艺复兴的精神解放,使中世纪宗教所禁锢的人类情感、欲望以及理性的探索精神得以释放,并融合了基督教中适应时代需求的内容,丰富和发展了绘画、诗歌、雕塑、建筑、文学。在园林领域,促成了被视为欧洲经典园林艺术之一的意大利文艺复兴园林,并直接影响了近现代以前欧洲其他国家的几何式园林艺术。

13.2　意大利文艺复兴园林

13.2.1　文艺复兴初期

佛罗伦萨是文艺复兴运动的发祥地。在统治着佛罗伦萨的美第奇家族中,柯西莫·德·美第奇(Cosimo di Giovanni de' Medici)和他的孙子洛伦佐(Lorenzo de' Medici)对艺术情有独钟,他们甚至将众多著名学者和艺术家聚集在一起探讨艺术问题。因此在整个15世纪,佛罗伦萨聚拢了许多具备人文主义精神的知识分子、艺术家,他们欣赏西塞罗所提倡的乡间别墅生活,追求田园生活情趣,因此大兴土木,建造别墅和花园。

由于佛罗伦萨郊外风景宜人,土地肥沃,是充满了田野情趣的绝妙场所,于是,资产阶级富豪们在此大兴土木,一幢幢别墅拔地而起,掀起了建造别墅和花园的热潮,西塞罗所提倡的乡村别墅、田园生活情趣重新成为时尚。以罗马人后裔自居的富豪们醉心于古罗马的一切,推崇自然之美促使他们对园艺的兴趣高涨,并通过阅读古罗马人的园艺著作来进一步深化园艺知识,将瓦罗、科隆梅拉等人所著的园艺著作、小普林尼的书信和维吉尔的《田园诗》等视为珍宝。这些书籍在赋予他们知识的同时,唤起了他们对古罗马人别墅生活的憧憬,加速了别墅兴造的盛行。

15世纪中叶到世纪之交,在别墅建设热潮中引发了造园理论研究的兴起。其中阿尔贝蒂(Leon Battista Alberti)在1452年完成的《建筑十书》中对建筑及园林创造进行了论述,书内强调了造园选址、园外自然远景以及比例协调和尺度适宜的重要价值,认为建筑与园林应形成一个整体,以相关几何图形使园林布局迎合别墅建筑,并获得协调一致的效果。阿尔贝蒂被看作是园林理论的先驱者,对文艺复兴时期意大利园林的发展具有十分重要的影响。

实例1　卡法吉奥罗庄园(Villa Medici at Cafaggiolo)

图13.1　卡法吉奥罗别墅鸟瞰图

卡法吉奥罗庄园位于佛罗伦萨以北18 km处,建造在山谷间,是由柯西莫委托建筑师米开罗佐(Michelozzi)设计的,别墅建筑周围还保留着壕沟与吊桥(图13.1)。主庭园坐落在别墅建筑的背面,周围有园墙围绕,园路尽端安置了园林建筑,从建筑内可看到家族的领地。14世纪,米开罗佐部分改造了原城堡建筑,规划扩展了园林,在中世纪建筑和环境基础上添加了文艺复兴特征,园林也反映了中世纪风格在文艺复兴初期别墅中的部分遗存。

16世纪的绘画记录了当时别墅及园林的景象,结合原有屋顶托梁挑台,原城堡建筑加入了欣赏远景的顶层游廊,加大的雉堞及其间距正好形成游廊窗户,还增加了出檐深远的缓坡屋顶。除此之外,这座建筑其他很小的窗户、主入口吊桥,以及高耸的塔楼仍然展示着中世纪城堡的形象。主体建筑外的院子比较随意,分别以墙或篱笆围合成不同的功能区域。建筑前和两侧地段主要是果园、菜园和葡萄园,并配有仓房、圈舍等农庄设施。建筑后方是以内部游赏环境为主的园林,它仿佛是中世纪花草园的扩张,园路将其分割成6个纵向的矩形,以围墙、篱笆围绕成花床,并满铺草皮。其中轴园路相对突出,两侧设葡萄架凉棚,尽端以壁龛式喷泉水景收尾。

这座别墅园林虽比较简洁,一定程度上反映了文艺复兴园林的部分特征,其特定的地点和环境,记录着美第奇家族同文艺复兴时代有关的许多重要事件。

实例 2   卡雷吉奥庄园(Villa Medici at Careggi)

卡雷吉奥庄园位于佛罗伦萨近郊,是美第奇家族所建的第一座庄园,也是佛罗伦萨郊区的首批文艺复兴式园林之一。约在1457年,由美第奇家族的柯西莫委托米开罗佐对别墅建筑和园林进行了改造设计。

其建筑在形式上保留着中世纪城堡建筑的形象,建筑立面上有托梁挑台以及雉堞式屋顶,开窗很小且装有铁栅栏,显得封闭而厚重。直到1571年的一场火灾之后,才像卡法吉奥罗别墅那样改造了屋顶,结合雉堞加上了顶层游廊,整个园林也还被同样有雉堞的高墙环绕(图13.2)。因此,即使别墅建筑

图13.2   卡雷吉奥庄园别墅

坐落在平地上,越过园林的远景也可以在建筑顶层游廊上一览托斯卡纳地区美丽的田园风光。

园林部分位于别墅建筑前,采用几何对称式布局,拥有明显的中轴线。中央长轴是一条缓坡路径,将园区分割成两部分,两侧花卉园布置着花床,形态丰富、色彩斑斓,以圆形、弧形图案为主,点缀盆栽花卉,植物图案及造型都十分精致,赋有平面图案感。中轴的园路上还设有一处水池,水池被环形园路围绕,四周点缀以绿色植物编织且设有坐凳的凉棚。园内的草皮进一步被园路分割,里面种有果树等各种树木,园的最外侧边缘则树木浓密,设黄杨树篱将外围树木与园内景致分开,近疏远密,高低错落,整体环境在临近建筑中轴处显得开敞。

实例 3   费耶索勒庄园(Villa Medici in Fiesole)

费耶索勒庄园是佛罗伦萨近郊保存完好的早期文艺复兴园林之一,建于1458—1462年间,是由米开罗佐为柯西莫的儿子乔万尼(Giovanni de Medici)设计的(图13.3)。

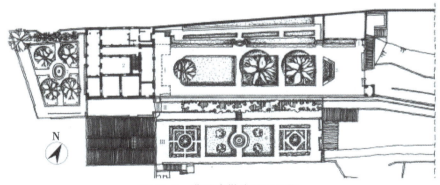

图13.3   费耶索勒庄园平面图

庄园的选址极为巧妙,坐落在海拔250 m的阿尔诺(Amo)山腰的一处天然陡坡上。府邸建筑位于陡坡西侧的拐角处,整个庄园坐东北山体,面向西南山谷,依山就势,浑然一体。这里不仅视野开阔、景色优美,而且冬季寒冷的东北风被山体阻隔,夏季清凉的海风自西而来,使庄园内四季如春。

庄园由三级台地构成,受地势所限,其台地均呈窄长条状,上、下两层稍宽,中间更加狭窄。上层台地面积最大,视野最为开阔,极目所至,秀丽的山川尽收眼底。入口设在上层台地的东端,进门后是小广场,正中设有半扇八角形水池。随后的府邸建筑前庭,是相对开敞的树木和绿篱组成的植坛,点缀大型盆栽柑橘,园路分设两侧,当中形成完整的园地。这种手法常见于复兴时期意大利庄园建筑前庭中,以便于户外就餐、活动。在这段长约80 m、宽不足20 m的狭长地

带,巧妙地通过广场水池、树木植坛、前庭草坪这 3 个空间的布置,形成既相对独立又富有变化的庭园整体空间。位于府邸建筑西侧还一处秘园,其中央为椭圆形水池,四周围以四块植坛,并

点缀着盆栽植物。建筑与花园相间布置的方式,既削弱了台地的狭长感,又使建筑被花园所围绕,四周景色各异。

中层台地用地十分局促,在高差很大的上下台地之间形成了良好的过渡。仅以 4 m 宽的台阶联系上、下台层。中层台地倚着上层台地的挡土墙,盖着一条修长优雅的格架凉廊,布满攀爬植物,构成上下起伏的绿廊。

图 13.4　费耶索勒庄园的下层台地

下层台地中心布置圆形泉池,内有精美的雕塑及水盘,泉池四周围为 4 块长方形草坪植坛,东西两侧设有图案式树木植坛,图案各异,修剪精致(图 13.4)。

13.2.2　文艺复兴中期

16 世纪,继佛罗伦萨之后,罗马成为文艺复兴运动的中心。接受了新思想的教皇尤里乌斯二世(Pape Julius Ⅱ)提倡发展文艺事业,支持并保护一批从佛罗伦萨逃亡来的人文主义者。但教皇尤里乌斯二世首先为了宣扬教会光辉和权威,艺术大师们的才华更多体现在宏伟壮丽的教堂建筑和主教们豪华奢侈的花园上。文艺复兴时期卓越的科学家和艺术家米开朗琪罗、画家和建筑学家拉斐尔等人也是在这一时期离开佛罗伦萨来到罗马,并创作了许多不朽的艺术作品。一时之间,罗马巨匠云集,迎来了文艺复兴文化艺术的鼎盛时期。

在园林艺术中,意大利文艺复兴园林多是指其盛期的园林式样。一些盛期文艺复兴的著名建筑师,如布拉曼特、拉斐尔、维尼奥拉等人,在大力推进古典柱式新时代发展的同时,也醉心于园林设计,并且把更多的建筑空间意趣带进了园林设计中。布拉曼特(Donato Bramante)是 16 世纪意大利文艺复兴盛期建筑艺术的重要代表人物。他于 1503 年完成贝尔维德雷园(Cortile del Belvedere)的设计,该设计巧妙地结合其地势采取了台地的形式,形成使台地阶梯、建筑与园林景观浑然一体的空间关系,这种具有开创性的台地园设计在欧洲园林艺术发展中成为新的典范(图 13.5)。此后,结合轴线和建筑且高差较大的台地设计成为意大利园林设计的导向,将意大利文艺复兴园林艺术引向了盛期阶段。

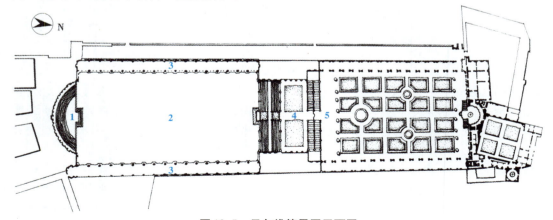

图 13.5　贝尔维德雷园平面图
1.半圆形观众席　2.作为竞技场的台地　3.柱廊　4.中层台地　5.顶层台地的装饰性花园

与此相关,园林主体建筑对园林整体的统辖作用也进一步加强,成为一系列台地景观联系中不可或缺的一部分。另一方面,纵轴台地的变化也突出了横轴景观的价值。如为喷泉加上凯旋门般背景的建构化景观也成为盛期文艺复兴园林的一大特征。此外,在园林景观要素中,原本仅是功能需要和局部点缀的阶梯、雕像、喷泉具有了更高的地位,并加入了水渠、瀑布。它们成为重要的园林景点或景观转折的焦点,作为园林之本的花卉、草皮和树木反而成为一种陪衬。

实例1 法尔奈斯庄园(Villa Farnese/Caprarola)

法尔奈斯庄园位于罗马以北70 km的卡普拉罗拉小镇附近,因此又称卡普拉罗拉庄园。园主是亚历山德罗·法尔奈斯(Alessandro Farnese),约1540年,法尔奈斯委托建筑师贾科莫·维尼奥拉(Giacomo da Vignola)兄弟俩设计这座庄园,1547年才开始兴建。亚历山德罗去世后,庄园归奥托阿尔多·法尔奈斯所有,他又在庄园内增加了一座建筑和上部的庭园。

庄园整体由府邸建筑统辖。由建筑师桑迦洛设计,建于1547—1558年间。桑迦洛去世时,建筑尚未完成,后由米开朗琪罗接替,是文艺复兴盛期最杰出的别墅建筑之一。建筑平面呈五角形,外观如同城堡,府邸四周设有壕沟,由建筑中部架出两座小桥,分别连接两块中世纪样式的花坛,通往别墅的后花园。

别墅花园的主体位于府邸建筑背后,用地呈窄长方形,依地势辟为一处坡道及4个台层,并以贯穿全园的中轴线联系起来(图13.6)。花园以一处小广场为入口,处理十分简洁,方形草地中央置一圆形泉池,墙外围绕着高大的栗树林。广场两角各有一座洞府,外墙以毛石砌筑,在洞内可欣赏到入口小广场中的喷泉。沿洞府内侧延伸出两道挡土墙,在中轴线上夹出一条宽大的缓坡甬道。甬道间是一条由扇贝型水盘引出的蜿蜒形石砌水链,水流经水链层层跌入水盘中,将人引向花园的第二层台地(图13.7)。

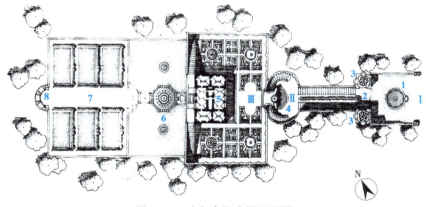

图13.6 法尔奈斯庄园平面图

Ⅰ.第一层台地 Ⅱ.第二层台地 Ⅲ.第三层台地

1.入口广场及圆形泉池 2.坡道蜿蜒形石砌水墙 3.洞府 4.第二层台地图源性广场及贝壳形水盘
5.主建筑 6.八角形大理石喷泉 7.马赛克甬道 8.半圆形柱廊

水链尽头,两座弧形台阶环抱着一处椭圆形小广场,依台阶挡土墙建有石雕壁龛及扇贝形水池,珠帘式瀑布从壁龛中央的石杯中流出,溅落在扇贝形水池中。石杯左右各倚靠着一河神雕像,手握号角,水景与雕塑融为一体,成为进入第二层台地的完美过渡。

第三层台地布置成游乐性花园,以一座二层小楼为中心,是避闹求静的居所。小楼周围是四块树丛植坛,两处结合骏马雕像的喷泉,使花园气氛更趋活跃。花园四周设有矮墙,既限定了庭园空间,又可用做休憩的坐凳。此外,矮墙上还有28根头顶瓶饰的女神像柱,使花园显得更加精致耐看(图13.8)。小楼两侧有台阶连接顶层台地,扶栏而上,有小海豚雕像与水盆相间的跌水,台阶入口处还有小门通向园外的粟树林和葡萄园。小楼的背后是一处平台,中央设有八角形大理石喷泉,以卵石铺出精致的图案,两侧还分别配有小喷泉。与平台相邻的是一处沿中轴甬道对称分布的三层台地,台地内部由原来的花坛改为简单的草地,四周均围以矮墙。中轴上是镶嵌马赛克的甬道,通向序园顶端的半圆形柱廊,园外高大的天然树丛,衬托得柱廊更加精美。

图 13.7　法尔奈斯庄园的缓坡
甬道及水链

图 13.8　法尔奈斯庄园第三层台地

实例 2　埃斯特庄园(Villa Deste)

埃斯特庄园位于罗马以东 40 km 的蒂沃利小城附近,坐落在一处面向西北的陡坡上,为伊波利托·埃斯特(Ippolito Este)所有,是意大利文艺复兴盛期最雄伟壮丽的一个别墅园。

为营造相对适宜的小气候环境,庄园在整体上向北面倾斜,将西边的地形垫高,并兴建了高大的挡土墙。园地近似正方形,共 3 个台层,6 个段落,上下高差近 50 m,高低错落而又整齐有序。各台层之间由一条从高处别墅建筑向下一直贯穿全园的中轴线和两条横轴连接,底层台地相对平坦,中层台地和顶层台地则由错落有致的系列台层组成(图 13.9)。

庄园入口设在由园地和水景构成的底层台地。矩形园地为 8 块绿地,外侧 4 块为迷宫植坛,中间 4 块为绿丛植坛,植坛中央布置圆形喷泉水池。靠近中轴的园路边缘植以地中海柏木,形成景框。紧挨植坛园地的水景是一排横穿园区的矩形水池,构成全园的第一条横轴。池面平静如镜,边缘围以矮墙,其一端与山谷边缘的半圆形石雕观景台相连,观景台下方便是著名的"水风琴"喷泉,因形似管风琴、利用流水挤压空气并发出声音而得名,反映出意大利文艺复兴盛期的造园家追求细腻的声音效果,以及精湛的水工技艺和猎奇的设计心理。

底层台地与中层台地间以一处树木葱郁的斜坡形成过渡。四块矩形地块以绿篱夹道,边缘饰以阶梯状小渠,拾级而上到达中层台地。中轴的园路到此便分成了两段弧形台阶,环抱着最著名的"龙喷泉",构成全园中心。第三层台地中以"百泉台""水剧场"以及一处半圆形水池构成连接顶层台地的第二道横轴。"水剧场"(图 13.10)是一处结合观景平台的大型喷泉水景,此处依山就势辟出一处弧形观景平台,山体上设有三个巨大而精美的人物雕像,其底的跌水流通过暗渠汇入平台前半圆形的水盘中,泉水再由此泻入平台下方与天然岩洞结合的椭圆形水池中。"百泉台"长约 150 m,沿山坡平行辟有三层小水渠,泉水在顶层水渠中汇集,从中层水渠边缘造型各异的猛兽石雕两侧涓涓流出,再通过狮子头或银鲛头等造型的溢水口落入底层水渠中。从"百泉台"两端的入口可进入全园的顶层台地,台地顶端耸立着别墅建筑,控制着庄园的中轴线,由此可俯瞰庄园全景(图13.11)。

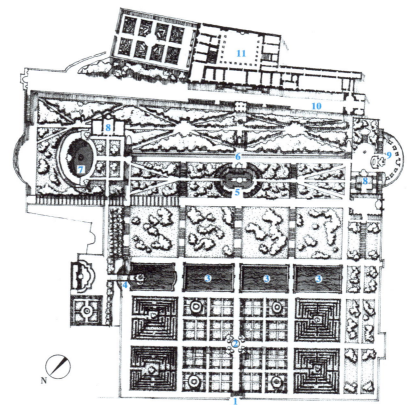

1. 主入口
2. 底层台地上的圆形喷泉
3. 矩形水池(鱼池)
4. 水风琴
5. 龙喷泉
6. 百泉台
7. 水剧场
8. 洞窟
9. 馆舍
10. 顶层台地
11. 府邸建筑

图13.9　埃斯特庄园平面图

图13.10　埃斯特庄园水剧场

图13.11　埃斯特庄园百泉台

　　埃斯特庄园采用建筑设计手法,运用几何学与透视学原理,追求均衡与稳定的空间格局,以突出的轴线,加强全园的统一感,并以高超的造园技术和加入人工装置的喷泉水景而著称于世。

实例3　兰特庄园(Villa Lante. Bagnaia)

　　兰特庄园位于罗马以北96 km的维特尔博城(Viterbo)附近的巴涅业小镇上(图13.12)。园址是维特尔博城捐献给圣公会教堂的,后传于甘巴拉(Gambera),用了20年时间才将庄园大体建成。后来,这座庄园因租给兰特家族而得名。

　　庄园建在一处朝北的缓坡上,约76 m宽、244 m长的矩形用地十分规整,面积仅1.85 ha。全国高差近5 m,设有4个台层(图13.13)。入口设在底层台地上,近似方形的露台上有12块图案精美的黄杨模纹花坛,环绕着中央的石砌方形水池,十字形小桥将水池分为4块,通往池中

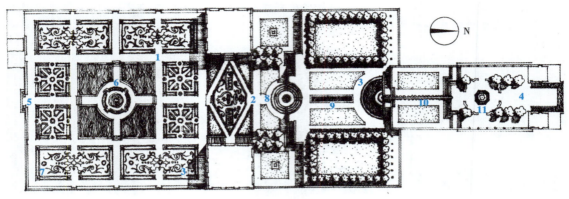

图 13.12　兰特庄园平面图

1.底层台地	2.第二层台地	3.第三层台地	4.顶层台地
5.入口	6.底层台地上的中心水池	7.黄杨模纹花坛	8.圆形喷泉
9.水渠	10.龙虾状水阶梯	11.八角形水池	

图 13.13　兰特庄园鸟瞰

的圆形小岛上,水中 4 条小石船朝向小岛。岛上有一圆形喷泉,中央有 4 位青年单手托着主教徽章的铜像,其顶端是水花四射的巨星。整个台地上无一株大树,空间开敞而明亮。

别墅位于第二层台地上,两座相同的建筑分列于中轴两侧,当中是围以绿篱的菱形坡道。建筑背后是树荫笼罩的露台,在中轴上有圆形喷泉,与底层水池中的圆形小岛相呼应。两侧的方形庭园中有栗树丛林,挡土墙上有柱廊与建筑相呼应,柱间还建有鸟舍。

第三台层的中轴上有一长长的石桌指向喷泉,石桌中间有水渠穿过,以流水漂送杯盘,保持菜荷新鲜。尽端是三级溢流式半圆形水池,两座巨大的河神像倚坐在水池后壁上。由此拾级而上,坡地上两侧高篱夹道,龙虾状的水阶梯位于道路中央,流水层层跌下,汇入象征冈巴拉家族的巨蟹水池中,沿巨蟹的

八足缝隙泻下(图 13.14)。

沿水阶梯进入顶层台地,中央有一座八角形泉池,造型优美。四周环抱着绿篱、座椅和庭荫树。全园的终点是居中的洞府,用来存储山泉,也是全园水景的源头。洞府内有丁香女神雕像,两侧为凉廊,廊外设有覆着铁丝网的鸟舍。

兰特庄园以水景序列构成中轴线上的焦点,将山泉汇聚成河、流入大海的过程加以提炼,艺术性地再现于园中。山泉从全园制高点上的洞府汇集,于八角形泉池中喷出,随后顺水阶梯急下,经溢流式水盘,最后流入半圆形水池中;第三层台地中的餐园水渠及第二层台地的圆形水池的泉水,最终汇入底层台地的方形水池中,象征溪流流入平静的大海,并以圆岛上的喷泉作为高潮而结束。中轴线上形态各异的水景完美地结合了水源及地势,变

图 13.14　兰特庄园水阶梯

化多端又动静有致,且相互呼应,使景色既丰富多彩,又和谐统一。

实例4 波波里花园(Boboli Gardens)

波波里花园位于意大利佛罗伦萨市西南角,为美第奇家族的柯西莫所有,在美第奇家族园林中面积最大(图13.15)。其花园面积约60 ha,由东、西两园组成,东园以彼蒂宫为起点,沿南北向主轴展开;西园的主轴呈东西向,与东园的轴线近乎垂直。

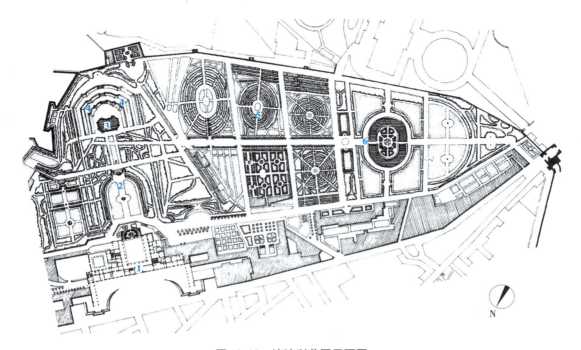

图13.15 波波利花园平面图

1.府邸建筑 2.阶梯剧场 3.海参尼普顿泉池 4.马蹄形草地斜坡 5.丛林园 6.椭圆形水池

东园在府邸的南面展开,依地势布置成3层台地,严格按照了文艺复兴时期园林的特点,以建筑、喷泉、露天剧场、马蹄形水池和丰收女神雕塑这一系列景点构成轴线(图13.16)。彼蒂宫露台是底层台地,其中央是三叠八角形盘式涌泉,露台下是洞府,洞内饰以雕塑及跌水。中层台地是呈马蹄形的阶梯剧场,半圆形的观众席由依地势而建的6排石凳组成,围合着中央的水盘和方尖碑。剧场周边设有栏杆,其壁龛中饰有雕塑;斜坡上整形的月桂篱和冬青形成阶梯剧场的绿色背景。

从阶梯剧场沿中轴线向南,穿过冬青夹道的斜坡,便是顶层台地。中央有海神尼普顿(Neptune)泉池,四周围以马蹄形草地斜坡,构图与阶梯剧场相呼应(图13.17)。东部花园中轴线的端点是坐落在顶层台地上的大理石女神像,与彼蒂宫露台上的盘式涌泉遥相呼应。沿女神像右侧拾级而上,进入"骑士庭园",其东侧建有望景楼,此处因高出彼蒂宫40 m,将美丽的佛罗伦萨城市景色尽收眼底。

西园因规模较大而平缓,并没有采用台地的形式,其轴线专注于营造宁静的氛围,仅以缓坡林荫道、伊索罗托岛、半圆形广场组成,构成了其整体上的独特个性。缓坡林荫道位于丛林间,由东向西逐渐下降,长约800 m,两侧高大的地中海柏木夹道,构成东西向轴线。两侧的冬青密林中,园路纵横交错,类似迷宫,并在每条路口设大理石像以便于辨别园路。幽暗的地中海柏木林荫道尽端是被冬青树篱围绕的椭圆形池塘,中央有被称为"伊索罗托"的柠檬园小岛,使人感觉豁然开朗。岛上以及池水中设有许多神话雕像,池边栏杆上摆放着栽植在陶盆中的柑橘和柠檬。开花时节,金黄色的花朵倒映池中,形成美妙的花岛。

波波里花园无论是在空间序列上,还是在结构布局上,都是意大利文艺复兴中期的代表作品。

图 13.16　波波里花园轴线　　　　　　　　图 13.17　波波里花园中海神尼普顿泉池

13.2.3　巴洛克时期

巴洛克艺术于 17 世纪首先出现于意大利,被视为是文艺复兴的变异,并与文艺复兴艺术一样,广泛影响了整个欧洲,直到 18 世纪仍然流行。作为一个艺术风格称谓,巴洛克一词的原意为"畸形的珍珠"。16 世纪末至 17 世纪,欧洲建筑与园林进入巴洛克时代。巴洛克建筑不同于简洁明快、追求整体美的古典主义建筑风格,而倾向于烦琐的细部装饰,善于运用曲线的技巧来加强立面效果,以雕塑或浮雕形成建筑物华丽的装饰。

受巴洛克艺术风格的影响,园林风格从文艺复兴时期的庄重典雅,向巴洛克时期的华丽奔放转化。一方面,园林在内容和形式上主要特征是反对墨守成规的僵化形式,追求自由奔放的格调。园中大量充斥着装饰小品,绿色雕刻形象和绿丛植坛的纹样日益复杂和精细,追求各种奇趣多样的园景处理,表现手法夸张,为园林景观带来更强的戏剧性效果。另一方面,园林建筑占据明显的统帅地位,林荫道纵横交错,入口处采用城市广场中三叉式林荫道的布置方法,与城市相联系,更宏大、更张扬的整体景观追求和把握,展现着一种权威性的力量。

巴洛克园林与文艺复兴园林有着千丝万缕的联系。巴洛克园林的平面和空间相对比文艺复兴园林区别在于,其建筑和花坛图案造型更富奇趣化、水景技术更加发达、追求更壮美、更具象征性的环境气氛以及对更强烈视觉效果的把握能力,这使巴洛克园林与其他巴洛克艺术一样具有热烈的气氛,而一些装饰性建筑与植物造型又显得烦琐和造作。但在文艺复兴以来的欧洲园林中,沿着几何形布局的发展方向,巴洛克带来了一些具有典型性的平面和景观构图,如更具空间控制力的图形以及更壮阔的景观,这种新的园林几何平面使人们也可以用宏大、壮观和纪念性等语汇来形容。

17 世纪下半叶,是意大利的园林创作从高潮滑向没落时期。造园愈加矫揉造作,大量繁杂的园林小品充斥着整个园林,并且以对植物的强行修剪作为猎奇求异的手段。园林的风格背离了最初文艺复兴的人文主义思想,反映出巴洛克艺术的非理性特征,并最终导致了统治欧洲造园样式长达一个多世纪的意大利文艺复兴式园林的衰落。

实例 1　阿尔多布兰迪尼庄园(Villa Aldobrandini)

1603 年完工的阿尔多布兰迪尼庄园是主教阿尔多布兰迪尼(Pierro Aldobrandini)的夏季别墅,坐落在亚平宁半山腰的弗拉斯卡迪小镇上,距离罗马约 20 km。场地寄于乡村和山林环境中,府邸建造在山坡上,共辟有三层台地,将周围景色尽情借入,视野开阔,美景一览无余(图 13.18)。

庄园入口设在西北方的皮亚扎广场,从广场上放射出 3 条林荫大道,两边的栎树修剪成茂

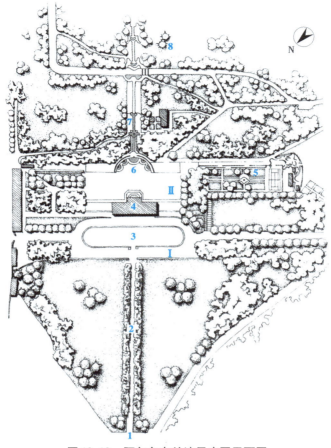

图 13.18 阿尔多布兰迪尼庄园平面图

Ⅰ.第一层台地 Ⅱ.第二层台地 Ⅲ.第三层台地

1. 入口 2. 中央林荫大道 3. 椭圆形广场 4. 府邸建筑

5. 花坛群 6. 水剧场 7. 水台阶 8. 自然山林部分

密的绿廊(图 13.19)。其中一条沿中央主轴林荫大道直达建筑正面宽阔的马蹄形坡道,到达第一个台层。坡道围合出古代竞技场般的椭圆形台地广场,地面铺装和石栏杆都非常精美,起点处依托挡土墙设有小型喷泉洞府。继续沿弧形坡道缓缓而上,终点到达庄园府邸前,平台下挡土墙设三连拱门洞窟。府邸两侧的园路通往第二台层,沿路建有花坛群,现只剩下一处,另一处已改造成悬铃木树丛。

穿过建筑进入第二台层,下沉数步台阶,中轴上依托挡土墙建有一处半圆形水剧场,两翼为沙龙大厅与小教堂,与府邸前椭圆形台地广场相呼应。水剧场立面为 5 个伴有壁柱的半圆壁龛,中央是古希腊巨神阿特拉斯(Atlas)背负着天球,泉水从天球中泻下,跌落在雕像前布

图 13.19 阿尔多布兰迪
尼庄园鸟瞰

满青苔的岩石上。左面的壁龛中是吹着排箫的是牧神潘，右面壁龛中是守卫着艺术的神灵之地的马人，所有壁龛下都有以各种水机关供水的泉池，以丰富的水景和塑像描绘着神话般的场景。

水剧场之后是依山而建的水台阶，两侧高大的栎树林夹道，近宽远窄的空间增强了透视效果。水台阶顶端立有两根带有螺旋花饰的大力神柱，柱身以马赛克纹样装饰，柱顶喷出水流沿柱身飞溅而下，同瀑布合流汇入通向五个壁龛的水机关的收水口，为壁龛泉池的各种水景效果提供水源。坡地高差使其两个高大的柱子统辖着浓密绿荫间跌落的水阶梯，与其下面横向展开的水剧场构成整体的轴线景观。

水剧场是第二层台地的终结，站在水剧场顶部，更高的轴线延伸进入视野。顶层台地同样显示出高超的水工技艺，台地中央有"乡村野趣"泉池，水中有凝灰岩饰面的洞府，宛如天然，山泉从 8 km 之外的阿尔吉特山引来，存贮于水池中，确保全园的水景用水。四周山林环抱，自然式的处理手法将园林情调与自然野趣融为一体。

阿尔多布兰迪尼庄园以府邸建筑作为全园的核心，强烈的中轴线贯穿全园，华丽精巧的壁龛、雕像、泉池成为中轴上的景观高潮，随后逐渐融入大片自然山林之中。

实例2　伊索拉·贝拉庄园(Villa Isola Bella)

该园是意大利唯一的湖上庄园，建于马吉奥湖(Lake Maggiore)中波罗米安群岛的第二大岛屿上，由卡尔洛伯爵三世博罗梅奥(Carlo Borrmeo)建造。

这座小岛离岸约 600 m，东西最宽处约 175 m，南北长约 400 m，花园规模约为 3 ha，建有教堂和码头，9 层台地均由人工堆砌而成(图 13.20)。由于地理条件限制，庄园平面规划具有明显的主体园林纵轴，景观极具巴洛克戏剧性效果。

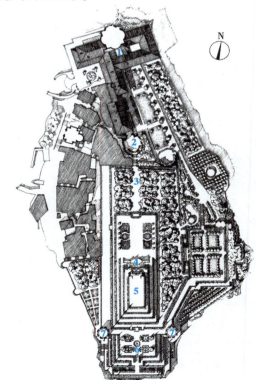

1. 府邸建筑
2. "狄安娜"前庭
3. 树丛植坛
4. 巴洛克水剧场
5. 顶层观景平台
6. 水池花坛
7. 八角形塔楼

图 13.20　伊索拉·贝拉庄园平面图

　　沿小岛西北角的圆形码头拾级而上,到达府邸的前庭。作为夏季避暑别墅,主建筑朝向东北面的湖面,其侧翼向南延伸,并将其布置成客房和收藏艺术品的长廊,侧翼尽端是下沉式椭圆形小院,称作"狄安娜"前庭,在其南侧巧妙地以半圆形平台引人走向下层台地,形成完美的过渡。

　　府邸的东南侧建有花园,共有两层台地。上层台地呈长方形,长约150 m,根据建筑结构对应分为3块绿荫笼罩的草坪,南端以赫拉克勒斯(Heracles)剧场作为结束。下层台地则是精巧迷人的丛林,平台最南端呈半圆形濒临湖面。

　　台地花园的中轴线以"狄安娜"前庭为转折点改变了方向,与顶层观景平台及最南端水池花坛形成一条主轴线,与府邸东南侧花园轴线成一定夹角,使全园轴线更加连贯。从"狄安娜"前庭拾级而上,沿轴线经过树丛植坛,两侧花坛夹道,尽端便是著名的巴洛克水剧场。水剧场呈弧形,共三层,依其结构开有多个洞窟,内部装饰着贝壳及神话人物雕塑;各台体边缘以石栏杆、角柱、形形色色的雕塑装饰;其顶端以石雕金字塔和变形的方尖碑作为升华,装饰精致细腻,十分辉煌壮丽。

　　巴洛克水剧场两侧的台阶通向顶层花园台地,于平台上,四周的湖光山色尽收眼底。平台的石栏杆上耸立着大量雕像,花园的南端是连续的9层台地直落到湖水面,筑起高大的石壁。伴着两侧八角塔楼,"U"形直角平台层层叠起,到达一处加宽的台面间歇(图13.21)。该台地以一处水池为中心,布有4块精美的模纹花坛,外侧点缀着精心修剪的树木。其余的台地均呈狭长状,以攀缘植物和盆栽柑橘构成绿色宫殿般的外观。平台西边通向附属建筑群,建筑依地势高低错落,平台东边连接一处滨水的三角形的小柑橘园和一处矩形植坛。

图13.21　伊索拉·贝拉庄园鸟瞰

　　置身于湖光山色中的伊索拉·贝拉庄园,充分展示了人工花园台地和雕像装饰的精湛技艺,充分体现了巴洛克艺术的时代特征。

实例3　加尔佐尼庄园(Villa Garzoni)

　　加尔佐尼庄园位于托斯卡纳地区路加附近的山谷中,其别墅及其园林大约建于1633年至17世纪末(图13.22)。由于地形或设计者的匠意,别墅建筑与园林间并没有任何轴线关系。别墅建在一处山崖上,有简洁的文艺复兴建筑立面和弧形大阶梯。其园林位于庄园南部,园林轴线同建筑轴线成40°角左右,无论从两者何处对望,彼此都可产生优美的景观效果。

　　园林因地势高差可分为上下两个园区,下部为模纹花坛园区,上部为坡地园区,中间以三层连续的狭窄平台形成过渡。全园的主轴起点始于下部花床园区的入口处,围墙从正中的园门两侧呈弧线向内弯曲,围成一个钟形平台。园路从平台中央穿过,两侧对称设置两个圆形水池,水池以轮廓奇特的精美模纹花坛包围。模纹花坛中的花卉图案曲线流畅,甚至没有完全连续的外缘边界。

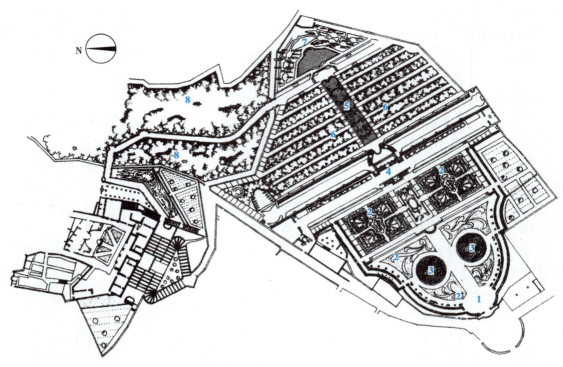

图 13.22　加尔佐尼庄园平面图

1. 入口	2. 大型模纹花坛	3. 圆形水池
4. 大台阶	5. 跌水瀑布	6. 甬道
7. 神像及半圆形水池	8. 树林	

　　沿园路向前拾级而上,迎面是依陡峭的山势开辟的三层连续的狭窄平台,形成上下两个园区的转折(图 13.23)。三层大平台中轴部分的墙面均以华丽的马赛克图案装饰,墙面上拱形壁龛内的神话人物雕像栩栩如生。楼梯依附着马赛克墙面缓缓而上,巧妙将三层平台融为一体,成为下部花床园区华丽的背景,楼梯的栏杆上还装饰有生动的猴子雕像(图 13.24)。狭窄的平台挡土墙以藤蔓植被、波浪形绿篱装饰,上层平台的西北端还有一处剧场舞台般的小庭院,绿荫和墙体背景下立着一些雕像"演员",上层平台后便是更高一层的坡地园区。

图 13.23　加尔佐尼庄园三层
连续的平台

图 13.24　加尔佐尼庄园中饰有
猴子雕塑的楼梯

上部坡地园区横向种植着紧密排列的树木,中轴上为带状跌水小瀑布,通向尽端的农神池,其两侧等距排列的多条甬道穿过树林。位于中轴顶端,人们可以看到密林背景下的花砌拱门和围有栏杆的半圆形水池,其后的岩石上方有象征着罗马城的"法玛"神像,一束水柱从号角中喷薄而出,跌落在池中。

加尔佐尼庄园的造园手法独特,其造园要素和空间细部的处理都表现出强烈的巴洛克风格,在一定程度上反映了矫揉造作的时代特征。

13.3　意大利文艺复兴园林的主要特征

13.3.1　园林选址

16世纪后半叶的意大利庄园多建于郊外的丘陵坡地上,依山势开辟成多个台层,以营造出稳定而均衡的庭园空间,并在府邸前留有开阔、可供眺望的远景。连续多层台地的格局,形成意大利式园林的结构特点,并被形象地称为意大利"台地园"。台地园的产生受到其独特的气候条件、地理景观、文化艺术和生活方式等方面的巨大影响。随着时代的发展,意大利台地园在内容和形式上也在不断演变,但在布局上始终保持着一贯的特色。

意大利人喜爱户外生活,建造庄园的目的是获得景色优美、安宁静谧的宜居环境。因此,意大利造园家偏爱地形起伏较大的园址,并善于利用地形的变化,将平面布局与竖向设计结合起来,使台地的布局与地形紧密结合,统筹兼顾,创造完美的景观效果。庄园中不论轴线、视线安排,还是台地的设置和规模,甚至花坛的布置和坡道的形状等,都受到原地形的制约,与此同时,巨大的地形变化也削弱了规则式花园单调呆板的感觉。

由于其选址特点,使园林景观自下而上逐步展开,因而借景是意大利园林重要的布局手法之一。至台地顶层,回头可俯视下层台地的景色,近处景色历历在目,远处山峦田野、城市风光也尽收眼底,令人心旷神怡。园外的自然景色被巧妙地引入园内,形成自然过渡,使人工与自然完美地结合,为营造出更加深邃的空间透视效果,设计师往往利用视觉原理扩大花园的空间感。此外,意大利园林非常注重其使用功能,在庄园中除了必要的居住建筑外,还设有户外活动的各种设施,以满足某个时刻或季节娱乐、休憩或散步。然而,后期的意大利园林在巴洛克风格的影响下,在细部装饰、雕塑小品、水工技艺等方面刻意求新,虽使其细节绚丽夺目,但是一定程度上影响了其整体效果。

13.3.2　园林布局

自毕达哥拉斯和亚里士多德以来,"美就是比例和谐"的观点在欧洲占据统治地位,和谐的内部结构是对称、均衡、有序的,是可以用数学和几何关系来确定的。因此,意大利庄园在总体布局上大多采取中轴对称的形式,通常以一条明显的主轴线以及纵横交错的次轴线进行空间的划分,使其空间格局主次分明、变化统一、尺度和谐,体现出古典美学原则。府邸建筑大多位于中轴或横轴线上,或对称排列于中轴两侧,建筑式庄园布局完整地体现出了意大利人的审美观点。

文艺复兴中期时意大利庄园中开始出现明显的主轴线,并贯穿全园,中轴线上的景观渐趋丰富。园内的主要景物,如喷泉、水渠、跌水,水池等水景,以及雕塑、台阶、壁龛、挡墙等石作都主要集中在中轴线上。后期的巴洛克式庄园中轴线的感觉更加强烈,并出现放射状轴线形式。横纵交错的景观轴线,使园林空间具有多层次的变化效果。如埃斯特庄园,两条平行的横轴与

贯穿全园的中轴线相垂直,底层花坛台地的横轴以平静的矩形水池构成,另一条横轴则以百泉台构成喷泉水景为主,两者既变化又统一。轴线上以花坛、水池为面,园路、阶梯为线,泉池、雕塑小品为点,点线面结合,既丰富了庄园的层次,又强化了全园的对称性结构。

府邸建筑往往作为全园构图的核心,是观赏全园景色的制高点。根据庄园用地的规模、地形条件以及园主的身份等,府邸的位置也有所变化。在教皇的庄园中,府邸往往位于庄园的最高处,雄伟壮观,起到控制全园的作用,也体现出教皇权利的至高无上;置于中间台层上的府邸,前后花园环抱,使建筑融入花园之中;在规模较大,且地形比较平缓的大型庄园中,府邸往往设在底层台地上,接近庄园的出入口,且交通便捷。花园在意大利庄园中被作为别墅建筑的室外延续部分,是户外的厅堂。庄园的设计者多为建筑师,他们善于以建筑的眼光来看待自然,用建筑的手法来处理花园,并以几何形体来塑造庭园空间。因此,庄园多运用台地、植物、水体、雕塑和建筑等造园要素,形成一个协调的建筑式整体。

13.3.3 造园要素

在意大利庄园中,植物、水体和石雕堪称造园的三大要素,以此在别墅建筑与周围的景观之间建立一系列的过渡空间,将人工与自然融合在一起。

西方园林中对植物的运用主要以生产、造景、塑造空间为目的,随着园林艺术的发展,欧洲人逐渐将园林作为一个整体,而不是孤立地对待园林中的植物。在意大利园林中,植物塑造的空间作为建筑空间的附属或延伸,以求与庄园周围环境相结合。由于夏季气候炎热,园林色彩不宜强烈,故以常绿植物沿围墙和园路密植形成绿墙和绿廊。绿廊的处理手法多样,形势变化丰富,或直或曲,或高或低,或开窗或完全封闭。台地上满是整形黄杨或柏树围合的方格形植坛,甚至是曲折复杂的谜园,有的植坛内部点缀着被修剪成各种形态的常绿植被或盆栽。一些高大的树篱则以大果柏木和冬青栎为主,紧实匀称,通常作为雕塑和喷泉的背景,偶尔也用于衬托色彩鲜艳的盛花花坛。树丛往往位于庄园边缘地带,以地中海柏木与意大利松为主,既作为别墅和花园的背景,又成为人工花园与园外自然的过渡空间,在构图上与花园融为一体。在巴洛克时期,庄园中盛行开辟林荫大道,两侧列植高大的乔木,将庄园与自然连接起来。

在意大利园林中,水是独立的造园要素,水景之间彼此联系,成为联系全园的纽带。由于建造在山坡上,动水因而成为意大利水景的主要形态,喷泉是意大利庄园中最重要的景观元素。喷泉的设计从装饰效果出发,在喷泉上饰以雕像或雕刻,形成雕塑喷泉。安装在挡墙上的壁泉也是意大利园林中常用的喷泉形式,既有凸出于挡墙的各种面具喷水口,也有凹入挡墙的壁龛式喷水口,壁龛中也设置雕像,水从雕像中喷出。园林中常见的小瀑布是指一系列的小型跌水。水流可漫过岩石或砾石而下,既有利用天然的溪流和斜坡形成的天然瀑布,也有利用水泵提水来模拟自然形成人工营造的瀑布。园林中的小瀑布常常采用阶梯的形式,称为水阶梯或水台阶,如法尔奈斯庄园中的水阶梯。

意大利园林中的水景善于利用先进的水工装置,以表现各种奇特的水景视听效果。通过利用水工装置可使落水发出风雨声、雷鸣声或鸟兽鸣叫声;例如,水风琴是利用水工装置,使水流通过时发出类似管风琴般的音响效果;惊奇喷泉是当有人靠近时,水柱才会突然喷出,使人感觉惊奇而有趣;秘密喷泉是将喷水口隐藏起来,但水雾却能使人感到周围透出的凉意。

意大利园林艺术实际上是建筑艺术的延伸,一些建筑要素也渗透到花园中。因此,文艺复兴式花园中存在大量工艺精湛的石雕作品,成为意大利园林的重要组成部分。石雕在园林中的运用形式多样,不仅用于装饰花园中的建筑,而且常与喷泉相结合,或独立地布置于花园中,形成局部景点的构图中心,除了洞府、雕塑、喷泉、水池外,还包括台阶、平台、挡土墙、花盆、栏杆、廊或亭子等,都被石雕所限定。欧洲古代的石雕以表现人体形象或拟人化的神像为主,一方面,西方自古希腊以来就有着崇尚人体美的艺术传统,另一方面,借助神像和神话传说,可以表达人类渴望的超自然神力。在意大利文艺复兴时期,以及后来的古典主义时期,园中雕像多与半圆形的壁龛相结合,壁龛从墙面开挖进去,顶部装饰呈半圆形或贝壳状,其内部陈列雕像,再以瓶饰、洗礼盆等物品装饰。这一时期最早的一些园林就是为展示石雕雕塑而设计的,且其陈列方式对花园的结构产生一定的影响。此外,15 世纪,洞府成为意大利园林中主要的景观元素之一。洞府通常布置在花园边缘最富野趣之处,意味着以人工为核心的花园向自然风景过渡的转折点。其典型的布局手法是通过以绿篱构成的迷宫,而后到达洞府。洞府象征着神灵活动的场所,也是花园中最神秘、最核心的部分,其在花园的精神体现上有重要意义。

13.4   欧洲其他各国的文艺复兴园林概况

13.4.1   法国

15 世纪初期,以佛罗伦萨为中心的人文主义运动从意大利北部蔓延到北方各国,法国的文艺复兴运动始于查理八世的"那波利远征"之时。1494—1495 年,法国军队入侵意大利,查理八世及其贵族被意大利文化艺术深深吸引,尤其是意大利别墅庄园华贵富丽、充满生活情趣的园林艺术。查理八世归国时从意大利带回大批的珍贵艺术品和造园工匠,促进了法国的文艺复兴,从此意大利造园风格传入法国。16 世纪中叶以后,一批杰出的意大利建筑师来到法国,留学意大利的法国建筑师也相继回国。随后,意大利台地园林艺术虽风靡一时,但受法国独特的地理、地形限制,并没有在法国独占风流。这一期间,府邸不再是平面不规则的封闭堡垒,而是将主楼、两厢和门楼围着方形内院布置,主次分明,中轴对称。花园通常布置在邸宅的后面,中轴线从府邸建筑开始伸展,并采用对称式布局。

文艺复兴时期,法国全面学习意大利台园造园艺术,并在借鉴中世纪园林某些积极因素的基础上,结合本国的地形、植被等条件,促进了本国园林的发展。如埃蒂安·杜贝拉克(Etienne du Perac)于 1582 年出版了《梯沃里花园的景观》,在借鉴意大利园林艺术的基础上,提倡适应法国平原地区的规划布局方法。雅克·布瓦索在 1638 年出版了《依据自然和艺术的原则造园》,论述了造园法则和要素、林木及其栽培养护、花园的构图与装饰等,被誉为法国园林艺术的真正开拓者,为后来的古典主义园林艺术奠定了理论基础。

意大利式园林对法国的影响体现在建园要素和手法上。园内出现了许多石质的亭、廊、栏杆、棚架等,偶尔以雕像点缀。岩洞和壁龛也传入法国,内设雕像,洞口饰以拱券或柱式。花坛是法国园林中最重要的构成因素之一。法国园林在学习意大利造园的同时结合本国特点,以适应法国平原地区的布局手法,用花草图形模仿衣服和刺绣花边,形成一种新的园林装饰艺术,称为"摩尔式"或"阿拉伯式"装饰。用道路将模纹花坛对称分割,以黄杨做花纹,除花草外,地面使用彩色页岩细粒或砂子覆盖,加强其装饰效果。从简单地把整个花园划分成方格形花坛,到把花园当作与宏伟建筑相匹配,从而形成整体构图效果,是法国园林艺术的重大飞跃。

实例 1   谢农索城堡花园(Le Jardin du château de Chenonceaux)

谢农索城堡花园位于法国西北部安德尔-卢瓦尔省,坐落在卢瓦尔河的支流谢尔河畔,位置十分优越。采用水渠包围府邸前庭、花坛的布局,府邸建筑跨越谢尔河,形成独特的廊桥形式,被认为是法国最美丽的城堡之一（图13.25）。

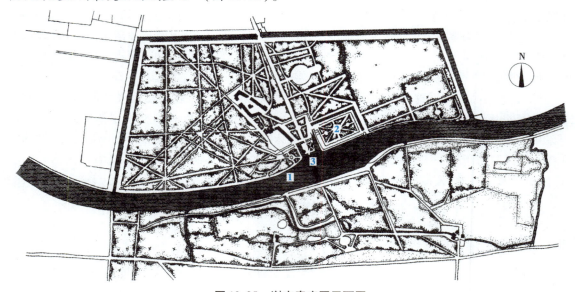

图13.25 谢农索庄园平面图
1.谢尔河 2.狄安娜花园 3.廊桥式城堡

庄园中最著名的花园是狄安娜花园和卡特琳娜花园。狄安娜花园位于110 m长,70 m宽的台地上,园址三面环渠、一面临河。花园的布局以"米"字形展开,沿堤岸是宽阔的园路,顺着园路中央的台阶可直通花园。花园被纵横直线及两个对角线构成的四条园路分割成8块三角形。一个大型的圆形花坛被设置在花园中央4条园路的交会处。考虑到防洪的要求,台地四周树立起牢固高大的堤岸,以石块砌筑挡土墙（图13.26）。园中种植了许多果树、蔬菜和花卉,中央有一处喷泉,它是在一块直径15 cm的卵石上钻出直径4 cm的小孔,并插着木栓,水从小孔和木栓之间的缝隙中喷射出来,高达6 m。现在的庄园已经改成简单的草坪花坛,有花卉纹样,边缘点缀着紫杉球,称为"狄安娜-波瓦狄埃"花坛。

卡特琳娜花园是一块近似长方形的场地,南侧沿河,东侧临渠,与庄园前庭相得益彰。花园中心园路交会处建有与狄安娜花园相似的圆形花坛,花园的四个小区也布置成模纹花坛,相比狄安娜花坛更加简朴。

图13.26 谢农索庄园鸟瞰

图13.27 谢农索庄园廊桥式城堡

庄园的主体建筑是廊桥式城堡,它与一个新建的石桥融为一体,城堡左右两翼分跨在卢瓦尔河的支流谢尔河两岸,中间由五孔廊桥相连（图13.27）。所以,又被人称为"停泊在谢尔河上的船"。在城堡前的草坪上,布置了一组牧羊及羊群的塑像,给花园带来欢快的田园情趣。园内还装饰有大量的铸铁动物塑像,起着点景或框景的作用,并为这座古老的园林增添了一些现代气息。

谢农索庄园有着浓郁的法国味,近处的花园,周围的园林,以及流水的衬托,形成一个和谐的整体,创造出一种令人亲近的环境气氛。

实例2　维兰德里庄园(Le Jardin du chateau de Villandry)

始建于20世纪初,是一座按照法国文艺复兴时期园林特点建造的仿古庄园。城堡过去的花园始建于1532年,园主为当时的财政部部长勒布雷东(Jean Le Breton),曾任法国驻意大利大使。在意大利期间,他潜心研究意大利的建筑及园林,回国后在旧城堡的基础上以16世纪初法国园林的风格建造了维兰德里庄园(图13.28)。

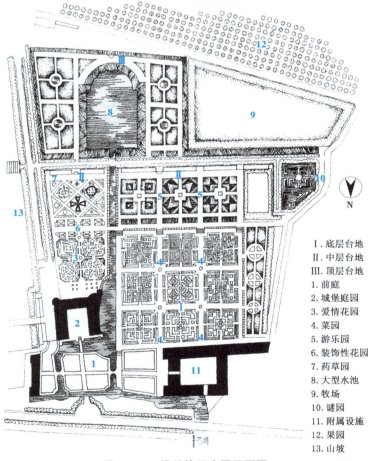

Ⅰ.底层台地
Ⅱ.中层台地
Ⅲ.顶层台地
1.前庭
2.城堡庭园
3.爱情花园
4.菜园
5.游乐园
6.装饰性花园
7.药草园
8.大型水池
9.牧场
10.谜园
11.附属设施
12.果园
13.山坡

图13.28　维兰德里庄园平面图

维兰德里庄园建造在临近谢尔河合流处的山坡上。花园在城堡的西南两侧展开,因山就势开辟出三层台地。城堡两侧以水渠贯穿南北,将庄园南端顶层台地上的大型水池与北边的水壕沟贯通。顶层台地中的主景是大型水池,以斜坡式草地和林荫树围合,两侧是自然简朴的草地花坛,天空、城堡与花园景色在平静的水镜面上相映成趣;在功能上,大水池被作为全园水景和浇灌用水的蓄水池。

中层台地与城堡建筑的基座平齐,平面呈"L"形,作为全园的景观核心,由装饰园、游乐园和药草园 3 部分组成,均为 16 世纪文艺复兴样式,以黄杨篱做图案,并镶嵌各色花卉。台地的角隅处有一座谜园,是法国文艺复兴园林中不可或缺的娱乐景点。向北下 15 级台阶,进入底层台地极具观赏性的菜园。九块菜园的园路交会处设有 4 个小泉池,既有装饰作用,又便于取水浇灌。

维兰德里庄园在整体布局以及府邸与花园的结合方式上,尤其是喷泉、建筑小品、花架和黄杨花坛中花卉和香料植物的处理手法上,都明显反映出受意大利园林的影响。

实例 3　卢森堡花园(Le Jardin de Luxembourg)

卢森堡花园目前是巴黎市的一座大型公园,坐落在市中心。花园继承并展现了法国传统园林的中轴对称、规整有序的布局特色(图 13.29)。

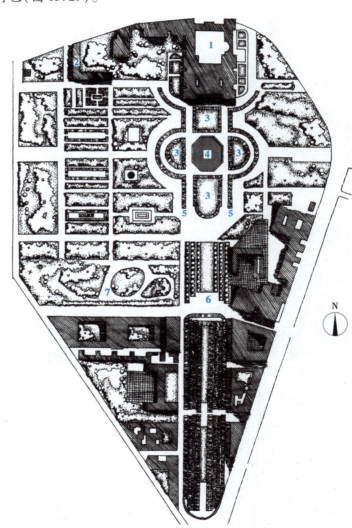

1. 宫殿建筑
2. 博物馆
3. 大草坪
4. 中央八角形水池
5. 斜坡式草地
6. 林荫道
7. 自然式小花园

图 13.29　卢森堡花园平面图

花园最早是在 1612 年由德冈设计建造的,后经美化装饰,形成一座由阶梯式挡土墙夹峙的花园。园中有花卉种植带、喷泉、小水渠,以及由紫杉和黄杨组合而成的花坛,宫殿周围至今仍保留着当时的风貌。园址的地形十分平缓,因此设计师在园中兴建了十多级带有踏步的斜坡式草地和台地;中心的八角形水池规模巨大,十分壮观,两侧有精美的模纹花坛。在中心花园西边的台地后方,则是整齐的丛林和林荫大道,行道树下点缀了许多雕像。

园林的总体布局象征着绝对君权,公园中心采取几何对称的布局,有明确的贯穿整座园林的轴线对称关系。水池、草坪、树木、雕塑、建筑、道路等都在中轴上依次排列,将主轴线作为视觉中心。中轴线的最底端是整个地段的最高处,前面有笔直的林荫道通向城市。18世纪英国风景园兴盛时,卢森堡花园也有很大一部分被改造,包括自然式草地、树丛和孤植树等。其余部分也逐渐被改造成具有林荫道围合的方格形小园,面积大小不一,或成为景观设施,或是简单的草地。保留下来的水渠园路、美丽的泉池、构图简洁的大花坛以及两个半圆形水池,使其至今尚存文艺复兴时期园林的风貌。

整个花园中心是最开阔的公共空间,在卢森堡花园发展为城市公园后,又结合了公园的"服务"功能,创造出许多游人和市民休闲娱乐的场所。而中轴线两侧的规则式花园则被处理为半私密空间,由林荫道围成,面积或大或小,布置多块草坪,满足不同人群的需要。

卢森堡花园产生于文艺复兴盛行时期,在历史的进程中,随着法国历史文化和园林风格的沉淀而不断发展,体现了统一均衡的园林美学。

13.4.2　英国

15世纪末,意大利文艺复兴的春风刮进英国,在接触了欧洲大陆的文化以后,提高了自身的活力。从都铎王朝开始,英国逐渐出现了所谓"羊吃人"的圈地运动,城市工商业兴起,意味着中世纪的结束,英国社会开始从封建社会向资本主义社会过渡。去过欧洲大陆的英国人对意大利、法国园林表现出极大的兴趣,并开始模仿。尤其到了伊丽莎白时代,英国作为欧洲的商业强国,聚天下富饶之财,王宫贵族愈益憧憬并追求欧洲大陆国家王宫贵族豪华奢侈的生活方式,纷纷兴建宏伟富丽的宫室与府邸。

文艺复兴传入英国后,英国园林出现了中世纪庭园与意大利规则式园林的结合,既有宏伟高大的宫殿,又有富丽堂皇的府邸园林。秘园、绿丛植坛、绿色壁龛及其雕像、池园及喷水等无不受到意大利台地园林风格的影响。

英国文艺复兴盛期,造园家们摆脱中世纪封闭式园林风格的束缚,追求更宽阔、优美的园林空间,将本国的优秀传统与意、法、荷等园林风格融合起来。并根据本国天气灰暗的特点,在继续保持绿色的草地、色土、砂砾、雕塑及瓶饰的风格基础上,以绚丽的花卉为园林增加鲜艳、明快的色调。

实例1　汉普顿宫苑(Hampton Court)

汉普顿宫苑位于伦敦西南约20 km处,坐落在泰晤士河的北岸,占地约810 ha。汉普顿宫苑有"英国凡尔赛宫"之称,王宫完全依照都铎式风格兴建。

建成之初的汉普顿园由游乐园和实用园两部分组成。花园布置在府邸西南的一块三角形地块上,紧邻泰晤士河,由一系列花坛组成,十分精致(图13.30)。庄园的北边是林园,东边为菜园和果木园等实用园。庄园建成之后,经常用于举行盛大的派对。1529年之后,庄园为亨利八世所有。亨利八世扩大了宫殿前面花园的规模,修建了网球场,随后又在宴会厅与宫殿之间新建了秘园和池园。

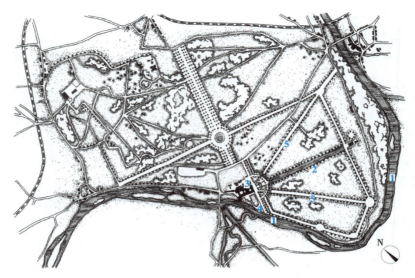

图 13.30　汉普顿宫苑平面图

1.泰晤士河　　2.运河　　3.宫殿　　4.池园和秘园　　5.放射状林荫道

秘园本身是一个沉床园,其内部地势平坦,周边形成两级高起的台层,最高台层与底层有将近 2 m 的距离,高起的台层有助于构成对秘园很好的欣赏视角(图 13.31)。现存的秘园是由十字形园路划分的四块整形的结园构成,中心是一个圆形喷泉,结园以低矮的绿篱形成各色图案,其中种满各种彩色花卉,设计者却利用高低错落、层次分明的绿篱、植墙、花坛和水池构成独立的立体景观。

图 13.31　汉普顿宫苑秘园鸟瞰

图 13.32　汉普顿宫苑池园

池园位于秘园的西端,是以水池为中心的两个沉床园,也是园中现存的最古老的庭院(图 13.32)。其中,较大的池园只有一个位于北侧的入口,这个池园的主要观赏点就是从入口望过去。维纳斯雕塑是整个构图的核心,整个花园的花境塑造、雕塑的放置、植物壁龛设计皆围绕这个核心展开。西侧较小的池园在南北两侧各有一处出入口,另外,从花坛图案的布置来看,有的利用树篱做成迷宫,这是最早的游赏性迷宫。帕拉迪奥(Palladio)式宫殿的东面是以宫门为中心呈半圆形的喷泉花园,这是一个几何的园林构图,布置了绿毯、模纹花坛、大树、小径,从中可以看出法国古典主义的几何审美观对该花园设计的影响。

在查理二世和威廉三世时期,造园师相继营建了大运河、放射林荫道、半圆前庭模纹花坛以及 13 座喷泉,体现出明显的巴洛克风格特点。

实例 2　墨尔本庄园(Melb-ourne Hall Garden)

墨尔本庄园位于德比市以南约 12 km 处,这里原先归诺曼底教区教会(Norman Parish Church)所有,1628 年成为航海家约翰·库克(Sir John Coke)的住所,此后一直是库克家族的财产。

　　1696 年,托马斯·库克(Rt. Hon. Thomas Coke)继承了这份遗产,并设想建造一座花园。1704 年,花园开始兴建,设计师为当时最著名造园大师乔治·伦敦和亨利·怀斯,采用了古典主义样式,并借鉴了法国和德国的造园风格,规整的几何空间,再现了经过艺术加工的自然景观(图 13.33)。

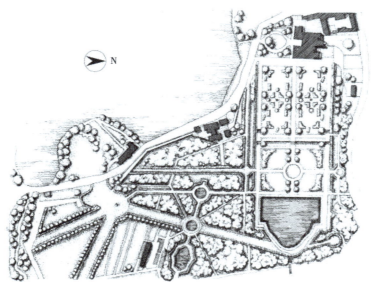

图 13.33　墨尔本庄园平面图

　　府邸建造在高处,起到控制全园的作用。一系列台地在府邸前展开,从建筑前面望去,深远的透视效果令人十分愉悦。中轴线两边原为模纹花坛,以矮生黄杨修剪成阿拉伯式纹样,并填满五颜六色的花卉,非常美观,如今已简化成草坪花坛。下方的台地正中是称为"大泉池"的水面,中间设有喷泉。花园中轴路的尽头是一座铸铁凉亭,立面呈齿形,十分优美,称为"鸟笼"。花园之后是一片疏林,穿过树林便是园外开阔的牧场。与中轴园路相切的一系列次园路,将游人引向花园两侧。园路边点缀着雕像、瓶饰,以及喷泉等,使花园景色更加丰富。

13.4.3　西班牙

　　早在 13 世纪后期,在西班牙沿地中海的一些经济较发达地区,文化艺术得到较大的发展。14 至 15 世纪是西班牙文艺复兴美术的早期,并产生于加泰罗尼亚和瓦伦西亚两个主要的画派,使西班牙的绘画艺术得到了很大的发展,逐渐摆脱了中世纪绘画的束缚,意大利的影响也在不断加深。

　　进入 15 世纪后,文艺复兴的影响逐渐加大。一方面,长达数百年的反抗阿拉伯人的斗争逐渐取得了胜利,为西班牙文艺复兴艺术的产生提供了有利的环境;另一方面,意大利和尼德兰文艺复兴艺术的发展,对西班牙产生了较大的影响。16 世纪上半叶,在查理五世执政期间,有许多西班牙艺术家赴意大利学习,意大利文艺复兴运动和人文主义思想给西班牙带来了巨大的冲击。到 16 世纪下半叶,当政的腓力二世不大喜欢人文主义的思想和艺术,一心想借助艺术来维护西班牙帝国的权威。由于腓力二世的艺术趣味比较保守,提倡严肃的宫廷艺术,于是在西班牙宫廷里流行起罗马主义艺术。此时,除宫廷的罗马主义艺术外,在地方上也出现了风格主义的艺术。虽然西班牙的风格主义艺术受到意大利的影响,但是两者也有些区别,西班牙的风格主义艺术更多地带有宗教神秘主义的色彩。

图 13.34　阿尔罕布拉宫柏木庭园

查理五世统治时期,摩尔人遗留下来的一些宫苑受到改造和扩建。阿尔罕布拉宫的部分宫殿被拆毁,并兴建了文艺复兴样式的新宫殿。新庭园在保留伊斯兰风格的基础上,融入了意大利文艺复兴的园林风格。建于 16 世纪中期的柏木庭园是一座仅有 10 m^2 的小院落,四周是简洁的灰泥墙面,北侧有座两层游廊,既丰富了庭院的空间层次,又可在上层眺望四周景色(图 13.34)。其种植非常精简,4 株挺拔的地中海柏木种在庭院的角隅,突破了庭院的围合感,起到某种标识性作用。其中心点缀着八角形水盘,四周铺地是以黑白镶嵌的卵石构成简洁图案,既有伊斯兰遗风,又如文艺复兴时期的花坛。还有一座穆斯林闺房中的女眷庭院也经过改造,仍然是以建筑环绕的封闭性院落,中心喷泉改造成文艺复兴的样式,过去以规则形式种植了地中海柏木和柑橘植物,现在已成为自然散生状态。

查理五世和腓力二世治时期均居住在阿尔卡萨尔宫苑,并对其进行了改造。查理五世的起居室和大厅中不再采用摩尔人常用的灰泥镶嵌瓷砖的手法,而是用 16 世纪的挂毯结合瓷砖。宫中新建的花园也采取文艺复兴的样式,如蓄水池园(Jardin de la Alcubilla)中的静水面尺度远远超过摩尔人的做法。1543 年,查理五世的造园师在宫苑的南部以夹竹桃为绿篱,兴建了一座文艺复兴风格的迷宫。腓力二世时期改建成大花坛,由图案各异的八块方形植坛组成,也是文艺复兴时期的样式。花坛的中央有座浅水池,植坛中也种有高大的棕榈,将整个花坛笼罩在一片树荫之中。这个大型开敞空间现在成为全园的中心,南边有一个称为"新花园"的庭园,透过南边的景墙漏窗,隐约可见"新花园"中的景物。

"新花园"有 4 块方形树丛植坛,树木 5 棵一组,呈梅花桩形种植。地面铺以红砖,边缘镶嵌黄绿色相间的瓷砖,园路的交点布置一座泉池,同样是彩釉瓷砖贴面。新花园中轴线的南端有座精美的凉亭,是 1540 年为查理五世建造的,白色的建筑在深色的树木背景映衬下,非常显眼。凉亭外围环以柱廊,中间是方形的大厅。建筑造型简洁,但外墙面的装饰却十分丰富,带有伊斯兰建筑的遗风。方形大厅的内饰也以彩色釉面马赛克为主,以雪松木精雕细刻的镀金木椽构成宏伟的穹顶,称为"大使厅"。凉亭的西边还有一座长方形水池,四周设有铁艺围栏,尽端有一座圆顶凉亭。伊斯兰风格和文艺复兴样式相结合,构成阿尔卡萨尔宫苑丰富多变的景色,也成为西班牙的造园传统。

然而,欧洲文艺复兴园林经过几个阶段的发展,使观赏性庭园的营造成为可能。花坛布置在建筑周围,在建筑中就能感受到花坛的统一性、秩序感和规律性,这在文艺复兴盛期的意大利庄园是非常重要的,但西班牙文意复兴时期的花园还没有形成这种与建筑之间的几何关系。

13.4.4　德国

德国位于欧洲地理位置的中心,有利于其吸收各个邻国的文化成果,因此德国的园林传统大部分来自意大利、法国、荷兰及英国等国家。历史上的德国在欧洲只是一个落后的国度,曾长期被分裂为众多的在政治上相对独立的城邦,这些城邦都有自己的宫廷。在自己的土地上,按自己的喜好,模仿欧洲最出色的园林作品建造自己的花园,成为各公爵、帝侯们极力粉饰宫廷的主要手段。这些花园的建造为德国留下了大量的传统园林。像许多欧洲国家一样,德国成规模的造园活动是从文艺复兴时期开始的。中世纪德国城市的发展,为这期间园林的营建建立了一个良好的基础。德国同西班牙等欧洲国家一样,始终未能形成具有本国传统与特色的园林风格。

德国在地理位置上的重要性,决定了其历史发展的特殊性。长期以来,德国处于欧洲土地割据战争的困扰之中,经济、文化和艺术的发展遭到严重阻碍。直到 16 世纪初期,意大利文艺复兴运动才波及德国。受其影响,大批德国学者和艺术家奔赴意大利,学习和研究意大利的科学技术和文化艺术。随着意大利文化艺术在德国的传播,意大利的园林作品及造园思想渐渐在德国产生影响。

此时,德国园林的发展虽与法国一样,受到意大利文艺复兴园林的影响,但在造园风格和手法方面出现的变革却很少。那些大型的皇家园林大多由荷兰造园家设计,兴建成意大利或法国文艺复兴式样。在富裕市民的小规模城市园林中,还能在设计植物材料的运用方面,表现出一些传统的兴趣和爱好。这种兴趣和爱好,从弗滕巴赫(Joseph Furttenbach)在乌尔姆住宅旁边设计的园林中可以找到一点痕迹。弗滕巴赫是一位建筑师,曾经去过意大利,他的设计在许多方面走在了时代的前面。他设计的园林受意大利风格的影响主要表现在两方面,一是在将住宅的院墙与园亭相结合;二是在庭园的角隅处设置小型的夏季纳凉洞府。此外,弗腾巴赫还采用石板铺砌庭园地面,并在石板园路的两侧设置狭长的花圃;他还为学校设计过庭园,让儿童在园中了解植物的生长情况和栽培方法,认识植物的价值;他出版的《娱乐建筑》和《私家建筑》中收录了两个园林设计方案,其中一个庭园面积较大,四周围绕着院墙、树篱和壕沟。有以活动为主的住宅前庭,以游乐为主的树篱围合的花坛,以及以实用为主的果园和菜园。园林的四周有类似城墙角楼的圆形凉亭,由树枝编织而成的双层建筑矗立在壕沟的上方。

在弗滕巴赫之前,萨勒蒙·德·考斯(Salmon de Caus)曾因建造了海德堡城郊的园林而名声大振。德·考斯的一生历经周折,早年在法国学习建筑,后来成为英国王子的家庭教师,曾在英国出版了《装饰娱乐性宅第和花园的洞府与喷泉》一书,介绍了英国园林以及洞府和喷泉的设计手法。1615 年,德·考斯在德国海德堡委员会任职,4 年后他又赴法国为路易十三的宫廷服务,并在法国出版了《动力原理》一书,书中介绍了一些利用力学原理设计的园林水景装置的制作方法,如水风琴、音乐车、报时小号等,并在海德堡园林设计中大量运用了这些理水技巧。1620 年德·考斯在一本以富有趣味性插图为主的造园书籍中,发表了海德堡花园的设计图,从插图中可以看出,花园与海德堡古城相连,设有一排台地,与内卡河遥相呼应。花园背后的小山上水源丰富,便于利用水力在园中形成各种动态水景。

文艺复兴时期,德国造园的发展主要表现在热衷于植物学研究和新植物栽培方面。16 世纪初,赫斯州的方伯就首开先河,经营了一座私人植物园。1580 年,萨克索里的选帝侯在莱比锡创建了第一个公共植物园。随后又相继出现了吉森、拉迪斯本、阿尔待多夫和乌尔姆等植物园。后来的园主们仍然持续不断地搜集各种奇花异卉和乔灌木。园艺学家霍华德(Johann Heinrich Howard)率先在他的奥格斯堡的花园中栽植郁金香,并于 1559 年成功地使其绽放。这一时期,最早在植物学方面著书立说的是药剂师巴西尔·贝斯雷,他在纽伦堡兴建了一座博物馆,开展了广泛的植物收集活动。1613 年,贝斯雷出版了著作《园艺图谱》,记载了僧侣杰明根所搜集的植物。这些实践都提升了德国园林的营造水平。

复习思考题

1.简述文艺复兴时期欧洲园林的历史与园林文化背景。

2. 简述文艺复兴中期意大利园林的主要特征。

3. 分别以埃斯特庄园和兰特庄园为例,分析意大利台地园的布局和空间特色。

4. 意大利的巴洛克园林与文艺复兴前期园林在造园手法上有哪些联系与区别?举例说明。

5. 简述意大利文艺复兴园林的主要特征。

6. 文意复兴时期的法国园林与意大利园林在造园手法上有哪些联系与区别?

14 欧洲勒·诺特尔式园林

14.1 历史与园林文化背景

欧洲勒·诺特尔式园林

14.1.1 历史背景

14、15 世纪的"封建主义危机"是欧洲历史的一个转折点,饥荒、黑死病、战争接踵而至,人口的大量死亡使其与土地的比率变得有利于农民,农奴制迅速瓦解。逐渐发展起来的货币经济以及 13—15 世纪的军事革命,使得君主在军事竞争中占据了明显的优势,君主比封臣有更大的权力征集或调动资金来购置武器。15 世纪末至 16 世纪初,法国路易十一、英国亨利七世、西班牙菲迪南二世和奥地利马克西米连一世群雄并起,开辟了各国绝对君主制的时代。

首先,英国君主制的行政权力集权化相对发展较早,在中世纪就已经初成规模。长达 30 年的"玫瑰战争"则决定性地为绝对君主制铺平了道路。许多名门望族在战争中毁灭,亨利七世(Henry Ⅶ)凭借武力取得王位后,获得了征收关税的永久权利,奠定了中央集权的财政基础,中央政府的权力集中于国王和少数私人顾问的手中。国王设立了皇室法庭,强化了对抗贵族的最高司法权力,坚决镇压了北部和西部地区的贵族叛乱,私人武装遭到严厉禁止,私人军事城堡均被拆除。而在法国,百年战争使法国君主制终于走出了中世纪封建制度在军事和财政上的局限。为了建立正规军和装备火炮,法王查理七世(Charles Ⅶ)不仅向富商巨贾借款,而且于 1439 年在全国第一次征收人头税。从此,建立了无须经过三级会议的正规税收制度。其子路易十一(Louis XI)凭借着常备军,结束了百年战争,恢复了王权的权威,并扩展了其父查理七世的政府机构。1598 年,法国在胡格诺战争结束后,建立起中央集权的君主专制国家。17 世纪后半叶,法王路易十三(Louis XIII)战胜各个封建诸侯,统一了法兰西全国,并开始远征欧洲内地。到路易十四(Louis XIV)时期在欧洲大陆又夺取了一百余块小领土,建立起君主专制国家。路易十四在政治上大力削弱地方贵族的权力,采取一切措施强化中央集权,宣称"朕即国家",集政治、经济、军事、宗教大权于一身;经济上推行重商主义政策,鼓励商品出口,建立庞大的舰队和商船队,成立贸易公司,促进了资本主义工商业的发展。一时间,法国成为生产和贸易大国,也是当时欧洲最强大的国家和文化中心。

与此同时,哲学和政治学说又推动了新兴资产阶级进行的革命,这主要表现在英国革命和法国的君主专政政体的建立中。英国资产阶级打着宗教的旗号发动了"清教运动",1642 年查理一世(Charlesi)与代表新兴资产阶级利益的议会之间爆发了内战。在克伦威尔的领导下,1649 年资产阶级取得胜利,建立了最初的资产阶级共和国的典范。但由于资产阶级的两面性,在 1660 年与封建贵族妥协,迎回查理二世(Charles II),史称"斯图亚特王朝复辟"。由于复辟后的王朝迫害革命领导人士,还想恢复天主教,于是资产阶级在 1688 年再次发动政变,即"光荣革命",迎来荷兰的威廉做英国国王,建立了君主立宪制国家。革命后,英国的资本主义得到了

迅速发展,成了欧洲最先进的国家。

14.1.2　园林文化背景

进入 17 世纪,欧洲在历史舞台上揭开了近代史的序幕。这一时期,天文学、物理学、数学等科学都取得了很大发展。在创立科学方面,波兰的哥白尼、德国的开普勒、意大利的伽利略和英国的牛顿,这四位杰出的科学家摒除对权威和演绎推理法的依赖,而强调对自然的直接观察与实验。科学的巨大进步也激发了哲学的发展,经验哲学地位被动摇,以英国的培根、霍布士和洛克,法国的笛卡尔和加桑迪等为代表的现代哲学兴起。特别是创建了以笛卡儿的唯理主义理论为哲学基础,在文艺理论和创作实践上以古希腊、罗马文学为典范和样板的"古典主义"。

古典主义在 17 世纪的法国最为盛行,发展也最为完备,进而影响到欧洲其他各国,并持续到 19 世纪初。作为一种文艺思潮,其首要特征是具有为王权服务的鲜明倾向性,其次是注重理性,再者是模仿古代、重视格律,按照规定的创作原则(如戏剧的三一律)进行创作。法兰西文明在欧洲的逐步兴盛,并渐渐取代意大利文明在文艺复兴初期的领导地位,以其浓郁的皇家特色、恢宏的气势,席卷整个欧洲。

法国古典主义的政治基础是中央集权的君主专制,古典主义文化成为路易十四的御用文化。它反映着由于科学的进步而产生的唯理主义,被认为是理性秩序的体现;在政治上,它反映着绝对君权制度。古典主义者力求在文学、艺术、戏剧等一切文化领域里建立合理的格律规范,却又盲目地崇奉它们为神圣的权威,不可违犯,而文学、艺术、戏剧等内容则以颂赞君主为目的。建筑和造园艺术亦是如此,以服务宫廷为主,反映着绝对君权制度的意识形态。建筑的构图原则要求其平面和立面都要突出中轴线,使其统帅全局,其余都为附属部分,每一层构图上都具有主从关系,造园艺术也要服从这样的格律规范。17 世纪上半叶,由于古典主义在法国各个文化领域中的发展,造园艺术也发生重大变化。雅格·布瓦索于 1638 年在著作《论依据自然和艺术的原则造园》中,肯定人工美高于自然美,而人工美的基本原则是变化的统一。他认为,花园的构图应为均衡统一、比例和谐的整体,各部分都从属于整体;以直线和直角为基本形式,服从比例原则,园林各要素的安排要有利于一览无余地欣赏整幅图案,甚至不种植,只在植坛上种植低矮的黄杨和紫杉等。同时,布瓦索为园林师地位的提高作出了很大贡献,他认为园林师应了解土壤、植物等科学知识与设计手法,由建筑师设计庭园无疑是不合适的。17 世纪下半叶的法国王朝专制制度达到顶峰,绝对君权如日中天,古典主义文化盛行,世界的艺术中心也从意大利转移到法国,为法国园林艺术提供了最适宜的成长环境。在这样的背景下,一位才华横溢的宫廷造园师安德烈·勒·诺特尔(André Le Nôtre)把古典主义在园林中应用到了极致。在他的亲自设计和主持下,建造并改造了一系列皇家和贵族的园林。他继承发展了整体布局原则,并通过严谨的几何构图,明确的空间结构,将传统要素组织得更加统一、宏伟。"勒·诺特尔式园林"(Style Le Notre)标志着法国园林艺术的真正成熟和古典主义造园时代的到来,并取代了意大利文艺复兴式花园,并风靡整个欧洲造园界。法国古典主义园林的发展,在最初的巴洛克时代,由克洛德·莫莱和雅克·布瓦索等人奠定了坚实基础;并在路易十四统治的伟大时代由勒·诺特尔进行尝试并形成伟大的风格;直到 1709 年,绘画与雕塑皇家院士让·勒布隆(Jean Le Blond)协助阿尔让韦尔(Antoine-Joseph Dezallier d'Argenville)在巴黎出版了《造园理论与实践》一书,被看作是"造园艺术的圣经",标志着法国古典主义园林艺术理论的完全建立。

14.2　法国勒·诺特尔式园林

法国位于欧洲大陆西部,地势东南高西北低,国土以平原为主,其间有少量盆地、丘陵与高原。法国三面临海,西南部为比利牛斯山脉,东部为阿尔卑斯山脉,地理位置得天独厚。受大西洋气候、地中海气候和大陆性气候的综合影响,其气候温和,冬无严寒,夏无酷暑,且雨量适中,优越的气候条件使法国有着世界上最好的谷物种植区,农业十分发达,其森林面积约占土地面积的1/4。

在路易十四强化中央集权、专制王权进入极盛时期,法国古典主义戏剧、美学、绘画、雕塑和建筑园林艺术获得了辉煌成就。勒·诺特尔(André Le Nôtre)是当时的宫廷园艺师,在继承欧洲造园传统,尤其是文艺复兴园林的基础上创造了自己的设计风格。他是法国古典主义园林的杰出代表,将法国古典主义园林推向高潮。

勒·诺特尔出生于巴黎的一个造园世家,祖父是宫廷园林师,在16世纪下半叶为丢勒里宫苑设计过花坛。其父让·勒·诺特尔是路易十三的园林师,曾与克洛德·莫莱合作,在圣日耳曼昂莱工作;1658年以后成为丢勒里宫苑的首席园林师,去世前是路易十四的园林师。勒·诺特尔13岁进入西蒙·伍埃(Simon Vouet,路易十四的首席画家)的画室学习。这段经历使他有幸结识了许多美术、雕塑等艺术大师,其中画家勒布朗(Charles Le Brun)和建筑师芒萨尔(Francois Mansart)对他的影响极大,不但激发了他的艺术天分,同时也使他对于以后的造园受益匪浅。勒·诺特尔在离开伍埃的画室之后便改习了园艺,跟随他的父亲,在丢勒里花园里工作。在此期间,勒·诺特尔学习了建筑、透视法和视觉原理,并深受古典主义影响,还研究过数学家笛卡尔的机械主义哲学。1635年,勒·诺特尔成为路易十四之弟、奥尔良公爵(Philippe d'Orleans)的首席园林师,1643年获得皇家花园的设计资格,两年后成为国王的首席园林师。建筑师芒萨尔转给他大量的设计委托,使其1653年获得皇家建造师的称号。1656年,勒·诺特尔在沃·勒·维贡特庄园的设计建造工作中他采用了前所未有的园林样式,并成为法国园林艺术史上一个划时代的作品,也是古典主义园林的杰出代表。路易十四看到沃·勒·维贡特庄园之后,羡慕、嫉妒之余,激起他要建造更加宏伟壮观的宫苑的想法。约从1661年开始,勒·诺特尔便投身于凡尔赛宫苑的建造中,直到1700年去世,他作为路易十四的宫廷造园家长达40年,被誉为"王之造园师与造园师之王"。在他亲自设计或主持下,建造和改造了一系列皇家和贵族的园林,这些园林规模宏大,庄重典雅,开敞华丽,表现出勒·诺特尔高超的艺术才能,创造了风靡欧洲长达一个世纪之久的"勒·诺特尔式园林"。他的主要作品除著名的凡尔赛宫苑、沃·勒·维贡特庄园外,还有枫丹白露宫苑等。他设计的园林构图来源于欧几里得几何学和文艺复兴透视法推导出来的严谨的结构,具有统一的风格和共同的构图原则,所有的要素均服从于整体的几何关系和秩序,很鲜明地体现着古典主义文化的基本纲领;但在追求比例协调和关系明晰的同时,又各具特色,装饰适度,富有想象力,是法国17世纪古典主义园林的代表。在此期间,多数大型法国园林也都经历了改造,一些著名法国古典园林实例几乎都反映了这一时期勒·诺特尔造园艺术的痕迹。

实例1　沃·勒·维贡特庄园(Vaux-Le-Vicomte Gastle)

沃·勒·维贡特庄园是勒·诺特尔最有代表性的设计作品之一,标志着法国古典主义园林艺术走向成熟,也使勒·诺特尔一举成名(图14.1)。

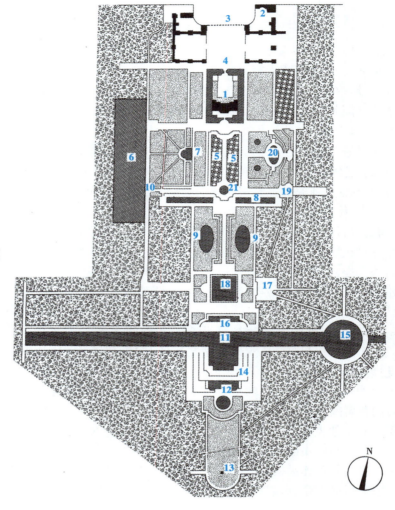

1. 宫殿
2. 附属建筑
3. 荣誉大门
4. 水壕沟
5. 刺绣花坛
6. 厨园
7. 圣水盘
8. 小运河
9. 海神池
10. 通往厨园的门
11. 大运河
12. 束状喷泉池
13. 大力神雕像
14. 岩洞
15. 圆形水池
16. 瀑布水池
17. 忏悔室
18. 水镜面
19. 水栅栏
20. 皇冠喷泉池
21. 圆池

图 14.1 沃·勒·维贡特庄园平面图

图 14.2 沃·勒·维贡特
庄园鸟瞰

该园位于巴黎南郊约 51 km 处,占地面积约 70 ha。1657 年开始建设,历时 5 年建成,不仅府邸建筑富丽堂皇,且丰富与广袤的花园也是前所未有的。庄园出入口位于府邸的北面,从椭圆形广场中放射出数条林荫大道,广场后是府邸建筑,其略微抬高,四周环绕水壕沟。建筑的南面是主花园,整个花园地势由北向南缓缓下降,经过最低点运河之后,又缓缓抬升。其利用自然地势将中轴线设计成高差变化丰富而统一的空间序列(图 14.2)。

主花园沿一条长约 1 km 的轴线展开,共分三个阶段,布局严谨对称,过渡巧妙,一气呵成。第一段花园的中心以模纹花坛为主,紧邻府邸,强调人工装饰性。华丽的模纹花坛以紫红色砖末衬托着黄杨花纹,图案精致清晰,花坛角隅处点缀着整齐的紫杉及各种瓶饰。模纹花坛的两侧各有一组花坛台地,其间有 3 座喷泉,其中以"王冠喷泉"最为耀眼(图 14.3)。

第二段花园以圆形水池作为端点,南侧为一条东西向的小运河,与大运河相呼应,形成园中第一条横轴。花园中轴路的两侧以两条草地代替了水渠,齿状整形黄杨镶边,中间点缀花钵。其两侧各有一块草坪花坛,中央是矩形抹角的泉池,外侧为丛林树木的笼罩下的观景甬道。第二段花园以称为"水镜面"的方形水池为结束,将南、北两侧的园景完全倒映在水中。

图 14.3　沃·勒·维贡特庄园
王冠喷泉

走到第二段花园的边缘,壮观的大运河突现眼前。从安格耶河引来的河水,在这里形成长近 1 000 m,宽 40 m 的大运河。以大运河作为全园主轴之一的做法,是勒·诺特尔的首创,并成为法国古典主义园林中最典型的水景要素。位于中轴部分的水面向南扩展成方形水池,既便于游船调头,又形成南北两岸夹峙的水空间。这一处理手法不仅突出了全园的中轴线,且将南北两岸景色联系起来。

大运河将全园一分为二,北半部花园以壮观的"飞瀑"结束。"飞瀑"利用高差挡土墙辟出一段缓坡,水流从上方喷泉水盘和壁泉中涓涓流出,顺势而下形成一道"瀑布",为台地花园向大运河形成巧妙过渡。南半部花园则是一排沿河依山兴建的洞府,正中有 7 个开间,外侧两个洞府内横卧着河神雕像。南北两段挡土墙处理得完整而大气,既与大运河的尺度相协调,又加强了水空间的完整性。

第三段花园坐落在运河南岸的山坡上,于山脚洞府山开辟出大平台,平台中轴线上有一座紧贴地面的圆形水池,虽无任何雕琢,但喷出的水柱花纹却十分美丽。山坡上是绿荫剧场,半圆形绿荫剧场与府邸的穹顶遥相呼应,坡顶耸立着的"海格力士"(Herrules)的镀金雕像,构成花园中轴的端点。在海格力士像前回头北望,整个府邸花园尽收眼底。

勒·维贡特花园可以说是勒·诺特尔式园林的一个原型,中轴突出,起到主导的作用,各造园要素布置合理有序,在中轴上依次展开。花园美观大方,处处显得宽阔,却又不是巨大无垠。地形处理精致,与原有地形关系和谐。

实例 2　凡尔赛宫苑(Versailles Palace)

凡尔赛宫苑位于巴黎西南部的凡尔赛城,是欧洲最大的王宫,最初是路易十三修建的用于狩猎的行宫,路易十四当政时开始重建。从 1661 年动工,到 1689 年才得以完成,历时 28 年之久,其间许多地方修改多次,力求精益求精(图 14.4)。

凡尔赛宫苑占地面积巨大,规划面积达 1 600 ha,共设有 22 个出入口。宫殿坐东朝西,建造在人工堆起的高地上,其正中凸出部分为著名的"镜廊",由此引伸出长达 3 km 的中轴线,东、西向伸展,形成统领全园的主轴线。园林部分位于宫殿西侧,占地达 100 ha,气势之恢宏,令人叹为观止。

凡尔赛宫苑的整体构图体现着严谨的轴线关系。通过运用笛卡尔的数学方法和透视原理,以宫殿的中轴线作为全园的主轴线,以"拉通娜泉池""国王林荫道""阿波罗泉池"和大运河为主要造园要素(图 14.5)。此外,不同形式的纵横轴线和若干条放射状轴线,将整个园林划分成若干区域。园内道路、树木、水池、亭台、花圃、喷泉等均呈几何图形,有统一的主轴、次轴,构筑整齐划一、均衡匀称,体现出浓厚的人工修凿痕迹。

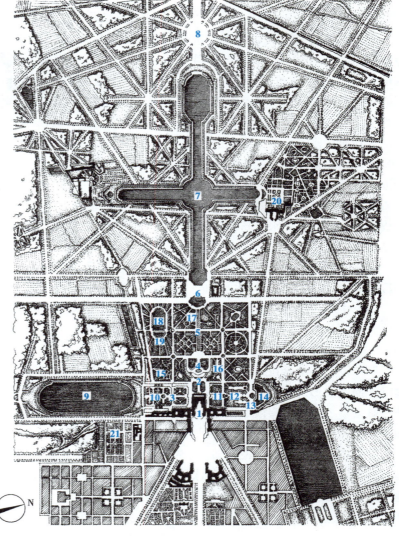

1. 宫殿建筑
2. 水花坛
3. 南花坛
4. 拉托娜泉池及"拉托娜"花坛
5. 国王林荫道
6. 阿波罗泉池
7. 大运河
8. 皇家广场
9. 瑞士人湖
10. 柑橘园
11. 北花坛
12. 水光林荫道
13. 龙泉池
14. 尼普顿泉池
15. 迷宫丛林
16. 阿波罗浴场丛林
17. 柱廊丛林
18. 帝王岛丛林
19. 水镜丛林
20. 特里阿农区
21. 国王菜地

图 14.4　凡尔赛宫苑平面图

图 14.5　凡尔赛宫苑的
国王林荫道

凡尔赛宫苑中十字形的人工大运河是整个宫苑中最壮丽的部分。该运河纵向长 1 650 m,宽度为 62 m,横向长 1 013 m,它的建造为沼泽地的排水提供了良好条件,成为全园水景用水的蓄水池,延长了花园中轴透视线。因其地形处理巧妙,使远处的大运河呈现为斜面,似一条银河从天而降。在大运河纵横轴交会处,水面拓宽成轮廓优美的水池,以便路易十四在广阔的水面上乘坐御舟宴请群臣。此外,全园还分布着水池、喷泉、瀑布、湖泊等一系列独具匠心的水景,且多以平静的大水面为主。

凡尔赛宫苑采用了多种方式进行植物造景。以常绿树种在设计中占据首要地位,花木品种丰富多样。成排的树木或雄伟的林荫树大规模地运用在道路两侧,加强了线性透视的感染力。植物的修剪采取几何形式,既多样统一,又对称平衡,讲求节奏韵律,就各种景观相互因借,相互映衬,体现了和谐美。

凡尔赛宫苑的丛林园因其亲切宜人的尺度,堪称凡尔赛宫苑中最别具一格的部分。14个丛林园独立于轴线之外,使整个宫苑拥有了众多内向、私密的小空间,是消遣娱乐、举行各种宴会的场所。每一处小园林都有不同的题材,构思独具匠心,虽设计风格独特,但在密林包围下,使其统一于整体之中。这些丛林园中最经典的有"迷宫丛林""沼泽丛林""水剧场丛林""水镜丛林""柱廊丛林"等。

凡尔赛宫苑园内分布着大量的雕塑,题材丰富、造型各异。这些雕塑位于各空间交接处以及小丛林园中,起到分隔空间和点名主题的作用,其中以拉通娜(图14.6)和太阳神阿波罗雕像最为精美,前者是对路易十四年幼随母亲逃亡时遭受屈辱的纪念,后者则象征着路易十四至高无上的权利和辉煌的人生。此外,在"国王林荫道"园路两侧各立有一排白色大理石雕像,高大的七叶树和绿篱形成衬托,使雕像显得素静典雅。

图14.6　凡尔赛宫苑的拉通娜喷泉

凡尔赛宫苑的建成标志着法国园林艺术达到了空前辉煌的程度。它不仅体现了皇权至上的主题思想,且在建筑、雕塑、绘画、造园、喷泉技术以及输水道的建造等方面均已超出意大利及其他欧洲国家的水平,是当时最先进的科学技术的反映,对世界园林的发展构成了极大影响。

实例3　枫丹白露宫苑(Fontainebleau Palace)

枫丹白露宫苑位于巴黎南边50 km处的塞纳·马恩省,周围是广袤的大森林,面积逾17 000 ha。宫苑就建造在密林深处一片沼泽地上,湖泊、岩石和森林构成枫丹白露独特的自然景观。从12世纪起,法国历代君王几乎都曾在此狩猎和居住,这里逐渐形成王室的一处行宫(图14.7)。

1. 鲤鱼池
2. "狄安娜"花园
3. 松树园
4. 经勒·诺特改造的大型花坛
5. 大花园中的方形水池
6. 大运河

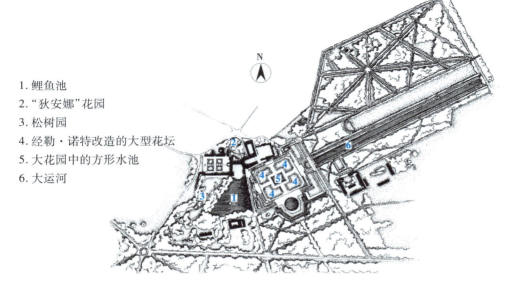

图14.7　枫丹白露宫苑平面图

新宫殿坐北朝南,是15世纪时由弗朗西斯将原有的旧建筑拆除并新建的。宫殿主座和两厢在南面围合出一处庭院,为"喷泉庭院",西边厢房前的一处庭园为"白马庭院",正对庄园的出入口。喷泉庭院凸出一半圆形滨水平台,中央设有希腊英雄"尤利西斯"的雕像。

宫苑园林主体可分为4部分,鲤鱼池、"狄安娜"花园、松树园以及鲤鱼池东侧大花园。鲤鱼池位于喷泉庭院的南面,于13世纪修建,平面大致呈梯形,为新宫殿喷泉庭院的景观焦点。从喷泉庭院望去,宽阔的水池在远处树木的映衬下景色秀丽,视野开阔而深远。鲤鱼池中有座小岛,亨利四世时期在岛上修建了一座宴会亭,使水景层次更加丰富。

"狄安娜"花园位于新宫殿北面,是个封闭的庭园,因园中设有狩猎保护神狄安娜(Diana)的大理石雕像而得名。现在人们看到的狄安娜雕像是1684年由克莱(Keller)兄弟俩重塑的。雕像的基座有两层,上圆下方,手牵鹿头的狄安娜站立在顶端。方形基座4面各有一鹿首铜像,顶面4角上蹲坐着猎犬,有水束从铜像中喷出,落入泉池中。19世纪,拿破仑又将原先的泉池扩大,增加大理石池壁和青铜,使之成为这个小花园的主景,并保留至今。

鲤鱼池的西面为松树园,为弗朗西斯一世时期建造的,因种有大量来自普罗旺斯的欧洲赤松而著称。园中建有一座典型的意大利文艺复兴风格的洞府,立面以毛石砌筑拱门,3个开间里挂满了钟乳石,镶嵌着砂岩雕刻的4个巨人像,显得古朴有力。亨利四世时期,松树园的规模有所扩大,增添了一个精美的黄杨模纹花坛,并补种了雪松等观赏树木。

图14.8　枫丹白露宫苑的水池与运河

位于鲤鱼池的东面有一个大花园,正中是巨大的方形花坛。路易十四时,勒·诺特尔对原狄伯尔花坛进行了改造,他将花坛四周的甬道抬高,内部增加了4块整形黄杨模纹花坛(现已被简化为草坪花坛),中央设一方形泉池,装饰着造型简洁的盘式涌泉。花园边缘的挡土墙处理成数层跌水,下方也有一泉池,以园路相隔,形成大运河的起点(图14.8)。勒·诺特尔将原有园林要素统一起来,突出轴线,加强了庄园的整体感,以创造出广袤辽阔的空间效果。在草坪花坛中沿大运河眺望,视线深远,甚至可以望见远处的岩石山。

枫丹白露宫苑虽然是各个时期不同设计师作品的结合,但总体上依然协调统一,尤其是东西向轴线,尽显勒·诺特式园林宏伟壮丽的风格。

实例4　丢勒里宫苑(Tuileries Palace)

丢勒里宫苑位于巴黎市中心的塞纳河北岸,占地面积25 ha。这座花园从路易十三统治时期开始,就定期对巴黎市民开放,是巴黎建造的最早的公共花园之一(图14.9)。

丢勒里宫苑坐东朝西,与南边的塞纳河相垂直,中央有高大的穹顶大厅。宫苑的西边以弧形的回音壁为结束。建造之初,花园的整体构图十分简单,以路网将全园划分成面积近似相等的方格形园地,布置花坛和树林(图14.10)。

自1519年起,丢勒里花园经历了多次改造。1664年,勒·诺特尔对花园进行全面改造。改造后的丢勒里花园在统一性、丰富性和序列性上都得到了很大改善,成为古典主义园林的优秀作品之一。其首先在构图上将花园与宫殿统一起来,将宫殿前面原有的8块花坛,整合成一对大型模纹花坛,图案更加丰富细致,在建筑前方营造出一个开敞空间。与模纹花坛形成强烈对比的是作为花坛背景的丛林,由16个茂密的方格形小林园组成,布置在宽阔的中轴两侧。小林园中仍然以草坪和花灌木为主,其中一处设计成绿荫剧场。

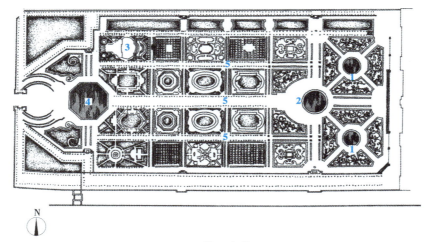

图14.9   丢勒里宫苑平面图

1. 刺绣花坛   2. 圆形水池   3. 绿荫剧场   4. 八角形水池   5. 林荫道

为了在园中形成更加欢快的气氛,勒·诺特尔建造了一些泉池,重点是中轴两端的圆形和八角形大水池(图14.11)。这两座泉池的处理,也反映出勒·诺特尔对视觉效果的细心追求。他根据距离的变化产生变形效果,并将中轴东侧的圆形水池加以调整,使它的尺度只有中轴西侧八角形水池的一半,但从宫殿一侧看去,这两座泉池的体量几乎相等,视觉效果更加稳定。

图14.10   丢勒里宫苑内的花园

图14.11   丢勒里宫苑
八角形大水池

在竖向变化上,勒·诺特尔将花园南北侧以及平行于塞纳河的散步道抬高,形成夹峙着花园的两条林荫大道。高台地在花园的两端汇合,并在中轴线的端点上围合成马蹄形的环形坡道,进一步强调了中轴景观的重要性,并增加了视点在高度上的变化。高起的林荫道与环形坡道的兴建,增强了花园地形的变化效果,平面布局也富有变化,使花园的魅力倍增。

在此后丢勒里花园又经过了几次改造,但大体上仍保留着勒·诺特尔的布局。19世纪进行的巴黎城市扩建工程为花园增添了向外延伸的壮丽中轴线,与巴黎城市里其他许多受其影响的轴线相连接,构成了巴黎城市的骨架。现在丢勒里花园的大花坛与凯旋门广场连成一体;花园面积也大大增加,与卢浮宫相连接。这种城市轴线,对西方许多城市的发展产生了深刻的影响。

实例5   索园(Parc de Sceaux)

索园也是勒·诺特尔的代表性作品之一,位于巴黎以南11 km的上塞纳省。花园约始建于1671年,1691年竣工,经过两次扩建后,它的规模日渐宏大,鼎盛时期的园林面积逾400 ha(图

14.12）。由于原地形高低起伏,变化较大,且地势低洼处是一片沼泽,因此给建园带来了很大的困难,引水和地形改造工程巨大,仅在府邸前开辟纵横相交的两条轴线就需要挖土逾10 000 m³。

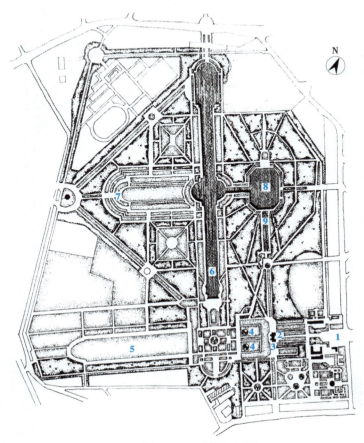

图14.12　索园平面图

1.入口　　2.树木林荫道　　3.府邸建筑　　4.模纹花坛及圆形泉池
5.大草坪　　6.大运河　　7.绿荫剧场　　8.八角形泉池　　9.大型跌水

　　在庄园的总体布局上,由于用地紧凑,平面近似方形,不利于开辟法式园林中特有的空间纵深感。因此,勒·诺特尔采取数条轴线纵横交织、依次出现的布局手法。以坐东朝西的府邸建筑为全园中心,引伸出一条东西向贯穿城市与花园的主轴线(图14.13)。在府邸东侧,依次是两排整形树木林荫道夹峙的中轴路、由附属建筑围合的出入口庭院以及贯穿城市的林荫大道。在府邸西侧,首先是连续的三层草地围合的一对模纹花坛,并装饰有圆形泉池,由东向西依地势层层下降,直到环绕着花坛的圆形大水池。由此继续向西,是类似凡尔赛国王林荫道的开阔草地,并以半圆形绿荫剧场为结束。这一部分处理构图之简洁、尺度之巨大、空间之开阔、视线之深远,都大大超过了凡尔赛宫苑。

　　从东西向主轴线中部的圆形大水池中,又引伸出一条南北向的大运河作为主轴线,将全园分为东西两部分。宏伟壮丽的大运河长约1 140 m,其两端外扩成池,中部向两侧凸出,形成椭圆形水面,从中引出全园第二条东西向轴线。这条轴线西半部处理以开阔的草场和巨大的绿荫剧场为主,并以林园为背景;轴线的西端是半圆形广场,从中放射出3条林荫大道折向花园;轴线的东半部是中心有座巨大的八角形泉池,并以一小段运河与大运河相连,四周环绕着丛林。

从八角形泉池的中心引伸出第二条南北向轴线,通向府邸建筑。这条轴线北部地形变化较大,因此依山就势地修建了著名的"大瀑布",连续的大型跌水在两侧的整形树篱夹峙下,十分壮观(图14.14)。这条轴线在府邸两侧穿过,一直延伸到庄园北端的小花园。这座小花园以整形树木为构架,点缀着草地和鲜花,形成封闭而亲密的活动空间,其细微而精致的处理手法与全园粗放大气的效果形成强烈对比。

图14.13　索园主轴线

图14.14　索园喷泉和叠水

在索园的设计中,最突出的是各种尺度的水景处理,尤其是利用低洼地形开辟的大运河以及巨大的水镜面,完全可以与凡尔赛宫苑相媲美,全园的水景动静有致,变化丰富,给人们留下了深刻的印象。

14.3　法国勒·诺特尔式园林的主要特征

(1)园林选址　法国古典园林可以说是意大利文艺复兴园林的发展,并在此基础上创造出了自己的景观意象,淋漓尽致地展现了巴洛克的长轴远景和放射性构图。

从园林所在自然环境上看,法国全开阔的平原、纵横交错的河流及大片的森林构成法国国土的秀丽的景色,也为其独特的园林风格形成提供了重要的物质条件。著名的园林多处于宽阔平坦的地段,地形平缓而舒展;从使用功能上看,法国古典主义园林是作为府邸的"露天客厅"来建造的,在凡尔赛宫苑中,路易十四要求能够容纳7 000人狂欢娱乐。因此,兴建法国古典主义园林作品,首先需要巨大的场地,并且要求地形平坦或略有起伏,以有利于在整体上形成平缓而舒展的视觉效果。勒·诺特尔式园林选址较为灵活,善于利用条件不佳的地形,改造成布局严整、规模宏伟、景观壮阔的园林景观,在宽阔原野上超大规模的园林表现了法国人伟大的精神气魄。

(2)园林布局　勒·诺特尔式园林在整体布局上着重表现的是君主统治下严谨的社会秩序,这完全与路易十四时代文化艺术所推崇的"伟大风格"相吻合。在园林的规模与空间的尺度上,广袤是法国古典主义园林最大的特点,追求视线深远的空间,突出空间的外向性特征;沿中轴线几何式的景观布局,形成建筑与园林轴线的对应关系,将宫殿府邸置于高地,作为全园的中心,使其居于统率地位;府邸前庭与城市的林荫大道相接,花园在府邸后面展开,且花园的规模、尺度及形式都服从于府邸建筑,甚至府邸前后的花园中不能种植高大的树木,以防止遮挡壮观的府邸建筑。

在花园的构图上,也体现出等级森严的专制政体特征。贯穿全园的中轴线,是全园的艺术中心,最美的模纹花坛、雕像、泉池等都集中布置在中轴线上;横轴和一些次要轴线都对称布置在中轴两侧,小径和甬道的布置、各个节点上的装饰物,以均衡和适度为基本原则,形成空间的节奏感;整个园林编织在条理清晰、结构严谨、主从分明、秩序井然的几何网格之中,中央集权的政体得到合乎理性的体现。

勒·诺特尔式园林的几何特征,使其很适宜进入城市空间。它可以被应用于几乎任何一处空地和空间中,而不会产生不协调的问题,因为城市中的道路和空间形状与它原来所属的自然环境和特征有许多共同之处。不仅如此,其花园的形式完全可以直接用来建造城市,这是真正的花园城市。由于构造原则的一致性,城市的路网完全可以在园路的形式基础上建立,建筑则占据原属于花木的位置,后来的美国首都华盛顿就是这样诞生的。因此在勒·诺特尔式园林的设计中可以找到城市园林的源头。

(3)造园要素 以勒·诺特尔式园林为代表的法国古典园林,在具体造景元素和环境效果处理方面丰富了欧洲几何式园林艺术。多变的环境主题、园林建构、喷泉造型,丰富了园林空间,造就了适应多样化活动的场所。

模纹花坛在意大利巴洛克园林中也曾出现,是中世纪花坛经文艺复兴的进一步发展,法国园林则促成了模纹花坛与轴线园路的特定关系,使其更广泛地流行。由于法国园林中的地形比较平缓,气候条件温和湿润,因此对以鲜花为主的大型模纹花坛布置在府邸前,形成更加欢快热烈的效果有着举足轻重的作用。低矮的黄杨篱构成图案,以彩色的砂石或碎砖作底衬,色彩对比强烈,更加富有装饰性,犹如图案精美的地毯,形成从花园核心向四周渐渐过渡的景观画面。

在水景创作方面,勒·诺特尔式将湖泊、河流、运河引入园林,以形成出水镜面般的效果为主的园林水景。除了用形形色色的喷泉,烘托出花园的活泼热烈气氛之外,园中较少运用动水水景,偶尔依山就势在坡地上营造一些叠水。大量的静态水景,从护城河或水壕沟到水渠或大运河,水景的规模和重要性在逐渐增强,以辽阔、平静、深远的气势取胜。尤其是大运河的运用,成为勒·诺特尔式园林中不可或缺的组成部分。利用宽阔的水渠,特别是水渠沿中轴线方向的伸延,是法国勒·诺特尔式园林艺术和工程技术的突破式发展。除了强化宽阔的中轴画面景深外,巨大水面在行为活动方面把泛舟引入园林,在视觉效果方面把天空的广远、流云的动感引入了园林,构造出前所未有的恢宏园景。

在植物方面,勒·诺特尔大量采用本土丰富的落叶阔叶乔木,如椴树、欧洲七叶树、山毛榉、鹅耳枥等,集中种植在林园中,形成茂密的丛林。丛林式的种植完全是法国平原上大片森林的缩影,边缘经过修剪,以直线型道路限定范围,从而形成整齐的外观。同时,丛林所展现的是一个由众多树木枝叶所构成的整体形象,其中每棵树木都失去其原有的个性特征。这与以孤立树为主的意大利园林完全不同,而且使园林有着明显的四季变化。丛林的尺度也与法国花园中巨大的宫殿和花坛相协调,产生完整而统一的艺术效果。在丛林内部,再开辟出丰富多彩的活动空间,这也是勒·诺特尔在统一中求变化,又使变化融于统一之中的伟大创举。

此外,勒·诺特尔式园林对树木的处理也反映了几何式园林艺术的进一步发展。部分树木采用建筑化的处理手法,将树木修剪成简洁的锥形、球形或整齐的界面,以表现出强烈的体积感;将大面积的树林修剪成高大的绿墙、长廊,或围合成圆形的"天井",使其具有竖向空间感,在周边或轴线远方形成园林整体一部分的林苑区。

14.4 欧洲其他各国勒·诺特尔式园林概况

凡尔赛宫苑确立了勒·诺特尔及勒·诺特尔式园林在法国的地位,他承接了大量的庭院设计和改造工作,他的作品遍布整个法国。与此同时,这种影响迅速扩展到整个欧洲,一方面是因为路易十四树立的法国宫廷文化成为欧洲上流社会追捧和模仿的对象;另一方面,勒·诺特尔式园林尽管尺度巨大,景观变化丰富,但却整齐划一,一览无遗,空间开合有度,与自然融合,其自身的宏伟气势令人震撼。这种独特的风格,使其在相当长一段时期内在整个欧洲成为模仿对象。

14.4.1 意大利

16世纪后半叶以来,法国的造园受意大利造园的影响,结合自身特点不断发展。直到17世纪后半叶勒·诺特尔的出现,标志着单纯模仿意大利造园形式时代的结束和勒·诺特尔式园林的开始。而反过来,这种新的园林形式也逐步被意大利人所接受,并逐渐风靡起来。

意大利受勒·诺特式尔影响最多的园林主要应用于北部地势平坦的伦巴第地区,在众多的作品中,米兰的卡斯特拉佐别墅和威尼斯的比萨里宫都是佳例,但都已荒废和毁灭,仅在版画中留下概貌。

卡塞塔宫苑(Reggia di Caserta)位于南方近那不勒斯的卡塞塔小城,由建筑家卢吉·范维特里于1752年负责设计、施工。庭园占地120 ha,以凡尔赛宫苑为设计蓝本,气势恢宏的规则式布局,表现出典型的勒·诺特尔式风格(图14.15)。整个宫苑中最经典的就是中轴线上的水景设计,巨大的瀑布从山岗上约15 m高处跌落到水池中。池中装饰有月亮和狩猎女神狄安娜和冥河或地狱神阿克德安等众神的雕像。层层跌水逐段向下,每段都有华丽的塑像装饰,奔流的水花更使白色的塑像显得栩栩如生,水流最后终止于大花坛附近有海神尼普顿像的水池(图14.16)。

图14.15　卡塞塔宫苑主轴线　　　　　图14.16　卡塞塔宫苑的水景

14.4.2 德国

从17世纪后半叶开始,在法国宫廷的影响下,德国君主们也开始竞相建造大型宫苑,法国勒·诺特尔式园林也借机传入德国。然而,德国的勒·诺特尔式园林大多是由法国或其他国家造园家设计建造,由本国造园家设计的作品相对较少。如汉诺威的海伦赫森宫苑(Gardens of Herrenhausen Castle)的设计经勒·诺特尔本人之手,再由法国造园家夏邦尼埃父子(Martin & Henri Charbonnier)建造的。而慕尼黑的宁芬堡宫虽然最初是由荷兰造园家兴建的,但后来经过法国造园家吉拉尔(Dominique Girard)的改造而最终完成。设计兴建柏林的夏尔洛滕堡(Charlottenburg Castle and Gardens,Berlin)的造园家高都(Simeon Godeau)和达乌容(Rene Dahuron)也都来自凡尔赛。在那些由法国造园家设计兴建的德国皇宫别苑中,更多地保留了勒·诺特尔式园林的基本特征。

实例1　海伦哈赛恩宫苑(Herrenhausen Palace)

　　海伦哈赛恩宫苑位于距汉诺威2.4 km处,建于1665至1666年间,神圣罗马帝国利奥波德一世时期。该宫苑壮丽的庭园由勒·诺特尔设计,由法国人查邦里爱及其子承建。从1680年起,公爵夫人索菲又邀请马丁·夏尔伯尼埃对花园进行了扩建,希望他以法国式园林为样本,建造一处具有巴洛克风格的庭院,使其成为汉诺威宫廷的夏宫(图14.17)。

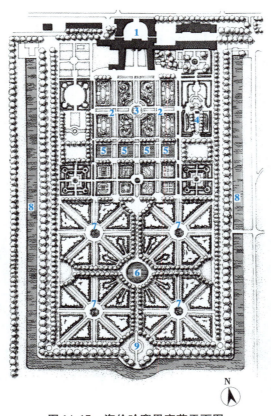

图14.17　海伦哈赛恩宫苑平面图
1.宫殿建筑　2.花坛群台地　3.大喷泉　4.绿荫剧场
5.水池　6.大型水池喷泉　7.新花园　8.运河　9.满月广场

　　花园以海伦哈赛恩宫为中心确立轴线,在轴线上布置一系列圆形的水池,在其两侧设置对称式法国风格的大花坛(图14.18)。1686年,为在园中收藏各种珍稀植物而兴建了一座温室。1689年,又建造了一座巨大的露天剧场,舞台纵深达50 m,装饰有千金榆树篱和镀金铅铸雕塑。这座宫苑深受勒·诺特尔式园林的影响,又于1692年再度扩

图14.18　海伦哈赛恩宫苑大花坛

建,花坛以马蹄形水壕沟包围,三面临河渠,一面连接城堡,花坛的渠边种植着3层心叶椴行道树,其中装点了许多表现古代英雄的巨大砂岩雕塑及美丽的花瓶,拐角处还点缀着一些古罗马寺院风格的园亭。1699年,花园的南部彻底改造,全园更加具有整体感,被称为"新花园"。该场地被划分成4块方形地段,再由对角线和对称线分隔成一系列三角形植坛,其间种植果树,外

围栽植整形山毛榉。夏尔伯尼埃还在东西两侧紧邻水壕沟的地方各设置了一个半圆形广场，两个广场遥相呼应。在整个花园的南面设计了一个更大的圆形广场，称之满月。

海伦哈赛恩宫苑还运用了大规模的水景工程，特别是重建的"新花园"中的大型喷泉，喷水高度可达80 m，堪称欧洲之最。第二次世界大战中，宫苑遭到极大的破坏，现今之留存下宫殿东翼墙面上由一排小池组成的飞瀑，流水和喷泉连续不断地逐层向下溢。经战后重建，这座欧洲保存最完整的巴洛克式花园重新展现在世人面前。

实例2　宁芬堡宫苑(Nymphenburg Palace)

宁芬堡宫苑位于距慕尼黑4.8 km处，于1663为选帝侯马纽埃尔(Max Emmanuel)而建，数年后建成一座规模不大的花园。1701年由荷兰造园家扩建改造，建造了宫殿两侧及庭园周围总长达数千米的水渠，最终形成了如今恢宏壮丽的宫苑(图14.19)。

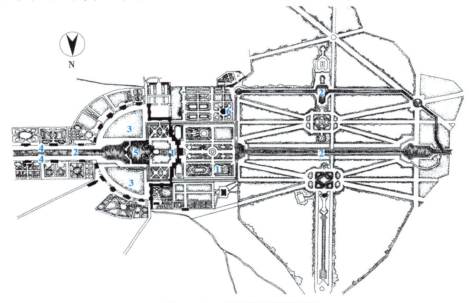

图14.19　宁芬堡宫苑平面图
1.宫殿建筑　2.水渠　3.宫殿前庭　4.林荫大道　5.大喷泉　6.阿马利安堡

1715年，勒·诺特尔的学生吉拉尔任宫廷造园技师长，并对整个宫苑进行了重建。他的最大贡献是制订了新颖的水工设计和喷泉计划，喷泉能喷出25 m高的水柱。全部工程于1722年完成，宫苑为此举办了盛大宴会，从此名声大振。受勒·诺特尔式园林的影响，以宫殿为中心确立一条主轴，沿主轴设置了大运河，两侧对称式布置花坛、树丛，在运河尽端设置了与其垂直的运河，构成次轴线，形成整体为十字形的运河(图14.20)。除水景的设置外，宫苑中还有很多处经典的设计。在宫殿左侧的丛林中，建有著名的阿马利安堡圆亭，在绿树的掩映下显得十分典雅(图14.21)。河渠岸边种有心叶椴树，一条可通往慕尼黑的广阔林荫道，自慕尼黑市直通直径为550 m的半圆形的前庭院，前庭院的周围建有各种白色的建筑群。

19世纪初期，宫苑按照英式风格进行了改造，但设计师保留了大型模纹花坛等原有的巴洛克式园林要素。设计师利用南北向的运河将整个公园一分为二，东侧仍然保留规则式布局，而西侧则为自然式布局。

图 14.20　宁芬堡宫苑十字
形运河

图 14.21　宁芬堡宫苑阿马
利安堡圆亭

实例 3　施维钦根宫苑（Gardens of Schwetzingen Castle）

　　施维钦根城堡宫苑的历史可以追溯到 14 世纪 50 年代。这里最早是一座用于控制该地区的堡垒，庭园是以栽种果树和蔬菜为主的实用性园林，后世经过多次改造与扩建，其 17 世纪末期之前对园林的改造遭战火摧毁，已毫无踪影。

　　宫殿作为全国的核心，采用哥特式建筑风格的拱券结构，外立面是粗糙的毛石砌筑，整体上依然带有防御性城堡的风貌。自 1741 年起，花园的中心部分完全按照勒·诺特尔式造园风格改建（图 14.22）。从宫殿建筑中引出一条自东向西的中轴线，将宫殿、花坛、丛林及湖泊联系在一起，其两侧园路大多与其呈垂直或 45° 布置。栽种着荷兰椴的林荫道，伴随着喷泉、雕像、草坪缓缓下降，直至尽端宽阔的湖泊。

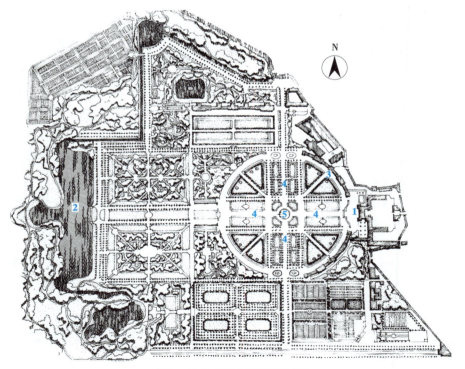

图 14.22 施维钦根宫苑平面图
1.宫殿建筑　2.湖泊　3.城堡建筑　4.三甬道式林荫路　5.阿里翁泉池

宫殿建筑前主轴线对称布置弧形附属建筑,园路顺势环绕,围合出一个相对独立的圆形大花园。大花园以"阿里翁泉池"(Fontaine Arion)为圆心,四周布置花坛;南北及东西向的三甬道式林荫路将圆形空间分为四块,形成的四块扇形大草坪,对角线设置的甬道又将其均分成八块(图14.23)。南北向的林荫道连通南北两侧的两座庭园。北面布置成柑橘园,南面是举行宫廷盛会的绿荫厅堂。

图14.23　施维钦根宫苑大花园

在欧洲园林中,如施维钦根城堡花园这样完整的圆形构图,是绝无仅有的孤例,它一反以宫殿为核心的传统布局手法,形成脱离于建筑之外的花园中心。这既是施维钦根花园在构图上的特色,也反映出设计师在勒·诺特尔式造园追求的秩序方面进行的尝试。

14.4.3　荷兰

17世纪末,法国勒·诺特尔式园林在欧洲发展得如火如荼,但对荷兰的影响却不十分显著,一直到威廉三世(Williams Ⅲ)统治时期,小规模模仿法国式园林的活动才开始进行。究其原因,一方面是因为荷兰的人口稠密,领地狭小,且都掌握在中产阶级手中,虽然在阿姆斯特丹的富商中,有能力兴建大型庄园的人不在少数,但是富商们崇尚的民主精神,使他们无法以法国宫廷推崇的造园样式为样板。另一方面,法式园林的典型特征,很大程度上在于对丛林、树林等林地的处理方式,而荷兰的大部分地区,由于强风和地势低洼的影响,难以形成根深叶茂的森林,营造法式园林确实有一定的难度。

在众多的造园家中,崇尚勒·诺特尔式园林的荷兰造园家西蒙·谢伍埃特(Simon Schynvoet)、丹尼埃尔·马洛特(Daniel Marot)以及雅克·罗曼(Jacques Roman)等人为宫廷设计了多座勒·诺特尔风格的园林。谢伍埃特设计了索克伦园,还建造了海牙附近的主要园林以及阿姆斯特丹与威赫特两河沿岸的许多别墅。马洛特是勒·诺特尔的弟子,年轻时从凡尔赛赴海牙,不久便成为威廉三世的宫廷造园师。他为国王建造了休斯特·迪尔伦园,为阿尔贝马尔公爵在兹特芬附近建造了伏尔斯特园。而罗曼则为威廉三世设计了著名的赫特·洛花园。此外,让·范·科尔(Jan van Call)也是当时有名的造园家,他在海牙附近设计的克林根达尔园和其他一些作品也都是勒·诺特尔式的造园风格。

荷兰的勒·诺特尔式园林少有以深远的中轴线取胜的作品,原因是大多数园林的规模较小,地形平缓,难以获得纵深的效果。由于园林的规模不大,因此园林的空间布局往往十分紧凑,显得小巧而精致,法国式的模纹花坛也因此很容易被荷兰人所接受。以彩色砂石作底衬使模纹花坛更富装饰性,在荷兰多雨的气候条件下也更有观赏性。但由于荷兰酷爱花卉,为了突出这些美妙的花卉,他们通常放弃华丽的刺绣花纹,而采用展示花卉本身简单的方形花圃,鲜花种满花圃图案十分简洁,因此荷兰的勒·诺特尔式园林色彩艳丽,效果独特。

水渠的运用也是荷兰勒·诺特尔式园林的特色之一。由于荷兰水网稠密,水量充沛,造园师往往喜欢用细长的水渠来分隔或组织庭园空间。喷泉往往是庭园的设计重点,采用青铜、大理石或铅等材料构筑精美的泉池,使其成为庭园中的视觉中心。荷兰园林中的水渠虽然不像勒·诺特尔园林中的水渠那么壮观,但同样有着镜面般的效果,将蓝天白云映入其中。

在植物方面,造型植物的运用在荷兰也十分盛行,并且形状更加复杂,造型更加丰富,修剪得也很精致。在其他造园要素的处理手法上,荷兰人也有着自己的独创或改进,如以方格形铸铁架构成的架空花墙布置在林荫道的尽端,与中国园林中的漏窗相似。此外,园内的植物多以荷兰的乡土植物为主,荷兰自17—18世纪便广泛栽培柑橘树,重要园林中都辟有柑橘园,其柑橘的栽培方法也十分先进;园中的果园都以砖墙围合,砖墙设计成一排凹凸不平的曲线;温室建筑也被引入荷兰的园林中,现今还残存着一些带有暖房装置的早期温室实例。

实例1　赫特·洛宫苑(Het Loo Palace)

赫特·洛宫苑位于荷兰阿培尔顿(Apeldoorn),始建于17世纪下半叶,是昔日皇家最爱的避暑山庄(图14.24)。宫殿由正殿建筑和围合着庭园的两组侧翼组成,围绕着正殿形成4个庭园。宫殿前方有前庭,后有大花园;两侧各有一个侧翼围合的方形庭园,一侧称为"国王花园",另一侧称为"王后花园"。约1690年,又在宫殿的背后增建了一座花园,称"上层花园"。

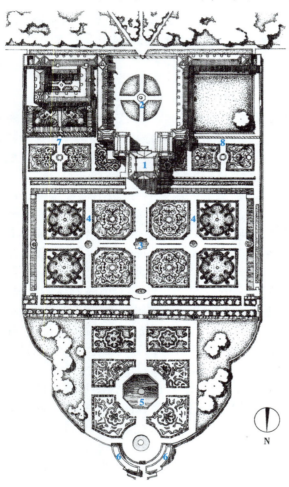

图14.24　赫特·洛宫苑平面图

1.宫殿	5.国王泉池
2.宫殿前庭	6.花园顶端的柱廊
3.维纳斯泉池	7.王后花园
4.大型模纹花坛	8.国王花园

最初的宫苑设计完全反映出17世纪的美学思想,以对称和均衡的原则统率全局。从前庭起,强烈的中轴线穿过宫殿和花园,一直延伸到上层花园顶端的柱廊以外,再经过数千米长的榆树林荫道,最终延伸到树林中的方尖碑上。壮观的中轴线将全园分为东西两部分,中轴两侧对称布置,两边的细部处理也彼此呼应。

宫殿的前方是3条呈放射状的林荫大道,当中一条正对宫门。前庭布局十分简单,当中有圆形花坛和泉池。后花园四周是高台地和树篱围合的大型花园,当中是对称布置的方格形花坛,8块模纹花坛以当中4块的纹样最为精美,在园中格外引人注目(图14.25)。中央大道以及两侧甬道的交叉点上,都布置着造型各异的泉池,以希腊神话中的神像作主题。在中央大道的两侧还有小水渠,作为引水渠道,将水流输送到园中的各个水景点。

王后花园布置在宫殿的东侧,园内以方格网形的拱架绿廊围合花园,构成花园很强的私密性特征。中央有座泉池和铅制镀金的"绿荫小屋"。为威廉三世建造的国王花园布置在宫殿的西侧,沿着院墙种植修剪成绿篱的果树,当中是一对模纹花坛,花卉以红、蓝两色为主,是荷兰王室的专用色彩,突出了作为亲王的宫苑特征。园中还有斜坡式草地,以及用低矮的黄杨篱围成的草坪滚球游戏场,附近还有一座迷园。

在上层花园中有方格形树丛植坛,当中一条大道一直伸向壮丽奢华的"国王泉池",从平面呈八角形、直径32 m的泉池当中,喷出一股高约13 m的巨大水柱,四周环绕着小型喷水柱,景象十分壮观,成为全园的视觉焦点。上层花园中的喷泉,水源来自数公里之外的高地,再以陶土输水管引入园中;而下层花园中的水景,水源则来自林园中的一些池塘,其独特之处是清澈的水体,由于循环往复而涌动着气泡,即使在园中的泉池里,水泡也在不断上升,如地下泉水一般,使池水显得更加清澈凉爽。上层花园与下层花园的四周,均有挡墙及柱廊。在院墙之外的林园中,还有设置娱乐设施的小林园,如呈五角形构图的丛林、鸟笼丛林和迷宫丛林等。

实例2　索格乌勒特城堡花园(Gardens of Sorghvliet)

图14.25　赫特·洛宫苑模纹花坛

索格乌勒特城堡位于通往谢维宁根(Schevenln-gen)的路上,是海牙附近的另一座著名庄园。这里最早是荷兰作家和政治家雅各布·凯斯(Jacob Cats)的地产,凯斯的宅邸位于中央,是一座狭长的白色建筑物,如今成为荷兰首相的官邸。后来的园主是威廉三世的赫特·洛地产以及英国皇家园林的总管波特兰公爵,他后来改建并扩大了这座庄园。

花园设计按照凡尔赛宫苑的风格,建造得极富装饰性。排列有序的一行行绿色雕刻和树木,与整形修剪的树篱相结合,形成几何对称的园林布局。园中最为壮观的景点,是一处呈半圆形的巨大柑橘园,中央和两端都建有凉亭,还有一座称为"帕尔纳斯"的假山,以岩石堆砌出洞府、小瀑布、半圆形穹顶,配以鱼池、迷园、养鹤场等。此外还有一组喷泉,这在荷兰园林中并不多见。

威廉三世与玛丽王后曾多次造访这座庄园。18世纪初,在庄园中还举行过多次重大的庆典活动。这座庄园如今只残留下一些低矮的建筑物,原先的大部分景物随着漫长的岁月而逐渐消失了。1780年前后,这座庄园曾经历了改造,并将园子的一部分,改建成当时盛行的英国风景式园林。

14.4.4　奥地利

奥地利有着独特的自然山水和悠久的历史文化,但却未能形成具有本国特色的造园样式,始终在追随欧洲大陆流行的造园风格。因此,在勒·诺特尔式园林流行之际,奥地利的统治者们也纷纷按照法式园林模式进行宫苑的重建。但因奥地利多山,所以勒·诺特尔式园林多集中在维也纳这样的大城市或其周边,且大多是由本国设计师仿照法国园林建造而成的,部分由意大利和法国设计师建造。

奥地利有着与欧洲南部国家相同的自然条件,国土以山地为主,气候较炎热,水源充沛,植被繁茂。在法国勒·诺特尔式园林盛行之际,奥地利宫廷和贵族的园林也采用了法式造园风格。但在奥地利这样一个以多山而著名的国度,要想得到像凡尔赛宫苑那样平坦而广阔的园址,是十分困难的。为了在一个相对狭小而地形又富于变化的园址上,营造出勒·诺特尔式园林的典型特征,造园家们所采取的措施,首先是要尽可能地开辟平缓而开阔的台地;然后在园内的制高点上兴建作为观景台的宫殿或亭台,通过借景手法以扩大园林的空间感,由此构成了奥地利勒·诺特尔式园林的主要特征。如观景台花园在园中开辟出相对平缓的上下两层台地,将中层陡峭的坡地处理成壮观的瀑布;在上层花园上,人们近可俯瞰花园景色,远可眺望城市全景,充分起到扩大园林空间,开辟深远视线的作用。在丽泉宫宫苑花园中,利用中轴线尽端的高地作为观景台的手法,也是出于借景园外、扩大园景的目的。

在造园要素方面,奥地利勒·诺特尔式园林虽然没有自身特有的元素,但在一些具体手法

上也有其独到之处。比如树篱的运用就很有特色,高大的树篱整齐美观,不仅起到很好地组织空间的作用,而且精雕细刻,修剪出各种壁龛造型,以作为大理石雕像的背景,浓密的树叶将白色的雕像衬托得十分醒目。雕像和泉池也是奥地利勒·诺特尔式园林中不可或缺的装饰要素,不仅制作精美,而且与台层的布置相结合,起到引导游人、形成序列性景点的作用。由于奥地利宫廷和贵族也十分喜欢在园中举行各种表演活动,因此露天的绿荫剧场在园中也是常见的局部。

实例 1　丽泉宫宫苑(Schloss Schonbrunn Palace)

　　丽泉宫宫苑是奥地利最具有勒·诺特尔式风格的庭园之一,它原是一座小猎庄,因有一处美丽的泉水而得名(图 14.26)。自 14 世纪以来,属于克洛斯特新堡的寺院管辖。1569 年被哈布斯堡家族的马克西米利安二世接管,翌年改建为府邸。1605 年鲁道夫二世时期曾遭到破坏,1608 年移交给马赛厄斯大公,在此建造狩猎城。随后,城堡由费迪南德二世移交给第二妃艾雷奥罗雷,后又移交给第三妃玛丽·艾雷奥罗雷。1683 年宫苑遭土耳其军攻击而荒废。此后,利奥波德一世考虑将它重新修建,作为皇太子弗兰茨一世的夏季离宫,并委托宫廷造园家埃尔拉克设计。他所制订的方案,其规模之大,能与凡尔赛宫相匹敌,但因财力不足,改按规模小的第二方案进行。1750 年,由弗兰茨一世的皇后玛利亚·特丽莎委托意大利建筑家帕卡锡进行宫苑的修建。

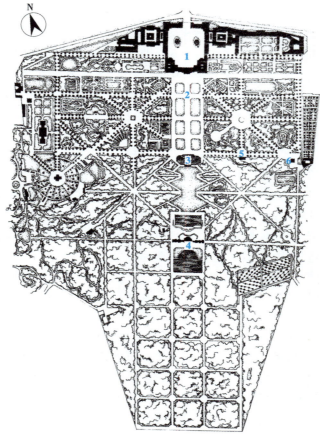

图 14.26　丽泉宫宫苑平面图

1.丽泉宫　　　　2.模纹花坛　　　　3.海参尼普顿泉池
4.格罗里埃特建筑　5.罗马风格废墟　6.方尖碑

宫苑的面积为130 ha,采用规则式布局,一系列水景、花坛对称布局,整个宫苑气势宏伟。主轴线自城堡正面笔直向前,终止于尼普顿泉池,随后沿着曲折的园路登上山丘,山巅有座被称为"格罗里埃特"的建筑,是1775年由宫廷建筑家霍恩伯格设计兴建的,自这里可俯瞰整个宫殿和维也纳城镇的全景。从尼普顿喷水池向东,有罗马风格的废墟和方尖碑。宫殿西南的丛林内有动物园,它和翌年建造的植物园一起表明当时宫廷中积极搜集动植物的热情。

中心花园的东西两侧是巨大的丛林,并以高大的树篱将丛林与花园联系起来。树篱还被修剪出一些类似壁龛的凹槽,设有32座由巴依亚、哈凯那瓦和波休等制作的塑像。大理石的白色和由椴树和欧洲七叶树等组成的绿树林形成色彩的强烈对比,令人赏心悦目,林中自然女神池泉及其塑像也给人以美的印象。

尽管丽泉宫宫苑没有凡尔赛宫苑宏大的气势、开阔的视野,但其园林设计仍然体现了勒·诺特尔式园林的风格特点,且在一些细节的处理上也非常到位。

实例2　观景台花园(Garden of Belvedere Palace)

观景台花园由著名的奥地利名将萨沃亚家族的尤金公爵于1714—1723年着手建造,宫殿由希尔德布朗特设计,是一座美丽的巴洛克式建筑物。宫殿依傍着缓坡而建,包括两座大的宫殿,中央以一座吉拉尔设计的法式花园互通。

庄园用地狭长,花园与两端的建筑物等宽,按照勒·诺特尔式园林特点,以建筑物中轴为轴线,采取对称式布局。其充分利用地形,在不同位置看到的景观效果有所不同,从上层的宫殿看去,花园构图严谨均衡;从宫殿向下看,景观依高度逐渐变化,并非一览无遗;从亲王的起居室望去,视线正好落在花园的中部,因此花园中层的景观成为整个构图的中心(图14.27)。

整个花园依地势建造,形成三个层次,每层各有复杂的古典意涵,花园最上层是林帕斯山,中层象征帕那斯山,下层部分象征四大元素,各层次之间通过瀑布和坡道相连。近宫殿建筑物的上层花园中布置一对精美的模纹花坛,并装饰以雕塑和喷泉,利用五层跌水构成的大瀑布向中层花园过渡(图14.28)。中层花园以下沉式的草坪植坛为主,并装饰有两座椭圆形水池及表现大力神霍尔库尔和阿波罗生活场景的雕塑,通过坡道过渡到最下层花园。最底层花园由四块千金榆丛林围合的草坪植坛构成,远处的两块植坛中有以神话故事为主题的喷泉,在底层花园中还设置有大型的瀑布与此相配合,在向上层台地过渡处设置挡土墙,并在挡土墙内设置岩洞和大量海神的雕像,沿挡土墙两侧有欧洲栗的行道树园路直通上部庭园。另外,在下层庭院中还有一座独立的小花园,设有温室和笼舍,用以搜集稀有的动植物。

图14.27　观景台花园中层景观

图14.28　观景台花园跌水瀑布

14.4.5　俄罗斯

俄罗斯的园林建设始于12世纪上半叶,以别墅花园为主。在彼得大帝以前的俄罗斯园林多位于风景优美的地方,园中以果树、芳香植物以及药用植物为主,注重园林的实用性,布局采用规则式布局,形式较为简单。

彼得大帝时期,由于统治者极为崇尚西欧园林,尤其是对法国园林极为推崇,因此勒·诺特尔式园林在俄罗斯广为流传。1714 年彼得大帝曾在阿德米勒尔提岛上、涅瓦河畔建造夏宫,并模仿凡尔赛宫苑设计大庭园。至此,俄罗斯园林发生了重大的转变,由原来以实用为主,转变为以娱乐、休闲为主,由原来小规模、简单的布局形式,转变为大规模、繁杂的构图形式。彼得大帝时期的俄罗斯园林与其他国家的勒·诺特尔式园林一样,宫殿建筑控制全园的核心,以宫殿引出主轴线贯穿整个宫苑,采用对称式布局,园林景观气势宏伟、规模宏大、构图统一。

俄罗斯的勒·诺特尔式园林在模仿法国园林的同时,也有着自己的特点。其在宫苑的选址以及水体的处理方面借鉴意大利式园林,宫苑选址于水源充沛之地,并依山而建,形成一系列台地和跌水,结合精美的雕塑,使整个园林景观既有辽阔、开敞的空间效果,又具有丰富的景观层次。另外,在植物的选用上,俄罗斯人利用樾橘和桧柏代替黄杨,以乡土树种栎、复叶槭、榆、白桦等形成林荫道,以云杉、落叶松等常绿植物构成丛林,使得俄罗斯园林具有强烈的地方特色和俄罗斯风情。

从选址和地形处理上,俄国园林甚至比起法国勒·诺特尔式园林更胜一筹,另外还借鉴意大利台地园的经验和凡尔赛的教训,注重园址上是否有充沛的水源,保证了园林水景的用水。俄罗斯园林中既有法国园林那样宏伟壮观的效果,又有意大利园林中常见的那种处理水景和高差较大的地形的巧妙手法,使得这些园林常具有深远的透视线而且形成辽阔、开朗的空间效果。在植被运用方面多采用乡土树种来替代,以黄杨组成法国、意大利园林中植坛图案。

实例 1　彼得宫花园(Gardens Of Peterh of Palace)

彼得宫始建于 1709 年,坐落于彼得堡郊外,濒临芬兰湾的一片高地上,占地约 800 ha。宫苑采用中轴对称布局,由面积 15 ha 的上花园和面积 102.5 ha 的下花园组成,位于上、下花园之间的宫殿,高高耸立在面海的山坡上(图 14.29)。由宫殿往北,地形急剧下降,直至海边,高差可达 40 m,这一得天独厚的自然地理环境,使彼得宫具有了非凡的气势。

Ⅰ. 上花园

Ⅱ. 下花园

1. 宫殿建筑

2. 水剧场及半圆形大水池

3. 运河

4. 丛林

图 14.29　彼得宫苑平面图

宫殿南侧为上花园,其用地方正,构图严谨,对称布置在从宫殿中引伸出的中轴线两侧。宽阔的中轴上有3座泉池,两侧以高大的树木回廊围合出数个丛林,布置花坛或泉池。宫与苑紧密结合,浑然一体,中轴线越过宫殿,与下方的下花园中轴线相重叠,一直向海边延伸(图14.30)。

宫殿北侧为下花园,大平台的下方是利用地势高差兴建的大型洞府,笼罩在喷水形成的一片水雾之中,宛如水帘洞一般;水池四周装点着许多大理石瓶饰,从中喷出巨大的水柱。大量的喷泉、跌水、瀑布,结合金碧辉煌的雕塑,构成令人眼花缭乱的水剧场壮景。水剧场下方是呈屏斗状的半圆形大泉池,从中引伸出壮观的大水渠。泉池中心是根据希腊神话创作的大力士参孙(Samson)与雄狮搏斗的雕像,巨大的参孙站立在岩石基座上,双手奋力撕开狮口,水柱从狮口喷薄而出,高达20 m。水池的池壁上还装点着大量的喷泉和雕像,既有以希腊神话为主题创作的众多神像;形形色色的喷泉喷射出方向各异、高低错落的水柱,此起彼伏的水柱构成纵横交织的水网,跌落在水台阶上,然后顺势流淌,汇集在下面的半圆形大泉池中,再沿着大运河流向大海(图14.31)。

图14.30　彼得宫花园鸟瞰

图14.31　彼得宫花园喷泉

半圆形大泉池两侧对称布置着草坪及模纹花坛,中有喷泉。草坪北侧有围合的两座柱廊,柱廊与宫殿、水池、喷泉、雕塑共同组成了一个完美的空间。水池北面的中轴线上为宽阔的大运河,两侧为草地和丛林,草地上有一排圆形小喷水池,与宫前喷泉群的宏伟场面形成对比,显得十分宁静,草地外侧的园路穿过大片丛林。丛林中对称布置了亚当、夏娃的雕像及喷泉,雕像周围有12支水柱由中心向外喷射。丛林中有一处坡地上做了三层斜坡,内为黑白色棋盘状,称"棋盘山"。上端有岩洞,由洞中流出的水沿棋盘斜面层层下跌,流至下面的水池中,棋盘两侧有台阶,旁边立有希腊神像雕塑。

彼得宫是俄罗斯空前辉煌壮丽的皇家园林,由宫殿通向海边的中轴线及其两侧丛林的布局,形成了全园构图的主要骨架,也决定了彼得宫的风格。彼得宫的杰出成就,对俄罗斯园林艺术的发展有着重要的作用,是俄罗斯规则式园林的典范。

实例2　彼得堡夏宫花园(Gardens of Summer Palace)

夏宫花园位于彼得堡市内涅瓦河畔,是彼得大帝为自己建造的夏宫,花园建设由他亲自指挥。彼得大帝还请来法国造园家,负责花园的整体规划和设计,并邀请意大利雕塑家创作了大量的雕塑作品,使得夏宫花园从整体布局到局部景点的制作,都留下了法国和意大利园林影响的烙印。许多俄罗斯建筑师和园艺师也参与了宫苑的建设工作。

夏宫花园最初的布局比较简单,以几何形林荫道及甬道,将园地划分成许多小方格,以中央的林荫道构成全园明确的中轴线(图14.32)。随后,园内的景点逐步得到充实,在花园的中心场地

图14.32　彼得堡夏宫花园林荫道

上，设置了大理石泉池和喷水，小型方格园地的边缘围以绿篱，当中布置花坛、园亭或泉池。在园中最大的一个园地中，借鉴凡尔赛迷宫丛林的手法。兴建了一处也以伊索寓言为主线的迷园，错综复杂的甬道两边围以高大的绿墙，修剪出壁龛并布置小喷泉，迷宫丛林中共有 32 个这样的小喷泉。园中还建有一座上下三层相互贯通的洞府，四周的护栏上装饰着来自希腊神话中的神祇和英雄的大理石像；洞府中还有一座海神泉池，池中设置独特的机械装置，喷水时发出悦耳的琴声。这座洞府的做法与意大利巴洛克园林中的水剧场如出一辙。

夏宫花园充满了亲切宜人的园林气氛，设计手法强调装饰性、娱乐性和艺术性，成为俄罗斯园林发展过程中的一座里程碑。

实例3　沙皇村（现称普希金城，Pushikin's City，Petersbourg）

沙皇村（现称普希金城）位于圣彼得堡以南 24 km 处，从 1710 年开始，这里便属于彼得大帝的妻子叶卡捷琳娜一世。1725 年后，这里成为沙皇最大的离宫之一。1728 年开始，命名为"沙皇村"。1756 年，具有巴洛克风格的叶卡捷琳娜宫在这里建成。之后又修建了亚历山德罗夫宫、音乐厅、琥珀厅，皆美奂绝伦（图 14.33）。

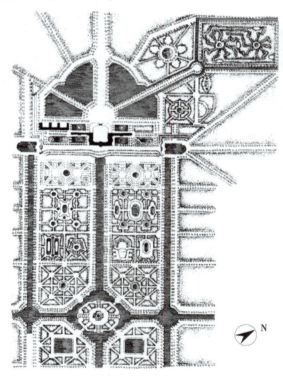

图 14.33　沙皇村平面图

沙皇村受勒·诺特尔式园林的影响，宫殿前为放射状的林荫道，以宫殿主体确立中轴线，在轴线上布置大运河，两侧对称式布置形式多样的小林园，其中装饰着水池、喷泉、雕塑，以及露天剧场等活动场地。

沙皇村中最具特色的是叶卡捷琳娜宫苑。叶卡捷琳娜宫建于 1744 年至 1756 年间，是典型的巴洛克式建筑。宫苑在宫殿的南面，占地约 100 ha，采用轴对称布局，在轴线上布置精美的喷泉、水镜面。在宫殿的前面，与勒·诺特尔式园林风格相同，设置了大面积的草坪植坛和华丽的模纹花坛，在其间装点着美丽的雕塑。

14.4.6　英国

17 世纪下半叶,英国受到勒·诺特尔式造园热潮的巨大冲击,出现了追求宏伟壮丽的造园倾向。但相对欧洲其他国家而言,英国所受到的影响程度相对较小,园林的奢华程度也较为逊色。园内缺乏大量的水镜面和大片的丛林,空间因而显得比较平淡。尽管也以雕像、喷泉等作装点,然而并没有过分追求理水技巧,整体效果也显得比较朴素。

勒·诺特尔在完成凡尔赛宫苑之后曾受邀访问了英国,引起了造园界的一定关注。此外,英国还积极派出造园家去法国研究勒·诺特尔式园林,并通过著作逐步使英国人了解熟识,如纳肯达里的《全能的造园师》和《园艺理论与实际》就通过译本出版。该书使花费很大的勒·诺特式造园法成为可应用于建筑、便于管理的普通庭园。直到 18 世纪初期,在造园家乔治·伦敦(George London)和亨利·怀斯(Henry Wise)的指导下,英国才建造了一些勒·诺特尔风格的园林。素有英国的凡尔赛宫之称的汉普顿宫苑由亨利八世在文艺复兴时期扩大了其花园面积,因此出现了与意大利规则式园林的集合。直到威廉三世时期,威廉三世与其妻玛丽曾聘请英荷两国的建筑师对宫殿进行修缮;1690 年又聘请著名造园家乔治·伦敦和亨利怀斯对公园进行再度扩建,整个宫苑按照勒·诺特尔式园林风格进行设计。宫苑主轴正对着林荫道和大运河,宫殿前的半圆形围合空间设置模纹花坛,占地近 4 ha,装饰有 13 座喷泉和雕塑,边缘是由椴树组成的林荫道。威廉三世后来将宫殿北面的果园也改造成意大利式丛林。虽然凡尔赛宫苑是威廉三世改建汉普顿宫苑的蓝本,但是无论在宏伟的气势上,还是在细部的华丽和丰富程度上,还是远不及凡尔赛宫苑的。此外,由于气候更加温和湿润,英国人不太追求树木的遮阴,汉普顿宫苑中也缺少茂盛的林园。

复习思考题

1. 简述欧洲勒·诺特尔式园林的历史与园林文化背景。
2. 分析凡尔赛宫苑的造园手法及其影响。
3. 简述法国勒·诺特尔式园林的主要特征。
4. 勒·诺特尔式园林对欧洲其他各国的园林产生了什么影响?
5. 为什么说勒·诺特尔式园林的出现对欧洲城市建设产生了巨大影响?

15 欧洲自然风景式园林

15.1 历史与园林文化背景

欧洲自然风景式园林

15.1.1 历史背景

英国是位于欧洲西部的岛国,由大不列颠岛、爱尔兰岛东北部及附近众多的小岛组成,西临大西洋,东隔北海,南以多佛尔海峡和英吉利海峡与欧洲大陆相望。英国是个发达的工业国家,人口密度大,多集中在城市里。大不列颠岛包括英格兰、苏格兰和威尔士三部分,英格兰是其中面积最大、人口最多、文化发展最早、经济最繁荣和最发达的地区。

1—5世纪,大不列颠岛东南部为罗马帝国统治。罗马军队撤走后,欧洲北部的盎格鲁人(the Angles)、撒克逊人(the Saxons)和朱特人(the Jutes)相继入侵并定居。5—6世纪盎格鲁-撒克逊人(Anglo-Saxons)开始移入后施行农奴制度,6世纪基督教传入不列颠,7世纪开始形成封建制度,许多小国合并成7个王国,群雄争霸长达200年之久,史称"盎格鲁-撒克逊时代",8—9世纪遭受北欧海盗的不断侵袭。

1066年,诺曼底公爵威廉渡海征服英格兰,成为英格兰的第一位诺曼底人国王,称号威廉一世(1066—1087年在位)。他于1072年入侵苏格兰,1081年入侵威尔士。威廉一世的诺曼王朝建立起强大的中央集权的封建统治。

诺曼王朝以后称金雀花王朝(House of Plantagenet),于1154—1485年统治英格兰。1338—1453年,英法两国进行的"百年战争",英国先胜后败。此后的都铎王朝在伊丽莎白一世时代国力强盛,这一时期,社会生产力有了很大的发展,农业逐渐上升,成为欧洲大陆的粮仓,资本主义生产方式迅速发展,开始了一系列对外扩张,1588年击败西班牙"无敌舰队",树立了海上霸权。

资产阶级与君主、贵族由最初的妥协到矛盾逐渐积累,在生产力发展的要求下,科学的进步也加速转化为技术。1640年,内外矛盾使英国新旧势力爆发激烈冲突,终于爆发了资产阶级革命,成为迈向工业化时代的代表。经历了几个阶段的反复,英国于1688年确立了君主立宪制度。欧洲各国资产阶级革命也确立了近现代国家的君主立宪与共和两种基本政体。

新的政治体制确立不到百年,18世纪60年代,以工业文明取代农业文明的工业革命也在英国首先发生。这场以蒸汽动力、铁材料为标志,带来大机器生产的革命使欧洲人占据了现代化的先机,19世纪英国称霸世界,成为世界上第一个完成工业革命的国家。机械化生产使商品产量大增,使占有市场和资源、赢取最大资本利润成为最重要的竞争目标,因此工业化大城市的快速膨胀,引发了城市化初期的许多问题,受到残酷剥削的工人阶级和城市贫民生活环境十分恶劣。在上层阶级和冒险家眼里,大城市带来机遇的同时也带来了需要费尽心机的激烈竞争,城市充满烟尘污染,流行疾病。伦敦给人留下的"雾都"印象,就主要来自工业革命初期。

15.1.2　园林文化背景

工业革命后,欧洲园林因英国自然风景园的出现,改变了欧洲规则式园林长达千年的统治历史,这是西方园林艺术领域内的一场极为深刻的革命,其产生的原因错综复杂。

首先是经验主义哲学以及自然神论对审美和艺术的影响。17世纪是欧洲哲学迅速发展的时期,从完善思辨和推进感知两个方面促进了西方学术走向近代。当以笛卡儿为代表的理性主义(Rationalism)主导了欧洲大陆哲学方向的时候,以培根、霍布斯、洛克等人为代表的经验主义(Empiricism)却在英国占了上风。

18世纪,启蒙运动思想逐渐形成,新的人类精神加上古代传统,使先进思想者中形成了一种自然神论,把由上帝或某种理念所造就的自然世界视为神圣的,在审美中肯定了自然美。培根早在1625年就提出,园林的部分要"尽量形成自然原始的状态"。17、18世纪之交的英国文人艾迪生是经验哲学在美学领域的重要拓宽者,其对自然美的肯定直接关切园林艺术实践本身,并成了18世纪初倡导园林艺术效法自然的先导。总之,17世纪的英国经验哲学倡导艺术应效法自然的见解,为18世纪自然风景园的产生奠定了重要基础。

与哲学及其审美对人类感觉和自然的肯定相伴,18纪末,英国还出现了一些专门刻画风景的诗作和诗人,有关自然的主题成为艺术家、诗人和文人们谈论的焦点。在回归自然的思潮影响下,人们希望在乡村中,再现与大地精神相和谐的风景,营造出纯洁的、能缓解人们焦虑情绪的环境,并尽可能接近"天堂"的形象。因此,营造经过提炼的自然风景,成为这一时期英国造园的指导思想。

在艺术上影响了英国园林变革的还有风景画的成就。17世纪40年代到80年代,法国画家克洛德·洛兰(Claude Lorrain)、尼古拉斯·普桑(Nicolas Poussin)和意大利画家萨尔瓦多·罗沙(Salvador Rosa)的作品对英国园林艺术起了较大作用。三位画家的风景写生对象多是意大利郊野,特别是富于古罗马园林遗迹的蒂瓦利风光,历史故事与神话给了他们丰富的创作灵感。进入18世纪后,英国成熟的风景画艺术进一步启示了自然美的表达方式,刺激人们突破二维画面,通过透视与构图、模仿创造现实环境来实现对优美风景画面的欲望。

社会经济方面的发展变化是英国自然风景园产生的重要影响之一。15世纪后期,羊毛纺业在英国迅速发展导致大量牧场的出现,明显地改变了英国的乡村景观和风貌。16世纪,英国产业革命的发展,木材作为燃料以及建筑材料被大量消耗,林地面积迅速减少。因此英国颁发了禁止砍伐森林法令,在相当程度上维持了原有林地景观,英国树林景观得以延续。17世纪,英国政治社会上的一系列动荡,引发了社会经济上的各种变化,一定程度上导致了造园艺术的彻底变革。到18世纪下半叶,英国爆发大规模圈地运动,英国有关圈地问题的法律和政策大量涌现,英国的乡村景观也随之出现了巨大变化。大范围的圈地放牧,以及为保持土壤肥力而采用的牧草与农作物轮作制度,逐渐形成由斑块状小树林、下沉式道路和独立小村庄组成的田园风光。乡村风貌的改观,又对那些厌倦了城市生活的权贵和富豪们产生了极大的吸引力,使得在乡村建造大型庄园的风气日盛,同时,乡村景观变化也对庄园中的园林风格产生了巨大的影响。

此外,对中国园林与文化的赞美与模仿,也在很大程度上促进了英国风景园林的形成。17世纪中国园林印象在欧洲园林艺术领域的最重要作用,为在审美中更积极关注自然的英国人提供了进一步的启迪,使他们借助来自另一个伟大文明的艺术原理发出变革呼声。18世纪下半叶,中国皇家园林被传教士们介绍到欧洲,迅速掀起了一场模仿中国园林的造园热潮,产生了浪漫主义风格的绘画式园林,又称"英中式园林"。其中法国传教士王致城(Jean-Denis Attiret)为中国园林在西方的传播做出了极大贡献。他作为宫廷画师,可以在圆明园中自由往来,仔细揣摩这座"中国的凡尔赛宫"。他在给友人的书信中详细描述了中国园林,这封书信于1749年收入《书简集》中并公开发表,题为《中国皇家园林特记》,同年译成英文。此后,英国造园家钱伯斯于1757年出版的《中国的建筑意匠》中也大量引用了王致诚的书信内容。这本书与王致诚的书信被认为是18世纪欧洲有关中国园林最重要的著作,在整个欧洲尤其是英国产生了极大的反响,在欧洲人模仿中国造园的热潮中发挥了至关重要的作用,促进了"风景式园林"向"绘画式园林"的转变。随着中国园林的典型要素和造园手法在欧洲园林中大量出现,中国园林在欧洲的影响变得更加具体。至18世纪中后期,欧洲许多国家园林中出现了中国式的塔、亭、桥、叠石,形成园林艺术中的中国风。18世纪末,"英中式园林"风靡了整个欧洲,其影响波及法、英、德、俄以及瑞典等欧洲主要国家,对欧洲人造园观念的转变及后世西方园林的发展产生了深远的影响。然而,英国自然风景园又与中国园林有所不同,英国风景园为模仿自然,再现自然,而中国园林则是源于自然而高于自然,它深受中国独特的文化、艺术、宗教及文人道德观和审美观的影响,其对自然的高度概括体现出诗情画意。因此,当时英国虽热衷于追求中国园林的风格,却只是提取一些局部而已。

15.2　英国自然风景式园林

15.2.1　园林概况

英格兰北部为山地和高原,南部为平原和丘陵,属海洋性气候,雨量充沛、气候温和,形成多雨、多雾的特色气候,为植物生长提供了良好条件,因此大片的耕地占据了国土面积的1/4。16世纪"圈地运动"发展起来的畜牧业是英国农业的重要产业,永久性牧场约占耕地面积的45%。因此地形起伏、河流密布、森林稀少,以牧场为主的英国国土景观,在很大程度上影响了英国园林特色。英国自然风景式园林产生于18世纪初期,到18世纪中期几近成熟,并在随后的百余年间成为领导欧洲造园潮流的新样式。就英国自然风景园的发展而言,从18世纪初到19世纪中期,大致可以分为5个阶段,每个阶段都出现了园林理论家、园林师及其代表著作和作品。

(1)不规则造园时期　不规则造园阶段是自然式园林的孕育阶段,主要指18世纪的前20年,此时由于艺术中盛行"洛可可"风格,因此又称为洛可可园林时期。

18世纪初的造园师一方面用传统的造园手法,同时又追随思想家和理论家的新观念,进行园林的创造。威思泽尔在《贵族、绅士和园林师的娱乐》中批评英国园林中过于人工化的做法,抨击植物整形修剪和几何式小花坛,尤其是将四周包围起来的小块园地。他认为,最重要的造园要素是大片的树林、起伏的草地、潺潺的小溪和林荫下的小径。威思泽尔、范布勒、伦敦等造园家以及一些园林爱好者都开始追求一种更高形式的园林美,他们反对笔直的原路,僵硬的轴线,开始从风景画的角度考虑造园,寻求自然灵活、丰富变化的园林景观。

布里奇曼(Charles Bridgeman)是自然风景式园林的开创者之一。他积极从事造园活动的改革,被誉为自然风景式园林的鼻祖,留下了不少园林作品。他首创称为"哈-哈"(The ha-ha ditch)的隐垣,即在园边不筑墙而挖一条宽沟,不仅能起到限定园林范围的作用,又可防止园外的牲畜进入园内。在视线上,园内与外界却无隔离之感,极目所至,远处的田野、丘陵、草地、羊群均可成为园内的借景。此外,他还擅长利用基址内原有的植物和设施,他设计的不规则园路也使当时的人们耳目一新,受到很高的称赞。斯陀园(Stone)是布里奇曼的代表作之一,斯陀园虽然没有完全摆脱规则式园林布局的影响,但已经从对称束缚中解脱出来,是规则式园林向自然式园林过渡时期的代表作品,被称为是不规则式园林。

范布勒和布里奇曼的作品开创的那些不规则造园手法和要素,为真正风景式园林的出现开辟了道路,是自然风景园林的前奏。

(2)自然式风景园时期　18世纪30年代至50年代是自然风景园的形成期,其中亚历山大·波普是最重要的造园理论家,威廉·肯特(William Kent)则是最活跃的造园家。

威廉·肯特是真正摆脱了规则式园林的第一位造园家,也是卓越的建筑师、室内设计师和画家。肯特初期的作品追随布里奇曼的手法,不久就完全抛弃一切规则式,创造出了一条新路,成为真正的自然风景园的创始人。肯特以洛兰、普桑等人的风景画为蓝本,营造富有野趣的自然景观和荒野的乡村风貌,在造园时抛弃了修剪的绿篱、笔直的园路、排列整齐的行道树、人工的喷泉等。他擅长用细腻的手法处理地形,经他设计的山坡和谷地,高低错落有致,宛若天然。他认为风景园的协调、优美是规则式园林所无法体现的。肯特造园思想的核心是完全模仿、再现自然,越像自然越好,“自然是厌恶直线的”。肯特对斯陀园进行了开创性的改造,他十分赞赏“哈-哈”隐垣,并把直线形水沟改造为曲线形,把水沟旁行列式的种植方式改造成植物群落,使水沟和周边环境更加融合。

在肯特的造园活跃时期,英国的庄园美化运动热潮形成,许多庄园主投入造园实践并成为造园理论家,诗人申斯通(William Shenstone)是其中的代表人物。从18世纪40年代起,申斯通将自己的里骚斯庄园进行整治,并成为18世纪中叶英国造园艺术的中心,许多人曾慕名来此参观学习、相互切磋,促进了造园艺术的发展,扩大了自然风景园在英国的影响。申斯通本人的著作《造园艺术断想》(Unconverted Thoughts of Gardening)对18世纪上半叶的英国园林艺术进行了总结,对自然风景园的发展具有深远的影响。

(3)牧场式风景园时期　由于圈地的合法化,自18世纪中叶开始,英国自然乡村风貌出现了显著变化,农牧场成为英国国土的重要特色。英国庄园园林化迅速发展,英国自然风景式造园逐渐成熟,厌倦了城市生活的权贵和富豪们在乡村建造大型庄园的风气更加兴盛,并以牧场化的乡村风貌作为造园蓝本。

这一时期的代表人物是造园家朗斯洛特·布朗(Lancelot Brown),他的作品标志着自然风景式园林的成熟,在造园史中的地位不亚于勒·诺特尔。布朗早年学习蔬菜园艺,后到伦敦改学建筑,再转而从事造园,1741年被任命为首席造园师,他是斯陀园的最后完成者。布朗在造园手法基本上延续了肯特的造园风格,但彻底抛弃了规则式造园的手法,完全消除了花园和林园的区别,将自然风景园与周围的自然风景完美融合,避免人工雕琢的痕迹。他擅长处理园林中的水景,他所创建的风景总是以蜿蜒的蛇形湖面和非常自然的护岸而独具特色,在植物种植中注重草地、孤植树、树丛到树林的自然层次变化。随着庄园园林化运动的不断深入,布朗的作品如雨后春笋般出现在英国的大地上,甚至爱尔兰、法国、德国等国都有人委托布朗进行设计,人们尊称他为“大地的改造者”。布朗和他的前辈肯特一样,都被人们看作是对英国国土的人性化做出了巨大贡献的造园家。

(4)绘画式风景园时期　自18世纪80年代,英国风景造园又开创了一个新时期,即绘画式风景园时期。威廉·钱伯斯(William Chambers)是英国绘画式风景园的开拓者。钱伯斯对建筑艺术有着浓厚的兴趣,并在巴黎学专心研究了五年建筑。回国后,钱伯斯迎合当时盛行的中国热出版了《中国建筑设计》和《中国的建筑、家具、服饰、机械和器皿的设计》。钱伯斯标榜吸收中国造园艺术,以此反对布朗过于平淡的天然牧场一样的园林,提倡要对自然进行艺术加工,并对当时正在欧洲兴起的中国式造园热潮起到了推波助澜的作用。但钱伯斯也仅引进一些中国风格的亭、塔、廊、桥等小型建筑作为点缀,并未掌握到中国园林的精髓。

胡弗莱·雷普顿(Hurley repleton)是继布朗之后18世纪后期英国最著名的风景园林师,可称为风景式造园的集大成者,他从小广泛接触文学、音乐、绘画等,有良好的文学艺术修养。他也是一位业余水彩画家,在他的风景画中很注意树木、水体和建筑之间的关系。1788年后,雷普顿开始从事造园工作,并在造园界取得了辉煌的成就,他亲自设计的庭园遍及全英国,几乎包揽了各阶级人士。雷普顿在理论方面也造诣颇深,《风景式造园的速写和要点》《风景式造园的理论与实践考察》是雷普顿的代表性著作,由此确立了他在造园界的地位。《风景造园的理论与实践考察》则是雷普顿毕生从事造园的心血提高到造园理论上的结晶。在雷普顿的著作与实践中,都明显地反映出他将实用与美观相结合的造园思想,对英国风景式造园的发展作出了巨大贡献。

1720—1820年的一个世纪当中,自然式风景园林风靡英国,并对整个欧洲造园界产生了巨大的影响。

(5)园艺式风景造园时期　英国的自然风景园形成于18世纪中叶,盛行于18世纪下半叶,成为18世纪下半叶英国的代表性艺术,并对整个欧洲造园界产生极大的影响,进而完全取代古典主义园林,成为统率整个欧洲的造园新样式。

然而,18世纪末期,英国自然风景园呈现盛极而衰的趋势,很难有新的突破。因此英国造园家们不再追求园林形式本身的变革,而把目光聚焦造园要素的发展和创新,植物造景成为新的趋势。并且,随着19世纪英国海外贸易的拓展和殖民地的陆续扩大,大量的美洲和亚洲的植物被引种英国,大大丰富了英国的植物物种。伴随温室技术的提高,为各种外来植物的展示和反季节开发提供了技术保障。园林中开始盛行栽植异国他乡的奇花异木,并大建温室,放置观赏植物。英国造园的主要内容也从原来的创建风景,转变为陈列珍贵树木和奇花异草。园艺式风景园成了英国19世纪园林的主流。

15.2.2　园林实例

实例1　霍华德庄园(Castle Howard)

距约克市北面约40 km的霍华德城堡是建筑师约翰·范布勒爵士为卡尔利斯尔伯爵三世查理·霍华德设计的,大部分建于1699—1712年。范布勒率先将巨大的穹顶运用在世俗建筑物上,并以大量的瓶饰、雕塑、半身像和通风道等装饰,开创了城堡建设的新时代。霍华德庄园是17世纪末规则式园林向风景式园林演变的代表性作品。摒弃单调的园路和僵硬的轴线,转而寻求空间的丰富性,追求更加灵活自由、却又不是毫无章法的园林样式(图15.1)。霍华德城堡园林面积约2 000 ha,自然地形起伏多变,在很多方面都显示出造园形式上的演变。在巨大的府邸建筑前的草坪上,由数米高的植物方尖碑、拱架及黄杨造型组成的花坛群建于1710年。

园林由风景式造园理论家斯威泽尔设计,他在府邸的东面设置了带状小树林,称为"放射型丛林"(Ray Wood),后被改造成杜鹃花丛林。由流线型园路和浓荫蔽日的小径组成的路网伸向林间空地,其中布置有环形廊架、喷泉和瀑布等。直到18世纪初,这个"自然式"丛林与范布勒的几何式花坛之间对比极其强烈。后人将斯威泽尔设计的这个小丛林看作是英国风景造园史上具有决定意义的转变。

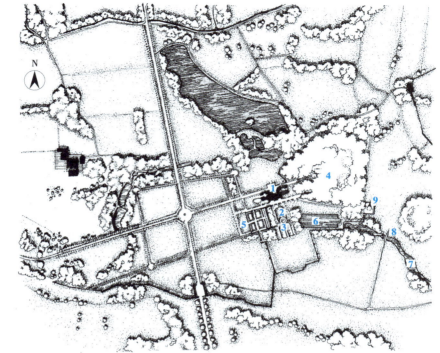

1. 霍华德城堡
2. 南花坛
3. "阿特拉斯"喷泉
4. 树林
5. 几何式花坛
6. 人工湖
7. 河流
8. 落马桥
9. "四风神"庙宇

图 15.1　霍华德庄园平面图

斯威泽尔在府邸的南边沿人工湖开辟出一处弧形的"散步平台",从中引伸出几条壮观的透视线。1732—1734 年又从湖中引出一条河流,沿着几座雕塑一直流到范布勒设计的四风神庙前,河流远处加莱特(Daniel Garrett)建造的"罗马式桥梁"与园路相连(图 15.2)。园中最远的焦点为郝克斯莫尔 1728—1729 年设计建造的纪念堂,在一片开阔的牧场中还可以看到郝克斯莫尔建造的金字塔,在广袤的地平线上显得十分壮丽,具有强烈的艺术感染力。

图 15.2　霍华德庄园四风神庙

实例 2　斯陀园(Stowe)

斯陀园位于白金汉郡的奥尔德河上游,北面是惠特尔伍德森林的中段,奥尔德峡谷两侧构成了花园的南端,地形起伏较大。

斯陀园最初的总体布局采用了 17 世纪 80 年代的规则式造园样式,历经数次改造,规模迅速扩大。随后的园主考伯海姆勋爵(Lord Cobham)是一位辉格党官员,因此将斯陀园改造成了一处反映其政治观点和哲学思想的风景园林作品。最初的园林建设工程由造园家布里奇曼负责,1730 年前后,威廉·肯特代替布里奇曼成为斯陀园的总设计师,他逐渐改造了原先的规则式布局。

斯陀园现今的景区可以分为东、西两大部分,两个景区分界线是位于园内府邸的中轴线(图 15.3)。布里奇曼按照中轴线,由北至南设计了两个沿轴线的对称长方形花坛、一个扁椭圆形水池、一对对称设置的细长形水池、林荫大道、规则宏大的八角形水池组成。由于府邸地势较高,每一段设计之间都有若干级台阶相连,使其通过层层台地将这一中心景区布置得连贯、开阔和统一。

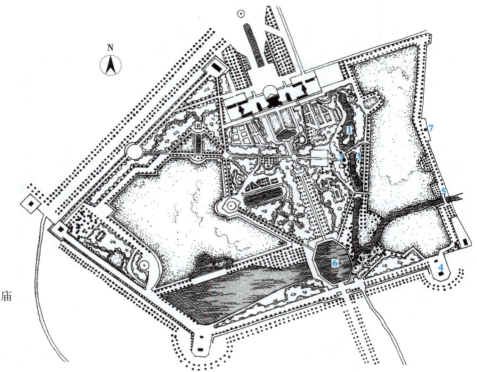

1. 斯狄克斯河
2. 古代道德之庙
3. 英国贵族光荣之庙
4. 友谊之庙
5. 帕拉迪奥式桥
6. 八边形水池
7. 哥特式庙宇

图15.3　斯陀园平面图

西面景区在设计上布里奇曼则采取了宏观自由、微观规则的手法,这是布里奇曼的一个创举,即尝试着将规则式园林与自然融合。这一景区分为维纳斯花园和家庭公园(Home Park)两大部分,在此处修建了圆形大厅、维纳斯庙、金字塔、方尖碑和一个号称"十一亩湖"(Eleven A-cre Lake)等景物。在这一景区的尽端是布里奇曼布置的隐垣,使人的视线得以延伸到园外的风景之中。

东面景区主要由爱丽舍园(Elysian Field)、霍克韦尔园(Hawkweell Field)和希腊谷(Grecian Valley)三部分组成。爱丽舍园位于中轴线的东侧,由威廉·肯特1735年主持设计(图15.4)。从山谷中引出一条名为"斯狄克斯"(Styx)的带状河流,在河对岸建造了"英国贵族光荣之庙"作为对景(图15.5)。这片园区地势起伏较大,在其间建有多座各具特色的神庙,其中有仿古罗马西比勒(Sibylle)庙宇的"古代道德之庙"。紧邻爱丽舍园的东侧,肯特约于1740年将园区中倒三角形区域辟为霍克韦尔园。它与西面景区的家庭公园相对,起伏的地形以草地为主。在它北面三角形园地的顶角处,建有一座女士庙(Ladiess Temple),并在其最南端建有一座友谊之庙(Temple of Friendship),这座纪念性建筑完全借鉴风景画中的造型,之后更成为风景园的象征。希腊谷位于斯陀园的东北角,设计成类似盆地的开阔牧场风光,布朗在希腊谷的建造中起到重要作用。

斯陀园是英国自然风景式园林的一个杰作,是首先冲破规则式园林定式,走上自然风景式园林道路的一个典型实例。

图15.4　斯陀园的爱丽舍园

图15.5　斯陀园的英国
贵族光荣之庙

实例3　布伦海姆宫苑(Park of Blenheim Palace)

　　布伦海姆宫苑是1705年起,由范布勒为马尔勒波鲁公爵一世(Duke of Marlborough)建造的(图15.6)。奇特的建筑造型开始显露出远离古典主义建筑样式的倾向。他在宫殿前面的山坡上建造了巨大的几何形花坛,面积约31 ha,以黄杨制作纹样,与碎砖和大理石碎石构成的底衬,对比十分强烈。此外,园中还包裹在高大的砖墙内的方形菜园。范布勒还在园中设计了一座巨大的帕拉第奥桥梁,但桥梁建成之后,与山谷、河流相比,感觉尺度明显超大(图15.7)。

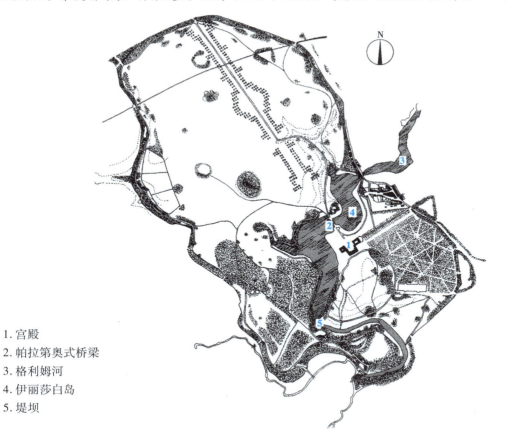

1. 宫殿
2. 帕拉第奥式桥梁
3. 格利姆河
4. 伊丽莎白岛
5. 堤坝

图15.6　布伦海姆风景园平面图

　　1764年,布朗承接了布伦海姆宫苑的风景式改造任务。他保留了原有的几何形式,重点改造了范布勒建造的桥梁两侧的格利姆河河段,使自然式在园中占据了主导地位。他重新塑造了部分花坛的地形并铺植了大面积的草坪,微微起伏的草地上点缀着或丛植或孤植的树木,草地一直延伸到巴洛克式宫殿面前,体现了他的"草地铺到门口"的惯例。布朗又对桥梁所在的河段加以改造,获得了令人惊奇的效果。布朗只保留了现在称为"伊丽莎白岛"(Elizabeth's Island)的凸出的一小块地,取消了两条通道,在桥的西面建了一条堤坝,拦蓄水位,从而形成壮阔的水面。原来的地形被水淹没,出现了两处自然弯曲的湖泊,汇合于桥下。由于水面一直达到桥墩以上,因而使桥梁失去了原有的高大感,与扩大了的水面的比例趋向协调。自然形态的湖泊、曲线流畅的驳岸、岸边蛇形的园路、视野开阔的缓坡草地以及自然种植的树木,布朗成功地将布伦海姆大部分的规则式花园改造成了全新的自然风景式园林(图15.8)。从此,英国掀起了一股改造规则式园林的热潮。

图 15.7 布伦海姆宫苑的帕拉
迪奥式桥梁

图 15.8 布伦海姆宫苑鸟瞰

布伦海姆宫苑既是布朗艺术顶峰时的作品,全面体现了布朗式园林的造园特色,也是他根据现有园地进行创作的佳例。

实例4 丘园(Kew Gardens)

丘园又称"英国皇家植物园"(Royal Botanic Gardens),位于伦敦西南部的泰晤士河南岸,占地约121 ha,是为乔治三世母亲建造的一个别墅园(图15.9)。

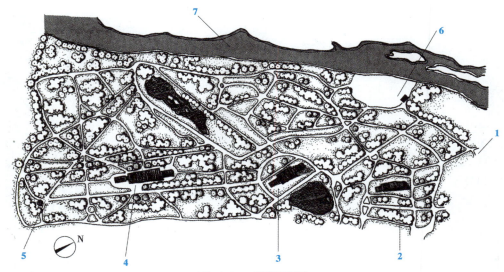

图 15.9 丘园平面图

1.主入口 2.睡莲温室 3.棕榈温室 4.温带植物温室 5.中国塔 6.邱宫 7.泰晤士河

丘园兴建之时,正值英国自然风景式造园盛行之际,此时中国造园情趣也在英国形成一股热潮。作为中国建筑和工艺在英国的推崇者,钱伯斯在丘园中建造了一些"中国式"建筑物,以1761年兴建的"中国塔"和"孔子之家"最为著名。"中国塔"有10层,为人们提供了一个至高的观赏点,登塔眺望,全园景色尽收眼底(图15.10);"孔子之家"以丰富多样的植被及置石环绕,颇具中国风味。此外,模仿古罗马拱门的废墟和一些希腊神庙等点景物也被置于园中,这些构筑物是钱伯斯浪漫主义的表现,但在当时却遭到一些人的批评。值得一提的是,此园引进美国松柏、蔓生类植物和其他外国林木,园东部水池前建有棕榈树温室,以钢框玻璃建造,气势宏伟,别具一格,至19世纪该园就成为闻名欧洲、世界知名的植物园。

图15.10　丘园的中国塔

钱伯斯前后在丘园中工作了6年,使其成为这一时期的代表性作品之一,体现了英国园林发展史上几个不同阶段的特色。

15.3　英国自然风景式园林的主要特征

18世纪上半叶,英国自然风景式园林的出现,表明自然主义思想在文化艺术领域中的统治地位,摆脱几何形式的束缚,利用自然要素美化自然本身。

1)园林选址

英国自然风景式园林的主要特征是要借助自然的形式美,加深人们对自然的喜爱之情,并促使人们重新审视人与自然的关系,将表现自然美作为造园的最高境界,表达热爱自然、回归自然的愿望。

英国大多的自然风景式园林是由过去皇家或贵族的规则式园林改造而成的,如霍华德庄园、布伦海姆宫苑等。英国风景式园林尤其是初期的自然式风景园,更多的是模仿自然,是自然的再现,毫无营造意境的痕迹。造园家将整形的台地、林荫道、树丛及水池改造成自然式缓坡地形、树团、池塘等,在府邸附近形成大片开阔的疏林草地,并将园外的自然或田园风光引至府邸。其最理想的形态是将花园布置得如田野牧场,好似乡村的自然界里取来的一部分,园林四周的自然风貌或田园风光,成为造园的基础,注重对场地自然美的发掘,力求使自然更加富有人情味。

英国的国土景观十分优美,似乎整个自然就是个大园林,稍加整治,就是一片开阔宜人的园林景观。且自然起伏的丘陵,一望无际的牧场,与园中的水面、草地、树丛、森林等自然景观融为一体。自然风景有助于扩大园林的视野,而园林又有助于形成人性化的自然景观,两者珠联璧合,往往使人难以分清内外。

2)园林布局

风景如画的国土景观,使英国人对自然风景之美产生了深厚的感情,返璞归真、融入自然成为人们追求的造园原则。

在园林布局上,没有明显的轴线或规则对称的构图,建筑融入园景中,不再起主导作用。大片的缓坡草地成为园林的主体,并一直延伸到府邸的周围。建筑附近保留平台、栏杆、台阶、规则式花坛及草坪,通向建筑的直线林荫道,使建筑与周围的自然式园林之间的过渡和谐,越远离

建筑,越与自然融合。园内利用自然起伏的地形,一方面阻隔视线,另一方面形成各具特色的景区。尽可能地避免与自然的冲突,运用弯曲的园路、自然式的树丛和草地、蜿蜒的河流,形成与园外的自然相融合的园林空间,彻底消除园林内外之间的景观界限。

各类造园要素的设计也围绕着整体布局进行。水体设计以湖泊、池塘、小河、溪流为主。常为蜿蜒的自然式驳岸,构成缓缓流动的河流或平静如水镜面的水景效果。园路设计以平缓的蛇形路为主,虽有分级,但无论主次,基本都是自然流畅的曲线,给人以轻松愉快的感觉。植物配置模仿自然,并按照自然式种植方式,形成孤植树、树团、树林等渐变层次,一方面与宽敞明亮的草地相得益彰,另一方面使得园林与周围的自然风景更好地结合在一起。

3) 造园要素

虽然地形、水体、植物、建筑仍然是英国自然风景式园林最主要的造园要素,但是出于自然观的改变,使这些造园要素的表现形式,与意大利、法国等规则式园林相比,又有极大的差异。

(1)隐垣 名为"哈-哈"的隐垣代替了环绕花园的高大围墙。"哈-哈"隐垣的运用,除了界定园林的范围、区别园林内外、防止牲畜进入园内造成破坏之外,还使园林与周围广袤的自然风景融为一体,完全取消了园林与自然之间的界限。在园林中,人们极目所至,园外的丘陵、树丛、牧场、羊群等尽收眼底,统统成为园林极妙的借景。"哈-哈"隐垣的运用,更胜于中国园林中的借景,是英国自然风景式园林中独具匠心的造园要素。

(2)植物要素 英国人对植物研究的兴趣由来已久,随着植物种类不断丰富,植物景观和园林风貌都出现了巨大变化。到18世纪来,植物景观更是造园家追求的主要方面,是园林景色多样性和丰富性的重要体现。

受国土风貌和自然气候的影响,疏林草地成为英国自然风景园中最具特色的植物景观。英国农业以畜牧业为主,大片的牧场在英国人眼中就是富有诗情画意的田园风光。英国是个高纬度的国家,倾斜的阳光使草地上的树影形成变幻多端的明暗和层次变化,给人们带来极大的视觉享受,人们在园中开展各种娱乐和游戏活动,也说明了树木配置在疏林草地中的重要性。

在英国自然风景式园林中,除了一些建筑物的林荫大道外,树木采取不规则的孤植、丛植、片植等形式,体现与自然相融合的原则。并根据树木的习性,结合自然的植物群落特征,将乔木、灌木与草地结合,自由的林缘线使整个园林如同一幅优美的自然风景画。此外,除了作为建筑的前景或背景外,植物还常常起到隔景、障景的作用,以增加景色的层次与变化。

在自然风景式园林中,花卉的运用主要有两种形式,一是在府邸周围建有小型的花园,花卉种植在花池中,四周围以灌木;二是在小径两侧,时常饰以带状种植的花卉,有时也撒播成野花组合,营造接近自然的野趣效果,称为花境。

此外,水景中常以各种水生植物作为最重要的造景材料,增加水体的层次和灵性,与栖息的各种水禽、水鸟一起,构成一幅幅更加和谐的自然风景画。

(3)水体 由于英国园林面积较大,地形平缓,因此英国自然风景式园林中少有动水景观,而是以自然形态构成水镜面般效果,较之规则式园林中的喷泉、跌水有着淡泊宁静的特点。同时,自然式河道、溪流也经过一些必要的处理,使流水形式更加优美,更适合观赏。蜿蜒流淌的小溪,也给园林增添了变化与灵性。园中规模较大的水体通常是在地势低凹之处蓄积湖水,护岸或绿草如茵,或林木森森,水面波光粼粼,远处雁声阵阵,带给人无限的想象和情意。

理水方面,自然式园林并没有完全摒弃规则式水景的应用,在府邸周围比较醒目的位置,也运用一些几何式水池、喷泉做装饰。

　　（4）建筑　自然风景式造园家在将风景画作为造园蓝本的同时,也将画家们杜撰的点缀性建筑物引入园林。这些模仿希腊、罗马等古代庙宇,以及其他外来式样的纪念性小建筑,代替了规则式园林中常见的雕像,成为园林景点的主题。肯特就喜欢在园中运用各种表现哲理和文化的小建筑,但大多是毫无功能的装饰物,常因园中的小建筑太多,导致园林整体景色显得杂乱。卢梭曾指责这种园林中愈演愈烈的点缀性建筑物,除了自然风景之外,几乎一无是处。

　　英国风景园中也常以岩石假山代替规则式园林中常见的洞府,内置雕像或构成阴凉的洞中大地。园桥也是自然风景式园林中常见的构筑物,有连拱桥和亭桥（或廊桥）等形式,常架设在溪流或小河之上,既有交通功能,又起到观景和造景作用。连拱桥一般较为低矮,三、五孔不等;廊桥则采用高大的帕拉第奥式样,是长廊与小桥的完美结合。这类廊桥造型生动,装饰精美,是英国自然风景式园林的独创。

　　除此之外,英国园林中还常设有石碑、石栏杆、园门、壁龛等建筑小品。与过去园林不同的是,壁龛中陈列的不再是神话中的英雄或神祇,而是先哲们的雕像。

15.4　欧洲其他各国自然风景式园林概况

15.4.1　法国

　　18 世纪初期,法国绝对君权的鼎盛时代一去不复返。在文化艺术方面,古典主义思想的禁锢作用逐渐失去,自然主义的影响开始出现。

　　这一时期,法国产生了对后世影响极大的"洛可可"浪漫主义风格,它不同于古典主义的庄重典雅、对称均衡和秩序严谨的特点,追求纤细轻巧、华丽柔美的形式,标榜借鉴自然的创作手法。洛可可艺术家喜好奇特新颖的构思,并对异国风情抱有浓厚的兴趣。随着海外贸易和军事扩张的不断发展,大量外国商品和异域文化传入欧洲。曾去过中国或在中国生活过的欧洲商人和传教士写回的大量报告,使法国人对中国建筑和园林有所了解。融自然与建筑为一体的中国园林,以及诗歌与绘画相结合的园林情趣,迎合了喜欢新奇刺激、迷恋异国情调、标榜借鉴自然的法国人的口味。于是,在风景画中被画家们称作"构筑物"的点缀性小建筑开始在花园中出现了,并渐渐取代规则式园林中常见的雕像。

　　然而,由于唯理主义哲学在法国根深蒂固,古典主义园林艺术经过几个世纪的发展,有着极高的成就。勒·诺特的造园艺术是法国民族的骄傲,他的权威性不容动摇,因此,追随风景式造园潮流而建造的花园在整体上延续勒·诺特尔的手法,花园的规模和尺度被缩小,并借助更加细腻的装饰,改变庄重典雅的风格,小型纪念性建筑取代了雕像,花园更加富有人情味,洛可可风格的轻柔飘逸,渐渐代替了古典主义风格的庄重典雅。

　　18 世纪中叶开始,产生于英国的启蒙运动影响到整个法国,勒·诺特尔的权威地位已经开始动摇。思想家们大力宣扬英国在宗教、政治、文学中追求的自由精神,激起了法国人要求社会变革的极大愿望。法英之间交流的不断深入促使英国风景式造园理论和作品通过各种形式传到法国,促进了法国人在造园思想上的转变。法国风景式造园思想的先驱者们建议向英国和中国学习,大力提倡"回归大自然",并具体提出自然风景式园林的构思设想。这导致了大量介绍中国园林的书籍和文章的出版,一些英国人重要的造园著作被译成法文,并在法国掀起了一场研究风景式造园的热潮。18 世纪 70 年代之后,法国又涌现出一批新的造园艺术的倡导者,他们纷纷著书立说,致力于将新的造园理论深入细致化。虽然法国风景式造园先驱们的思想和著作与启蒙主义者相比,社会影响力微不足道,但他们对风景式园林的具体形式,却起着决定性的

作用。

18世纪下半叶,法国继英国之后,走上了浪漫主义风景式造园之路。风景园中出现塔、桥、亭、阁之类的建筑物和模仿自然形态的假山、叠石、园路和迂回曲折的河流;湖泊采用不规则的形状,驳岸处理成土坡、草地,间以天然石块。法国突破古典主义绘画题材的风景画家,在作品中表现愉快的自然景色和田园风光,导致一些风景园林甚至以这样的绘画作品为蓝本,在"英中式园林"中常有的"小村庄"反映出田园风光画对园林情趣的影响。但法国人对中国园林了解还很肤浅,且想象多于实际,对中国园林文化的理解也是断章取义,因而中国园林的影响多体现在局部的装饰性要素方面。

作为风景园林的一种独特风格,"英中式园林"在法国18世纪下半叶曾风行一时。到18世纪末,受法国资产阶级大革命以及随后拿破仑战争所带来的一些新思潮的冲击,"英中式园林"便不再流行了。

实例1 埃尔姆农维尔园(Pare d'Ermenonville)

1763年,吉拉丹侯爵购下这片由沙丘和沼泽组成的大片荒地,面积约860 ha。吉拉丹从1766年开始,便按照风景式园林的原则进行改造,历时十余年终于创建出了这个真正的风景式园林的代表作品。

城堡位于全园的中部,四周包围水面。园林布置在城堡的南、北两侧,总面积逾100 ha。进入城堡,尤其是在南北两园环抱的大厅当中,才能真正领略园林构图强烈的震撼力,这在当时只有庄园主和贵客们才能感受得到。

吉拉丹以英国自然式园林为样板,采用大片的林地构成全园的框架。园内地形起伏、景物对比强烈,形成河流与牧场、丛林与森林、丘陵砂地与山冈林地等各种自然地貌景色,植被的大规模种植,营造出富于变化的植物空间。洛奈特(la Launette)河谷自南向北贯穿全园,构成园中主要的景观轴,布置巧妙的园路,使游人从每一个转折处都可以观赏到河流景观,有着步移景异的效果。

图15.11　埃尔姆农维尔园"先贤祠"

在绘画式风景园中,点缀性建筑物起着十分重要的作用,但从功能的角度,这些非理性的小型纪念建筑是毫无用途的。因此,埃麦农维勒赋予园林建筑以哲理性的主题,如名为"哲学"的金字塔是献给"自然歌颂者"的,保留着未完成的状态的"先贤祠"则暗喻人类的思想进步永无止境(图15.11)。此外园中还能看到"老人的坐凳"、"梦幻的祭坛"、"母亲的桌子"、"现代哲学之庙"、美丽的加伯里埃尔塔等景点,以唤起人们对古代的回忆。

北园包括"荒漠"、一些池塘与河道以及在丘地"刻意布置"的农田景区,占地约60 ha。"荒漠"是一片富有自然野趣的开阔场地,种有许多树木,以刺柏为主,吉拉丹以"荒漠"代替了英国造园家们所追求的"野趣",它不仅风景优美,而且空间开阔,是游人最欣赏且满足人们好奇心的地方。

南园是现在保存尚好的,也是唯一向公众开放的地方,"现代哲学之庙"是南园的核心。1778年,吉拉丹在园内的一个僻静之处,按照卢梭《新爱洛绮丝》里描写的克拉伦的爱丽舍花园建造了一座小花园,以表示对卢梭的尊敬。花园建成不久,卢梭便在这里度过了他生命中的最后五个星期。卢梭与世长辞后被安葬在一座杨树岛上,建了石碑,1780 年,又为其建造了一座古代衣冠冢形状的墓穴。

埃尔姆农维尔园作为法国最典型的风景式园林作品之一,在欧洲得到了广泛的赞赏。首先得益于它美妙的风景和点缀性建筑物,其次是作为浪漫主义精神和纪念卢梭的圣地。

实例 2 小特里阿农王后花园(Petit Trianon Garden)

小特里阿农王后花园是法国风景式园林的代表杰作之一。其总体格局为规则和自然的混合式,北部为规则式,占大面积的南部为自然式(图 15.12)。

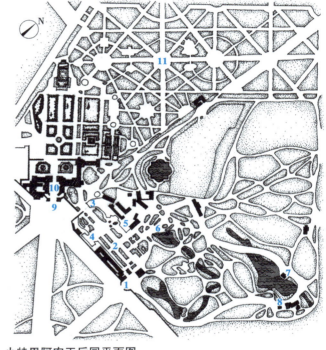

1. 小特里阿农宫入口
2. 小特里阿农宫
3. 过桥
4. 花园与法国亭
5. 王后剧场
6. 王后小村庄
7. 岩石山、望景台、小湖面
8. 爱神庙
9. 大特里阿农宫入口
10. 大特里阿农宫
11. 大特里阿农宫花园

图 15.12 小特里阿农王后园平面图

此园的建造分两个阶段。第一段为路易十五模仿路易十四的凡尔赛宫内特瑞安农宫修建的,建造了温室和花圃,收集了大量的国外树种,具有植物园的特征,于 1776 年完成。第二段为路易十六继承王位后,将此园赐给王后玛丽·安托瓦奈特(Marie Antoinette)。王后对花园进行了全面的改造,成为一处绘画式风景园林。在园内溪流中央的小岛上布置了一个圆亭,与特里阿农宫殿的东立面相对。此亭为著名的"爱神庙",12 根科林斯柱支撑着穹顶,中央是爱神塑像。另一座著名建筑为"观景台",与特里阿农宫殿的北立面相对。"爱神庙"建于 1779 年,三年后建成"观景台"。几年之后,王后又建造了一座"小村庄",形成了村落式的田园景色。在花园东部,围绕着精心设计的湖泊,布置了 10 座。在从湖中引出的一条小溪边建有"磨坊""小客厅""王后小屋"和"厨房";在湖的另一侧,建有"鸟笼""管理员小屋"和"乳品场"等(图 15.13)。这些小建筑物采用轻巧的砖石结构,外墙面抹灰,绘上立体效果逼真、使人产生错觉甚至幻觉的画面。其中"磨坊"是最有魅力、外观最简洁的,它模仿诺

图 15.13 小特里阿农宫苑村落式景观

曼底地区的乡间茅屋,很有特色。"小客厅"有与"磨坊"一样的茅草屋顶,外观令人愉悦。

实例3　莱兹荒漠园(Le Désert de Retz)

　　由法国贵族蒙维尔(Franqois Nicolas Henri Racine de Monville)在1774—1789年兴建的莱兹荒漠园,是当时最著名的风景式园林之一(图15.14)。

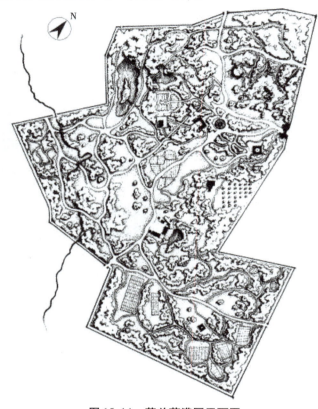

图15.14　莱兹荒漠园平面图

图15.15　莱兹荒漠园中的
潘神庙

　　1774年,蒙维尔在马尔利森林中购置了占地13 ha的莱兹小村庄(Retz)和教堂,并着手在一片废墟上兴建风景式园林,到1792年时面积扩大到40 ha。蒙维尔既是园主又是造园家,他亲自绘制园林平面和建筑设计草图,并雇佣年轻的建筑师巴尔比埃尔(Franoois Barbjer)将其制成准确的施工图。

　　蒙维尔将这座荒漠园看作乡村中的游乐场。庄园内种植了许多珍稀树木,在入口兴建了一座岩洞,穿过幽暗的隧道方可进入到"梦幻般的园林"之中。到1785年已建成17座造型怪异却极富象征意义的建筑物,掩隐在高大的树木之下。园中的第一座建筑物是献给牧神"潘"(Pan)的庙宇(图15.15),随后是中国亭,中国式木结构厅堂的外立面排列着仿照竹子的立柱。1776年"毁坏的柱廊"建成后,蒙维尔就开始在此居住,它作为府邸最具特色建筑,是反映18世纪建筑观点的罕见实例之一。此外还有金字塔造型的"冰窖"、埃及的方尖碑、还愿的祭坛等,以及草本花园、小山谷、池塘和精心布置的"幸福岛"、菜园和配套温室等,这些建筑物设计独特而新颖,是当时社会充满各种思想的完美缩影。

蒙维尔在全园的建设中倾注了极大的心血,力求使植物与建筑物相和谐,既有精心设置的透视线,又有不经意的发现带来的惊喜。在一个视点上只能看到一座建筑物,但随着游人的前进,各个建筑物逐一显现,使人感觉空间比实际更大。为扩大空间感,蒙维尔还在庄园与约扬瓦尔修道院(le Prieure de Joyenval)之间设置了"哈-哈"沟。只有进入府邸"毁坏的柱廊"的顶层,才能欣赏到园中开阔的环境。

庄园东部的英中式园林是全园最精美、最迷人的地方,点缀着亭子和庙宇,还有一些珍稀树木和露天剧场。园子的西部是农业景区,有"佃农小屋"、乳品场等建筑物,穿过一片荒野的丛林,还有方尖碑、隐居所和一座陵墓。

莱兹荒漠园是一座巨大的折中主义作品,体现了园主试图将埃及、罗马、希腊和中国等文明融为一体的创作思想。然而,这座18世纪最著名的"英中式园林"在法国大革命期间渐渐荒废了。

15.4.2　俄罗斯

俄国在彼得大帝在位期间,推行政治、经济和军事等改革,制定西方化政策,俄国国号首次定为"俄罗斯帝国",使其变成了一个欧洲强国。彼得大帝去世后,俄罗斯在1725—1762年更换了五位国王,政局不稳影响了园林事业的发展。直至1762年,叶卡捷琳娜二世即位,对内实行中央集权,对外扩张,重新巩固了王位。1801年亚历山大一世即位,在与拿破仑交战中取得胜利,开创了俄罗斯帝国的新时期,俄罗斯成为欧洲大陆最强大的国家,这一局面一直持续到19世纪中叶。在此期间,英国自然风景园风靡全欧洲,俄罗斯也深受其影响,开始进入自然式园林的历史阶段。

除受到英国的影响外,规则式园林复杂而经常性的养护管理,耗费了大量劳动力。此时,文学家、艺术家们开始崇尚自然,追求返璞归真成为时代的趋势。加之,叶卡捷琳娜二世本人是英国自然风景园的忠实崇拜者,积极支持自然式风景园的建设。这一切都促使俄罗斯园林由规则式向自然式过渡。这一时期不仅新建了许多自然式园林,也改造了不少旧的规则式园林。

俄罗斯风景园的形成和发展与当时造园理论的发展是分不开的。18世纪末,一系列造园理论方面的著作开始出版,为自然式园林的创作大造舆论。其中最著名的人物是安得烈·季莫菲也维奇·波拉托夫(A. J. Polatov),他对俄罗斯园林的发展及其特色的形成均有很大影响。波拉托夫是著名的园艺学家,出版了许多关于园林建设和观赏园艺方面的著作,也曾为叶卡捷琳娜二世的土拉营区建造园林,同时,他还擅长绘画,描绘他所提倡的自然式园林的景色。波拉托夫的主要论点在于提倡结合本国的自然气候特点,创造具有俄罗斯独特风格的自然风景园;他承认英国风景园促进了俄罗斯园林由规则式向自然式的过渡,主张不要简单地模仿英国、中国或其他国家的园林;他强调师法自然,研究、探索在园林中表现具有俄罗斯特色的自然风景。

19世纪中叶,随着农奴制的废除,俄罗斯不可能再出现18、19世纪那种建立在大量农奴劳动基础上的大规模园林了,因而私人的小型园林成为当时的发展趋势。随着资本主义因素的增长,商业经济及运输业的发展,新颖的国外植物日益引起人们的关注,观赏园艺受到重视。在这一背景下,开始兴建一系列以引种驯化为主的各种植物园,许多大学建立了以教学及科研为主要目的的植物园;著名的疗养城市索契于1812年建立了以亚热带植物为主的尼基茨基植物园。此后,在俄罗斯各地建立了适应不同气候带、各具特色的植物园,它们对丰富观赏植物种类起到了很大作用。

在俄罗斯,大量建造自然式园林的时期可分为两个阶段:初期(1770—1820年)为浪漫式风景园时期,其后为现实主义风景园时期。在其建设的浪漫式风景园阶段,园中景色多以画家的作品为蓝本,造园家们力求在花园中体现绘画中所表现的自然风景。园中打破了直线、对称的构图方式,在充满自然气氛的环境中,追求形体的结合、光影的变化等效果;但由于画面与现实的园林环境之间的差异,这种理想的园林往往只有布景的效果,而对于功能却缺乏考虑。除此之外,此时的风景园还追求表现一种浪漫的情调和意境,人为创造一些野草丛生的废墟、隐士草庐、英雄纪念柱、美人墓地,以及一些砌石堆山形成的岩洞、峡谷、跌水等,试图以此引起人们悲伤、哀悼、惆怅、庄严肃穆或浪漫等情感上的共鸣。浪漫式风景园中的植物虽然不再加以修剪,但却未能充分发挥其自然美的属性,只是为了在园中起到衬托、构成框景或背景的作用。

19世纪上半叶,浪漫主义情调的自然式园林已经消失,而对植物的姿态、色彩以及自然群落美产生了兴趣。园中景观不再以建筑、山丘、峡谷、峭壁、跌水等作为主要组成,而开始重视植物本身;在郁郁葱葱的森林中,辟出小面积的林中空地,在森林围绕的小空间中装点孤植树、树丛;在树种应用方面强调以乡土树种为主,云杉、冷杉、松、落叶及白桦、椴树、花楸等是形成俄罗斯园林风格不可缺少的重要元素。

实例1　巴甫洛夫风景园(Pavlov Park)

位于彼得堡郊外,在近半个世纪的持续建设过程中,几乎见证了彼得大帝之后俄罗斯园林发展的各个主要阶段。

1777年在园中只兴建了两幢木楼建筑,辟建了简单的花园,有花坛、水池等景物,还有一座"中国亭",是园中最重要的景点。1780年,苏格兰建筑师卡梅隆(Kameron)按照古典主义造园手法,对全园进行了整体设计(图15.16)。他将宫殿、园林及园中的其他建筑按照统一的设计思想,形成了巴甫洛夫园的整体格局,并兴建了带有柱廊的宫殿、阿波罗柱廊、友谊殿等古典风格的建筑。1796年园主保罗一世继承王位后,巴甫洛夫园成为皇室的夏宫。于是又邀请建筑师布里安诺(B. Bulianro)负责宫苑的扩建工程,使这里成为举行盛大的节日庆典和皇家礼仪的地方。

1. 斯拉夫杨卡河谷
2. 白桦区
3. 大星区
4. 礼仪广场区
5. 老西里维亚
6. 新西里维亚
7. 宫前区
8. 宫殿建筑
9. 红河谷区
10. 友谊殿

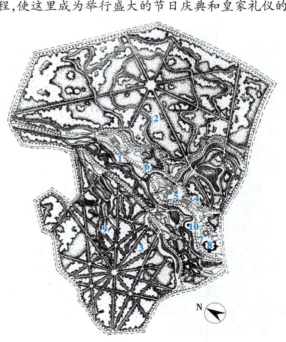

图15.16　巴甫洛夫园平面图

到 19 世纪 20 年代,巴甫洛夫园被改建成自然风景式园林,在造园艺术上达到其完美境界。巴甫洛夫风景园原址是大片的沼泽地,地形十分平坦,有斯拉夫扬卡河流经园内,河流稍加整理后蜿蜒曲折,部分河段扩大成湖。沿岸塑造出高低起伏的地形,并在高处种植松林,突出了地形变化。在平缓的河岸处,水面一直延伸到沿岸的草地边或小路旁。河流两侧还有茂密的丛林,林缘曲折变化,林中开辟幽静的林间空地;色彩丰富的孤植树和树丛或者种植在丛林前,或者点缀在林间的草地上,在丛林的衬托下十分突出,有着浮雕般的效果(图 15.17)。

乡土树种构成全园的基调,移植的大树和人工栽植的丛林、片林经过 1 个多世纪的生长,形成自然气息浓厚的林地,将林中的一个个景区联系在一起。尽管园中有着不同时期、不同风格的景点,但是由于林地的联系和掩映作用,使得全园统一在一片林木之中。大小不同、形态各异的林间空地,如同一个个小林园,成为人们休憩游乐的场所,提高了林地的整体艺术水平。

图 15.17　巴甫洛夫风景园
内的溪流

在各个景区之间,借助园路和一系列透视线形成联系的纽带,重要的视线焦点上点缀着建筑物,形成完整的游览体系。景区之间的林地不仅起到分割空间的作用,而且将各具特色的景点融合于统一的林地景观之中。

该园中既有规则式造园时期留下的局部,也有自然式造园阶段留下的不同痕迹,如同讲述俄罗斯造园史的教科书。

实例 2　特洛斯佳涅茨风景园(Trosjanets Park)

位于乌克兰草原上,是俄罗斯自然式园林中以植物造景为特色的代表性作品。全园占地约207 ha,于 1834 年开始兴建。

园址地形平坦,局部为沼泽及水泊,因此首先整治了园内水系,重塑地形并大量栽种植物,以期借助起伏舒缓的地形、开合有致的水景、生长茂盛的林木构成丰富多变的自然空间,成为单调的草原上极富变化的风景园(图 15.18)。

图 15.18　特洛斯佳涅茨风景园

自 1840 年起,在园中大规模片植以乡土植被为主的林地,每片林地又以一种树木为主调,形成云杉林、冷杉林、松林、白桦林、杨林等风景林地,也有一些林地采用了混交林的方式。前后在园中共营造了21 片林地,丛林的总面积达到了 155 ha,其中大丛林的面积就有 14 ha 之多,最小的从林也有 2 ha。随着时间的流逝,在一望无际的大草原上出现了一片郁郁葱葱的森林;在浓荫蔽日之下,一处处大小各异的林间空地,如同镶嵌在绿洲之中的粒粒明珠,吸引人们投入大森林的怀抱。

在特洛斯佳涅茨风景园中,形态各异的树姿、变化柔和的色调,富有层次的植物,构成园中一幅幅美丽的画面,该园的魅力所在。

15.4.3 德国

从 18 世纪中叶开始,由于受英国自然风景园的影响,德国开始大规模地出现了自然风景园,德国园林史上一个最重要的时期也随之开始了。风景园使德国园林产生了彻底的革命,这场革命彻底改变了当时德国园林的设计思想与设计手法,也为当代德国城市公园的风格奠定了基础。绝大多数文艺复兴和巴洛克时期的几何园林都在这场变革中全部或部分地被改为了自然风景园。今天德国最重要、最受欢迎的园林,多是这些 18 世纪中叶到 19 世纪中叶 100 年中建造的自然风景园。

德国风景式造园的产生仍与当时倡导崇尚自然的一些哲学家、诗人、造园家有着不可分割的关系。诗人哈格多恩(Friedrich von Hagedorn)是德国风景式庭园的第一个倡导人,呼吁"尊重自然、远离人工";诗人杰斯纳是风景式庭园的歌颂者,向往"田园般的牧场和充满野趣的森林",他们发挥了有如英国的艾迪生和蒲柏的作用。此后,著名的森林美学家赫什菲尔德(Christian Cajus Lorenz Hirschfeld)继承了申斯通和蒲柏的思想,主张能够激发起观者的情感、使人得到或愉快或忧愁、给人以安静平和之感受的"感伤的庭园"。

可以说德国风景园就是从模仿英中式园林开始出现的,英国在 1750 年后以布朗为代表的纯净风景园已发展成为以钱伯斯代表的英中式园林,此时德国把这种园林称为中国式或英国式,并盲目地模仿。其早期的风景园主要以两种形式出现:一是渐渐地侵入原有的几何园中,使之自然风景化;二是新设计的自然风景园。从 18 世纪 70 年代起,风景式园林已是德国园林设计的主导风格。但此时的自然风景园大多从规则式花园改造而来,以局部或整体地改造而成为自然式园林,保留了中轴线、林荫道、大水渠等规则式园林的骨架,自然式园林往往处于园中远离宫殿或府邸的一隅,整体呈现出规则式结构与自然式景色相互交融的奇特景色。1785 年开始,一些新建园林开始不再简单地模仿英中式园林,而是直接采用了自然风景园的风格,从观念上、形式上都有了很大的发展。但由于建造的中国式建筑大多不成功,加上理论家对模仿中国建筑的抨击,英中式园林越来越少,自然式园林越来越多。但点景物并没有彻底消失,转而以欧洲本身的建筑形式为主,使整个园林是逐渐地向纯净的表现自然质朴的风景园方向发展。到 18 世纪 90 年代,德国著名哲学家康德(Immanuel Kant)和席勒(Friedrich Schiller)又进一步推崇自然风景式园林,促进其在德国的发展。

直到 1800 年后,终于出现了具有德国自身风格的自然风景园,并涌现出大批经典作品,达到了顶峰。其中代表性人物有斯开尔(Friedrich Ludwig von Sckell)、勒内(Peter Josef Lenne)、平克勒(Ludwig Heinrich Furst von Puckler-Muskau),德国风景园林作品大多与这 3 位造园家联系在一起。斯开尔堪称德国风景式造园时代的开创者,它的代表作品,如慕尼黑的"英国园"和宁芬堡风景园,是德国风景式园林鼎盛时期的代表;勒内曾担任德国皇家总造园师、普鲁士艺术学院院士,他的作品反映了 19 世纪上半叶欧洲造园风格的发展与演变,其中夏洛滕堡园是其成熟时期代表作;平克勒是德国风景式造园的终结者,他的作品以追求统一完美而著称,其长达 60 年的造园实践对德国的造园风格产生了深远的影响。

实例 1 沃尔利兹园(Worlitz Park)

在早期的德国风景式园林中,最精彩和最动人的作品无疑是沃尔利兹园。它摒弃对法国英中式园林的简单模仿,而是在风景式园林的观念和形式上都有所发展,是一座将自然与艺术融于一体的园林作品。

　　沃尔利兹园占地约 110 ha,由德骚城领主弗朗茨公爵(Franz)的私人造园家休赫、纽马克和建筑师赫塞奇尔在英国和意大利园林风格的影响下设计建造(图 15.19)。他们利用易北河河岸的一片低洼地,兴建了避暑府邸;利用原址的沼泽地,在其中部开挖出一片带状湖泊,水系向四周延伸,以水渠连通各个小湖,水渠纵横交织,形成众多的峡湾、岛屿和围绕林园的丘陵、岩壁等景致。园中视线深邃,景色变化无穷。

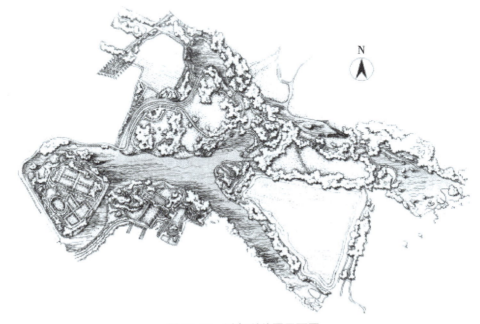

图 15.19　沃尔利兹园平面图

　　水系将全园划分成数个景区,分为五个部分、七类景色。其中第一部分是位于西北部的一座小岛,称作"极乐净土",四周围绕常绿树篱的称为冬园。岛中央建有迷园,饰以瑞士诗人拉瓦特(Johann C. Lavater)和德国诗人杰勒特的胸像。冬园的一侧面对宽阔的水面,水中另有两座小岛,其中一座模仿了埃尔姆农维尔园中的杨树岛,岛上竖立着卢梭的纪念碑和胸像。在宽阔湖泊对岸的园中建有哥特式建筑,成为从城市中眺望优美林园的视觉焦点。这里过去只有一个小型的园丁房,后来逐步扩建成了一座美术馆。

　　沃尔利兹园中处处都留下了感伤主义园林的印记,有寺庙和洞府,还有寂寞恐怖的暗道设施;湖泊东边有称作"路易萨"的岩石,给人以庄严肃穆之感。水面上架设大量的小桥,既是园中的点睛之笔,又可从桥上眺望四周景色;水边的点景性建筑物、远处的田野牧场、城市中的教堂钟塔,各种景色尽收眼底,城市、林苑与田园风光融为一体(图 15.20)。此外,在

图 15.20　沃尔利兹园中的湖泊

一个称为"新型园林"的园子中,还有利内公爵命名的"火山"(Vulcan,象征希腊火神),这座人造火山的外形酷似平窑,实则是一处游乐性建筑物,内部装饰彩色玻璃,空间十分明亮。

　　此后,在德骚城围绕沃尔利兹园兴建了很多大小不一的园子,形成一大片园林区,吸引了大批德国著名人士的关注,对德国风景园的发展起到重要作用。

慕斯考风景园是平克勒在自己的领地中设计建造的。他花费大量的时间和金钱进行筹备工作,并远赴英国考察,并于1845年建成,堪称平克勒以毕生精力奉献的一个杰作。

园址坐落在尼斯河畔(Neisse)的一片沼泽沙滩上,大部分地段为土壤贫瘠的砂地,河滩上自然生长着一些茂密的针叶树林。平克勒首先做的工作便是整理水系,将尼斯河引入园中;重塑地形,改良土壤,在园中种植了大片的阔叶树林,借近处的河谷、远处的山峦,使原以针叶树林为主的植被景观更加丰富(图15.21)。

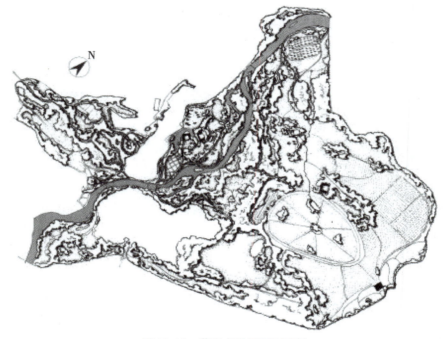

图15.21 慕斯考风景园平面图

图15.22 慕斯考风景园的滨河空间

经过平克勒的努力,园地规模扩大至700 ha,并在园中陆续规划设计了几个景区。中心是以府邸为中心的府邸花园,占地74 ha,三面临水,一侧处理成开阔的大草地,形成迷人的滨河空间(图15.22)。距离府邸稍远处还有柑橘园和温室,旁边是他称之为"愉快的地方"的规则式小园,以丛林围合。花园外侧是大片的风景林、灌丛和大草地,边缘有菜园、果园、葡萄园和苗圃等实用性园地。

林园之外是大片的自然风景,大面积的农田中点缀着树丛,一些休闲游乐设施散置其间,如九龙戏球场、咖啡屋、茶室、舞厅、游艺厅等。出于经济的原因和生活之需,平克勒在庄园中还建有奶牛场、养鸡场、磨坊、酿酒厂、矿井等功能性设施,与将小村庄作为装饰物的其他英中式园林不同,这些设施出于平克勒生活之需,具有实用价值,并且与庄园景色很好地融合在一起。

平克勒的设计风格追求空间的丰富变化,以落叶乔木为主的树丛或树林成为园林空间最主要的构成要素。平缓的草地边缘流淌着溪流,草地、河流、树林相依,如同自然中的风景画面(图15.23)。平克勒极少使用外来树种,且多以混交林的方式构成园中的树丛或树林,这也是后来19世纪风景园常见的做法。建筑设施既有生产功能、实用价值,又起到点景作用的手法,虽然是平克勒不得已而为之的举措,但也成了功能与美观相结合的典范。

图15.23　慕斯考风景园的河流

复习思考题

1. 简述欧洲自然风景式园林的历史与园林文化背景,受到哪些中国园林与文化的影响。

2. 为什么说英国不规则造园阶段是自然式园林的孕育阶段?有哪些代表人物及作品?

3. 布里奇曼首创的"哈-哈"沟对风景式园林的发展起到什么关键作用?

4. 布朗对风景式园林发展作出了哪些贡献?并结合代表作品分析其造园手法。

5. 法国自然风景式园林有哪些特点?并举例说明。

6. 俄罗斯自然风景式园林有哪些特点?并举例说明。

7. 德国自然风景式园林有哪些特点?并举例说明。

16 19世纪中后叶欧美城市公园

16.1 历史与园林文化背景

16.1.1 历史背景

19 世纪中后叶欧美城市公园

1789 年爆发的法国大革命,是人类历史上具有划时代意义的事件。列宁曾评价整个 19 世纪是在法国大革命旗帜下创造文明和文化的伟大时代。1789 年 7 月 14 日,法国革命军攻占了象征封建专制的巴士底狱;8 月 26 日议会通过了"人权与公民权宣言";1792 年 9 月 22 日宣布推翻君主制,建立法兰西第一共和国。1793 年 5 月底,法国又爆发了一次人民起义,建立了由极左派雅各宾党人领导的政府。由于左、右势力的相互抗衡使法国局势动荡不安,普鲁士、奥地利和西班牙等君主国借机入侵法国。英国也在 1793 年加入了对法国的侵略,妄图复辟旧王朝。1799 年 12 月,拿破仑发动了"雾月政变",建立了执政政府,自任第一执政。侵略者被赶出国境,法国社会逐渐安定下来。1804 年,拿破仑称帝,建立了法兰西第一帝国,对内实行旧制。为加强对欧洲大陆的封锁,抵制同英国的贸易,拿破仑先后发动了西班牙侵略战争和对俄战争,但结果都以失败告终。1813 年拿破仑军队在东欧几国的民族解放战争中同样遭到失败,拿破仑因此被软禁于地中海的厄尔巴岛(Elba Island)上。1814 年 4 月,法国波旁王朝复辟,路易十八(Louis XVIII)登基。次年 3 月拿破仑逃离厄尔巴岛,并率铁骑进入巴黎重新登上皇位。英国、俄国和普鲁士等国组成反法联盟以支持路易十八,大举围攻巴黎。拿破仑在这场战争中大获全胜,奠定了其在法国的统治地位。然而,6 月 18 日的滑铁卢大决战,法军一败涂地,史称"百日王朝"。波旁王朝重新确立了其在法国及西班牙等国的统治地位。1815 年,英国、普鲁士、奥地利等国召开的"维也纳会议",欧洲被重新分割,迫使法国赔偿 7 亿法郎,疆土也重回 1790 年尚未扩张时的疆域;英国将比利时划予荷兰;奥地利的疆土则更加广大,许多民族为其奴役。1830 年,法国发生了旨在推翻波旁王朝、恢复共和国的"七月革命",奥尔良王朝的路易·菲利普上台,建立了"七月王朝"。

1815 年起,工业革命的浪潮在欧洲各国蔓延开来,最早于英国开始,随后法国和德国的工业革命也蓬勃发展。工人的数量激增,导致了资产阶级和工人阶级之间的矛盾加剧。1825 年,欧洲爆发了第一次资本主义经济危机,大量的工人失业,工人运动在法、英、德等国兴起。1848 年 1 月马克思发表了《共产党宣言》,指导工人运动。英国的经济危机迅速波及法国,"七月王朝"的统治动摇,致使法国"二月革命"爆发(1848),建立了第二共和国。拿破仑的侄子路易·波拿巴当选总统,不久后又发动政变成立了法兰西第二帝国,并登基成为拿破仑三世。

19 世纪下中叶,工业革命在欧美各国迅速发展。到 50—60 年代,包括法兰西第二帝国在内的欧洲几个大国,在铁路、公路、煤矿、纺织等领域的工业革命,导致生产力不断提高,经济实力大大增强。1862 年 9 月,美国爆发了南北战争,1865 年,南北战争以北方获胜而结束,美国因此恢复统一,并在全国各地废除了奴隶制度。美国资本主义发展障碍被清除,由此开始了其工业化进程,从一个农村化的共和国转变成城市化的国家。

然而,当时处于分裂状态的德国不利于资本主义的发展。首相俾斯麦实行铁血政策,通过战争从丹麦手中夺回了被占领的两个省,随后又在奥地利和法国的战争中取得了胜利。三次普鲁士战争的胜利,为德意志帝国的建立奠定了基础。

法国在普法战争中的失败,导致 1870 年 9 月巴黎人民起义,要求推翻第二帝国,建立共和国,这是法兰西第三共和国的开端。1871 年 3 月 18 日,巴黎的起义工人成立了"巴黎公社"。到 5 月 21 日,在临时政府军队的镇压下,"巴黎公社"宣告失败。自 1872—1905 年,欧洲进入了相对和平的发展阶段。在此期间,工人阶级正在加强组织,壮大力量。在马克思、恩格斯的指导下,一些国家纷纷成立了社会主义政党。为此,1889 年成立了第二国际,指导各国的工人运动和社会主义政党。

从 19 世纪后半叶到 20 世纪初,是欧洲在科学技术方面发明创造辈出的时代,此时美国的工业化也已步入被称为"进步时期"的成熟阶段,资本主义的发展促使美国也开始加入了对外扩张的帝国主义行列。在科技的推动下,欧洲各国的生产力得到不断提高,资本主义继续向前发展,随着德国等新兴帝国主义国家的崛起,与老牌帝国主义国家之间争夺殖民地的斗争愈演愈烈,终于在 1914 年爆发了第一次世界大战。1917 年,美国也卷入世界大战的漩涡,并在世界上尝试扮演新角色。同年,俄国"二月革命"建立了资产阶级领导的政府,11 月 7 日,俄国"十月革命"推翻了沙皇统治,建立了世界上第一个无产阶级专政的新政府。1918 年 11 月"巴黎和会"召开,列强重新瓜分殖民地,第一次世界大战宣告结束。

16.1.2　园林文化背景

城市公园是城市公共园林(urban public parks and gardens)的简称,它最早在英国出现,并随后在法国和美国发展成熟的一种园林类型。城市公共园林的起源,最早可以追溯到古希腊、古罗马时代。随着人们的社交、体育、节庆、祭祀等公共活动日益盛行,出现了供人们集会之需的城市广场、为体育运动而设置的竞技场所、为祭祀神灵而设置的神苑等。在这些公共活动场所周围,大多设置林荫道、草地等活动场地,并配置花架、凉亭、座椅等休憩设施,点缀着花瓶、雕像等装饰性景物,这些可以看作是西方城市公园园林的雏形。

在中世纪的城市中,也设有林荫广场、娱乐场,以及骑士们比武练兵的竞技场等公活动场所。在城门前往往还设有小型庭园,供人们驻足憩息。到意大利文艺复兴时期,王公贵族的庄园时常向公众开放,成了体现王公贵族慷慨大方的一种时尚,法国国王路易十三曾将巴黎的丢勒里宫苑定期向公众开放。18 世纪在资产阶级革命思想的影响下,英国王室的大型宫苑都定期向公众开放。然而,这些园林虽具有了一定的公共属性,但其建造完全是为王公贵族服务的,因此仍然属于私家园林范畴,与真正的公园有着天壤之别。在 19 世纪下半叶城市公园出现之前,私家园林建设在园林艺术发展史中占据着主导地位。

17 世纪下半叶的英国资产阶级革命,以及 18 世纪末的法国大革命,彻底摧毁了欧洲封建君主的专制政体,确立了资产阶级的统治地位,使各国政治、社会、经济、思想、文化、艺术等发展出现巨大变化。思想观念的解放促进了科学技术的进步,科学技术不断转化成生产力,又进一步促进了资本主义的发展。

19 世纪初,工业革命的浪潮从英国逐渐波及欧洲大陆其他国家,比利时、法国以及稍后的德国都相继开始了工业革命。随着城市工商业的迅速发展,大量人口向城市聚集,城市的社会

结构发生重大变化。城市人口的剧增使城市的规模迅速扩大,自发形成的中世纪城市结构遭到破坏,城市尺度不再宜人,渐渐远离了自然和乡村。城市发展由于缺乏合理的规划布局,导致住房、交通、教育、医疗服务等问题日益突出,环境不断恶化,疾病迅速蔓延,19 世纪的城市正在迅速成为令人感到恐怖和危险的地方。

因此,一些社会学家首先从社会改革的角度出发,探索解决城市问题的途径。19 世纪上半叶,继空想社会主义创始人莫尔(Thomas More)之后,一些空想社会主义者把改良住房、改进城市规划作为医治城市社会病症的措施之一,他们的理论与实践,对后来的城市规划理论产生了较大的影响。

1851 年,英国工业家提图斯·萨尔特(Titus Salt)在兴建工厂的同时,建设了萨泰尔工人镇,1887 年又在利威尔建设了日光港工人镇。这些依附于企业的新"城镇"建设实践,促进了20 世纪初霍华德"田园城市"等规划理论的产生。与此同时,城市的急剧发展,对自然环境的破坏,促使人们日益重视保持自然和人工环境的平衡,以及城市和乡村协调发展的问题。1853年,巴黎行政长官奥斯曼开始主持制定了巴黎改扩建规划,对巴黎的道路、住房、市政建设、土地经营和园林等作了全面安排,为城市改建作出有益的探索,被看作是 19 世纪影响最广的城市规划实践。科隆、维也纳等城市也纷纷效法巴黎,对城市进行改造。在巴黎的改扩建工程中,城市园林第一次被纳入城市公共设施建设范畴。奥斯曼按照系统化的城市公园概念,在巴黎的近郊和城内改造及兴建了一大批公园绿地。

随后,美国也开展了大规模的城市公园建设热潮,并将城市公园建设与城市设计联系起来。美国 19 世纪下半叶最著名的规划师和园林设计师——奥姆斯特德(Frederick Law Olmsted)因1858 年设计的纽约中央公园而一举成名,后来又在布法罗、底特律、芝加哥和波士顿等地规划了城市公园系统,成为有计划地建设城市园林绿地系统的开端。1893 年,为纪念发现美洲新大陆 400 周年之际,在芝加哥举办了世界博览会。会场利用湖滨地带兴建了宏伟的古典建筑,结合宽阔的林荫大道和优美的游憩场地,使人们认识到宏大的规划项目对美化城市景观、解决城市环境问题起到的巨大作用,因而在美国掀起了"城市美化运动"的热潮。

19 世纪中叶,现实主义的时代精神,促使艺术家们将创作的视角伸向了对当代生活的评价、对大众生活的关注以及对大自然的亲切描绘等方面。在这一思潮的影响下,园林艺术也从过去仅为特权阶层服务的贵族艺术走向为大众服务的公共艺术。城市公园在将自然引入城市并改善城市卫生环境的同时,为广大市民提供了亲近自然、享受阳光和新鲜空气的场所。园林建设纳入公共建设范畴之后,不仅涌现出更多的园林作品,且在园林艺术的理念与实践上,产生了彻底的变革。

16.2 英国城市公园

16.2.1 发展概况

英国的工业革命始于 1760 年,1830—1840 年已经基本完成。城市工业的迅猛发展,人们纷纷涌向城市。由于城市发展缺乏合理规划,住房短缺、交通拥挤、环境恶化等问题日益严峻。尤其是城市工人的生存环境每况愈下,环境脏乱不堪,导致霍乱的传播,致使英国 7.8 万人丧生。

残酷的现实使资产阶级意识到,城市环境的恶化不仅威胁到资本主义的发展,且危及资产阶级的安全,进而社会改革的呼声日益高涨。由英国政府提议,经议会讨论后成立的由专家学者组成的皇家委员会,于 1833 年的报告中指出,需要在城市中进行大规模的公共空间建设,保留临近城镇人口密集地区的开放空间,作为公共散步和锻炼的场所,以提高居民的身体健康与生活舒适度。1835 年议会通过了"私人法令",允许在大多数纳税人要求的城镇,动用税收兴建城市公园。1838 年的报告中还要求在未来所有的圈地中,都必须留出足够的开放空间,作为当地居民锻炼和娱乐之需,同时还允许动用税收来建设下水道系统、环卫、园林绿地等城市基础设施。此后,英国的一些城市中开始出现公园、图书馆、博物馆、画廊等供市民"合理娱乐"的设施,帮助居民提高对自然的欣赏力以及对高雅艺术的鉴赏力。

1837—1901 年的"维多利亚时代"是英国历史上的全盛时期,社会经济全面发展,文化艺术百花齐放。从 19 世纪 40 年代起,英国开始出现了一场城市公园的建设热潮。除各地新建的城市公园外,过去的许多私家园林也向公众开放,或改造成城市公园。伦敦著名的皇家园林,如海德公园(Hyde Park)、肯辛顿园(Kensington Garden)、绿园(Green Park)和圣詹姆斯园(St. James's Park)等,都逐渐转变为对公众开放的城市公园。这些昔日的皇家园林规模宏大,占据着城市中心区最好的地段,面积共计约 480 ha,几乎连成一片,成为城市公园群,对城市环境的改善起到重要作用,并且十分便于市民的日常活动。1889 年时,伦敦的公园总面积达到了 1 074 ha,10 年后又增加到 1 483 ha。英国城市公园发展的速度之快,由此可见一斑。

这一时期兴建的城市公园,大多延续了 18 世纪自然风景式造园样式。园林的发展促进了园艺水平的提高;园艺的发展丰富了园林的景色,并影响到园林的类型和样式。为促进园艺和植物学的研究,英国在 1804 年成立了伦敦园艺协会,负责为英国搜集和培育国内外植物品种,并为此成立了著名的皇家植物园,以不断收集新的植物品种,研究植物栽培的新技术。

此外,英国人对生物学和生物学现象的研究也兴趣浓厚,1859 年达尔文的巨作《物种起源》就是在这样的环境下出版的。为对生物科学家的研究提供帮助,英国又成立了伦敦动物园协会,并于 1828 年在摄政园的北边修建伦敦动物园,收集多种外来动物。动物园于 1847 年对公众开放,成为历史上第一个现代动物园,后逐渐发展为世界上最著名的动物园之一,为此后世界各地兴建的动物园提供了样板。

在 19 世纪上半叶的英国职业造园家当中,乔治·卢顿(George Loudon)以广博的知识和丰富的阅历而著称。他在当时的英国风景园中引入了"绘画式"特征,明显反映在他 1806 年出版的《论乡村住宅》一书的插图中。卢顿提倡在自然式构图中增加外来植物品种以丰富花园景色,该种植风格被他称为"花园式",这一做法在英国现代园林中仍能找到案例。卢顿的兴趣广泛,也是公共园林建设的拥戴者,在温室、建筑、园艺和农业等方面都有重要著作问世。19 世纪下半叶,爱尔兰园林师和园艺作家威廉·罗宾逊(William Robinson)对英国园林的发展起到了重要作用。罗宾逊在 1869 年《法国园林拾遗》一书中,批评法国园林流于形式,但对其园中的自然式"亚热带"花坛大加赞赏,这促使他一年后发表了《英国园林中的高山花卉》,介绍了耐寒植物在自然式布置中的运用方法。同年出版的《野生花园》获得了巨大成功,书中主张以自然主义的"艺术和手工艺"手法,采用外来植物品种。罗宾逊对前辈卢顿十分钦佩,他继承了绘画式风景园的传统,并在设计风格中融入了新花卉品种的运用,使他的园林作品看上去更加鲜艳夺目。罗宾逊的代表作是在兴建于自己的格拉维提庄园(Gravetye Manor)中的花园。罗宾逊在 30 多年间出版了大量的文章与论著,在英国造园界掀起了一场革命,引导园林师走向不规则也更自然的造园之路。他完全抛弃了规则式花坛,并以独特的方式运用各种植物花卉,强调园中植物品种的多样性,以及植物品种对土壤和气候的适应能力。随着英国劳动力和训练有素的园丁的日益缺乏,园林的维护费用也不断减少,使罗宾逊的观点越来越受到人们的重视。

纵观整个19世纪的英国文化艺术,可以发现其中存在着普遍的折中主义倾向。人们既想寻找像18世纪那样的绝对准则,又要走向更为公众所接受的创作道路。在不断出现的古典主义、新古典主义、浪漫主义、印象主义及后印象主义等艺术运动的影响下,建筑上流行以简洁的手法再现以往各个时代特征的古典风格,以新的形式将过去盛行的希腊式、哥特式及文艺复兴式建筑风格展现在人们眼前。为大众服务的城市公园,使园林艺术走向通俗化,大量的植物花草,结合流畅的线形和有序的构图,营造出适宜的尺度和体量,园林景色变得更加亲切宜人,也更具人情味。

16.2.2 园林实例

实例1 伯肯海德公园(Birkenhead Park)

伯肯海德公园位于英国著名的制造业中心利物浦,是"私人法令"颁布后,根据法令兴建的第一座公园,也是世界造园史上第一座真正意义上的城市公园。该园占地面积约50 ha,1844年由约瑟夫·帕克斯顿(Joseph Paxton)设计,1847年建成并对公众开放(图16.1)。

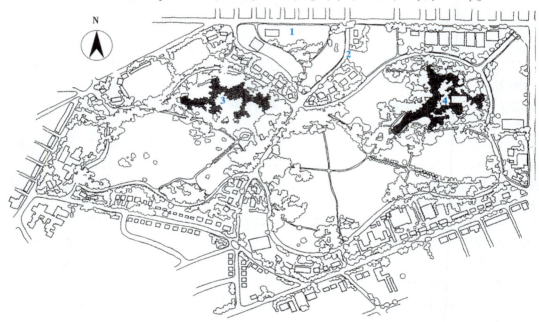

图16.1 伯肯海德公园平面图
1.公园北路 2.横穿公园的马路 3.高湖 4.低湖

伯肯海德公园是城市化进程快速发展的结果。1841年,利物浦伯肯海德区的人口由100余人到猛增至8 000余人。1941年,利物浦市议员豪姆斯(Isaco Holmes)率先提出了建造公共园林(Public Park)的观点。两年后,市政府动用税收收购了一块面积为74.9 ha的不适合耕作的荒地,用以建造一座向公众开放的城市园林,计划将周边的24.3 ha土地用于私人住宅的开发,其余部分土地用于公园建设。出人意料的是出让开发土地的收益,竟超过了购置整块土地和建设公园费用的总和。公园产生的吸引力之大,不仅为周边的开发用地带来了高额的地价增益,而且为后来的城市开发建设提供了新的模式。

为了便于这个街区与市中心联系,帕克斯顿设计了一条横穿公园的城市马路,方格化的城市道路模式被打破,城区与中心城区的联系更加方便,公园也因此分为南北两部分。园内采用的人车分流的交通模式是帕克斯顿最重要的设计思想之一。四周住宅面向公园,可供马车行驶的道路构成了公园的主环路,将各个出入口联系起来,蜿蜒曲折的园路打破城市路网棋盘式格局的单调感,沿线景观开合有致、丰富多彩。步行系统则时而曲径通幽,时而极目旷野,在草地、山坡、林间或湖边穿梭。

园中南北两部分各有一个人工湖,按地形条件分为"上湖"和"下湖",水面自然曲折,其湖心岛既丰富了空间层次,又形成更加私密的活动空间(图16.2)。挖湖的土方在湖边堆出缓坡地形,高大的乔木丛植于人工湖及园路周边,中间保留出开敞的大草坪。供游人散步的小径在草地、缓坡、林间或湖边穿梭,景色时而曲径通幽,时而极目旷野,园路沿线点缀着乡土风格的"木屋",构成吸引游人目光的视觉焦点。

图 16.2　伯肯海德公园老船屋和瑞士桥

随着时间的推移,马车逐渐被更加危险的汽车所替代,交通工具的变化也彻底改变了公园设计师的初衷。随着横穿公园道路的车辆不断增加,公园实际被分割成两个彼此独立的园区。1878—1947 年,公园经历了多次修缮,却一直保留着原有的规划格局。园中的大面积疏林草地成为当地居民开展重要集会、展览、训练及庆典活动的场所。

伯肯海德公园于1977 年被英国政府确立为历史保护区,它不仅具有历史文物价值,而且其美学价值、社会价值和环境价值,对于今天的城市建设仍然具有借鉴意义。

实例2　海德公园(Hyde Park)

图 16.3　海德公园鸟瞰

海德公园占地约 145 ha,是英国最大的皇家公园,位于伦敦市中心威斯敏斯特教堂地区,白金汉宫的西侧。如今海德公园的格局,大体上是从 18 世纪开始形成并固定下来的(图16.3)。以一个带状湖泊划分为东西两部分,并以一座桥梁相通,东边是海德公园,西边是肯辛顿花园(Kensington Garden),植被茂盛,园路纵横交错。两园之间的巨大带状湖泊为著名的九曲湖,开创了不规则人工湖的先河,是各种鸟类的聚集地。

海德公园有三条从东南方向进入的路线。左边是比较宽广的御道,名为"Rotten Row",沿砂土路两侧架设了 300 盏油灯,它是英国第一条有路灯的马路。这条砂石路一直被很好地维护着,许多社交名流会在此游乐骑马,有时还会出现皇家骑兵的身影。另一条路线延伸到海德公园东北角,有一大理石凯旋门和一威灵顿拱门。在这座雕刻精致、造型美观的石拱门附近,是海德公园著名的"演讲者之角"(Speakers' Corner)。作为英国民主的历史象征,市民可在此演说任何有关国计民生的话题,这个传统一直延续至今。

1851 年,在海德公园举办了万国工业博览会,这是第一次世界博览会,来自世界各地的几十万游人涌进了装修一新、花园锦簇的海德公园,使这个公园从此名扬天下。作为博览会的主

会场,帕克斯顿在土木工程师巴尔洛(William Henry Barlow)的协助下,沿着罗敦小路兴建了一座 564 m 长、125 m 宽、有三层楼高、占地 7.4 ha 的钢结构玻璃建筑。这座建筑历时 9 个月完成,因通体透明、宽敞明亮而被称为"水晶宫"(Crystal Palace)。

实例 3　摄政王公园(Regent's Park)

摄政王公园位于伦敦的西北部,占地面积约 166 ha。曾是伦敦规模最大的皇家园林,现今是伦敦最具艺术魅力和文化气息的城市公园,在园林设计和城市规划方面都堪称杰作。

如今的摄政王公园大致呈圆形,内有若干园中之园(图 16.4)。其基本空间架构由两条环路组成:靠近公园外围的外环和中心部分的内环,两条主环路和两条支路是公园里唯一可通车的道路。摄政运河流经公园的北缘,穿过伦敦动物园,东、西、南三面的外环两边则排列着纳什设计的白色排屋。外环和内环之间主要是开阔的绿地,水边种植杨柳,以及各种景观设施,包括花园、湖泊、水鸟、划船区、球场、儿童乐园及露天剧场等。内环内部是公园的核心,由许多花丛式花坛组成,为 600~700 m²;四周是按照纳什规划建造的几栋别墅,东南角则有意大利风格的花园。

图 16.4　摄政王公园平面图
1.外环　2.内环　3.动物园　4.玛丽皇后花园　5.清真寺

全园中心是名为"玛丽皇后园"(Queen Mary's Garden)的玫瑰园,是摄政王公园里最吸引人的景观之一(图 16.5)。其位于公园内环,由许多花丛式花坛组成,共种植了 30 000 多株、400 多种珍品玫瑰。每一个花坛丛植一种玫瑰;其次一层是绿草坪;第三层是由一圈高柱围成,柱距六七米,以粗缆绳相连,高柱和缆绳被蔓生攀缘玫瑰、月季、蔷薇等覆盖。在高柱之间,草坪之上,攀缘玫瑰之下,设有许多可供游人坐卧的大靠背椅。

摄政王公园总体呈现出纯净的自然风景式的园林风格,局部布置意大利及法式造园要素,如笔直的林荫道、大理石雕像和规则绿篱等,与大弧形园路、蜿蜒的小径和疏林草地相辅相成,反映出当时折中主义园林风格的盛行。

图 16.5   摄政王公园玫瑰园

16.3   法国城市公园

16.3.1   发展概况

18 世纪末的法国大革命,在人类历史上留下深刻的烙印,对 19 世纪园林艺术的发展也有着极为深远的影响。从 19 世纪下半叶起,园林艺术摆脱了私家园林的束缚,开始与城市中的各项工程紧密结合,成为合理的城市中不可或缺的组成部分。园林与城市的结合,不仅更新了传统的城市艺术,而且促进了园林建设的进一步发展。

19 世纪 30 年代,法国也开始了工业革命。工业革命促进了城市经济的发展,首都巴黎作为法国最富裕的地方,其发展速度逐渐加快,大量的地产投机活动在巴黎掀起了一阵城市建设狂潮,短短的 25 年间,近 1/3 的城区得到重建。到路易十六时期,人们便开始指责城市商业高度发达的城市尺度不再宜人,远离了乡村和自然,中世纪城市拥有的协调与秩序遭到极大的破坏。此外,城市建设与工业发展,导致大量农村人口涌进城市,1801 年的巴黎市区人口约 54.7 万,到 1861 年,其人口数量激增到 153.8 万。伴随着封建王朝的倒台,园林维护行业急剧衰落,城市的尺度、秩序、卫生等方面受到极大的威胁,巴黎大规模改造工程势在必行。

拿破仑三世登上皇位后,积极推进巴黎的现代化建设,将公共设施建设看作是拯救颓废城市的灵丹妙药。他于英国曾逃难时,见证了英国城市公园运动,伦敦大量的公园和街头小游园给他留下了深刻的印象。拿破仑三世意识到,在巴黎这个人口近百万的大都市,必须预留出大量的开放空间和公园建设用地。

1853 年拿破仑三世任命奥斯曼男爵承担改造巴黎的重任。拿破仑三世与奥斯曼决定,以拥有大量城市公园和街头小游园的伦敦为借鉴的样板,首先沿着城市主干道,尤其是在居民最集中的街区附近,兴建遍布于全城的街头小游园,修建庞大的下水道系统以防止河水污染;而后在城市的边缘地带,再兴建几座大型公园;进而对巴黎的城市交通和市容进行全面彻底的改造。

1857 年奥斯曼任命阿尔方(Jean Charles Adolphe Alphand)为布劳涅林苑整治工程的总工程师。他于 1861 年被任命为掌管与城市道路有关的各类工程的设计与施工的负责人,包括巴黎原有的或新建的、开放的或封闭的纪念性广场、小游园与散步场所,以及类似于散步道的公共道路等。阿尔方曾发表的《步行巴黎》(Les Promenades de Paris)完整记录了奥斯曼对巴黎改造的过程与内容。阿尔方负责的园林工程几乎覆盖了城市中的各个方面,在这些工程建筑中,他始终坚持将形式与技术、功能与实用相结合的原则,吸取园林艺术的惯用手法,以园林的多变性,取代城市中的混乱。他从"系统"的观念出发,将各种设计要素按照城市整体风貌的要求布置成"体系"。同时,阿尔方按照地理特征来定位风景园林,使其合理布置在城市环境中,构成不可分割的地域性整体。同时,奥斯曼还任命巴里叶·德尚(Barillet Deschamps)为巴黎的"总造园师",负责将当时还限于私人建设领域的园林艺术带入城市公共空间,并使之与城市环境相适应。为此,人们将阿尔方和巴里叶·德尚看作是"城市园林师"的开拓者。同时,巴里叶·

德尚的弟子瓦谢罗（Jules Vachereau），也是很重要的人物之一，其影响主要来自与合作者们共同完成的作品。爱德华·安德烈在19世纪后期成为法国造园界的领军人物，安德烈较少受到当时流行的形式主义的影响，而是更加关注使园林与环境相适应，他丰富的园林作品，有着广泛而深远的影响。

19世纪的法国以奥斯曼为领导的城市改造，使得整个巴黎的城市面貌焕然一新，成为当时历史上最美丽的城市，把自然引入城市，借以恢复城市的自然秩序。城市公共园林的出现，使为特权阶层服务的贵族艺术走向为大众服务为主，也成为社会进步的一种标志。

16.3.2　园林实例

实例1　布劳涅林苑（Bois de Boulogne）

布劳涅林苑位于巴黎的西部，占地约873 ha。其被售予巴黎后，拿破仑三世决定将这里改造成英国式林园，工程规模宏大，历时五年完成。其最初这项改造任务由园林师瓦莱担任，其对整体苑林效果的把握相当出色，地形处理自然简洁，整体景观十分协调。但他在依照拿破仑三世要求开挖"蛇形湖"时，由于竖向设计上的失误，导致湖泊西岸标高低于水面而被淹没在水中。

图16.6　布劳涅林苑的湖泊

后期大部分工程由阿尔方和巴里叶·德尚完成。将湖泊西岸抬升，高出湖岸园路，湖边种植松树丛，遮掩高出湖岸部分。从湖西侧的园路望去，游人视线与水面同高，湖泊显得更加辽阔深远，如同巨大的水镜将四周的景色掩映其中（图16.6）。

此后，阿尔方在确定林园最高点后，在园中开挖上、下湖，其间以一段瀑布相连；土方建岛堆山，并从山顶开辟出5条宽阔的透视线，以借园外之景；利用原有的沟壑地形开挖了河流水系，又从下湖中引出3条河流，分别为诺伊、圣詹姆斯池塘和隆尚的瀑布，水系分布于整个林苑周围，为园内灌溉提供水源。

阿尔方在园中开辟了穿越丛林的蜿蜒步道以连接公园的景点，以自由弧线取缔法国古典式的放射形的公园格局。园中以树丛、瀑布、河流、岩洞及假山为主要景物，此外还增添了游乐场、休憩亭、木厦等游乐和休憩设施；补种了4 000棵乔灌木，并布置大量花卉，初步形成了现在人们看到的风貌。在壮观的"帝国林荫道"建成后，这座林苑从此向巴黎市民开放。

由于布劳涅林苑的整治深受市民欢迎，奥斯曼主持的城市改造工程得以在巴黎全面展开。

实例2　巴加特尔公园（Parc de Bagatelle）

巴加特尔公园位于布劳涅林苑的西侧，占地面积约24 ha，现为巴黎市植物园之一。两个世纪以来，历代最杰出的园林师几乎都在这里工作过，他们共同营造了这个优美的园林作品。

1721年，爱尔兰园林师布莱基（Thomas Blaikie）受托参与了公园改造。他在原先狭窄的规则式花园基础上，按照当时十分盛行的英中式园林风格兴建了一座花园。将平坦的荒地改造成略有起伏的地形，开辟了疏林草地，并在邻近布劳涅林苑的地方开挖了一条溪流，溪水汇聚成湖，湖边兴建了高大的岩石山、瀑布和洞府。园内还兴建了许多点缀性建筑物，如金字塔造型的"原始隐居地"、哥特式样的"哲学家小屋"、爱神亭等，以及帕拉第奥式、中国式等小建筑和小桥,构成园中的视线焦点(图 16.7)。

1835 年该园成为英国艺术收藏家华莱士(Sire Richard Wallace)的财产后,花园进一步向南、北方向扩展,增添了一个柑橘园,还有用于柑橘树越冬的古典式花房。同时,在柑橘园前方布置了一个几何形花坛,将 10 多种花卉混植在花坛中,并重复出现,从而构成一个色彩缤纷、纹理丰富、形状美观的法国式"花地毯"。这个花坛的花卉均为一年生,每年采用新的色彩和植物组合,构成富有创造性的图案,令人赏心悦目。园子的正北边还有菜园,又称"厨房园"(kitchen garden),为皇家游乐场带来了一丝乡村气息。菜园内空间以苹果和梨树修剪整形的树篱分隔,在树篱围合的植坛内展示蔬菜植被,既美观又可食用,不仅整体的图案效果十分迷人,而且一年四季植物景色不断变化。

1905 年,巴黎市政府接管这座园林,并将它与布劳涅林苑合为一体。随后,在园中兴建了一系列主题花园,用于展示造园技艺和新的植物品种,形成各种植物专类园。

图 16.7　巴加特尔公园的中国亭

实例 3　万森纳林苑(Bois de Vincennes)

万森纳林苑位于巴黎城市东部,面积为 995 ha。布劳涅林苑整治完成后,拿破仑三世以类似的方法,借用英国海德公园的自然式平面布局整治万森纳林苑,以服务于巴黎东部的工人阶级。

图 16.8　万森纳林苑的"万森纳寺庙"

万森纳林苑的改造仍为阿尔方负责,整治工程从 1857 年开始动工,1860 年基本建成。由于林苑的规模宏大,因此大部分采用了简单粗放的处理手法。林苑的中心区域处理十分精细,通过改造地形、开挖水系、开辟大草坪、点缀花丛和小树林,使其如一座自然式风景园般优美。林苑东北及西北部建有几处人工湖泊,湖中有岛,以桥梁、木屋点缀;各湖泊之间相互联系,具有蓄水、供水功能。1860 年,万森纳林苑移交巴黎市政府,随后在林苑西端开挖了"多麦斯尼尔",是林苑内最大的人工湖,面积约 12 ha,湖中两座湖心岛以桥梁相连,湖边矗立着一座藏传佛教的寺院"万森纳寺庙"(图 16.8)。

林苑外围森林景观由林地、林间空地和疏林草地组成。为避免给城市交通带来负面影响,阿尔方在保留原有大片树丛和宽阔道路基础上,又增添了一些车道和散步道。此外,作为一座大众化公园,万森纳林苑努力满足公众的普遍需求,设置了大量造型别致的建筑和构筑物,如小桥、瀑布、亭台、餐厅等,以及大量户外游乐设施,包括跑马场、小游园、运动场、动物园、花圃等,甚至为其园内植物养护管理,还专门设置了一所园艺学校。其中,动物园位于林苑西部,1934 年向公众开放后深受游人的喜爱,现为巴黎物种最为丰富的动物园之一。

实例 4　肖蒙山丘公园(Parc des Buttes-Chaumont)

肖蒙山丘公园位于巴黎东北部 19 区南部,建设于 1867 年,占地面积 24.73 ha,是巴黎面积第五大绿地,也是拿破仑三世风格最具代表性的作品(图 16.9)。

肖蒙山丘公园的平面呈月牙形,有着"佩斯利涡纹"的图案,其主要景点围绕四座小山丘布置,其多变的地形产生了别具一格的公园风貌。公园建造前,这里是石灰石采石场,阿尔方运用混凝土或钟乳石等材料模仿自然地貌,使园内的景观达到人工与天然的完美统一(图 16.10)。

公园中部是几近圆形的大型人工湖,湖心岛是一座高约 50 m 的山峰,四周以大块天然岩石砌筑了陡峭的悬崖峭壁,成为公园标志性景观。在这座山峰中建造了一个布满钟乳石的岩洞,落差 32 m 的瀑布从天而降,流入山峰下的人工湖中。建筑师达维武仿照替沃里的"西比勒庙宇"建造了一座圆亭,矗立在悬崖峭壁之巅,使这座山峰显得更加高耸,成为全园的中心。一座称为"自殉者之桥"的大型悬索桥将岛与湖岸联系起来。

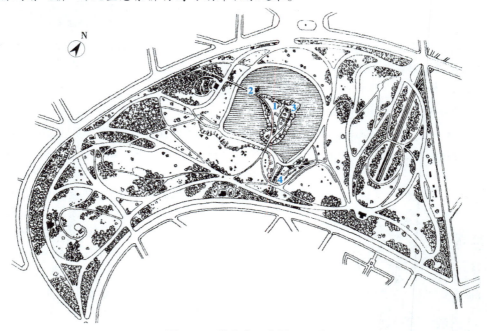

图 16.9　肖蒙山丘公园平面图
1. 园亭　　2. 自杀者之桥　　3. 女巫庙　　4. 洞穴

图 16.10　肖蒙山丘公园鸟瞰图

园内设有总长度约 5 km 的园路,串联起园内各个小山丘。沿途以丰富多变的植物群落,营造出步移景异的景色,或林木笼罩,或绿草如茵,使游人的视线或收或放,在不知不觉中领略完全园的美景。公园的植物景观由德尚普斯设计完成,全园以阔叶树作为整体的植物基调,并采用了大量外来树种进行分层或群落式种植,内部以银色叶雪松、黄色叶刺槐以及铜色叶的山毛榉同公园陡峭的草地融合一起,形成戏剧性效果。

肖蒙山丘公园作为晚期浪漫主义与早期现代主义风格之间的新型城市公园,以其独特的景观形式和富于戏剧性的表现手法使之成为造园史上的经典案例。无论是功能、形式还是细节，均体现了当时法国城市公园的风格特征以及人们的精神风貌与审美态度。

16.4 美国城市公园

16.4.1 发展概况

由于美国与欧洲各国之间存在的历史渊源，所以美国园林的发展不可避免地受到欧洲园林的影响。在殖民统治时期，美国各地只有小规模的住宅花园，形式上反映出各个欧洲殖民地国家园林的特征。18 世纪之后，在一些经过规划而兴建的城镇中，出现了公共园林的雏形。如当时的英国殖民统治者在波士顿的城镇规划中，要求保留公共园林建设用地，用于兴建供居民开展户外活动的公共场所。在费城的独立广场等地，也出现了大片的城市绿地。1790 年由乔治·华盛顿总统确定了首都的具体位置，翌年正式命名为"华盛顿"市，并且华盛顿总统邀请军事工程师和建筑师朗方（Pierre Charles L'Enfant）对首都进行规划。朗方试图将华盛顿建成"一个庞大的帝国首都"，并借鉴凡尔赛宫苑的格局，将国会大厦和总统府置于高处，以宽阔的林荫大道构成城市主线，以放射性的街道系统将城市主要建筑及用地连接起来，整个规划空间井然有序且功能分明。但由于当地政府缺乏必要的权力来实施这一方案，朗方的计划被束之高阁。

至 19 世纪上半叶，美国园林还处在谨小慎微的发展阶段。由于城市规模迅速扩大，导致城市环境质量下降，新兴的富裕阶层纷纷离开城市去郊区居住，因而出现了大量的独栋式住宅，并引发了宅园建设的热潮。这一时期，园艺师安德鲁·杰克逊·唐宁（Andrew Jackson Downing），对美国园林的发展作出了重大贡献。唐宁曾于 1850 年赴英国考察风景园林艺术，此时正值英国城市公园发展的全盛时期，在城市中兴建公共开放空间成为一股热潮。从英国城市与园林的发展历程中，唐宁意识到美国城市改造和公园建设的热潮即将来临，回到美国后，唐宁将欧洲的城市公园思想引入美国，积极呼吁在城市中兴建公共开放空间，主张在城市中兴建大型公园作为城市贫民体验乡村舒适生活的场所。唐宁一生致力于美国城市卫生、田园美化方面的事业，成为美国近代风景园林事业的先驱。

发生在 1861—1865 年的南北战争可以看作是 19 世纪美国城市和园林发展的分水岭。南北战争结束后，美国进入工业化高速发展时期，城市规模迅速扩大，导致城市环境进一步恶化，带来了诸如空气、饮用水和垃圾等环境问题，城市中出现了大量贫困的工人，他们不得不忍受着日益恶化的城市环境，休闲娱乐和身心健康完全遭到忽视。因此，在欧洲的影响下，美国一些有识之士也在积极呼吁城市改革，推进致力于改善城市环境的"城市美化运动"，希望借助城市公共空间的发展，来抑制城市的急剧扩张。

1857 年，美国经济大萧条，大量工人失业。政府将劳动密集型的城市公园建设作为失业人员再就业的手段之一，一定程度上使公园建设被政府纳入公共复兴计划。此时，园林建设正在渐渐摆脱为少数富裕阶层服务的局限，开始将工作重点转向公共园林建设和城市综合整治。美国因此出现了一批杰出的园林师，极大地推动了园林的发展，奥姆斯特德无疑是其中最最杰出的代表人物。1850 年，奥姆斯特德在欧洲和不列颠诸岛上徒步旅游，从中不止领略到乡村景观，还参观了为数众多的公园和私人庄园。在英国，他认真考察了帕克斯顿设计的一座新公园。奥姆斯特德对蜿蜒的步道、点缀着岩石与错落树木的开阔草地大为欣赏，他感慨于这并非王公贵族的私有财产，而是给所有阶层人民使用的公园，同时也学习了"用艺术从自然中汲取美景"的方法。1852 年，他出版了他的第一本书作《一个美国农夫在英格兰的游历与评论》，颇受好评。1857 年,奥姆斯特德获得了纽约市中央公园负责人的位置。1865 年,奥姆斯特德与沃克斯共同完成中央公园的设计工作。中央公园掀开了美国城市公园运动的序幕,各个城市纷纷建立大型自然式的城市公园,如费城费蒙公园(1865 年)、圣路易森林公园(1876 年)、旧金山金门公园(1870 年)等,城市公园运动在美国形成高潮,并逐渐影响到欧洲的德国、亚洲的中国、日本等地。城市公园的产生和发展为当时由于工业化大生产所导致的人口拥挤、卫生环境严重恶化、城市各种污染不断加剧等城市问题提供了一种有效的解决途径。

然而,由于这些公园多由密集的建筑群所包围,形成了一个个"孤岛",十分脆弱。1880 年奥姆斯特德与沃克斯等人设计的波士顿公园体系突破了这一格局,城市公园体系由此产生。该体系以河流、泥滩、荒草地所限定的自然空间为定界依据,利用 60～450 m 宽的带状绿化,将数个公园连成一体,在波士顿中心地区形成了景观优美、环境宜人的公园体系。此外奥姆斯特德还规划了纽约芝加哥公园系统,是美国开发最早、最完整的城市公园系统之一,他不仅将城市中心与新郊区及偏僻的园地连接起来,还以有轨电车线路和排洪系统将公园、公用道结合为一体。有关城市公园体系以城市中的河谷、台地、山脊为依托形成城市绿地的自然框架体系的思想,随后在华盛顿、西雅图、堪萨斯城、辛辛那提等城市推广开来。奥姆斯特德并没有留下多少有关风景园林的著作,但依然是公认的美国近代风景园林的创始人。他将自然引入城市、以公园环绕城市的观点,对当时的城市和社区产生了重大影响。

美国公园运动的发展,还导致了区域公园体系的产生,这也是美国城市公园运动有别于欧洲的一个重要特征。区域公园建设是美国继城市公园之后,更大规模的园林建设运动,其由政府立法机构组织进行开发建设,下设"州级公园"(Siace Park)和"国家公园"(National Park)两个体系,并在 20 世纪 30 年代成为美国园林建设的主流。

16.4.2 园林实例

案例 1 纽约中央公园(Central Park)

中央公园位于纽约曼哈顿岛的中央,南北长约 4 100 m,东西宽约 830 m,占地面积约 340 ha,它是美国的第一个向公众提供文体活动的城市公园,被誉为纽约市的"后花园"(图 16.11)。

公园的方案设计由奥姆斯特德和沃克斯合作完成,将自然风景园的园林形式在中央公园中加以运用,在大规模的用地基础上,展现以田园风光为主的公园风貌。中央公园首创了下穿式道路交通模式,使原有的 4 条城市道路从地下穿过公园,既解决了城市交通问题,又确保了公园空间的完整性。公园内部采取了人车分流的交通体系,充分利用地形层次变化设计了车道、马道和步道系统,各自分流,为游人创造了更加安宁的游览空间。道路多为曲线,连接平滑,形态优美,使沿路

图 16.11 中央公园平面图
1. 温室花园 2. 北部沟谷
3. 观景城堡 4. 弓形桥
5. 水池喷泉台地

景色步移景异。公园的各个空间相互联系,将游人从拥挤的城市引入充满自然活力的公园(图 16.12)。

公园主入口在南面,面向当时即将开发的城市新区,紧密联系城市空间。将公园东南角的道路扩大成出入口,并接以弯曲的园路和小径;公园西南角也有一个出入口,后被军队大广场和第五大街、第八大街、第五十几街相交的哥伦布交通环岛所取代,并成为公园正式的主入口。随后以一条斜向的长达 1 600 m 的中央大道,打破用地规则的形状,构成联系湖泊与周围自然景观的视觉走廊。

从湖边的台阶,或邻近园路的天桥上,可以望见称为"漫步"(Ramble)的假山,大块的岩石堆叠出高山般的效果,有着强烈的人工雕饰痕迹。为了点明这座假山的田园意味,在入口处还有意识地突出了乡村气息,掩映在乔灌木丛中的建筑小品,以及跨越山谷的小桥都给人以乡村形象。园内的湖泊、山岩、翠林、草原等自然景观,与桥、亭、台、楼、榭、古堡等人文景观穿插组合,相得益彰(图 16.13)。奥姆斯特德和沃克斯还为公园增加丰富的娱乐设施,以营造轻松的公园气氛。

图 16.12　中央公园内的
草坪和林地

图 16.13　中央公园弓形桥

此外,美国的许多建筑师、工程师和园艺师都参与了中央公园的建设。称为"美国卫生工程先驱"的韦林(George E. Waring)承担了公园的排水系统设计,他采用地埋式排水系统,在园中铺设了长度超过 153 km 的管线。园内的建筑物由莫尔德(Jacob Wrey Mould)和沃克斯共同设计;派拉特(Ignaz Amton Pilat)和帕森斯(Samuel H, Parsons)负责细部设计和施工及全园的种植设计和养护管理工作,包括原有植物的测绘、林荫道、假山等。园内乔灌木种类繁多,其形式、色彩、姿态都经过精心安排,且生长良好。但随着时间推移,园内娱乐设施的日益丰富,大型建筑物增多,甚至为了增建娱乐设施而改变原有的用地性质,逐渐背离了最初的建园宗旨。

作为美国城市公园发展史上的一座里程碑,中央公园标志着美国园林走向大规模风景式的发展方向。在公园设计理论上,奥姆斯特德总结出一整套系统性的设计原则,被誉为"奥姆斯特德原则"(Olmstedian Principles),作为美国城市公园建设的标准。

案例 2　布鲁克林展望公园(Prospect Park,Brooklyn)

1859 年纽约州立法机构授权布鲁克林自治区筹建一座公园。1859 年,由沃克斯承接了其方案设计任务。

展望公园占地约 213 ha,沃克斯重新规整公园边界,并将公园的两个主入口分别设于弗拉特布什大街(Flathush Boulevard)和公园西侧。他以一条城市道路将其划分为两部分,一部分面积约 81 ha,是展望公园的主景区的中心所在,远离嘈杂的城市,形成安静的游憩空间;另一部分呈三角形的较小地块则是布鲁克林动物园（图 16.14）。

图 16.14　展望公园平面图

1. 弗拉特布什大街　　2. 入口　　3. 展望胡　　4. 军队大广场　　5. 克什米尔山谷区

6. 疏林草地　　7. 船库　　8. 守望山　　9. 布鲁克林动物园

　　1865 年，沃克斯邀请奥姆斯特德一起，在展望公园设计了入口广场、椭圆树林草地、山谷和展望湖等 4 个主景区。将公园北面的"军队广场"改为公园的主入口，其尺度宜人，是美国 19 世纪最著名的公共开敞空间之一。在广场椭圆形构图中央矗立着雄伟的凯旋门，以其为中心引出了 3 条宽阔的园路，形成深远的透视线，将公园入口与城市广场连接在一起，具有很强的观赏性和识别性，实现了网状城市道路与公园边界的完美过渡。

　　展望公园的内部空间的组织相当出色。占据公园整个东北部的疏林草地是最重要的开敞空间，面积约 30 ha，处理非常简洁，周边茂密的树林构成了公园的屏障。采用人车分离的交通组织，从主入口引伸出可供车辆行驶的主园路，人行园路则环绕草地外侧蜿蜒穿过。园区中心是一处称为"喀什米尔"（Cashmere）的山谷区，由峡谷、岩石山、小山丘、树林和游步道构成，其中以一座观景塔作为公园的制高点，形成富有自然气息的山谷景区。展望湖位于公园的最南部,面积约 24 ha,沃克斯与奥姆斯特德借助曲折的岸线设计,在视觉上改变湖泊真实尺度。石阶和池塘成为沿湖景色的视觉焦点,体现出传统的造园风格(图 16.15)。

与中央公园相比,展望公园的设计更为出色,一方面是由于摆脱了城市交通和公园边界的制约,另一方面是园中没有像中央公园那样多的建筑物,而且主入口的观赏性和识别性都得到了提高,在公园内部空间的组织方面也更加出色。

图 16.15　展望公园的展望湖

案例 3　波士顿城市公园系统(Emerald Necklace)

波士顿公园系统由奥姆斯特德设计,是以河流所限定的自然空间为定界依据,通过一系列公园式的道路或滨河散步道,将分散的数个公园连成一体,构成完整的公园体系布局(图 16.16)。

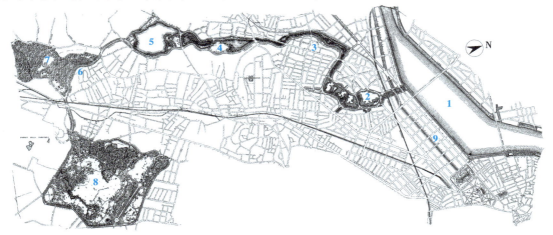

图 16.16　波士顿城市公园系统平面图

1. 查理士河　　　　2. 后湾公园　　　　3. 滨河景观道　　　4. 莱佛里特公园　　　5. 牙买加公园
6. 阿尔伯尔路景观大道　7. 阿诺德植物园　8. 富兰克林公园　9. 联邦大道

整个波士顿公园系统的建设历时 17 年,绵延 16 km,包括波士顿公园、公共花园、联邦大道、后湾公园、滨河景观道、莱佛里特公园、牙买加公园、阿诺德植物园、富兰克林公园 9 个部分,其在波士顿中心地区形成景观优美的带状公园,被波士顿人亲昵地称为"翡翠项链"。

奥姆斯特德在"翡翠项链"公园规划中的波士顿后湾公园、浑河滨河景观道、牙买加公园等几个公园,通过筑堤、收口、深挖现有的河床及水池,以解决波士顿后湾潮汐平原的洪水泛滥和污染等问题,在完成治水堤岸同时修缮景观道,使其兼顾储洪和休闲功能。后湾公园原是一块占地约 47 ha 的湿地,奥姆斯特德将这片沼泽带处理成下凹的不规则河床水系,这样 30 英亩面积的河床低地,水面上升后能够多容下两倍的水体,起到良好的滞洪、泄洪作用。奥姆斯特德在连接查理士河的出口处设置了一道潮汐控制闸门,控制着潮汐的流动,以备防洪之用;堤岸呈缓坡状,并带有不规则的边沿,其岸边在不同水位种植了能容忍海水、脏水等水体的植物,既降低了波浪的涌动,又可强化河床的冲刷净化功能。

浑河河水流入后湾公园的沼泽带,其走向和形状是 19 世纪人工改造的,整个河岸的竖向设计尽可能保持着自然的风貌;沿岸自然式种植着花草、灌木、乔木,其间布置人行道,并设置步行桥和机动车桥。在几十年的建造中,波士顿的滨河景观道已发展为宛如天然的洪积区,穿越了这个城市。河床低于街道标高,河床与沿岸的火车道之间是一道缓坡,缓坡中建有一条人行道,这条林中路成了现代波士顿市中心的探秘圣地。滨河景观道沿浑河河岸形成了一条连接后湾公园和莱佛里特公园的滨河景观道,成为波士顿市中心的探秘圣地。

牙买加公园与莱佛里特公园都以湖泊为主体,水边布置成丛的树木、蜿蜒的小径和园路,两园之间以牙买加景观道相连接。莱佛里特公园作为"绿宝石项链"上的大型节点,在设计上保持了水域的原有自然风貌,其园中开辟了两片大草地,在处理上与滨河景观道及泥河等水景空间有着较大的差异。

阿尔伯尔路景观大道将牙买加公园、阿诺德植物园和富兰林公园连接在一起,道路最宽处达 61 m,能够满足马车、机动车和步行等交通方式的需求,奥姆斯特德将其作为城市的主干道一直延伸到城市,成为连接城市和乡村的纽带。新的社区和开放空间沿道路两侧形成,引导城市的扩展和生长,其设计手法堪称波士顿公园系统的代表。

16.5 19 世纪欧美城市公园的主要特征及影响

19 世纪中叶,英国率先掀起了建设城市公园的热潮,并影响了许多国家。各地的城市公园不断涌现,逐步有了一定的规模和数量,形成公园群。这些公园群可以看作是公园系统的雏形,它们有效解决了许多城市问题,并影响了城市空间的发展。19 世纪末以后的艺术领域不断出现广泛、激进的变革,建筑内外空间关系日益丰富,城市空间逐步立体化,使现代社会的园林形式、园林空间呈现出承上启下的时代特征。它一方面延续了 18 世纪产生的自然主义造园思想,另一方面又开创了公共园林这一新的模式。在资产阶级标榜的自由平等思想影响下,为大众服务的公共园林登上了历史舞台,开辟了园林艺术发展新的途径,为 20 世纪现代园林的产生和发展奠定了思想和理论基础。

城市公园运动的兴起,首先明确了为大众多种需求服务的目标,要求在设计上着重体现公众的普遍需求,导致园林在功能和内容上发生了重大转变,使其成为大众服务的公共游乐空间。同时,园林艺术逐渐摆脱园林的局限,开始适应城市环境,并寻求与城市环境的密切结合,改善城市环境、维持城市平衡发展的目标。公园成为城市中不可或缺的基础设施,成了 19 世纪园林的重要特征。19 世纪的伦敦、巴黎、华盛顿等许多欧美城市还把主要干道建成林荫道,在一些居住街区中设置开放的小园地,并加入供人休息的座椅,使城市中随处可见绿色空间。19 世纪中叶以后,城市规划逐步成为一门重要的学科,现代城市规划把城市看作一个综合的机体,将自然引入城市成为先进国家新城市规划的重要目标之一,公园、广场、街道绿化等园林化场所成为不可或缺的重要组成部分。

从 18 世纪起,人们就将自然视为快乐的源泉,也逐渐使园林摆脱几何形式的束缚,平衡草地、树林、水体等要素的关系,尝试在自然与艺术之间进行调和,回到充满活力的自然环境中发展。植物种类的增加以及异地植物大量引种部分改变了一些园林的面貌,极大地丰富了设计师的造园材料,许多植物学家加入造园行列之中,在植物方面的造诣得到很大的提高,形成丰富多彩的园林景观。在自由布局的植物园中,按分类特征、生态习性来布置植物的展示要求和欣赏兴趣突出,大型温室也成为现代植物园的重要景观。由雷普顿开创的风景式造园的园艺派,在19 世纪受到了人们的大力推崇,植物配置发展成专门的技艺。植物栽培和植物配置水平的提高,也是 19 世纪园林发展的一个重要标志。植物种类的增加,极大地丰富了设计师的造园材料,形成丰富多彩的园林景观。不仅有许多植物学家加入造园家的行列之中,而且造园家在植物方面的造诣也得到很大的提高。

　　而在美国形成的城市美化运动是由中产阶级领导,以建筑设计师、园林规划师、雕塑家等为主力,经城市居民支持的美化城市环境、更新城市规划的一次改革运动,因此催生了后来园林学、园林规划和城市绿地规划的兴起与发展。城市美化运动的规划思想家们认为,在城市中营造的新古典主义美,可以在城市竞争、工人的行为规范和心理健康,以及改进费用之外的地产价值上涨方面得到补偿,他们试图用将城市变为美丽、理性的实体的方式来解决城市问题,并通过美丽的建筑和风景来保持19世纪城市的魅力。城市美化运动使最初的城市综合规划是建立在有机城市理论基础之上的,公园和林荫道系统能提供各种娱乐和教育机会,在指引城市增长的同时帮助塑造城市,开拓新的居住区,把城市划分为功能不同的小区域,并有助于交通和其他实用的发展;毗邻商业零售区的城市中心功能合理化,集中政府职能,通过有启发性的风景增强公民自豪感,以及通过提供一个民主的集会和庆祝场所培养公民的爱国主义。直到今天,这些公园系统规划仍使美国受益匪浅。

　　总之,自欧美城市公园出现之日起,公园就开始以群体和体系的方式在城市建设与发展中起到了至关重要的作用,在园林历史进程中积累了一定的基础。虽然在早期公园系统的萌芽阶段,公园之间的联系性不强,但是依然以群体的方式对整体城市空间的塑造产生了重要的作用,改善了城市的结构和功能分区。公园系统规划的范式确立后,公园的联系性和系统的完整性得到了很大改善。各个公园绿地由线性的公园路串联在一起,有所分区并相互联系,在系统中承载不同的功能,从而共同构成了一个完整的公园系统。城市公园系统在通过公园路连接各片公园绿地时,将两侧的城市也纳入了统一的规划之中,构建了一个连续的开放空间体系和区域发展的结构,从而引导城市的有序发展。城市公园不断发展成熟,在承载城市景观职能的同时改善生态环境,逐步成为今日城市建设中重要的建设举措。

复习思考题

1. 简述19世纪中后叶欧美城市公园的历史与园林文化背景。
2. 简述英国城市公园的产生原因,有哪些代表性人物及园林作品?
3. 简述法国城市公园的产生原因,有哪些代表性人物及园林作品?
4. 奥姆斯特德为美国城市公园运动作出了哪些贡献?并结合代表作品分析其造园手法。
5. 19世纪欧美城市公园的发展对现代城市建设产生了哪些重要作用?

参考文献

[1] 周维权.中国古典园林史[M].3版.北京:清华大学出版社,2008.

[2] 刘海燕.中外造园艺术[M].北京:中国建筑工业出版社,2009.

[3] 彭一刚.中国古典园林分析[M].北京:中国建筑工业出版社,1986.

[4] 王其钧.画境诗情:中国古代园林史[M].北京:中国建筑工业出版社,2011.

[5] 张健.中外造园史[M].武汉:华中科技大学出版社,2009.

[6] 朱建宁,赵晶.西方园林史——19世纪之前[M].3版.北京:中国林业出版社,2019.

[7] TOM TURNE.世界园林史[M].林箐,南楠,齐黛蔚,等,译.北京:中国林业出版社,2011.

[8] 王蔚.外国古代园林史[M].北京:中国建筑工业出版社,2011.

[9] 李宇宏.外国古典园林艺术[M].北京:中国电力出版社,2014.

[10] Tom Turner.亚洲园林历史、信仰与设计[M].程玺,译.北京:电子工业出版社,2015.

[11] 赵燕,李永进.中外园林简史[M].北京:中国水利水电出版社,2012.

[12] 常跃中.秦汉园林的特点与意境创造[J].南都学坛,1999,19(2):8-9.

[13] 黄宛峰.秦汉园林的主要特征及其影响[J].杭州师范学院报,2007,29(3):92-96.

[14] 胡运宏,王浩.南朝玄圃园考[J].中国园林,2016,32(3):103-106.

[15] 田多.浅谈唐代长安城园林的特点及价值[J].新西部:理论版,2013(14):38-39.

[16] 钱珂,褚振伟,等.隋唐洛阳城景观水系构景艺术研究[J].西北林学院学报,2010(2):67-70.

[17] 张树民.唐宋园林之瑰宝——晋祠[J].中国园林,2003(4):64-67.

[18] 刘照国.戈裕良的叠山造园艺术历史印迹探寻[J].兰台世界:上旬刊,2013(11):79-80.

[19] 杨显川.雍和宫——民族文化的聚珍瑰宝[J].蒙自师专学报,1990,7(3):42-45.

[20] 孙博闻.上海豫园的山水意象和意境浅析[J].美与时代:下,2015(6):39-40.

[21] 杨易,许雅楠,谭立.明清时期园林植物造景研究[J].北京农业,2014(21):92.

[22] 刘庭风.中日园林美学比较[J].中国园林,2003(7):57-60.

[23] 丁廷发.古代朝鲜半岛造园特征解析[J].安徽农业科学,2012(3):300-302.

[24] 张勇,范建红.日本古典园林发展演变及其特征分析[J].科技情报开发与经济,2010(21):152-154.

[25] 刘锐.谈日本园林风格特征[J].才智,2010(22):165.

[26] 刘玉安,张丽丽.日本园林:枯山水[J].美术教育研究,2012(4):160.

[27] 王敏.浅析日本园林艺术的构建及启示[J].现代装饰(理论),2014(2):60.

[28] 洪琳燕.印度传统伊斯兰造园艺术赏析及启示[J].北京林业大学学报:社科版,2007,6(3):36-40.

[29] 令狐若明.布局严谨的古埃及卢克索神庙[J].大众考古,2016(1):66-73.

[30] 王小童.日本造园艺术分析——以西芳寺为例[D].扬州:扬州大学,2016.

[31] 唐燕.中国园林和伊斯兰园林的比较与启示[D].福州:福建农林大学,2006.

[32] 林箐."伟大风格"——法国勒·诺特尔式园林(1)[J].中国园林,2006,22(2):31.

[33] 赵晶,朱霞清.城市公园系统与城市空间发展——19世纪中叶欧美城市公园系统发展简述[J].中国园林,2014,30(9):13-17.

[34] 林箐.理性之美——法国勒·诺特尔式园林造园艺术分析[J].中国园林,2006,22(4):9-17.

[35] 方家,吴承照.美国城市开放空间规划的内容和案例解析[J].城市规划,2015(5):76-82.

[36] 崔柳,朱建宁.十九世纪的巴黎城市园林[J].中国园林,2009(4):41-45.

[37] 陈佳宁.文艺复兴时期的意大利园林[J].今日科苑,2006(10):83-84.

[38] 陆伟芳.城市公共空间与大众健康——19世纪英国城市公园发展的启示[J].扬州大学学报:人文社会科学版,2003,7(4):81-86.

[39] 许浩.美国城市公园系统的形成与特点[J].华中建筑,2008(11):167.

[40] 傅晶.魏晋南北朝园林史研究[D].天津:天津大学,2003.

[41] 宋珊.中国古典园林在现代园林设计中的继承与发展[D].杨凌:西北农林科技大学,2009.

[42] 魏彩霞.杭州市寺观园林研究[D].杭州:浙江农林大学,2012.

[43] 李洁.晋祠的造园艺术研究[D].北京:北京林业大学,2013.

[44] 董慧.两宋文人化园林研究[D].北京:中国社会科学院,2013.

[45] 郭旭."有真为假,做假成真"——瞻园掇山手法之研究[D].杭州:浙江大学,2011.

[46] 赵一寒.明清园林艺术精神研究[D].石家庄:河北大学,2012.

[47] 王少华.19世纪末20世纪初美国城市美化运动[D].长春:东北师范大学,2008.

[48] 田丽萍.奥姆斯特德城市公园规划理念的形成与发展[D].临汾:山西农业大学,2014.

[49] 赵晶.从风景园到田园城市——18世纪初期到19世纪中叶西方景观规划发展及影响[D].北京:北京林业大学,2012.

[50] 崔柳.法国巴黎城市公园发展历程研究[D].北京:北京林业大学,2006.

[51] 马品磊.论西方园林景观起源[D].长春:东北师范大学,2007.

[52] 田甜.罗马城区历史别墅园林研究[D].北京:北京林业大学,2012.

[53] 张晋石.乡村景观在风景园林规划与设计中的意义[D].北京:北京林业大学,2006.